中文原創經典

設計模式與遊戲開發的完美結合

Design Patterns in Game Development

蔡昇達／著
3D 美術設計師 劉明愷

博碩文化

作　　者：蔡昇達
審　　校：陳錦輝
責任編輯：陳錦輝、魏聲圩

董 事 長：曾梓翔
總 編 輯：陳錦輝

出　　版：博碩文化股份有限公司
地　　址：221新北市汐止區新台五路一段112號10樓A棟
　　　　　電話 (02) 2696-2869　傳真 (02) 2696-2867

發　　行：博碩文化股份有限公司
郵撥帳號：17484299
戶　　名：博碩文化股份有限公司
博碩網站：http://www.drmaster.com.tw
讀者服務信箱：dr26962869@gmail.com
訂購服務專線：(02) 2696-2869 分機 238、519
（週一至週五 09:30 ～ 12:00；13:30 ～ 17:00）

版　　次：2025 年 6 月三版一刷

博碩書號：MP22538
建議零售價：新台幣 680 元
I S B N：978-626-414-234-2
律師顧問：鳴權法律事務所 陳曉鳴 律師

國家圖書館出版品預行編目資料

設計模式與遊戲開發的完美結合 / 蔡昇達著.
-- 三版 . -- 新北市：博碩文化股份有限公司，
2025.06
　面；　公分

ISBN 978-626-414-234-2（平裝）

1.CST: 電腦遊戲 2.CST: 電腦程式設計

312.8　　　　　　　　　　　　114007496
Printed in Taiwan

本書如有破損或裝訂錯誤，請寄回本公司更換

歡迎團體訂購，另有優惠，請洽服務專線
博碩粉絲團　(02) 2696-2869 分機 238、519

商標聲明

本書中所引用之商標、產品名稱分屬各公司所有，本書引用純屬介紹之用，並無任何侵害之意。

有限擔保責任聲明

雖然作者與出版社已全力編輯與製作本書，唯不擔保本書及其所附媒體無任何瑕疵；亦不為使用本書而引起之衍生利益損失或意外損毀之損失擔保責任。即使本公司先前已被告知前述損毀之發生。本公司依本書所負之責任，僅限於台端對本書所付之實際價款。

著作權聲明

本書著作權為作者所有，並受國際著作權法保護，未經授權任意拷貝、引用、翻印，均屬違法。

關於中文原創經典

規劃《中文原創經典》系列正是因為這本書而開始的,也因為我們更用心製作本書,重畫了許多的圖,因此,本書編號並非系列書的第一號。

所謂原創經典,有幾個可能形成的因素,一是書籍的內容可長可久,例如設計分析類書籍,另一種則可能是集合本身經驗的分享,正所謂「十年磨一劍」。《中文原創經典》目前已經有一些候選名單,這些候選名單都是在規劃期就被認為有機會成為《中文原創經典》的書籍,但所有最終被列為《中文原創經典》的書籍,都是經過博碩審慎評估最後才做的決定。也就是在所有的稿件備妥,排版完成,最後即將送印前,才能定案。

很高興,終於有台灣作者出版了第一本《中文原創經典》的書籍,這代表我們成功跨出了第一步,但好書不嫌多,在此,我們也特別向國內各高手邀稿,若您在看過本系列相關叢書之後,認可這個系列的認證,歡迎加入我們,您可以透過博碩官網投稿或提案,讓我們來協助您完成一本不可多得的經典之作。

《名家名著》及《中文原創經典》　總編輯　陳錦輝

設計模式與遊戲開發
的完美結合

審校序

這本書是台灣作者寫的，照理說，不必有審校者。但身為《中文原創經典》的總編輯在接受到作者的邀請後，也不該推辭。因此，我順理成章地成為這本書的第一個讀者。

遊戲程式設計師對於我這個沒寫過商業遊戲的人來說，一直是個謎。一直以來，我好奇他們的工作內容，也好奇他們的工作方式，我同時也身兼《名家名著》的總編輯，讀過這個系列的讀者，想必知道這個系列常常隱約或大喇喇地鼓吹著「敏捷開發」的相關技術，當然也包含較為熱門的 Scrum。不過，即便讀過那麼多的相關著作，甚至也因此與台灣堪稱「Scrum 的先行者」交了朋友，但我始終無法找到一個最適合的切入點，說服軟體業界快快採用 Scrum 或「敏捷開發」。原因在於，台灣的專案要獲得使用者或顧客的回饋，總是在專案進行了很長一段時間後才出現。

但是，在審校這本書的過程中，我與本書作者交流頻繁，也從他那裡以及每章的「xxx 模式面對變化時」一節中得知，遊戲產業正是我想找尋的切入點。因為，遊戲的好玩度、黏著度，很大一部分取決於玩家、測試與企劃的回饋。換句話說，常常出現新需求，必須修改程式，正是遊戲軟體的特色之一。本書作者也明確地告訴我，設計遊戲必須採用「敏捷開發」的精神。

要能夠短期應對出現的變化，是「敏捷開發」是否能成功的關鍵，而善用物件導向設計原則，以及設計模式，正是達成這個要求的不二法門。這和我想要做的系列叢書主旨是完全相同的，因此，這本書當然被我列為《中文原創經典》之一。

有人問我，為何要做這些高端軟體「設計」的書籍，金字塔頂端的讀者肯定是比較少的，叫好不一定叫座。對此，我的回答是，我希望台灣的軟體水準能夠獲得整體的提升，有朝一日能出現更多世界級的軟體，到那個時候，我就不必再規劃《中文原創經典》了，因為所有的《中文原創經典》都是《名家名著》！

2016 年　　陳錦輝　審校

推薦序

本書作者經由十年的遊戲開發過程中,將設計模式理論巧妙地融合到實務之中,為讓讀者能更容易地了解如何運用此理論,書中透過一個遊戲的實作貫穿全書,呈現出設計模式的完整樣貌,且以淺顯易懂的比喻來解譯難以理解的設計模式,透過這些相信能夠讓想更深入了解此領域的讀者更容易上手,推薦給有興趣從事遊戲開發的朋友們。

軒轅劍之父 ── 蔡明宏

暱稱『阿達』的蔡昇達先生,在台灣遊戲研發領域中,是位堪稱天才的程式設計師,我在擔任『仙劍 Online』製作人期間,他是我對專案推展最大的信心來源。阿達在經歷過大型連網遊戲研發與營運過程洗禮後,升任為技術中心主管,並參與多款網頁遊戲與手機遊戲開發,充份展現他多元技術能力。在本書中,阿達除了傳達程式技術,更將他的實務經驗化為情境式範例,相信對遊戲設計有興趣的讀者,一定能獲益良多!

『天使帝國』原創企劃、『仙劍 Online』前製作人,現任『聚樂方塊』公司 CEO

資深遊戲製作人 ── 李佳澤

推薦序

一個充滿技術涵養的作品，有別於其他的遊戲開發叢書，採用了整合式的專案教學，即一個專案包含了所有作者想要傳承的經驗，同時也能讓讀者學習到整個遊戲開發的過程，非常適合走在程式設計師之路的開發者，作者以其深厚的開發經驗深入探討程式設計師該有的 GoF 開發思維，是一本無論遊戲開發或專案開發都值得蒐藏的作品。

Product Evangelist at Unity Technologies ── Kelvin Lo

在多年教授設計模式的經驗中，我常常遇到許多學員在聽到設計模式時就覺得這是一道很難超越的高山，甚而裹足不前，為了讓學員對於設計模式不要那麼的畏懼，因此，我常常把設計模式比喻成「九陰真經下卷」，也就是說，當能體會「九陰真經上卷」中所說的「天之道，損有餘而益不足…」這些基本道理，23 個設計模式，自然而然可以隨手可得。

在《設計模式與遊戲開發的完美結合》一書中，將軟體的基本道理做了一個總整理，並且利用一個遊戲的範例來應用 23 個設計模式，這在設計模式的書籍中是比較少見的，作者的企圖是將軟體設計的領域擴展到所有與軟體有關的產業中，相當令人激賞。

信仁軟體設計創辦人── 賴信仁

序

初次接觸設計模式(Design Patterns)是在求學階段，第一次看 GoF 的《*Design Patterns: Elements of Reusable Object-Oriented Software*》時，感覺有如天書一般，只能大概了解 Singleton，Strategy、Facade、Iterator 這幾個 Pattern 的用法，至於為什麼要使用、什麼時候使用，完全沒有概念。

進入職場後，先是跟著數個大型遊戲專案一同開發及學習，到後來，自己可以主持技術專案、開發網路遊戲引擎、遊戲框架…等。在這過程中，時而拿起 GoF 的《*Design Patterns*》或是以設計模式為題的書籍，重覆閱讀，逐漸地瞭解了每一個模式的應用以及它們的設計分析原理，並透過不斷的實作與應用，才將它們融入自己的知識當中。

從 93 年進入職場，一晃眼，在遊戲業也超過了十年的經歷，這些年來在遊戲業工作的付出，除了得以溫飽之外，也從這裡吸收了不少的知識與經驗。記得某天，那是個專案程式會議。當天會議中，我跟與同仁分享如何將設計模式應用在遊戲的開發設計上。講著講著，我突然察覺，我應該將這些內容寫下，並分享給更多的遊戲設計師，於是有了寫這本書的想法。

透過寫作及經驗分享，希望大家可以了解，在遊戲業裡的工程師，不該只是進行著無意義程式碼輸出的碼農，而是一群從事高階軟體分析實作的設計家。所以，整合多種領域知識於一身的遊戲工程師，更需要以優雅的方式來呈現這些知識匯集的結果，設計模式(Design Patterns)是各種軟體設計技巧的呈現方式，善用它們，更能表現出遊戲設計工程師優雅的一面。

蔡昇達

2016 年

致謝

十年的遊戲從業過程，接受過許多人的協助及幫忙：Jimmy & Silent 兄弟——快 20 年的同學、朋友及合作夥伴們，有你們一路的協助與砥礪才能有今天；Justin Lee——謝謝你的信任也感謝你的忍受功力，可以讓我們一同完成不少作品；Mark Tsai——謝謝你一路的提拔與信任；Jazzdog——同學感謝你的支援，我一直知道程式與美術是可以同時存在於一個人身上；Kai——合作夥伴，感謝你的支援。

最後謝謝我的家人，感謝老婆大人這十多年來忍受我在書房內不斷地堆積書本、小說及嗜好品。感謝我那 3 歲的女兒，因為妳的到來，讓我知道沒什麼比妳們更重要了。

誌謝

本書自第一版於2016年1月發行至今，也經過了九年。承蒙讀者的愛戴與博碩的支持與推廣，才能有機會推出第三版。

這九年間，科技領域的變化很大，從AI的萌芽與初步應用到ChatGPT等大型語言模型的橫空出世與普及化，AI技術的演進速度著實令人驚嘆。誠然，大型語言模型能夠快速提供各式問題的解答。然而，若要真正深入理解並系統性地學習一門知識，書本所提供的完整脈絡與扎實內容，仍是無可取代且不可或缺的。

期盼這好評回饋版能持續為讀者帶來價值，成為您探索知識、精進技能的堅實夥伴。

關於本書

本書利用一個完整的範例來呈現如何將 GoF 的設計模式(Design Patterns)全都應用在遊戲設計上。一般設計模式(Design Patterns)的書籍，大多是針對每一個設計模式進行單獨說明，但本書是將多個設計模式結合應用，來完成一個遊戲的實作。透過這樣的方式讓讀者們了解設計模式不只能單獨使用，相互的搭配使用更能發揮設計模式的力量。

本書遊戲範例呈現的是，各遊戲系統可以使用設計模式實現的情況。但是，這些系統在開發過程中，是需要不斷地透過重構，才能讓每一個功能都能朝向心目中想要設定的設計模式前進，而非一開始就可以達成想要的模式來完成實作。本書各章節大多使用這樣的概念進行介紹，從一個最初的實作版本進化到使用設計模式的版本，正如同《Refactoring to Patterns》一書提倡的設計方式，先寫個版本然後再慢慢往某個設計模式來調整。

筆者透過本書，將本身的經驗與各位讀著分享，也就是，當我需要決定一個遊戲功能的設計方式時，我會採用的設計模式是哪些及它們被實作的方式。而本書的章節設計上，也會順著實作遊戲的進程來安排：

本書的主結構如下：

Part 1：設計模式與遊戲設計

介紹設計模式的起源與本書範例的下載與執行。

Part 2：基礎系統

著重在整個遊戲的主架構設計，讓後續的遊戲開發能夠在這個架構之上發展，包含：遊戲系統的設計及溝通。說明遊戲場景的轉換、各遊戲子系統的整合與對內對外的界面設計、遊戲服務的取得及遊戲迴圈的設計。

設計模式與遊戲開發
的完美結合

Part 3：角色的設計

說明每一個遊戲的重點——「角色」如何在一個遊戲專案中被設計及實作出來，包含：角色的功能設計、武器系統的實作、數值的計算、互相攻擊時的特效與擊中時的反應、人工智慧(AI)及角色管理系統。

Part 4：角色的產生

角色設定好了之後，就需要被系統產生，這一篇將說明遊戲角色的生成方式，說明每一隻遊戲角色的產生過程、各項功能的組裝及遊戲數值的管理系統。

Part 5：戰爭開始

遊戲與玩家的互動方式是透過「使用者界面（UI）」來達成的，在這一篇中將說明如何在 Unity3D 引擎的協助下，建立一個容易使用及組裝的 UI 開發工具，並利用這個 UI 開發工具來實作遊戲中所需的介面。之後，透過這些遊戲介面就可以完成兵營系統與玩家互動的功能，讓它能接受玩家指示來完成一隻角色的訓練。最後也將說明關卡系統是如何設計的。

Part 6：輔助系統

至此為止，遊戲的主體已大致完成，此時需要一些輔助系統來讓遊戲變得更有趣好玩，例如成就系統、存檔功能與資訊統計等等。本篇將重點放在這些輔助系統的設計。

Part 7：調整與最佳化

當然遊戲製作接近完成階段時，可能會有追加的功能，如何在這個階段完成追加的功能，同時又要保持系統的穩定度，是一大考驗。最後的系統最佳化階段也是遊戲上市前的關鍵時期，如果讓最佳化測試及調校不影響專案的設計，也將會是本篇的重點。

Part 8：未明確使用的模式

隨著軟體工程的發展，多年來，多種設計模式已被「內化」成為程式語言及開發工具的一部份，針對未被明確說明的設計模式，都在這一篇進行說明。並且補充本書要介紹的最後一個模式，也就是抽象工廠模式。

本書的次結構如下：

本書在說明如何應用某個設計模式之前，會先針對功能需求，以非設計模式的方式來介紹，緊接著則是尋找適當的設計模式，此時會先介紹及解釋 GoF 的設計模式與實作，然後再將設計模式透過重構套用到需求之上，接著，我們會檢討套用這個設計模式的優缺點，以及當遇到日後的需求變化時，如何透過設計模式來應對。最後則是簡介如何將此模式應用到其它地方，以及如何與其它設計模式搭配使用。

設計模式與遊戲開發的完美結合

關於封面與美術設計

非常榮幸這次能與阿達這位老戰友合作，參與這次的 3D 物件繪製。

遊戲美術是一門應用藝術，如何讓各項美術元件能達到預期甚至更好的表現，跟程式人員的能力有絕對密切的關係，在過去與阿達合作過多項專案，他總是創造能讓美術有充份發揮的開發環境與功能，也期望各位讀者們能跟我一樣，在閱讀這本書時能獲益良多。

資深 3D 遊戲美術

作品：TERA ONLINE / 仙劍 ONLINE

── 劉明愷

目錄

關於中文原創經典 iii

審校序 iv

推薦序 v

序／致謝 vii

關於本書／關於封面與美術設計 ix

目錄 xiii

Part I　設計模式與遊戲設計

Chapter 1　遊戲實作中的設計模式 1-1

1.1 設計模式的起源 1-1
1.2 軟體的設計模式是什麼？ 1-2
1.3 物件導向設計中常見的設計原則 1-4
1.4 為什麼要學習設計模式 1-8
1.5 遊戲程式設計與設計模式 1-9
1.6 模式的應用與學習方式 1-11
1.7 結論 1-13

Chapter 2　遊戲範例說明 2-1

2.1 遊戲範例 2-1
2.2 GoF 的設計模式範例 2-5

Part II　基礎系統

Chapter 3　遊戲場景的轉換 — State 狀態模式 3-1

3.1 遊戲場景 3-1
3.1.1 場景的轉換 3-1
3.1.2 遊戲場景可能的實作方式 3-5
3.2 狀態模式（State）... 3-6
3.2.1 狀態模式（State）的定義 3-6
3.2.2 狀態模式（State）的說明 3-7
3.2.3 狀態模式（State）的實作範例 3-7
3.3 使用狀態模式（State）實作遊戲場景的轉換 3-12
3.3.1 SceneState 的實作 3-12
3.3.2 實作說明 3-13
3.3.3 使用狀態模式（State）的優點 3-20
3.3.4 遊戲運作流程及場景轉換說明 3-21
3.4 狀態模式（State）遇到變化時 3-22
3.5 總結與討論 3-23

Chapter 4　遊戲主要類別 — Facade 外觀模式 4-1

4.1 遊戲子功能的整合 4-1
4.2 外觀模式（Facade）... 4-3
4.2.1 外觀模式（Facade）的定義 4-3
4.2.2 外觀模式（Facade）的說明 4-5
4.2.3 外觀模式（Facade）的實作說明 4-6
4.3 使用外觀模式（Facade）實作遊戲主程式 4-7
4.3.1 遊戲主程式架構設計 4-7
4.3.2 實作說明 4-8
4.3.3 使用外觀模式（Facade）的優點 4-11

4.3.4 實作外觀模式（Facade）時的注意事項 4-13
4.4 當外觀模式（Facade）遇到變化時 4-13
4.5 總結與討論 4-13

Chapter 5 取得遊戲服務的唯一物件 — Singleton 模式 5-1

5.1 遊戲實作中的唯一物件 5-1
5.2 單例模式（Singleton） 5-2
    5.2.1 單例模式（Singleton）的定義 5-2
    5.2.2 單例模式（Singleton）的說明 5-3
    5.2.3 單例模式（Singleton）實作範例 5-3
5.3 使用單例模式（Singleton）來取得唯一的遊戲服務物件 5-5
    5.3.1 遊戲服務類別的單例模式實作 5-5
    5.3.2 實作說明 5-6
    5.3.3 使用單例模式（Singleton）後的比較 5-8
    5.3.4 反對使用單例模式（Singleton）的原因 5-8
5.4 少用單例模式（Singleton）時如何方便地引用到單一物件 5-12
5.5 結論 5-17

Chapter 6 遊戲內各系統的整合 — Mediator 仲介者模式 6-1

6.1 遊戲系統間的溝通 6-1
6.2 仲介者模式（Mediator） 6-6
    6.2.1 仲介者模式（Mediator）的定義 6-6
    6.2.2 仲介者模式（Mediator）的說明 6-7
    6.2.3 仲介者模式（Mediator）的實作範例 6-7
6.3 仲介者模式（Mediator）作為系統間的溝通介面 6-11
    6.3.1 使用仲介者模式（Mediator）的系統架構 6-11
    6.3.2 實作說明 6-12
    6.3.3 使用仲介者模式（Mediator）的優點 6-19
    6.3.4 實作仲介者模式（Mediator）時注意事項 6-19
6.4 仲介者模式（Mediator）遇到變化時 6-20
6.5 總結與討論 6-21

Chapter 7 遊戲的主迴圈 — Game Loop 7-1

7.1 GameLoop 由此開始 7-1
7.2 怎麼實作遊戲迴圈(Game Loop) 7-3
7.3 在 Unity3D 中實作遊戲迴圈 7-4
7.4 P 級陣地的遊戲迴圈 7-9
7.5 結論 7-12

Part III　角色的設計

Chapter 8 角色系統的設計分析 8-1

8.1 遊戲角色的架構 8-1
8.2 角色類別的規劃 8-3

Chapter 9 角色與武器的實作 — Bridge 橋接模式 9-1

9.1 角色與武器的關係 9-1
9.2 橋接模式（Bridge） 9-6
9.2.1 橋接模式（Bridge）的定義 9-7
9.2.2 橋接模式（Bridge）的說明 9-11
9.2.3 橋接模式（Bridge）的實作範例 9-14
9.3 使用橋接模式（Bridge）來實作角色與武器介面 9-16
9.3.1 角色與武器介面設計 9-17
9.3.2 實作說明 9-17
9.3.3 使用橋接模式（Bridge）的優點 9-22
9.3.4 實作橋接模式（Bridge）的注意事項 9-22
9.4 橋接模式（Bridge）面對變化時 9-23
9.5 總結與討論 9-24

Chapter 10 角色數值的計算 — Strategy 策略模式ͨ........................ 10-1

10.1 角色數值的計算需求 10-1
10.2 策略模式（Strategy） 10-5
10.2.1 策略模式（Strategy）的定義 10-6
10.2.2 策略模式（Strategy）的說明 10-7

10.2.3 策略模式（Strategy）的實作範例 10-7
10.3 使用策略模式（Strategy）來實作攻擊計算 10-9
10.3.1 攻擊流程的實作 10-10
10.3.2 實作說明 10-11
10.3.3 使用策略模式（Strategy）的優點 10-18
10.3.4 實作策略模式（Strategy）時的注意事項 10-19
10.4 策略模式（Strategy）遇到變化時 10-20
10.5 總結與討論 10-23

Chapter 11 攻擊特效與擊中反應 — Template Method 樣版方法模式 11-1

11.1 武器的攻擊流程 11-1
11.2 樣版方法模式（Template Method） 11-3
11.2.1 樣版方法模式（Template Method）的定義 11-3
11.2.2 樣版方法模式（Template Method）的說明 11-6
11.2.3 樣版方法模式（Template Method）的實作範例 11-6
11.3 使用樣版方法模式（Template Method）來實作攻擊與擊中流程 11-8
11.3.1 攻擊與擊中流程的實作 11-8
11.3.2 實作說明 11-9
11.3.3 套用樣版方法模式（Template Method）的優點 11-11
11.3.4 修改擊中流程的實作 11-11
11.4 樣版方法模式（Template Method）面對變化時 11-13
11.5 結論 11-16

Chapter 12 角色 AI — State 狀態模式 12-1

12.1 角色的 AI 12-1
12.2 狀態模式（State） 12-11
12.2.1 狀態模式（State）的定義 12-11
12.3 使用狀態模式（State）來實作角色 AI 12-12
12.3.1 角色 AI 的實作 12-12
12.3.2 實作說明 12-14
12.3.3 使用狀態模式（State）的優點 12-23
12.3.4 角色 AI 執行流程 12-23
12.4 狀態模式（State）面對變化時 12-24

xvii

12.5 總結與討論 12-27

Chapter 13 角色系統 13-1

13.1 角色類別 13-1
13.2 遊戲角色管理系統 13-3

Part IV 角色的產生

Chapter 14 遊戲角色的產生 — Factory Method 工廠方法模式 14-1

14.1 產生角色 14-1
14.2 工廠方法模式（Factory Method）...................................... 14-6
    14.2.1 工廠方法模式（Factory Method）的定義 14-6
    14.2.2 工廠方法模式（Factory Method）的說明 14-7
    14.2.3 工廠方法模式（Factory Method）的實作範例 14-8
14.3 使用工廠方法模式（Factory Method）來產生角色物件 14-15
    14.3.1 角色工廠類別 14-15
    14.3.2 實作說明 14-16
    14.3.3 使用工廠方法模式（Factory Method）的優點 14-19
    14.3.4 工廠方法模式（Factory Method）的實作說明 14-20
14.4 工廠方法模式（Factory Method）面對變化時 14-25
14.5 總結與討論 14-27

Chapter 15 角色的組裝 — Builder 建造者模式 15-1

15.1 角色功能的組裝 15-1
15.2 建造者模式（Builder）.. 15-8
    15.2.1 建造者模式（Builder）來的定義 15-8
    15.2.2 建造者模式（Builder）的說明 15-10
    15.2.3 建造者模式（Builder）實作範例 15-11
15.3 使用建造者模式（Builder）來組裝角色的各項功能 15-14
    15.3.1 角色功能的組裝 15-14
    15.3.2 實作說明 15-16
    15.3.3 使用建造者模式（Builder）的優點 15-23
    15.3.4 角色建造者的執行流程 15-24

15.4 建造者模式（Builder）面對變化時 15-24
15.5 總結與討論 15-26

Chapter 16 遊戲數值管理功能 — Flyweight 享元模式 16-1

16.1 遊戲數值的管理 16-1
16.2 享元模式（Flyweight） 16-9
    16.2.1 享元模式（Flyweight）的定義 16-10
    16.2.2 享元模式（Flyweight）的說明 16-11
    16.2.3 享元模式（Flyweight）的實作範例 16-13
16.3 使用享元模式（Flyweight）來實作遊戲 16-17
    16.3.1 SceneState 的實作 16-17
    16.3.2 實作說明 16-20
    16.3.3 使用享元模式（Flyweight）的優點 16-27
    16.3.4 享元模式（Flyweight）的實作說明 16-27
16.4 享元模式（Flyweight）面對變化時 16-29
16.5 結論 16-29

Part V　戰爭開始

Chapter 17 Unity3D 的介面設計 — Composite 組合模式 17-1

17.1 玩家介面設計 17-1
17.2 組合模式（Composite） 17-8
    17.2.1 組合模式（Composite）的定義 17-8
    17.2.2 組合模式（Composite）的說明 17-9
    17.2.3 組合模式（Composite）的實作範例 17-10
    17.2.4 分了兩個子類別但是要使用同一個操作介面 17-13
17.3 Unity3D 遊戲物件的階層式管理功能 17-15
    17.3.1 遊戲物件的階層管理 17-15
    17.3.2 正確有效地取得 UI 的遊戲物件 17-16
    17.3.3 遊戲使用者介面的實作 17-18
    17.3.4 兵營介面的實作 17-20
17.4 結論 17-26

xix

Chapter 18　兵營系統及兵營訊息顯示 18-1

18.1 兵營系統 18-1
18.2 兵營系統的組成 18-2
18.3 初始兵營系統 18-6
18.4 兵營資訊的顯示流程 18-13

Chapter 19　兵營訓練單位 — Command 命令模式 19-1

19.1 兵營介面上的命令 19-1
19.2 命令模式（Command）.. 19-4
　　19.2.1 命令模式（Command）的定義 19-5
　　19.2.2 命令模式（Command）的說明 19-8
　　19.2.3 命令模式（Command）的實作範例 19-9
19.3 使用命令模式（Command）來實作兵營訓練角色 19-12
　　19.3.1 訓練命令的實作 19-13
　　19.3.2 實作說明 19-14
　　19.3.3 執行流程 19-19
　　19.3.4 實作命令模式（Command）時的注意事項 19-19
19.4 命令模式（Command）面對新的變化時 19-22
19.5 結論 19-23

Chapter 20　關卡設計 — Chain of Responsibility 責任鏈模式 20-1

20.1 關卡設計 20-1
20.2 責任鏈模式（Chain of Responsibility）.. 20-6
　　20.2.1 責任鏈模式（Chain of Responsibility）的定義 20-7
　　20.2.2 責任鏈模式（Chain of Responsibility）的說明 20-9
　　20.2.3 責任鏈模式（Chain of Responsibility）的實作範例 20-10
20.3 使用責任鏈模式（Chain of Responsibility）來實作關卡系統 20-12
　　20.3.1 關卡系統的設計 20-12
　　20.3.2 實作說明 20-14
　　20.3.3 使用責任鏈模式（Chain of Responsibility）的優點 20-26
　　20.3.4 實作責任鏈模式（Chain of Responsibility）時的注意事項 20-26
20.4 責任鏈模式（Chain of Responsibility）面對變化時 20-27
20.5 總結與討論 20-30

Part VI　輔助系統

Chapter 21　成就系統 — Observer 觀察者模式 21-1

21.1 成就系統 21-1
21.2 觀察者模式（Observer）... 21-6
　21.2.1 觀察者模式（Observer）的定義 21-7
　21.2.2 觀察者模式（Observer）的說明 21-9
　21.2.3 觀察者模式（Observer）的實作範例 21-10
21.3 使用觀察者模式（Observer）來實作成就系統 21-14
　21.3.1 成就系統的新架構 21-15
　21.3.2 實作說明 21-16
　21.3.3 使用觀察者模式（Observer）的優點 21-30
　21.3.4 實作觀察者模式（Observer）的注意事項 21-30
21.4 當有新的變化時 21-32
21.5 結論 21-34

Chapter 22　存檔功能 — Memento 備忘錄模式 22-1

22.1 儲存成就記錄 22-1
22.2 備忘錄模式（Memento）... 22-6
　22.2.1 備忘錄模式（Memento）的定義 22-6
　22.2.2 備忘錄模式（Memento）的說明 22-7
　22.2.3 備忘錄模式（Memento）的實作範例 22-8
22.3 使用備忘錄模式（Memento）實作成就記錄的保存 22-12
　22.3.1 成就記錄保存的功能設計 22-12
　22.3.2 實作說明 22-13
　22.3.3 使用備忘錄模式（Memento）的優點 22-15
　22.3.4 實作備忘錄模式（Memento）的注意事項 22-16
22.4 當有新的變化時 22-16
22.5 總結與討論 22-17

Chapter 23　角色資訊查詢 — Visitor 訪問者模式 23-1

23.1 角色資訊的提供 23-1
23.2 訪問者模式（Visitor）... 23-11

xxi

- 23.2.1 訪問者模式（Visitor）的定義 23-12
- 23.2.2 訪問者模式（Visitor）的說明 23-18
- 23.2.3 訪問者模式（Visitor）的實作範例 23-19
- 23.3 使用訪問者模式（Visitor）實作角色資訊查詢 23-25
  - 23.3.1 角色資訊查詢的實作設計 23-26
  - 23.3.2 實作說明 23-27
  - 23.3.3 使用訪問者模式（Visitor）的優點 23-34
  - 23.3.4 實作訪問者模式（Visitor）時的注意事項 23-34
- 23.4 當有新的變化時 23-35
- 23.5 結論 23-39

Part VII 調整與最佳化

Chapter 24 字首字尾 — Decorator 裝飾模式 24-1

- 24.1 字首字尾系統 24-1
- 24.2 裝飾模式（Decorator） 24-7
  - 24.2.1 裝飾模式（Decorator）的定義 24-7
  - 24.2.2 裝飾模式（Decorator）的說明 24-11
  - 24.2.3 裝飾模式（Decorator）的實作範例 24-12
- 24.3 使用裝飾模式（Decorator）來實作字首字尾的功能 24-16
  - 24.3.1 字首字尾功能的架構設計 24-16
  - 24.3.2 實作說明 24-17
  - 24.3.3 使用裝飾模式（Decorator）的優點 24-28
  - 24.3.4 實作裝飾模式（Decorator）時的注意事項 24-28
- 24.4 當有新的變化時 24-29
- 24.5 結論 24-30

Chapter 25 俘兵 — Adapter 轉換器模式 25-1

- 25.1 遊戲的寵物系統 25-1
- 25.2 轉接器模式（Adapter） 25-6
  - 25.2.1 轉接器模式（Adapter）的定義 25-6
  - 25.2.2 轉接器模式（Adapter）的說明 25-7
  - 25.2.3 轉接器模式（Adapter）的實作範例 25-8

25.3 使用轉接器模式（Adapter）來實作俘兵系統 25-9
    25.3.1 俘兵系統的架構設計 25-9
    25.3.2 實作說明 25-10
    25.3.3 與俘兵相關的新增 25-12
    25.3.4 使用轉接器模式（Adapter）的優點 25-17
25.4 當有新的變化時 25-18
25.5 結論 25-19

Chapter 26 載入速度的最佳化 — Proxy 代理模式 26-1

26.1 最後的系統最佳化 26-1
26.2 代理模式（Proxy） 26-7
    25.2.1 代理模式（Proxy）的定義 26-7
    26.2.2 代理模式（Proxy）的說明 26-8
    26.2.3 代理模式（Proxy）的實作範例 26-9
26.3 使用代理模式（Proxy）來測試及最佳化載入速度 26-11
    26.3.1 最佳化載入速度的架構設計 26-11
    26.3.2 實作說明 26-12
    25.3.3 使用代理模式（Proxy）的優點 26-15
    25.3.4 實作代理模式（Proxy）時的注意事項 26-15
26.4 當有新的變化時 26-17
26.5 結論 26-18

Part VIII 未明確使用的模式

Chapter 27 迭代器模式、原型模式、解譯器模式 27-1

27.1 迭代器模式（Iterator） 27-1
27.2 原型模式（Prototype） 27-2
27.3 解譯器模式（Interpreter） 27-4

Chapter 28 Abstract Factory 抽象工廠模式 28-1

28.1 抽象工廠模式（Abstract Factory）的定義 28-1
28.2 抽象工廠模式（Abstract Factory）的實作 28-3
28.3 可應用抽象工廠模式的場合 28-5

xxiii

設計模式與遊戲開發
的完美結合

Appendix　參考書目 A-1

編輯的話 A-2

Part I

設計模式與
遊戲設計

在開始講解本書範例之前,我們先來介紹設計模式的起源,以及它們對物件導向程式設計的影響,並說明為什麼遊戲程式設計師要使用設計模式來進行遊戲開發。而本篇的最後一個部份,則是說明本書範例的下載及執行方式。

設計模式與遊戲開發
的完美結合

第 1 章
遊戲實作中的設計模式

1.1 設計模式的起源

在 1994 年由四位作家： Erich Gamma, Richard Helm, Ralph Johnson, John Vlissides 共同發表的著作──《設計模式(*Design Patterns*)》[1]，替物件導向程式設計劃上了新頁。從此之後，設計模式(Design Patterns)一詞，在軟體設計行業內廣為流傳，而這最初的四個作者，也被人暱稱為四人幫(GoF: Gang of Four)。

那什麼是模式(Pattern)呢？模式(Pattern)一詞最早源自於建築業中（在四人幫的設計模式一書中也提及了這一段[1,p-2]），Christopher Alexander 說：「每一種模式都在說明一個一再出現的問題，並描述解決方案的核心，讓你能夠據以變化，產生出各種招式，來解決上萬個類似的問題」[8]。

設計模式(Design Patterns)的作者們，將使用在「硬體」建築業中的設計概念，導入到純腦力的「軟體」設計業中，將軟體程式設計引導到一個更為「系統性分析」的工作行業上。物件導向設計方法中強調的是：以類別、物件、繼承、組合，做為軟體設計分析的方式。所以程式設計師在實作的過程中，必須將軟體功能拆分成不同的類別/元件，之後再將這些不同的類別/元件加以組裝、堆疊來完成軟體的實作。

隨著時間的發展，物件導向程式設計已成為主流的軟體開發方法，同時軟體系統也愈來愈複雜及多元化，小至智慧型手機上的 App 應用程式，大至涵蓋全球的社群網站，幾乎融入了每一個人的生活範圍之中。而多樣性的軟體功能應用，使得程式設計師在使用物件導向程式語言時也增加了許多挑戰，像是如何將軟體功能做切分、減少功能之間的重複、有效地連結不同功能……，都不斷考驗著程式設計師的系統分析及實作能力。

所以，透過引入「模式」的概念，讓軟體設計也能像建築設計一樣，可以透過經驗累計的方式，將一些經常用來解決特定情況的「類別設計」、「物件組裝」加以整理並定義成為一個「設計模式」。而這些「軟體的設計模式」，讓開發者在往後遇到相同的情況時，可以從中找出對應的解決方法直接使用，不必再去思考如何分析及設計。這麼一來，除了能夠減少不必要的時間花費之外，也能加強軟體系統的「穩定性」及「可維護性」。

1.2 軟體的設計模式是什麼？

所以，設計模式的定義是什麼呢？我們可以將設計模式定義如下：

「每一種模式都在說明某種一再出現的問題，並描述解決方法的核心，之後讓你能夠據以變化出各種招式，來解決上萬個類似的問題」。

每一種設計模式除了依照「物件導向設計原則」加以分析設計之外，它們還滿足下面的幾項要求：

解決一再出現的問題

軟體開發就是使用某種程式語言，去完成軟體系統中需要具備的功能，而這些功能或許可稱之為「問題」，也就是軟體工程師們必須去克服及實作的。這些功能/問題又可以分成兩類：一種是特別化的問題，就是該問題只會出現在某個軟體系統中；而另一種則是同質性較高的功能/問題，它會經常地出現在不同的軟體實作中，而設計模式所針對的就是這些「一再出現的問題」。因為是一再出現，所以可以歸納出相同的解決方案，讓程式設計師在遇到相同的問題時，能夠立刻使用，不必花費時間去重新思考及設計解決方法。

解決問題的方案及核心關鍵

每一種軟體設計模式都是針對一個經常出現的軟體實作問題提供解決方案，而每一個解決方案都會針對問題的核心加以分析討論，並從中找出問題的關鍵點及形成原因，最後設計出能夠解決該問題的類別結構及組裝方式。而這些解決方案本身會先經過「一般化」的思考及歸納，讓解決方案能適應更多的變化。

可以重複使用的解決方案

重複使用才是設計模式所要強調的，因為解決方案在設計時已經過一般化的思考，所以它們能夠一而再、再而三地被重複應用在所有類似的問題，最後成為上萬個類似問題的解決方案。

如果讀者對於上面的說明還是沒有具體概念的話，那麼我們可以試著從非「軟體開發」的一般例子來理解「模式」：就以玩家在玩遊戲時，常會使用到的「遊戲攻略」為例，攻略其實也可以算是模式的一種。

讓我們試著以大型多人線上遊戲(MMORPG)的「副本攻略」來解釋，有些「副本攻略」是用來說明：當玩家想要打倒某個副本的王級怪時，需要組織怎樣的 40 人團隊去攻打。這樣的攻略可能包含了：這 40 個遊戲角色的職業佔用比重是多少、每一個職業使用的裝備是什麼、職業技能要怎麼設定、進入王怪的戰鬥場地時該怎麼站位、王怪有什麼動作時成員們要有什麼相對的反應……。

這樣的「副本攻略」也是「模式」的一種，因為它針對的是某一種副本(特定情況)分析設計出來的成果。也因為這個副本可以反覆地去攻打(一再出現)，所以這個攻略模式可以一再地被重複使用。而攻略設計的本身會針對王怪的特性進行分析(針對核心關鍵)，所以該攻略模式還可以再往外引伸或重複使用，像是遊戲中如果存在另一個有相同特性的副本時(一再出現)，那麼也可以使用相同的攻略去完成。

所以，可以這樣說：當遇到問題時，如果能夠馬上提出對應的解決方案，那麼那個解決方案就是「模式」，也可以說成是 —— 解決問題的 SOP。而其它像是：

- 成功的商業模式(Business Model)，就是用來說明某一個行業在商務擴展時所使用的策略，並且成為其它有相同商業行為公司在擴展業務時的一個參考；
- 便利商店的「展店模式」，用來解決新增一個分店時，如何從店址挑選、店面坪數設定、貨架安排、動線安排…的所有規則，而且這樣的「展店模式」是可以一再地被重複使用，加快便利商店擴張的速度。

因此，「模式」是各行業都能使用來解決問題的方法。GoF 歸納的則是在「軟體設計」時常使用到的模式。至於本書的重點則著重在，利用這些設計模式來解決「遊戲設計」時經常會遇到的問題，並且以實際範例來說明，如何將這些設計模式加以組合應用，達到 1+1 大於 2 的效果。

1.3 物件導向設計中常見的設計原則

上一小節提到「設計模式都依照物件導向設計原則」來進行分析設計，那麼什麼是「物件導向設計原則」呢？

90 年代，Java 語言的問世及應用，帶動了使用物件導向程式語言(OOPL)進行軟體設計的潮流。所以，在軟體分析與設計領域之中，陸續出現了針對使用 OOPL 進行軟體設計時，所需搭配的「設計原則」。這些原則指導著軟體設計者，在進行軟體實作時應該要注意的事項及應該避免的情況。

如果軟體設計者能夠充份了解這些原則並加以應用，就可以讓他實作出來的軟體系統更加穩定、容易維護、並具有移轉性。Robert Cecil Martin 在其著作《Agile Software Development: Principles, Patterns, and Practices》[9] 中，將常見的設計原則作了清楚的說明，包含了下列五個設計原則：

單一職責原則(SRP：Single Responsibility Principle)

這個原則強調的是「當設計封裝一個類別時，該類別應該只負責一件事」。當然，這與在類別抽象化的過程中，對於該類別應該負責哪些功能有關。一個類別應該只負責系統中一個單獨功能的實作，但是對於功能的切分及歸屬，通常也是開發過程中最困擾設計者的。程式設計師在一開始時不太容易實現這個原則，但是會因著在專案開發過程中，不斷地往同一類別上增加功能，最後導致類別過於龐大、介面過於複雜後才會發現問題：單一類別負責太多的功能實作，導致於類別難以維護，也不容易了解該類別的主要功能，最後也可能讓整個專案過度依賴於這個類別，使得專案或這個類別失去彈性。

但是，只要透過不斷地進行「類別重構」，將類別中與實作相關功能的部份抽取出來，另外封裝為新的類別，之後再利用組合的方式將新增的類別加入原類別之中，慢慢地就能達成類別單一職責化的要求 —— 也就是專案中的每一個類別，只負責單一功能的實作。

開放封閉原則(OCP：Open-Closed Principle)

一個類別應該「對擴充開放、對修改關閉」。什麼是對擴充開放，而又如何要對修改關閉呢？其實這裡提到的類別，指的是實作系統某項功能的類別。而這個功能類別，除非是修正功能錯誤，否則，當軟體的開發流程進入「完工測試期」或「上市維護期」時，

對於已經測試完成或已經上線運作的功能，就應該「關閉對修改的需求」，也就是不能再修改這個類別的任何界面或實作內容。

但是，當增加系統功能的需求發生時，又不能置之不理，所以也必須對「功能的增加保持開放」。因此，為了達成這個原則的要求，系統分析時就要朝向「功能介面化」的方向來設計，將系統功能的「操作方法」向上提升，抽象化為「介面」，將「功能的實作」往下移到子類別中。所以在面對增加系統功能的需求時，就可以使用「增加子類別」的方式來達成。而具體的實作方式可能是：1.重新實作一個新的子類別，或是 2.繼承舊有的實作類別，並在新的子類別中實作新增的系統功能。這樣一來，對於舊有的功能實作都可以保持不變(關閉)，同時又能夠對功能新增的需求保持開放。

里氏替代原則(LSP：Liskov Substitution Principle)

這個原則指的是「子類別必須能夠替換父類別」。如果按照這個設計原則去實作一個有多層繼承的類別群組，那麼當中的父類別通常是「介面類別」或是「可被繼承的類別」。父類別中一定包含了可被子類別重新實作的方法，而客戶端使用的操作介面也由父類別來定義的。客戶端在使用的過程中，必須不能使用到「物件強制轉型為子類別」的語法，客戶端也不應該知道，目前使用的物件是哪一個子類別實作的。至於使用哪個子類別的物件來替代父類別物件，則是由類別本身的物件產生機制來決定，外界無法得知。里氏替代原則基本上也是對於開放封閉原則提供了一個實作的法則，說明如何設計才能保持正確的需求開放。

相依性反向原則(DIP：Dependence Inversion Principle)

這個原則包含了兩個原則主題：

- 高層模組不應該相依於低層模組，兩者都應該相依於抽象概念；
- 抽象介面不應該相依於實作，而實作應該相依於抽象介面。

從生活中舉例來解釋第一個原則主題：「高層模組不應該相依於低層模組，兩者都應該相依於抽象概念」，可能會比單純使用軟體設計來解釋更為容易，所以接下來就以汽車為例來進行說明。

汽車與汽車引擎就是一個很明顯違反這個原則的例子：汽車就是所謂的高層模組，當要組裝一部汽車時，需要有不同的低層模組進行配合才能完成，像是引擎系統、傳動系統、懸吊系統、車身骨架系統、電裝系統等，有了這些低層模組的相互配合才能完成一部汽

車。但汽車卻很容易被引擎系統給限定,也就是說,裝載無鉛汽油引擎的汽車不能使用柴油做為燃料;裝載柴油引擎的汽車不能使用無鉛汽油做為燃料。所以每當汽車要加油時,都必須按照引擎的種類選擇對應的加油車道,這就是「高階模組相依於低層模組」的例子,這個高階模組現在有了限制——汽車因為引擎而被限制了加油的品項。雖然這是一個很難去改變的例子,但是在軟體系統的設計上,反倒有很多方法可以解除這個「高層相依於低層」的問題,也就是讓它們之間的關係可以反轉,讓低層模組按高層模組所定義的介面去實作。

以個人電腦(PC)的組成為例,位於高層的個人電腦中定義了 USB 介面,而這個介面定義了硬體所需的規格及軟體驅動程式的撰寫規則。只要任何低層模組,像是記憶卡、隨身碟、讀卡機、相機、手機⋯,只要能符合 USB 介面規範的,都能加入個人電腦的模組中,成為電腦功能的一環一起提供服務給使用者。

上述個人電腦的例子足以說明如何由「高層模組定義介面」再由「低層模組依這個介面實作」的過程,這個過程可以讓他們之間的相依關係反轉。同時,這個反轉的過程也說明了第二項原則主題的涵義:「抽象介面不應該相依於實作,而實作應該相依於抽象介面」。當高層模組定義了溝通介面之後,與低層模組的溝通就應該只透過介面來進行,而在實務上,這個介面可能是以一個類別的變數或物件參考來表示。請注意,在使用這個變數或物件參考的過程中,不能去做任何的型別轉換,因為這樣就限定了高層模組只能使用某一個低層模組的特定實作。而且,子類別在重新實作時,都要按照介面類別所定義的方法進行實作,不應該再去新增其它方法,讓高層模組有機會利用轉型的方式去呼叫使用。

介面分割原則(ISP:Interface Segregation Principle)

「客戶端不應該被迫使用他們用不到的介面方法」,這個問題一般會隨著專案開發的進行而愈來愈明顯。當專案中出現了一個負責主要功能的類別,而且這個類別還必須負責跟其它子系統做溝通時,針對每一個子系統的需求,主要類別就必須增加對應的方式。但是,增加愈多的方法就等同於增加類別的介面複雜度。因此,每當要使用這個類別的方法時,就要小心地從中選擇正確的方法,無形之中增加了開發及維護的困難度。透過「功能的切分」及「介面的簡化」可以減少這類問題的發生,或是套用設計模式來重新規劃類別,也可以減少不必要的操作介面出現在類別中。

除了上述五大原則外,還有一些也常被使用的設計原則,簡介如下:

最少知識原則(LKP：Least Knowledge Principle)

當設計實作一個類別時，這個類別應該愈少使用到其它類別提供的功能愈好。意思是，當這個類別能夠只依本身的「知識」去完成功能的話，那麼就相對地減少與其它物件「知識」的依賴度。這樣的好處是減少這個類別與其它類別的耦合度，換個角度來看，就是增加這個類別被不同專案共用的可能性，而這將會提高類別的重用性。

少用繼承多用組合

當子類別繼承一個「介面類別」後，新的子類別就要負責重新實作介面類別中所定義的方法，而且不該額外擴充介面，以符合上述多個設計原則的要求。但是，當系統想要擴充或增加某一項功能時，讓子類別繼承舊有的實作類別，卻也是最容易實現的方式之一。新增的子類別在繼承父類別後，在子類別內增加想要擴充的「功能方法」並加以實作，客戶端之後就能直接利用子類別物件進行新增功能的呼叫。

但對於客戶端或程式設計師而言，當下他可能只是需要子類別所提供的功能，並不想額外知道父類別的功能，因為這樣會增加程式設計師挑選方法時的難度。例如，「鬧鐘類別」可以利用繼承「時鐘類別」的方式，取得「時間功能」的實作，只要子類別本身再另外加上「定時提醒」的功能，就能達成「鬧鐘功能」的目標。當客戶端使用鬧鐘類別時，可能期待的只不過是設定鬧鐘時間的方法而已，對於取得目前時間的功能並沒有迫切的需求。故而，從時鐘父類別繼承而來的方法，對於鬧鐘的使用者來說，可能是多餘的。

那麼如果將設計改為，在鬧鐘的類別定義中，宣告一個型別為時鐘類別的「類別成員」，那麼就可以減少不必要的方法出現在鬧鐘介面上，也可以減少鬧鐘類別的客戶端對時鐘類別的相依性。另外，在無法使用多重繼承的程式語言（例如 Java）中，使用組合的方式會比層層繼承來得明白及容易維護，並且對於類別的封裝也有比較好的表現方式。

所以，在說明完上述幾個物件導向設計原則之後，可以知道的是，物件導向設計原則強調的是，在進行軟體分析時所必須遵循的指導原則，而設計模式基本上都會秉持著這些原則來進行設計，也可以這樣說，「設計模式」是在符合「物件導向設計原則」的前提下，解決軟體設計問題的實際呈現結果。

1.4 為什麼要學習設計模式

學習物件導向程式設計的範本

對於新手程式設計師,或是正在學習新程式語言的程式設計師來說,照著已知的範例來學習是最快的方式之一。而學習物件導向程式設計時,也可以透過學習「設計模式」來了解,在某個特定的軟體實作需求下,如何將功能切分到不同的類別之中,並將它們組裝起來,同時也可以了解物件之間的組合及運作方式,簡言之,「設計模式」就是學習物件導向程式設計的最佳範本。除此之外,「設計模式」還具有下列特色:

學習先人的智慧

設計模式結合了許多實際應用於軟體開發的經驗,也是數以萬計軟體開發人員的智慧結晶,透過學習設計模式,也間接地學習到先人所累積的智慧及經驗。

不必重新思考新的解決方案

對於需要解決的問題,如果實作人員能夠了解問題的關鍵核心,那麼就可以從現有的設計模式之中找到對應的解決方案,並且參考現有的解決方式來解決遇到的問題,這樣做將可省去許多自行思考解決方案的時間。

被驗證過的模式

在 1994 年由 GoF 提出的軟體設計模式已經歷過 20 年,而書中所提出的 23 種設計模式,許多都已成為軟體設計時的準則,有些甚至內化到程式語言之中,直接由程式語言提供。而且,後續許多書籍在討論設計模式時,也多以這 23 種設計模式為主。所以 GoF 所提出的「設計模式」是被驗證過的,而且可以被廣泛地應用在的軟體設計領域之中,成為標準解決方案的參考來源。(可見附錄的參考書籍清單)

基於上述的理由,「設計模式」很自然地成為了軟體開發人員一定要了解的一門知識及學問。

1.5 遊戲程式設計與設計模式

遊戲軟體產業一直是隨著電腦硬體的發展而逐步進化：從早期 80 年代個人電腦進入家庭開始，到 90 年代廣泛地普及開來，遊戲軟體產業也從車庫中的小工作室進化到百人以上的中型企業。伴隨著網路時代的降臨，遊戲產業也進化到提供多人同時遊玩的網路服務能力。開發大型線上遊戲的公司朝向大型跨國企業來發展，社群網站的興起又帶動了另一波遊戲產業的高峰。近幾年來，智慧型手機的爆發及 App 銷售平台的建立，再加上開源社群的努力及平價遊戲開發工具的支持，都讓夢想進入遊戲軟體產業的開發者，不必再面對過去的高門檻，而紛紛投入遊戲軟體產業的行列。

直到現在，遊戲軟體產業中仍存在百億等級的跨國公司，開發著以億計費的高效能遊戲，但於此同時，也存在以幾個人就能開發遊戲的獨立工作室。所以，遊戲開發在軟體產業的普及是可想而知的，但不論是大型公司或是小型團隊，在遊戲開發上一樣面臨許多挑戰，而我們又要如何面對這些挑戰：

市場的多樣性及變化

遊戲產品的多樣性從市面上流行的遊戲種類就可以看出：動作、射擊、益智、經營養成、角色扮演、轉珠、推圖通關、多人連線角色扮演⋯。面對這麼多的遊戲種類，對每一個開發廠商來說，如果要使得團隊具備開發大部份遊戲類型的能力，或是更快速地轉換開發出下一代產品，那麼首要關鍵，就是針對每一種開發工具設計出一套屬於自己團隊的「遊戲開發框架」(Game Framework)。而這個遊戲開發框架的主要工作就是建造出，能讓遊戲開發團隊內，程式、企劃、美術一起整合工作的環境。一但開發團隊有了專屬的遊戲開發框架，就能將這個遊戲開發框架不斷地套用在不同的遊戲類型開發，加速遊戲開發的時程。

此外，團隊的遊戲開發框架在使用時，還必須具備夠穩定、易擴張及方便使用等特色，這樣的開發框架在設計上，需要有相當的經驗，並將眾多設計方式融入其中，而「設計模式」往往也成為解決開發框架設計問題時的一個參考範本。

需求變化

面對市場產品的多樣性，要讓自己開發的遊戲能在市場上獲得更多玩家的青睞，就必須保持對市場的敏感度。除了要能快速地了解玩家的喜好，還必須立即更動遊戲玩法及內容，讓玩家對遊戲保持高度的吸引力，而這正是目前遊戲產業中不變的法則。換句話說，

設計模式與遊戲開發
的完美結合

遊戲程式設計師最常面對的挑戰就是，不斷地增加遊戲系統或修改現有的遊戲功能來迎合玩家們的想法。所以，「變化」對於程式設計師來說，是最常需要面對的問題。

要如何讓遊戲系統能夠適應如此高速變化的調整，並且能夠在每一次的更動及版本發佈之後，維持著穩定度，對遊戲開發者來說一直是個很重要的課題，也是個難題。同樣身為軟體開發者的遊戲程式設計師們，除了可以導入新的軟體開發流程(敏捷開發)、定期發佈、單元測試…之外，強化物件導向設計分析的能力是另一項可以加強的地方。在進行遊戲系統的設計分析時，若能掌握每項設計原則背後的道理，並充份利用設計模式去解決經常重複出現的問題，讓每一個系統都能保持著「對擴充開放、對修改關閉」的特性，那麼勢必能讓遊戲系統在身處變化如此頻繁的產業時，也能適應環境並保有穩定度。

眾多的應用平台

早期 90 年代的遊戲開發者，使用的開發技術單純，要不是 Windows 平台的 Win32 API、DirectX、OpenGL，不然就是利用家用遊戲主機開發商提供的工具來開發遊戲。早期開發一款遊戲時，也常常只需要針對一個應用平台進行最佳化及調整。

但隨著智慧型手機及行動裝置的多樣化，現今的遊戲或軟體開發者，必須開發符合各平台(iOS、Andorid、Windows Phone、Web)的遊戲與軟體，才能增加市場的佔有率並滿足每一個可能的使用者。而遊戲開發者除了可以利用像是 Unity3D、Unreal(UDK)、Cocos2D-x 這樣子的開發工具，來減少跨平台開發時會遇到的問題外，筆者認為，將「遊戲核心」功能保持一定的獨立性是有其必要的。

這裡的「獨立性」指的是：「遊戲核心玩法」與「應用平台或開發工具」之間的關連必須降到最低，讓遊戲核心玩法不被任何的開發工具或應用平台綁住是非常重要的。因為隨著時間過去，會有更多的平台、更好的開發工具問市，如果不能在這些平台或開發工具之間快速轉換，終將失去早期進入市場的優勢。而保持遊戲核心良好的獨立性，則有賴於遊戲開發者在系統設計時，將「遊戲核心介面」與「應用平台或開發工具」之間做良好的切割。有許多設計原則能夠在這方面提供良好的指引方向，而設計模式則提供了明確的設計指南。

使用技術多樣化

早期遊戲比較常出現在大型機台、專用主機、個人電腦等平台，當中需要應用到的資訊技術較為單純。但隨著網路的普及，多人連線遊戲的面世，將網路程式設計、分散式系統、大型資料庫、即時語音…等等的技術也導入了遊戲設計的領域之中。同時，為了滿

足玩家即時消費的需求，網路線上小額付費、網路資訊安全、消費者行為分析…等等的技術也被納入遊戲設計的範疇之中，目的是期望藉由這些技術，強化線上遊戲營運者與玩家者之間的互動。可以想見，想要完成一套受歡迎的遊戲，必須使用的技術非常多，以下簡單條列一款「即時連線型」網路遊戲可能運到的資訊理論及技術：

- 客戶端(Client)：3D 電腦圖學(Computer Graphic)、2D 影像處理(Image Processing)、電玩物理學(Game Physics)、人工智慧(AI:Artifical Intelligence)、音效處理(Sound Processing)、資料壓縮(Data Compression)。

- 伺服器端(Server)：網路通訊(Network Communication)、網路程式設計(Network Programming)、動態網頁程式設計(Dynamic Web Server Programming)、分散式系統(Distributed systems)、資料庫系統(Database Systems)、資訊安全(Information Security)。

- 遊戲營運(Game Operating)：硬體服務架設、系統服務架設、網路系統規劃、網路服務監控、虛擬技術、金流串接、開放平台帳號登入、消費者行為分析。

正因為應用到的技術非常多元，所以在整合上更需要有良好的設計方法，來作為各項技術之間的串接及合作。引用正確的物件導向分析方法，將各項技術之間做介面切割，並讓每一個功能元件保持最小知識原則，或者也可以直接引用設計模式的建議，並依循先人累積的知識，將各項技術做有效的串接組合。

設計模式已成為軟體設計領域的共通語言，在與他人進行溝通時，若是可以直接講解系統設計時使用的是什麼設計模式，就可減少溝通之間的誤解，避免浪費不必要的時間。不僅小型遊戲開發團隊應該使用設計模式來強化系統的穩定度及可擴充性，大型的開發團隊更應該使用設計模式，來強化成員間的溝通，並建立穩固的遊戲框架，讓多個專案之間可以共享開發資源及成果。

1.6 模式的應用與學習方式

既然設計模式對於軟體設計分析非常重要，那麼，我們該如何學習設計模式呢？首先，可以從了解 GoF 提出的 23 種設計模式作為起步：

在 1994 年，當時軟體分析設計領域內有四個非常有名的專家，透過交互討論、同儕審查的方式，分析出當時用來解決軟體實作中的大部份設計方法，並提出了 23 種最常被使用到的設計模式。至於討論出來的結果，為什麼是 23 種而不是更多種，四人之一的

John Vlissides 在其著作[6]中有明確的說明：當時四位作者之間，對於哪些設計方式能夠成為一個設計模式，展開了許多的辯論，並針對每一個設計模式的定義及應用方式都備有詳細的規範及論述過程。這樣討論的過程及方式，漸漸引起許多軟體設計領域的學者，紛紛加入分析及定義更多設計模式的行列。雖然後來有許多的設計模式也都針對了特定領域的問題加以分析及定義，但最廣為使用的，還是 GoF 定義出來的 23 種設計模式。

GoF 的 23 種設計模式，被分為三大類別，分別對應到軟體分析設計時需要面對的三個環節：

- 生成模式(Creational)：產生物件的過程及方式。
- 結構模式(Structural)：類別或物件之間組合的方式。
- 行為模式 (Behavioral)：類別或物件之間互動或是責任分配的方式。

每個大類別之下都有不同的設計模式可以應用。而在模式選擇上，單純就以解決問題為導向，設計者提出需要解決的問題，然後查詢這 23 種設計模式中，是否有可以解決問題的模式。當然也可以依照 GoF 的分類方式，先將問題本身做一歸類，然後再從中去尋找合適的設計模式。

在應用之前，讀者當然必須先對於 23 種設計模式有所了解。想要學習這 23 種設計模式，除了研讀 GoF 的名著《設計模式(*Design Patterns*) 》之外，坊間也有不少書籍針對這 23 種設計模式加以說明，並且大量使用範例來解釋各種模式的應用方式，都是不錯的學習參考範例。

本書的目的也是一樣的，透過範例的解說讓讀者了解這 23 種設計模式當中的 19 種設計模式應該如何被應用(未被使用到的四種模式可以參考第 27、28 章的說明)。但比較特別的是，本書使用的範例都是針對遊戲設計領域實際會遇到的問題加以說明。除此之外，本書的另一個目的是要展示設計模式另一個強大的功能，也就是：**不同設計模式之間的搭配組合可以產生更大的效果**。所以本書將 19 種設計模式範例，全部應用在同一款遊戲的設計之中，並透過每一章節的說明，讓讀者能夠看到這款遊戲從開始實作到最後完成的過程中，所有可能遇到的問題，以及如何應用設計模式來解決這些問題。

過度設計

利用設計模式來進行軟體設計無疑是個良策,但無限制地使用設計模式來進行軟體設計,也會產生一種稱為「過度設計(Over-Engineering)」的問題:就是當「程式碼的彈性或複雜度超過需求時,就是犯下過度設計的毛病」[2]。簡單來說就是,程式設計師將原本不需要的設計需求加入到實作中,而這些預先做好的功能,直到專案上市的那一天都沒有被使用過,那麼這些設計就可以稱為「過度設計」。

在本書的範例中,可能存在過度設計的問題,不過那是故意的。因為筆者想透過範例的呈現,將可能用得到的設計模式一個個加以呈現。所以對於本書的遊戲範例而言,這些應用可能是專門設計出來的,它可能沒有真正被擴充或者等不到更改需求的那一天。但這只是針對本書範例遊戲而言。對於其它的遊戲設計而言,每一種設計模式的應用都可能存在被擴充的那一天。筆者是以過去的經驗法則,在本書中,將所有可能變更之處都加以呈現,期望讀者能夠從中了解當中可以產生變化之處,並加以妥善應用。

設計模式的應用

GoF 提列的 23 種設計模式並不是教條式的規則及框架,它們都是「解決問題的方法」的概念呈現。包含了四位作者之一的 John Vlissidesr 在其著作《*Pattern Hatching: Design Patterns Applied*》[6] 中都提及:

「沒有規定一定要跟書中有一模一樣的架構圖才能被稱為某一個模式(Pattern)」

《設計模式》一書只是提出了一個規範及定義,並不代表那是唯一的表達方法,所以 23 個設計模式也可以有其它變形或架構圖。所以我們可以這樣說,只要是符合 GoF 所要表達的情景,就可以說是「以某某模式應用的設計方法」。

1.7 結論

從 1994 至今,設計模式(Design Pattern)一詞始終活躍在軟體設計領域當中,許多作者紛紛以「某某語言的 Design Pattern」為題,向各程式語言使用者介紹這個好用的工具。而筆者在遊戲開發這十年的從業過程中,實際使用過的設計模式與應用方法眾多,並藉由本書與讀者們分享。在下一章中,我將說明書中範例的安裝及使用方式。

設計模式與遊戲開發
　的完美結合

第 2 章
遊戲範例說明

2.1 遊戲範例

本書利用一個完整的遊戲範例，說明如何應用《設計模式》一書提及的 19 種設計模式，並結合筆者多年來的開發經驗，將遊戲設計中經常遇到的設計問題做系統性的介紹及說明，而本書將此遊戲範例稱之為「P 級陣地」，簡介如下：

「P 級陣地是一款陣地防守遊戲，任務是不讓玩家的陣地被敵方單位攻擊。玩家可透過位於地圖上的兵營，產生不同的兵種單位來防守陣地，而這些由兵營產生的玩家作戰單位，會在陣地附近留守，過程之中玩家不必操控每一個作戰單位，他們會自動發現來襲的敵人並且擊退他們。而敵方單位則是定期由陣地外圍不斷地朝陣地中央前行，並攻擊阻擋在面前的玩家單位。當有 3 個敵方單位抵達陣地中央時，則玩家防守失敗，遊戲結束」。

開啟遊戲專案

讀者可以從 GitHub 取得「P 級陣地」的完整專案，並且可自由測試或嘗試新的設計模式寫法。GitHub 下載點如下：

https://github.com/sttsai/PBaseDefense_Unity3D

下載完成後，以 Unity3D 開啟專案，並找到位於\Assets\P-BaseDefenseAssets\Scenes 中的 StartScene，按下 Unity 的 Play 即可開始「P 級陣地」，結果如下：

設計模式與遊戲開發
的完美結合

圖 2-1 執行遊戲

想要查看遊戲的實作程式碼，可透過下接式功能選單上的 [Assets]->[Sync MonoDevelop Project] 功能，執行後會開啟 Unity3D 內建的開發工具(IDE) MonoDevelop，如圖 2-3。

利用左側的「Solution 專案檢視」視窗，可以找到範例程式的相關程式碼檔案，點擊開啟後就可以進行修改。

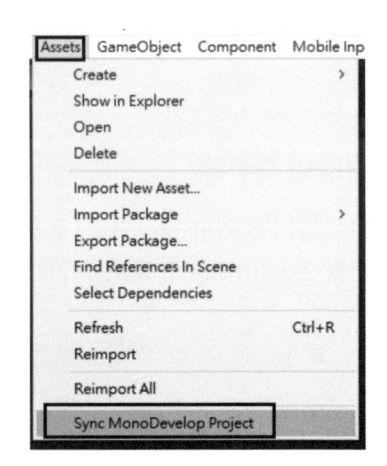

圖 2-2 開啟 MonoDevelop

Chapter 2　遊戲範例說明

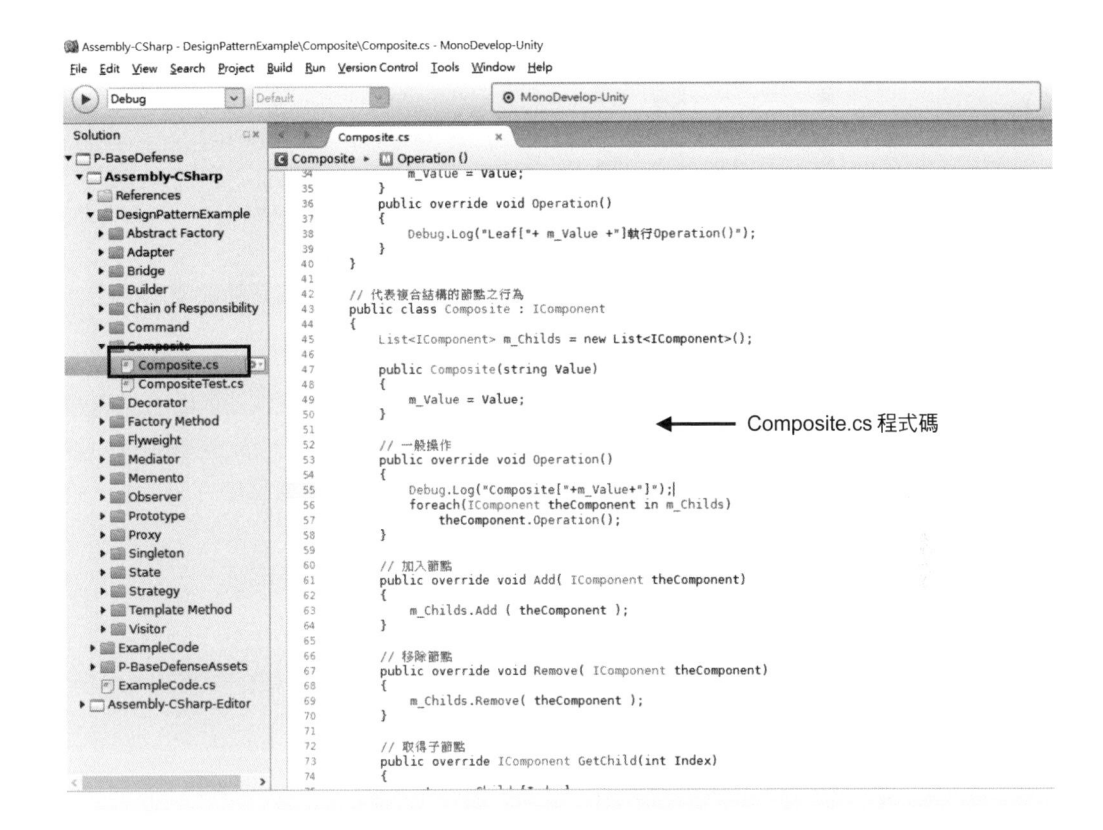

圖 2-3　MonoDevelop 編輯程式碼

遊戲開發人員說明

介紹開發「P 級陣地」的過程中，本書將以對話方式為主軸，書中將不定時出現下列兩位人物。

小企：

- 企劃人員，多年遊戲設計經驗。
- 經過多年的學習之後，這次有機會主導設計這款遊戲。
- 他認為在現在的遊戲環境下，產品內容應該要跟得上市場的變化，快速反應玩家的需求，認為不斷地變化是遊戲設計中不變的道理。

2-3

設計模式與遊戲開發
的完美結合

小程：

- 程式人員，多年遊戲開發經驗。
- 熟悉 Server 及 Client 端遊戲開發。
- 這次配合小企在 Unity3D 上開發一款遊戲。
- 他推崇「敏捷開發」方式，認為程式人員必須具備「設計出靈活改變的產品」的能力與觀念，以因應玩家或市場的變化。

這兩位角色將會出現在許多場合之中，透過他們的對話可以了解到，在一款遊戲開發過程中經常會遇到的問題。這些問題可能是遊戲功能的改變、系統的追加、遊戲測試的需求，而程式人員在面對這些問題時，如何透過良好的設計分析來重新調整系統功能，並且將之後可能出現的需求變化及功能新增都一併考慮在內。

2.2 GoF 的設計模式範例

本書的 Unity3D 專案中有一個「DesignPatternExample」目錄，該目錄收錄了以 C#實作的 GoF 設計模式範例，共 23 個子目錄。每個目錄下都會有一個以模式名稱為檔名的檔案以及相對應的測試範例檔：

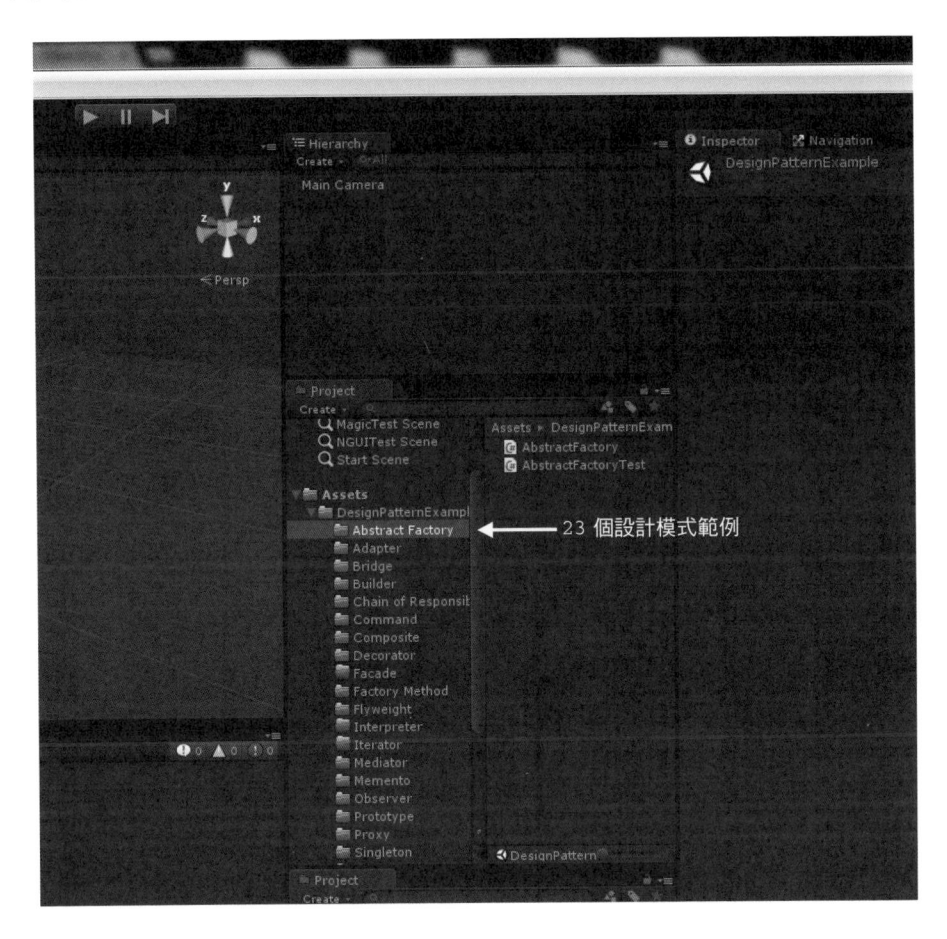

圖 2-4 GoF 的實作範例

這些 C#實作範例是筆者在學習新的程式語言時使用的「練習程式」，目的是要找出以這個程式語言實作各個設計模式的最佳方式。不過，像是外觀模式(*Facade*)、迭代器模式(*Iterator*)及解譯器模式(*Interpreter*)這幾種設計模式則沒有實作範例，原因是：外觀模式(*Facade*)是各子系統整合後的統一操作界面，所以可以當成是類別成員的方法來呼叫；迭代器模式(*Iterator*)在 C#中可以使用 `foreach` 來表示；解譯器模式(*Interpreter*)

設計模式與遊戲開發
的完美結合

是在遊戲專案中加入直譯器的功能，而光是直譯器的撰寫跟程式語言的設計，就足以再寫另一本專業書籍來介紹了。所以，以上三個模式在本書的範例中並未多加著墨。

想要在 Unity3D 環境下，執行這些範例程式並看到執行結果，可利用下面的步驟來進行：

步驟 1． 從 Project 視窗中找到放在「DesignPatternExample」目錄下的 DesignPatternExample 場景檔並進入場景：

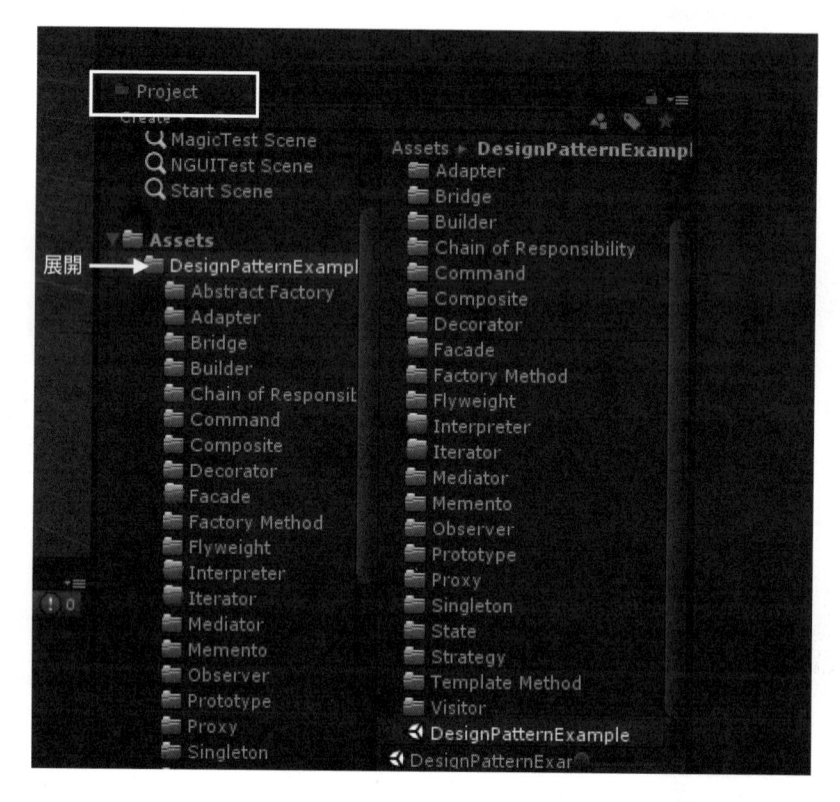

圖 2-5 開啟 GoF 的測試場景

步驟 2・進入場景後，先點選在 Hierarchy 視窗中的「Main Camera」遊戲物件，之後在 Inspector 視窗中就會看到該物件下掛了許多的腳本元件，每一個腳本元件都代表了一個設計模式的測試範例：

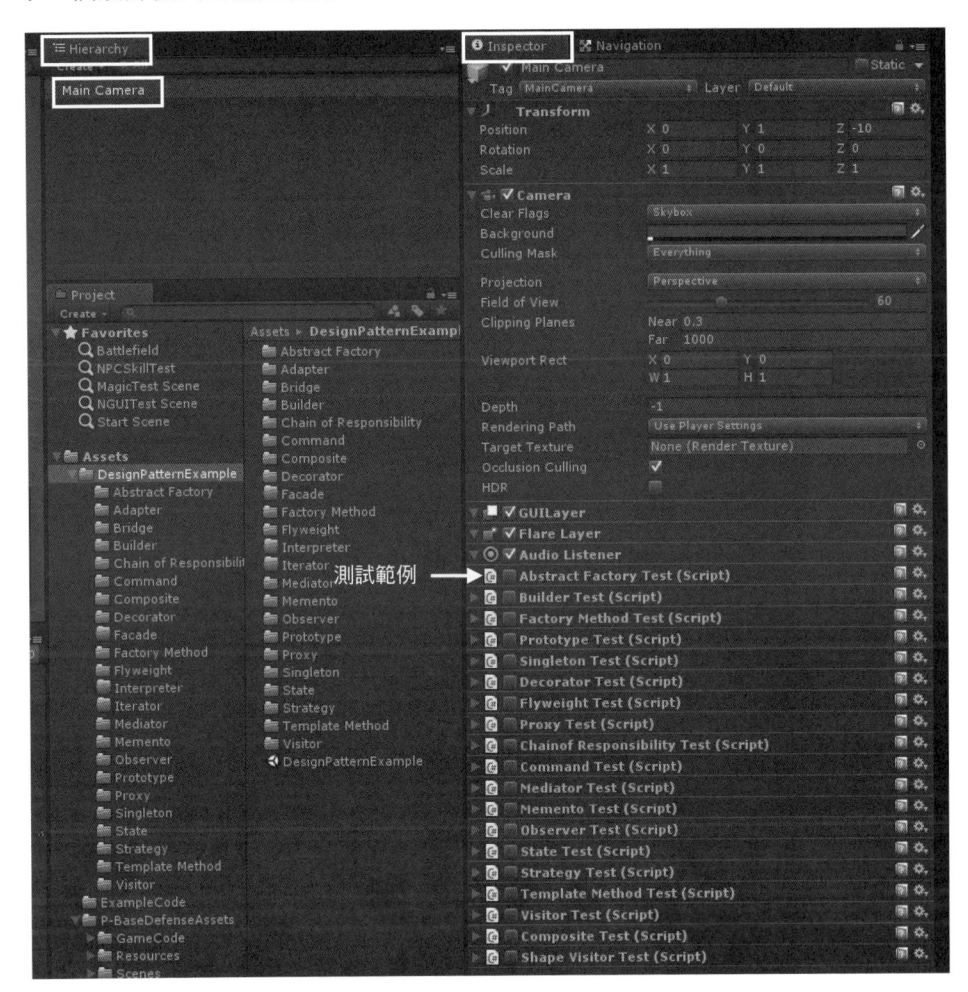

圖 2-6　所有可測試的設計模式

設計模式與遊戲開發
的完美結合

步驟 3・勾選想要執行的測試範例，按下執行：

圖 2-7 執行任何一個設計模式

步驟 4・之後就可以在 Console 視窗中，看到範例在執行過程中產生的訊息：

圖 2-8 查看執行結果

2-8

Part II

基礎系統

State 狀態模式、*Facade* 外觀模式
Singleton 單例模式、*Mediator* 仲介者模式

從這一篇開始，我們將引導讀者進入本書遊戲範例之中。首先，我們先著重在整個遊戲的主架構設計，讓後續遊戲功能的實作能夠在這個架構之上進行。這個主架構包含了遊戲系統的設計及溝通、遊戲場景的轉換、各遊戲子系統的整合與對內對外的界面設計、遊戲服務的取得及遊戲迴圈的設計。

設計模式與遊戲開發
　的完美結合

第3章

遊戲場景的轉換
— *State* 狀態模式

3.1 遊戲場景

本書使用 Unity3D 遊戲引擎做為開發工具，而 Unity3D 是使用場景(Scene)做為遊戲運行時的環境。開始製作遊戲時，開發者會將遊戲需要的素材(3D 模型、遊戲物件)放到一個場景之中，然後撰寫對應的程式碼，之後只要按下 Play 按鈕，就可以開始執行遊戲。

而除了 Unity3D 之外，筆者過去開發遊戲時使用的遊戲引擎(Game Engine)或開發框架 (SDK、Framework)，多數也都存在著「場景」的概念，像是：

- 早期 Java Phone 的 J2ME 開發 SDK 中，使用的 `Canvas` 類別；
- Android 的 Java 開發 SDK 中，使用的 `Activity` 類別；
- iOS 上 2D 遊戲開發工具 Cocos2D 中，使用的 `CCScene` 類別。

雖然各種工具不見得都使用場景(Scene)這個名詞，但在實作上，一樣可使用相同的方式來呈現。而上面所列的各類別，都可以被拿來做為遊戲實作中「場景」轉換的目標。

3.1.1 場景的轉換

當遊戲比較複雜時，通常會設計成多個場景，讓玩家在幾個場景之間轉換，某一個場景可能是角色在一個大地圖上行走，而另一個場景則是在地下洞穴探險。這樣的設計方式其實很像是舞台劇的呈現方式，編劇們設計了一幕幕的場景讓演員們在其間穿梭演出，

設計模式與遊戲開發的完美結合

而每幕之間的差異，可能是在佈景擺設或參與演出角色的不同，但對於觀眾來說，同時間只會看到演員們在某一個場景中演出。

要怎麼真正應用「場景」來開發遊戲呢？讀者可以回想一下，當我們打開遊戲 App 或開始執行遊戲軟體時，會遇到什麼樣的畫面：出現遊戲 Logo、播放遊戲片頭、載入遊戲資料、出現遊戲主畫面、接著等待玩家按下登入遊戲、進入遊戲主畫面，接下來，玩家可能是在大地圖上打怪或進入副本刷關卡…。

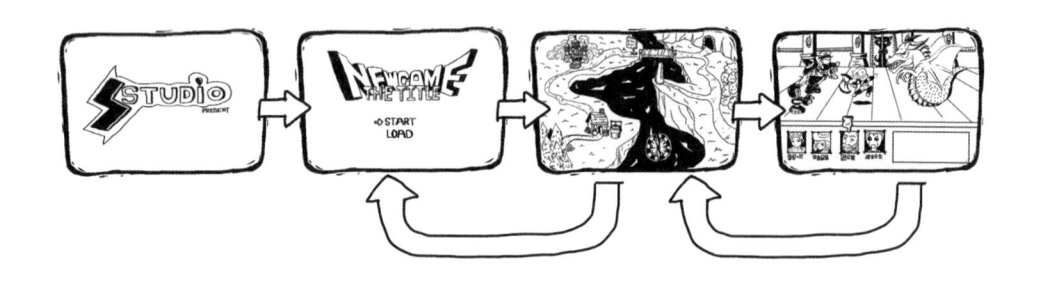

圖 3-1　遊戲畫面轉換

就以上面的說明為例，我們可規劃出下面數個場景，每個場景分別負責多項功能的執行：

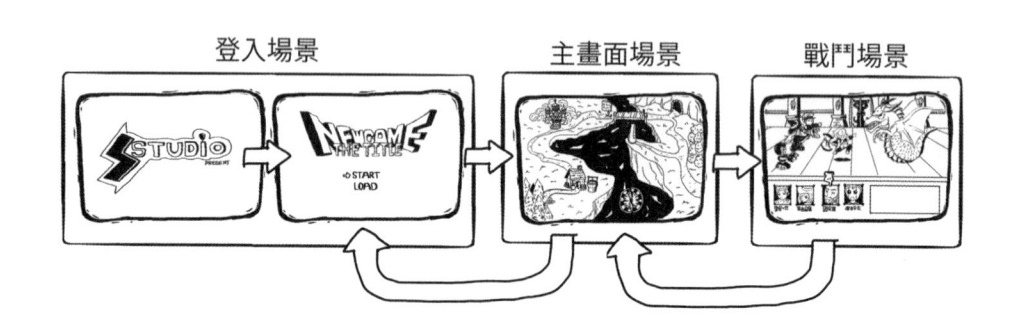

圖 3-2　每個場景負責執行的遊戲功能

- 登入場景：負責遊戲片頭、載入遊戲資料、出現遊戲主畫面、接著等待玩家登入遊戲。

3-2

- 主畫面場景：負責進入遊戲畫面、玩家在主城/主畫面中的操作、在地圖上打怪打寶…
- 戰鬥場景：負責與玩家組隊之後進入副本關卡、挑戰王怪…

在遊戲場景規劃完成後，就可以利用「狀態圖」將各場景的關係連接起來，並且說明它們之間的轉換條件及狀態移轉的流程，如下圖：

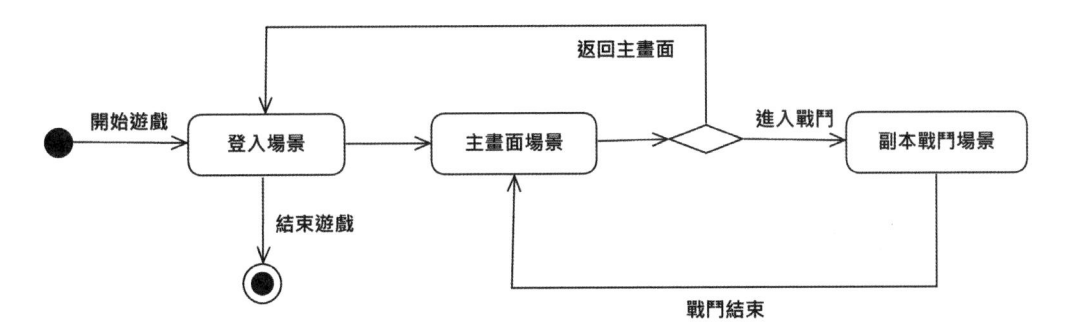

```
開始遊戲 → 登入場景 → 主畫面場景 ⇄ (進入戰鬥) → 副本戰鬥場景
                    ↓結束遊戲              返回主畫面 ↑
                    ●                     戰鬥結束 ←
```

即便我們換了一個遊戲類型來實作時，一樣也可以用相同的場景分類方式，將遊戲功能進行歸類，例如：

卡牌遊戲可如下分類：

- 登入場景：負責遊戲片頭、載入遊戲資料、出現遊戲主畫面、接著等待玩家按下登入遊戲
- 主畫面場景：玩家抽卡片、合成卡牌、觀看卡牌…
- 戰鬥場景：挑戰關卡、卡片對戰…

轉珠遊戲可如下分類：

- 登入場景：負責遊戲片頭、載入遊戲資料、出現遊戲主畫面、接著等待玩家按下登入遊戲
- 主畫面場景：查看關卡進度、關卡資訊、商城、抽轉珠…
- 戰鬥場景：挑戰關卡、轉珠對戰…

當然，如果是更複雜的單機版遊戲或大型多人線上遊戲(MMORPG)，也還可以再細分出多個場景來負責對應的遊戲功能。

切分場景的好處

將遊戲中不同的功能分類在不同的場景中來執行,除了能將遊戲功能執行時需要的環境明確分類之外,「重複使用」也是使用場景轉換的好處之一。

從上面幾個例子中可以看出,「登入場景」幾乎是每款遊戲必備的場景之一。而一般在登入場景中,會實作遊戲初始功能或玩家登入遊戲時要需要執行的功能,例如:

- 單機遊戲:登入場景可以有載入遊戲資料、讓玩家選擇存檔、進入遊戲⋯等等步驟。

- 線上遊戲:登入場景包含了許多複雜的線上登入流程,像是使用第 3 方認證系統、使用玩家自訂帳號、與 Server 連線、資料驗證⋯。

對於大多數的遊戲開發公司來說,登入場景實行的功能,會希望通用於不同的遊戲開發專案,使其保持流程的一致性。尤其對於線上遊戲這類型的專案而言,由於登入流程較為複雜,若能將各專案共通的部份(場景)獨立出來,由專人負責開發維護並同步更新給各個專案,那麼效率就能獲得提升,也是比較安全的方式。在專案開發時,若是能重複使用這些已經設計良好的場景,將能減少許多開發時間。更多的優點將於本章的後續章節中說明。

本書範例場景的規劃

在本書範例中,「P 級陣地」規劃了三個場景如下:

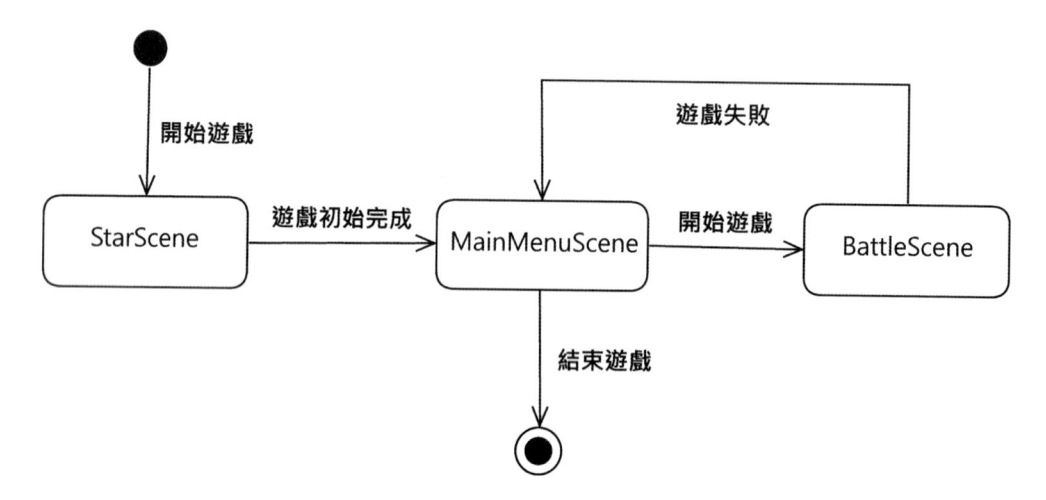

- 開始場景(StarScene)：GameLoop 遊戲物件(GameObject)的所在，遊戲啟動及相關遊戲設定的載入。
- 主畫面場景(MainMenuScene)：顯示遊戲名稱及開始按鈕。
- 戰鬥場景(BattleScene)：遊戲主要執行的場景。

3.1.2 遊戲場景可能的實作方式

實作 Unity3D 的場景轉換較為直接的方式如下：

Listing 3-1　一般場景控制的寫法

```
public class SceneManager
{
    private string m_state = "開始";
    // 改換場景
    public void ChangeScene(string StateName) {
        m_state = StateName;

        switch(m_state)
        {
            case "選單":
                Application.LoadLevel("MainMenuScene");
                break;
            case "主場景":
                Application.LoadLevel("GameScene");
                break;
        }
    }

    // 更新
    public void Update() {
        switch(m_state)
        {
            case "開始":
                //...
                break;
            case "選單":
                //...
                break;
            case "主場景":
                //...
                break;
        }
    }
}
```

上述的實作方式會有以下缺點：

1. 只要增加一個狀態，則所有 switch(m_state) 的程式碼都需要增加對應的程式碼。
2. 跟每一個狀態有關的物件，都必須在 SceneManager 類別中被保留，當這些物件被多個狀態共用時，可能會產生混淆，不太容易了解是由哪個狀態設定的，造成除錯上的困難。
3. 每一個狀態可能使用不同的類別物件，容易造成 SceneManager 類別過度依賴其它類別，讓 SceneManager 類別不容易移植到其它專案中。

為了避免出現上述缺點，修正的目標會希望使用一個「場景類別」來負責維護一個場景，讓與這場景相關的程式碼及物件能整合在一起。而這個負責維護的「場景類別」，其主要工作如下：

- 場景初始化
- 場景結束後，負責清除資源
- 定時更新遊戲邏輯單元
- 轉換到其它場景
- 其它與該場景有關的遊戲實作

由於在範例程式中我們規劃了三個場景，所以會產生對應的三個「場景類別」，但如何讓這三個「場景類別」相互合作、彼此轉換？我們可以使用 GoF 的狀態模式（*State*）來解決這些問題。

3.2 狀態模式（*State*）

狀態模式（*State*），在多數的設計模式書籍中都會提及，它也是遊戲程式設計中被應用最頻繁的一個模式。主要是因為「狀態」經常被應用在遊戲設計的許多環節上，包含 AI 人工智慧狀態、帳號登入狀態、角色狀態…。

3.2.1 狀態模式（*State*）的定義

狀態模式（*State*），在 GoF 中的解釋是：

「讓一個物件的行為隨著內部狀態的改變而變化，而該物件也像是換了類別一樣」。

而如果將 GoF 的對狀態模式（*State*）的定義，改以遊戲的方式來解釋，就會像是下面這樣：

「當德魯伊(物件)由人形變化為獸形狀態(內部狀態改變)時，他所施展的技能(物件的行為)也會有所變化，玩家此時就像是在操作另一個不同的角色(像是換了類別)」。

「德魯伊」是一種經常出在角色扮演遊戲(RPG)中的角色名稱。變化外形是他們常使用的能力，透過外形的變化，使德魯伊具備了轉換為其它形體的能力，而變化為「獸形」是比較常見的遊戲設計。所以，當玩家決定施展外形轉換能力時，德魯伊會進入「獸形狀態」，這時候的德魯伊會以「獸形」來表現其行為，包含移動及攻擊施展的方式。而當玩家決定轉回人形時，德魯伊會回復為一般形態，繼續與遊戲世界互動。

所以，變化外形的能力可以看成是德魯伊的一種「內部狀態的轉換」。透過變化外形的結果，角色表現出另外一種行為模式，而這一切的轉化過程都可以由德魯伊的內部控制功能來完成，玩家不必理解這個轉化過程。但不論怎麼變化，玩家操作的角色都是德魯伊，並不會因為他內部狀態的轉變而有所差異。

所以，當某個物件狀態改變時，雖然它「表現的行為」會有所變化，但是對於客戶端來說，並不會因為這樣的變化，而改變對它的「操作方法」或「訊息溝通」的方式。也就是說，這個物件與外界的對應方式不會有任何改變。但是，物件的內部確實是會透過「更換狀態類別物件」的方式來進行狀態的轉換。當狀態物件更換到另一個類別時，物件就會透過新的狀態類別，表現出它在這個狀態下該有的行為表現。但這一切只會發生在物件內部，對客戶端來說，完全不需要了解這些狀態轉換的過程及對應的方式。

3.2.2 狀態模式（*State*）的說明

狀態模式（*State*）的結構如下：

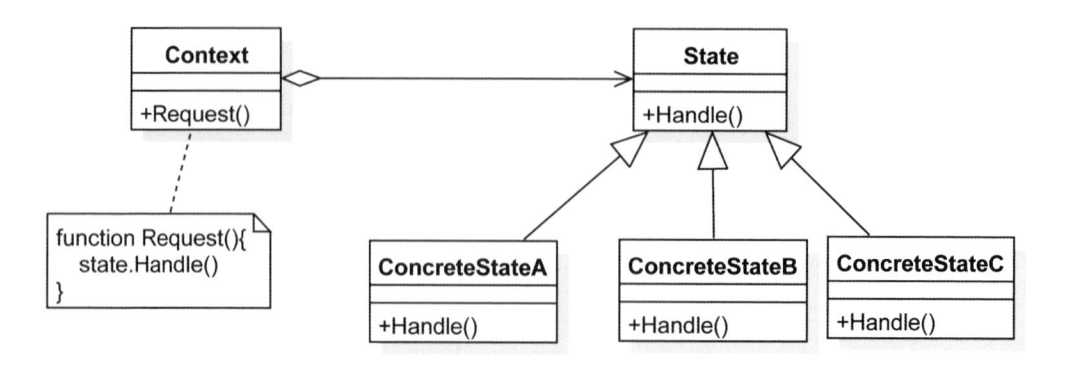

```
                ┌──────────────┐           ┌──────────────┐
                │   Context    │◇─────────▷│    State     │
                ├──────────────┤           ├──────────────┤
                │ +Request()   │           │ +Handle()    │
                └──────┬───────┘           └──────△───────┘
                       ┊                   ┌──────┼──────┐
          ┌────────────────────┐           │      │      │
          │ function Request(){│    ┌──────────┐┌──────────┐┌──────────┐
          │   state.Handle();  │    │Concrete  ││Concrete  ││Concrete  │
          │ }                  │    │StateA    ││StateB    ││StateC    │
          └────────────────────┘    ├──────────┤├──────────┤├──────────┤
                                    │+Handle() ││+Handle() ││+Handle() │
                                    └──────────┘└──────────┘└──────────┘
```

參與者的說明如下：

- `Context`(狀態擁有者)
    - ◎ 是一個具有「狀態」屬性的類別，可以制訂相關的介面，讓外界能夠得知狀態的改變或透過操作讓狀態改變。
    - ◎ 有狀態屬性的類別，例如：遊戲角色有潛行、攻擊、施法…等狀態；好友有上線、離線、忙碌…等狀態；GoF 使用 TCP 連線為例，有已連線、等待連線、斷線等狀態。這些類別之中會有一個 `ConcreteState[X]`子類別的物件為其成員用來代表目前的狀態

- `State`(狀態介面類別)
    - ◎ 制定狀態的介面，負責規範 `Context`(狀態擁有者)在特定狀態下要表現的行為。

- `ConcreteState`(具體狀態類別)
    - ◎ 繼承自 `State`(狀態介面類別)。
    - ◎ 實作 `Context`(狀態擁有者)在特定狀態下該有的行為。例如，實作角色在潛行狀態時該有的行動變緩、3D 模型要半透明、不能被敵方角色查覺…等行為。

3.2.3 狀態模式（*State*）的實作範例

首先定義 `Context` 類別：

Listing 3-2 定義 `Context` 類別(`State.cs`)

```
public class Context
```

```
{
    State  m_State = null;

    public void Request(int Value) {
        m_State.Handle(Value);
    }
    public void SetState(State theState ) {
        Debug.Log ("Context.SetState:" + theState);
        m_State = theState;
    }
}
```

Context 類別中,擁有一個 State 屬性用來代表目前的狀態,外界可以透過 Request 方法,讓 Context 類別呈現目前狀態下的行為。SetState 方法可以指定 Context 類別目前的狀態。而 State 狀態介面類別則用來定義每一個狀態該有的行為:

Listing 3-3 State 類別(State.cs)

```
public abstract class State
{
    protected Context m_Context = null;
    public State(Context theContext) {
        m_Context = theContext;
    }
    public abstract void Handle(int Value);
}
```

在產生 State 類別物件時,可以傳入 Context 類別物件,並將之指定給 State 的類別成員 m_Context,讓 State 類別在後續的操作上,可以取得 Context 物件的資訊或操作 Context 物件。最後定義 Handle 抽象方法,讓繼承的子類別可以重新定義該方法,來呈現各自不同的狀態行為。

最後,定義三個繼承自 State 類別的子類別:

Listing 3-4 定義三個狀態(State.cs)

```
// 狀態A
public class ConcreteStateA : State
{
    public ConcreteStateA(Context theContext):base(theContext)
    {}

    public override void Handle (int Value) {
        Debug.Log ("ConcreteStateA.Handle");
        if( Value > 10)
            m_Context.SetState( new ConcreteStateB(m_Context));
```

```csharp
        }
    }

    // 狀態 B
    public class ConcreteStateB : State
    {
        public ConcreteStateB(Context theContext):base(theContext)
        {}

        public override void Handle (int Value) {
            Debug.Log ("ConcreteStateB.Handle");
            if( Value > 20)
                m_Context.SetState( new ConcreteStateC(m_Context));
        }
    }

    // 狀態 C
    public class ConcreteStateC : State
    {
        public ConcreteStateC(Context theContext):base(theContext)
        {}

        public override void Handle (int Value) {
            Debug.Log ("ConcreteStateC.Handle");
            if( Value > 30)
                m_Context.SetState( new ConcreteStateA(m_Context));
        }
    }
```

上述三個子類別，都要重新定義父類別 State 的 Handle 抽象方法，用來表示在個別狀態下的行為。在範例中，我們先讓它們各自顯示不同的訊息（代表目前的狀態行為），再依照本身狀態的行為定義，來判斷是否要通知 Context 物件轉換到另一個狀態。

Context 類別中提供了一個 SetState 方法，讓外界能夠設定 Context 物件目前的狀態，而所謂的「外界」，也可以是由另一個 State 狀態來呼叫。所以實作上，狀態的移轉可以有下列兩種方式：

1. 交由 Context 類別本身，依條件在各狀態間轉換；
2. 產生 Context 類別物件時，馬上指定初始狀態給 Context 物件，而在後續執行過程中的狀態移轉，則交由 State 物件負責，Context 物件不再介入。

筆者在實作時，在大部份的情況下會選擇第 2 種方式，原因在於：

1. 狀態物件本身比較清楚「在什麼條件下，可以讓 Context 物件轉移到另一個 State 狀態」。所以在每個 ConcreteState 類別的程式碼中，可以看到「狀

態移轉條件」的判斷，以及設定哪一個 ConcreteState 物件成為新的狀態。

2. 每個 ConcreteState 狀態都可以保有自己的屬性值，做為狀態移轉或展現狀態行為的依據，不會跟其它的 ConcreteState 狀態混用，在維護時比較容易理解。

3. 因為判斷條件及狀態屬性都被移轉到 ConcreteState 類別當中，故而可縮減 Context 類別的大小。

四個類別定義好之後，我們可以透過測試範例來看看客戶端程式會怎樣利用這個設計：

Listing 3-5 State 的測試範例(`StateTest.cs`)

```
void UnitTest() {
    Context theContext = new Context();
    theContext.SetState( new ConcreteStatA(theContext ));

    theContext.Request( 5 );
    theContext.Request( 15 );
    theContext.Request( 25 );
    theContext.Request( 35 );
}
```

首先，產生 Context 物件 theContext，並立即設定為 ConcreteStateA 狀態。之後呼叫 Context 類別的 Request 方法，並傳入作為「狀態轉換判斷」用途的參數，讓目前狀態(ConcreteStateA)判斷是否要轉移到 ConcreteStateB，之後再呼叫數次 Request 方法，並傳入不同的參數。

從輸出的訊息中可以看到，Context 物件的狀態由 ConcreteStateA 依序轉換到 ConcreteStateB、ConcreteStateC 狀態，最後再回到 ConcreteStateA 狀態。

執行結果 State 測試範例產生的訊息

```
Context.SetState:DesignPattern_State.ConcreteStateA
ConcreteStateA.Handle
ConcreteStateA.Handle
Context.SetState:DesignPattern_State.ConcreteStateB
Context.SetState:DesignPattern_State.ConcreteStateC
Context.SetState:DesignPattern_State.ConcreteStateA
```

3.3 使用狀態模式（State）實作遊戲場景的轉換

在 Unity3D 的環境中，遊戲只會在一個場景中執行運作，所以我們可以讓每個場景都由一個「場景類別」來負責維護。此時如果將場景類別當成「狀態」來比喻的話，那麼就可以利用狀態模式（State）的轉換原理，來完成場景轉換的功能。

由於每個場景所負責執行的功能不同，透過狀態模式（State）的狀態轉移，除了可以達成遊戲內部功能的轉換外，對於客戶端來說，也不必根據不同的遊戲狀態來撰寫不同的程代碼，同時也減少了外界對於不同遊戲狀態的相依性。

而原本的 Unity3D 場景轉換判斷功能，可以在各別的場景類別中完成，並且狀態模式（State）同時間也只會讓一個狀態存在(同時間只會有一個狀態在運作)，因此可以達成 Unity3D 執行時，只能有一個場景(狀態)存在的要求。

3.3.1 SceneState 的實作

「P 級陣地」的場景分成三個：1.開始場景(StarScene)、2.主畫面場景(MainMenuScene)及 3.戰鬥場景(BattleScene)，所以宣告三個場景類別負責對應這三個場景。而這三個場景類別皆繼承自 ISceneState，而 SceneStateController 則是做為這些狀態的擁有者(Context)，最後將 SceneStateController 物件放入 GameLoop 類別下，做為與 Unity3D 運行的互動介面，上述結構如下圖：

當中的參與者如下說明：

- ISceneState

  場景類別的介面，定義「P 級陣地」中，場景轉換及執行時需要呼叫的方法。

- StartState、MainMenuState、BattleState

  分別對應範例中的開始場景(StarScene)、主畫面場景(MainMenuScene)及戰鬥場景(BattleScene)，做為這些場景執行時的操作類別。

- SceneStateController

  場景狀態的擁有者(Context)，保有目前遊戲場景狀態，並做為與 GameLoop 類別互動的介面，除此之外，也是執行「Unity3D 場景轉換」的地方。

■ GameLoop

遊戲主迴圈類別，做為 Unity3D 跟「P 級陣地」的互動介面，包含了初始化遊戲及定期呼叫更新操作。

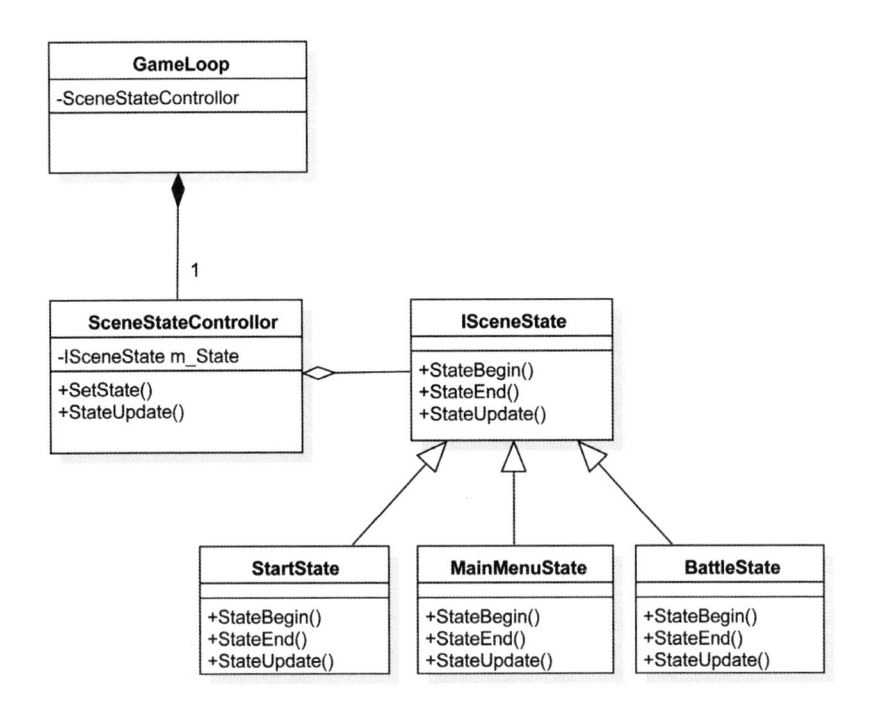

```
┌─────────────────────────┐
│       GameLoop          │
├─────────────────────────┤
│ -SceneStateControllor   │
│                         │
└─────────────────────────┘
            │
            │ 1
┌───────────────────────┐         ┌───────────────────────┐
│  SceneStateControllor │         │     ISceneState       │
├───────────────────────┤◇────────┤                       │
│ -ISceneState m_State  │         ├───────────────────────┤
├───────────────────────┤         │ +StateBegin()         │
│ +SetState()           │         │ +StateEnd()           │
│ +StateUpdate()        │         │ +StateUpdate()        │
└───────────────────────┘         └───────────────────────┘
                                              △
                            ┌─────────────────┼─────────────────┐
                  ┌─────────────────┐ ┌─────────────────┐ ┌─────────────────┐
                  │   StartState    │ │  MainMenuState  │ │   BattleState   │
                  ├─────────────────┤ ├─────────────────┤ ├─────────────────┤
                  │ +StateBegin()   │ │ +StateBegin()   │ │ +StateBegin()   │
                  │ +StateEnd()     │ │ +StateEnd()     │ │ +StateEnd()     │
                  │ +StateUpdate()  │ │ +StateUpdate()  │ │ +StateUpdate()  │
                  └─────────────────┘ └─────────────────┘ └─────────────────┘
```

3.3.2 實作說明

首先，先定義 ISceneState 介面如下：

Listing 3-6 　**定義 ISceneState 類別 (ISceneState.cs)**

```csharp
public class ISceneState
{
    // 狀態名稱
    private string m_StateName = "ISceneState";
    public string StateName {
        get{ return m_StateName; }
        set{ m_StateName = value; }
    }

    // 控制者
    protected SceneStateController m_Controller = null;

    // 建構者
```

```
    public ISceneState(SceneStateController Controller) {
        m_Controller = Controller;
    }

    // 開始
    public virtual void StateBegin()
    {}

    // 結束
    public virtual void StateEnd()
    {}

    // 更新
    public virtual void StateUpdate()
    {}

    public override string ToString() {
        return string.Format ("[I_SceneState: StateName={0}]",
                              StateName);
    }
}
```

ISceneState 定義了在「P 級陣地」中，場景轉換執行時需要被 Unity3D 通知的操作，包含：

- StateBegin 方法：場景轉換成功後會利用這個方法通知類別物件。當中可以實作該場景執行時，需要載入的資源及遊戲參數的設定。SceneStateController 在此時才傳入，不像前一節的範列那樣在建構者中傳入，原因在於：Unity3D 在轉換場景時會花費一些時間，所以必須先等到場景完全載入成功後才能繼續執行。

- StateEnd 方法：場景將要被釋放時會利用這個方法通知類別物件。當中可以用釋放遊戲不再使用的資源，或重新設定遊戲場景狀態。

- StateUpdate 方法：「遊戲定時更新」時會利用這個方法通知類別物件。該方法可以讓 Unity3D 的「定時更新功能」呼叫，並透過這個方法式讓其它遊戲系統也能被定期更新。這個方法可以讓遊戲系統類別不必繼承 Unity3D 的 MonoBehaviour 類別，也可以擁有定時更新功能。第 7 章會對此進行更詳細地說明。

- m_StateName 屬性：可以做為除錯(Debug)時使用。

StateBegin、StateEnd 及 StateUpdate 這三個方法,雖然是定義為 ISceneState 當中的介面方法,但是由於不強迫子類別重新實作它,所以並沒有被定義為抽象方法。

共有三個子類別繼承自 ISceneState,分別用來負責各 Unity3D Scene 的運作及轉換。首先是負責開始場景(StarScene)的類別,程式碼如下:

Listing 3-7　定義開始狀態類別(StartState.cs)

```
public class StartState : ISceneState
{
    public StartState(SceneStateController Controller):
                                                base(Controller) {
        this.StateName = "StartState";
    }

    // 開始
    public override void StateBegin() {
        // 可在此進行遊戲資料載入及初始...等
    }

    // 更新
    public override void StateUpdate() {
        // 更換為
        m_Controller.SetState(new MainMenuState(m_Controller),
                            "MainMenuScene");
    }
}
```

「P級陣地」的執行,必須在開始場景(StarScene)中按下開始才會執行,所以遊戲最開始的場景狀態將會被設定為 StartState。故而在實作上,可在 StateBeing 方法當中,將遊戲啟動時所需要的資源載入。這些資源可以是遊戲數值資料、角色元件預載、遊戲系統初始、版本資訊...。當 StartState 的 StateUpdate 第一次被呼叫時,就會馬上將遊戲場景狀態轉換為 MainMenuState,完成 StartState/StartScene 初始遊戲的任務。

主畫面場景(MainMenuScene)負責顯示遊戲的開始畫面,並且提供簡單的介面給玩家可以開始進入遊戲,程式碼如下:

Listing 3-8　定義主選單狀態(MainMenuState.cs)

```
public class MainMenuState : ISceneState
{
    public MainMenuState(SceneStateController Controller):
```

```csharp
                                            base(Controller) {
            this.StateName = "MainMenuState";
    }

    // 開始
    public override void StateBegin() {
        // 取得開始按鈕
        Button tmpBtn = UITool.GetUIComponent<Button>("StartGameBtn");
        if(tmpBtn!=null)
            tmpBtn.onClick.AddListener(
                                ()=>OnStartGameBtnClick(tmpBtn)
                                );
    }

    // 開始遊戲
    private void OnStartGameBtnClick(Button theButton) {
        //Debug.Log ("OnStartBtnClick:"+theButton.gameObject.name);
        m_Controller.SetState(new BattleState(m_Controller),
                        "BattleScene");
    }
}
```

「P級陣地」的開始畫面上只有一個「開始」按鈕，這個按鈕是使用 Unity3D 的 UI 工具增加的。從原本 Unity3D 的 UI 設定介面上，可直接設定當按鈕按下時，需要由哪一個腳本元件(Script Compoment)的方法來執行，不過，這個設定動作也可以改由程式碼來指定。至於「P級陣地」與 Unity3D 的 UI 設計工具的整合，在第17章中有進一步的說明。

因此，在 MainMenuState 的 StateBegin 方法中，取得 MainMenuScene 的開始按鈕(StartGameBtn)後，將其 onClick 事件的監聽者設定為 OnStartGameBtnClick 方法，而該方法也直接實作在 MainMenuState 類別當中。所以，當玩家按下開始時，OnStartGameBtnClick 會被呼叫，並將遊戲場景狀態透過 SceneStateController 轉換到戰鬥場景(BattleScene)。

戰鬥場景(BattleScene)為「P級陣地」真正遊戲玩法(陣地防守)執行的場景，程式碼如下：

Listing 3-9　定義戰鬥狀態 (BattleState.cs)

```csharp
public class BattleState : ISceneState
{
    public BattleState(SceneStateController Controller):
                                            base(Controller) {
            this.StateName = "BattleState";
    }
```

```csharp
// 開始
public override void StateBegin() {
    PBaseDefenseGame.Instance.Initial();
}

// 結束
public override void StateEnd() {
    PBaseDefenseGame.Instance.Release();
}

// 更新
public override void StateUpdate() {
    // 輸入
    InputProcess();

    // 遊戲邏輯
    PBaseDefenseGame.Instance.Update();

    // Render 由 Unity 負責

    // 遊戲是否結束
    if( PBaseDefenseGame.Instance.ThisGameIsOver())
        m_Controller.SetState(new MainMenuState(m_Controller),
                              "MainMenuScene");
}

// 輸入
private void InputProcess() {
    // 玩家輸入判斷程式碼.......
}
}
```

負責戰鬥場景(BattleScene)的 BattleState 狀態類別在 StateBegin 方法中，首先呼叫了遊戲主程式 PBaseDefenseGame 的初始方法：

```csharp
public override void StateBegin() {
    PBaseDefenseGame.Instance.Initial();
}
```

當「P 級陣地」在一場戰鬥結束時或放棄戰鬥時，玩家可以回到主選單場景(MainMenuState)。所以當戰鬥場景(BattleScene)即將結束時，StateEnd 方法會被呼叫，實作上，會在此呼叫釋放遊戲主程式的操作：

```csharp
public override void StateEnd() {
    PBaseDefenseGame.Instance.Release();
```

    }

BattleState 的 StateUpdate 方法扮演著「遊戲迴圈」的角色(GameLoop 將在第 7 章中說明)。先取得玩家的「輸入操作」後，再執行「遊戲邏輯」(呼叫 PBase DefenseGame 的 Update 方法)，並且不斷地定時重複呼叫，直到遊戲結束轉換為主選單場景(MainMenuState)為止：

```
public override void StateUpdate() {
    // 輸入
    InputProcess();

    // 遊戲邏輯
    PBaseDefenseGame.Instance.Update();

    // Render由Unity負責

    // 遊戲是否結束
    if( PBaseDefenseGame.Instance.ThisGameIsOver())
        m_Controller.SetState(new MainMenuState(m_Controller),
                        "MainMenuScene");
}
```

三個主要的遊戲狀態類別都定義實作完成後，接下來就是實作這些場景轉換及控制的功能：

Listing 3-10　定義場景狀態控制者（SceneStateController.cs）

```
public class SceneStateController
{
    private ISceneState m_State;
    private bool m_bRunBegin = false;

    public SceneStateController(){}

    // 設定狀態
    public void SetState(ISceneState State, string LoadSceneName) {
        //Debug.Log ("SetState:"+State.ToString());
        m_bRunBegin = false;

        // 載入場景
        LoadScene( LoadSceneName );

        // 通知前一個State結束
```

```csharp
        if( m_State != null )
            m_State.StateEnd();

        // 設定
        m_State=State;
    }

    // 載入場景
    private void LoadScene(string LoadSceneName) {
        if( LoadSceneName==null || LoadSceneName.Length == 0 )
            return ;
        Application.LoadLevel( LoadSceneName );
    }

    // 更新
    public void StateUpdate() {
        // 是否還在載入
        if( Application.isLoadingLevel)
            return ;

        // 通知新的 State 開始
        if( m_State != null && m_bRunBegin==false)
        {
            m_State.StateBegin();
            m_bRunBegin = true;
        }

        if( m_State != null)
            m_State.StateUpdate();
    }
}
```

SceneStateController 類別中有一個 ISceneState 成員，用來代表目前的遊戲場景狀態。在 SetState 方法中，實作了轉換場景狀態的功能，該方法先使用 Application.LoadLevel 方法來載入場景。然後通知前一個狀態的 StateEnd 方法來釋放前一個狀態，最後再將傳入的參數設定為目前狀態。

至於 SceneUpdate 方法，則是會先判斷場景是否載入成功，成功之後才會呼叫目前遊戲場景狀態的 StateBeing 方法，來初始化遊戲場景狀態。

最後，再將 SceneStateController 與 GameLoop 腳本元件結合如下：

Listing 3-11　與遊戲主迴圈的結合 (GameLoop.cs)

```csharp
public class GameLoop : MonoBehaviour
{
    // 場景狀態
```

```
        SceneStateController m_SceneStateController =
                                    new SceneStateController();

    void Awake() {
        // 轉換場景不會被刪除
        GameObject.DontDestroyOnLoad( this.gameObject );

        // 亂數種子
        UnityEngine.Random.seed =(int)DateTime.Now.Ticks;
    }

    // Use this for initialization
    void Start() {
        // 設定起始的場景
        m_SceneStateController.SetState(
                    new StartState(m_SceneStateController), "");
    }

    // Update is called once per frame
    void Update() {
        m_SceneStateController.StateUpdate();
    }
}
```

在 GameLoop 腳本元件中，定義並初始 SceneStateController 類別物件，並在 Start 方法中設定第一個遊戲場景狀態：StartState。之後，在 GameLoop 腳本元件每次的 Update 更新方法中，呼叫 SceneStateController 物件的 StateUpdate 方法，讓目前的場景狀態類別能夠被定時更新。

3.3.3 使用狀態模式（*State*）的優點

使用狀態模式（*State*）來實作遊戲場景轉換，有下列優點：

減少錯誤的發生並降低維護困難度

不再使用 swtich(m_state) 來判斷目前的狀態，這樣可以減少新增遊戲狀態時，因為未能檢查到所有的 switch(m_state) 程式碼而造成的錯誤。

狀態執行環境單純化

跟每一個狀態有關的物件及操作，都被實作在一個場景狀態類別之下。對程師設計師來說，這樣可以清楚了解每一個狀態執行時所需要的物件及配合的類別。

專案之間可以共用場景

本章起頭時就提到，有些場景可以在不同專案之間共用。以目前「P級陣地」使用的三個場景及狀態類別為例，當中的開始場景(StartScene)及開始狀態類別(StartState)都可以在不同專案間共用使用。

例如：可以在開始狀態類別(StartState)的 StateBegin 方法中，明確定義出遊戲初始時的步驟，並將這些步驟搭配「模版方法模式（*Template Method*）」或「策略模式（*Strategy*）」，就能讓各專案自行定義符合各遊戲需求的實作，達到各專案共用場景的目的。

這種作法對於網路連線型的遊戲專案特別有用，在這類型的專案中，玩家的連線、登入、驗證、資料同步…等過程，在實作上存在一定的複雜度。若將這些複雜的操作放在共用的場景中，共用維護使用，就可以節省許多的開發時間及成本。

3.3.4 遊戲運作流程及場景轉換說明

從按下 Unity 遊戲開始執行的流程來看，「P級陣地」透過 StartScene 場景中唯一的 GameLoop 遊戲物件(GameObject)，及掛在其上的 GameLoop 腳本元件(Script Component)，將整個遊戲運作起來。所以在 GameLoop 的 Start 方法中，設定好第一個遊戲場景狀態後，GameLoop 的 Update 方法就將遊戲的控制權交給 SceneStateController。而 SceneStateController 內部會記錄目前的遊戲場景狀態類別，之後再透過呼叫遊戲場景狀態的 StateUpdate 方法，就能夠完成更新目前遊戲場景狀態的需求。上述流程可以參考下面的循序圖。

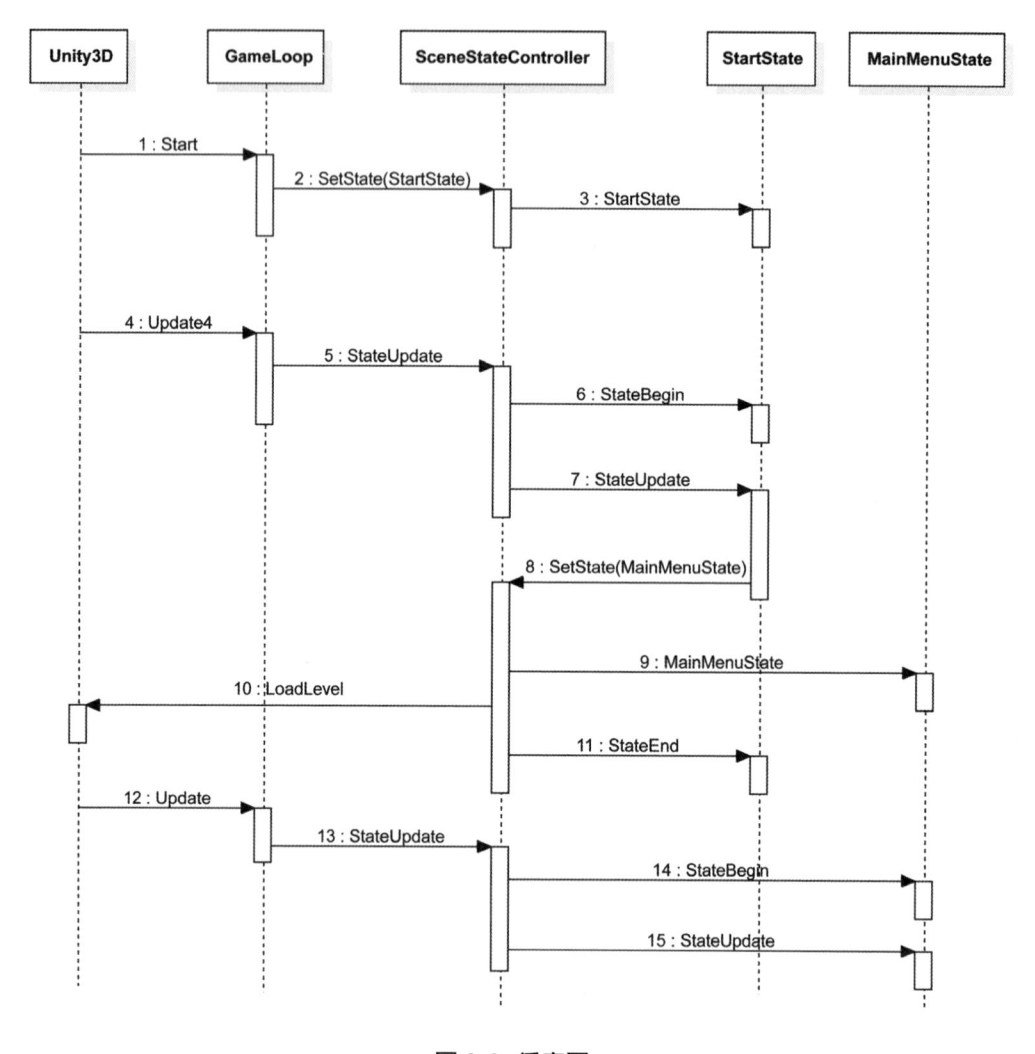

圖 3-3　循序圖

3.4 狀態模式（*State*）遇到變化時

隨著專案開發進度邁入中後期，遊戲企劃可能會提出新的系統功能來增加遊戲內容。這些提案可能是增加小遊戲關卡、提供查看角色資訊圖鑑、玩家排行榜…等等的功能。當程式人員在分析這些新增的系統需求後，如果覺得無法在現有的場景(Scene)下實作出來，就必須使用新的場景來完成。而在現有的架構之下，程式人員只需要作下列幾項動作：

1. 在 Unity3D 編輯模式下新增場景
2. 加入一個新的場景狀態類別對應到新的場景，並在當中實作相關功能
3. 決定要從哪個現有場景轉換到新的場景
4. 決定新的場景結束後要轉換到哪一個場景

上述的流程，就程式碼的修改而言，只會新增一個程式檔(.cs)用來實作新的場景狀態類別，並且修改一個現有的遊戲狀態，讓遊戲能依照需求轉換到新的場景狀態，除此之外，不需要修改其它任何的程式碼。

3.5 總結與討論

在本章中，我們用狀態模式（State）實作了遊戲場景的切換，這種作法並非全然是優點，但與傳統的 switch(state_code) 相比，已經算是更好的設計。此外，正如前面章節所介紹的，設計模式並非只能單獨使用，在實務上，多種設計模式若搭配得宜，將會是更好的設計。因此在本章末尾，我們將討論，本章所作的設計還有哪些應該注意的地方，以及我們還可以將狀態模式（State）應用在遊戲設計的那些地方。

狀態模式（State）的優缺點

使用狀態模式（State）可以清楚地了解，某個場景狀態執行時所需要配合使用的類別物件，並且減少因新增狀態而需要大量修改現有程式碼的維護成本。

「P 級陣地」只規劃了三個場景來完成整個遊戲實作，算是「產出較少狀態類別」的應用。但如果狀態模式（State）是應用在有大量狀態的系統時，就會遇到「產生過多狀態類別」的情況，此時會伴隨著類別爆炸的問題，這算是一個缺點。不過相較於傳統使用 switch(state_code) 的實作方式，使用狀態模式（State）對於專案後續的長期維護效益上，仍然較具優勢。

在本書後面(第 12 章)講解到 AI 實作時，還會再次使用狀態模式（State）來實作，屆時，讀者可看到其它利用狀態模式（State）的應用。

與其它模式(Pattern)的合作

在「P 級陣地」的 BattleState 類別實作中，分別呼叫了 PBaseDefenseGame 類別的不同方法，此時的 PBaseDefenseGame 使用的是「單例模式（Singleton）」，這

是一種讓 BattleState 類別方法中的程式碼，可以取得唯一物件的方式。而 PBaseDefenseGame 也使用了「外觀模式（*Facade*）」來整合 PBaseDefenseGame 內部的複雜系統，因此 BattleState 類別不必了解太多關於 PBaseDefenseGame 內部實作方式。

狀態模式（*State*）的其它應用方式

- 角色 AI：使用狀態模式（*State*）來控制角色在不同狀態下的 AI 行為。

- 遊戲伺服器連線狀態：連線型遊戲的客戶端，需要處理與遊戲伺服器的連線狀態，一般包含：開始連線、連線中、斷線…等狀態，而在不同的狀態下，會有不同的封包訊息處理方式需要分別實作。

- 關卡進行狀態：如果是通關型遊戲，進入關卡時通常會分成不同的階段，包含：載入資料、顯示關卡資訊、倒數通知開始、關卡進行、關卡結束及分數計算。這些不同的階段可以使用不同的狀態類別來負責實作。

第 4 章

遊戲主要類別
— *Facade* 外觀模式

4.1 遊戲子功能的整合

一款遊戲要能順利運作,必須同時由內部數個不同的子系統一起合作完成。在這些子系統當中,有些是在早期遊戲分析時規劃出來的,有些則是實作過程中,將相同功能重構整合之後才完成的。以「P 級陣地」為例,它是由下列遊戲系統所組成:

- 遊戲事件系統(GameEventSystem)
- 兵營系統(CampSystem)
- 關卡系統(StageSystem)
- 角色管理系統(CharacterSystem)
- 行動力系統(APSystem)
- 成就系統(AchievementSystem)

這些系統在遊戲執行時會彼此使用對方的功能,並且通知相關資訊或傳達玩家的指令。另外,有些子系統必須在遊戲開始執行前,按照一定的步驟將它們初始化並設定參數,或是遊戲在完成一個關卡時,也要按照一定的流程替它們釋放資源。

但可以理解的是,上面這些子系統的溝通及初始化過程,都發生在「內部」會比較恰當,因為對於外界或是客戶端來說,其實大可不必去了解它們之間的相關運作過程。如果,客戶端了解太多系統內部的溝通方式及流程,那麼對於客戶端來說,都必須跟每一個遊戲系統綁定,並且呼叫每一個遊戲系統的功能。這樣子的作法對客戶端來說並不是一件好事,因為客戶端可能只是單純地想使用某一項遊戲功能而已,但它卻必須經過一連串

的子系統呼叫之後才能使用，這樣的做法對於客戶端來說，壓力太大，並且讓客戶端與每個子系統都產生了依賴性，增加了遊戲系統與客戶端的耦合度。

如果要在我們的遊戲範例中舉一個例子，那麼上一章所提到的「戰鬥狀態類別(BattleState)」，就是一個必須使用到遊戲系統功能的客戶端。

根據上一章的說明：戰鬥狀態類別(BattleState)主要負責遊戲戰鬥的執行，而「P級陣地」在進行一場戰鬥時，需要大部份的子系統一起合作完成。所以在實作時，可以先把這些子系統及相關的執行流程，全都放在 BattleState 類別之中一起完成：

Listing 4-1　在戰鬥狀態類別中去實作所有子系統相關的操作

```
public class BattleState : ISceneState
{
    // 遊戲系統
    private GameEventSystem m_GameEventSystem = null;        // 遊戲事件系統
    private CampSystem m_CampSystem = null;                  // 兵營系統
    private StageSystem m_StageSystem = null;                // 關卡系統
    private CharacterSystem m_CharacterSystem = null;        // 角色管理系統
    private APSystem m_ApSystem = null;                      // 行動力系統
    private AchievementSystem m_AchievementSystem = null;    // 成就系統

    public GameState(SceneStateController Controller):
                                                base(Controller) {
        this.StateName = "GameState";
        // 初始遊戲子系統
        InitGameSystem();
    }

    // 初始遊戲子系統
    private void InitGameSystem() {
        m_GameEventSystem  = new GameEventSystem ();
        m_CampSystem = CampSystem ;
        ...
        m_GameEventSystem.Init();
        m_CampSystem.Init();
    }

    // 更新遊戲子系統
    private void UpdateGameSystem() {
        m_GameEventSystem.Update();
        m_CampSystem.Update();
        m_CharacterSystem.Update();
        ...
    }
}
```

雖然這樣的實作方式很簡單，但就如本章一開始所說明的：讓戰鬥狀態類別(BattleState)這個客戶端去負責呼叫所有與遊戲玩法相關的系統功能，是不好的實作方式，原因是：

1. 就以讓事情單純化(單一職責原則)這一點來看，BattleState 類別負責的是遊戲在「戰鬥狀態」下的功能執行及狀態切換，所以不應該負責遊戲子系統的初始化、執行操作及相關的整合工作。

2. 就以「可重用性」來看，這種設計方式會使得 BattleState 類別不容易移轉給其它專案使用，因為 BattleState 類別與太多特定的子系統類別產生關聯，必須將他們移除才能移轉給其它專案，因此喪失可重用性。

綜合上述兩個原因，將這些子系統從 BattleState 類別中移出，整合在單一類別之下，會是比較好的做法。所以在「P 級陣地」中，應用了外觀模式（*Facade*）來整合這些子系統，使它們成為單一介面並提供外界使用。

4.2 外觀模式（*Facade*）

其實，外觀模式（*Facade*）是在一般生活中最容易碰到的模式。當我們能夠利用簡單的行為來操作一個複雜的系統時，當下我們所使用的介面，就是以外觀模式（*Facade*）來定義的高階介面。

4.2.1 外觀模式（*Facade*）的定義

外觀模式（*Facade*）在 GoF 的解釋是：

「替子系統定義一組統一的介面，這個高階的介面會讓子系統更容易被使用」

以駕駛汽車為例，當駕駛人能夠開著一部汽車在路上行走，汽車內部還必須由許多的子系統一起配合才能完成汽車行走這項功能，這些子系統包含：引擎系統、傳動系統、懸吊系統、車身骨架系統、電裝系統等。但對客戶端(駕駛者)而言，並不需要了解這些子系統是如何協調運作的，駕駛者只需要透過高階介面：方向盤、踏板、儀表版，就可以輕易操控汽車。

圖 4-1 汽車與 5 大系統的透視圖

再以生活中常用的微波爐為例,微波爐內部包含了:電源供應系統、電波加熱系統、冷卻系統、外裝防護等。當我們想要微波食物時,只需要利用微波爐上的面板調整火力跟時間,按下啟動鍵後,微波爐的子系統就會立即交互合作將食物加熱。

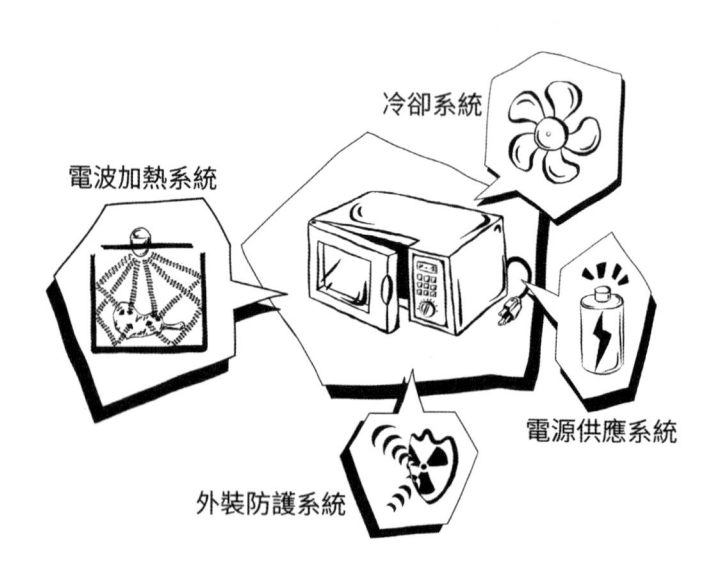

圖 4-2 微波爐的透視圖

所以，外觀模式（*Facade*）的重點在於，它能將系統內部的互動細節隱藏起來，並提供一個簡單方便的介面。之後客戶端只需要透過這個介面，就可以操作一個複雜系統並讓它們可以運作。

4.2.2 外觀模式（*Facade*）的說明

整合子系統並提供一個高階的介面讓客戶端使用，可以由下圖表示：

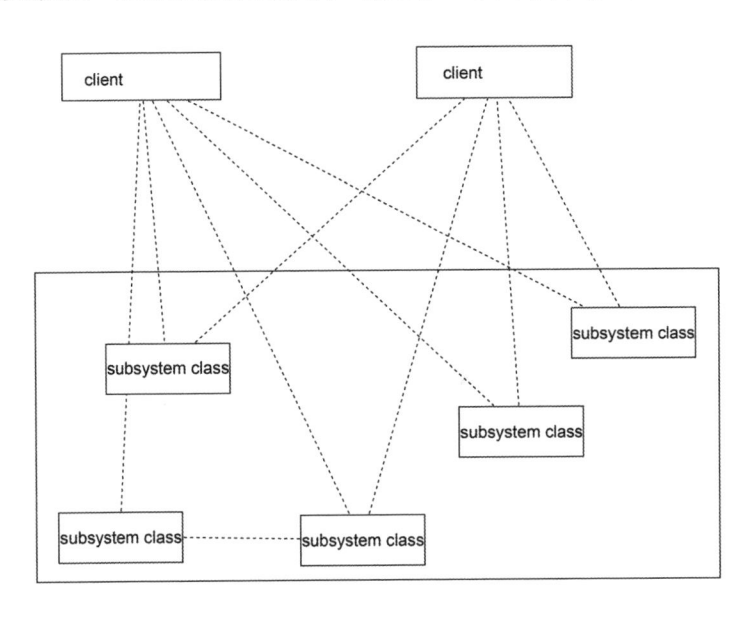

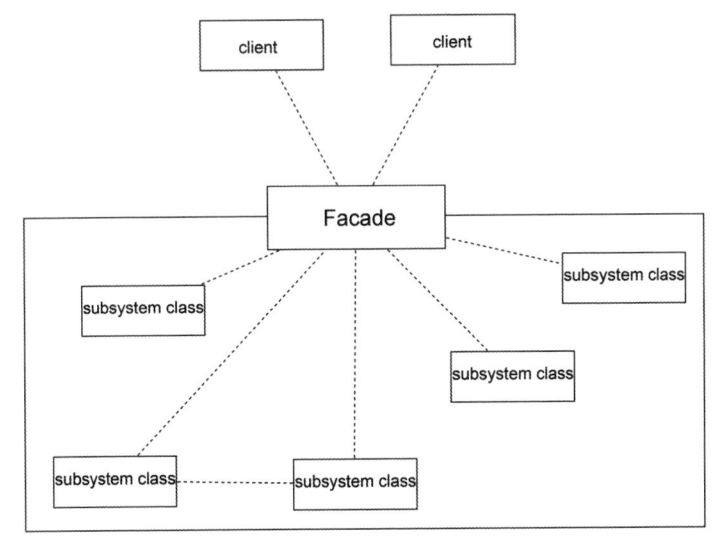

參與者的說明如下：

- `client`(客戶端、使用者)
  - ◎ 從原本需要操作多個子系統的狀況，改為只需要面對一個整合後的介面。
- `subSystem`(子系統)
  - ◎ 原本會由不同的客戶端(非同一系統相關)來操作，改成只會由內部系統之間交互使用。
- `Facade`(統一對外的介面)
  - ◎ 整合所有子系統的介面及功能，並提供高階介面供客戶端使用。
  - ◎ 接收客戶端的訊息後，將訊息傳送給負責的子系統。

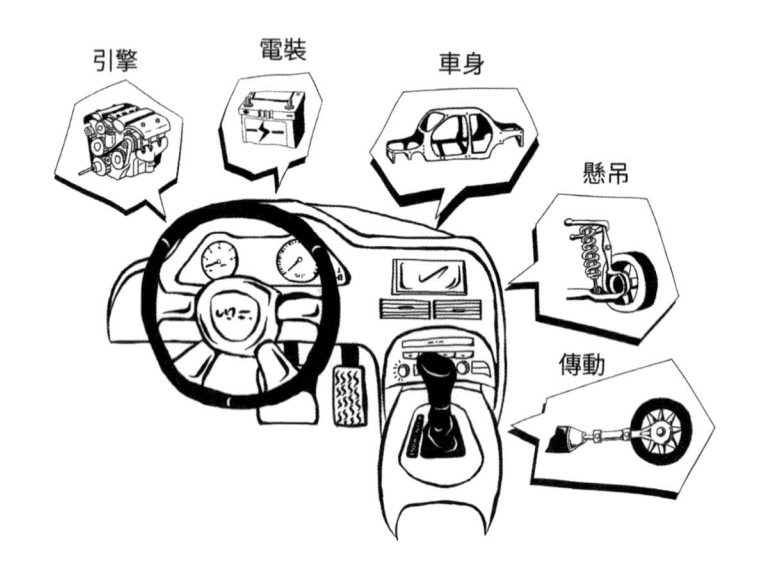

圖 4-3　駕駛座上的方向盤、踏板、儀表板

4.2.3 外觀模式（*Facade*）的實作說明

從之前提到的一些實例來看：駕駛座位前的方向盤、儀表版；微波爐上的面版，都是製造商提供給使用者使用的 Facade 介面，如圖 4-3 及 4-4。

圖 4-4 微波爐與使用者

所以外觀模式（Facade）可以讓客戶端使用簡單的介面來操作一個複雜的系統，並且減少客戶端要與之互動的系統數量，讓客戶端能夠專心處理跟本身有關的業務。所以，駕駛員不需要了解汽車引擎系統是否已完成調校，只需要注意行車速度及儀表版上是否有紅燈亮起；而使用者在使用微波爐時，也不用了解此時的微波功率是多少瓦，只需要知道放入的容器是否正確、食物是否過熟了即可。

4.3 使用外觀模式（Facade）實作遊戲主程式

遊戲開始實作時，就如同本章第一節中的範例一樣，先將幾個遊戲系統寫在一個最直接使用它們的類別之中，但隨著遊戲系統愈加愈多，將會發現這些遊戲系統的程式碼佔據了整個類別。但是這些遊戲系統的初始化設定跟流程串接，與使用它們的類別完全沒有關係，此時就需要將它們移出，並以一個類別加以組織。

4.3.1 遊戲主程式架構設計

在「P級陣地」中，PBaseDefenseGame 類別擔任的就是『整合所有子系統，並提供高階介面的外觀模式類別』。重新規劃後的類別圖如下：

4-7

設計模式與遊戲開發的完美結合

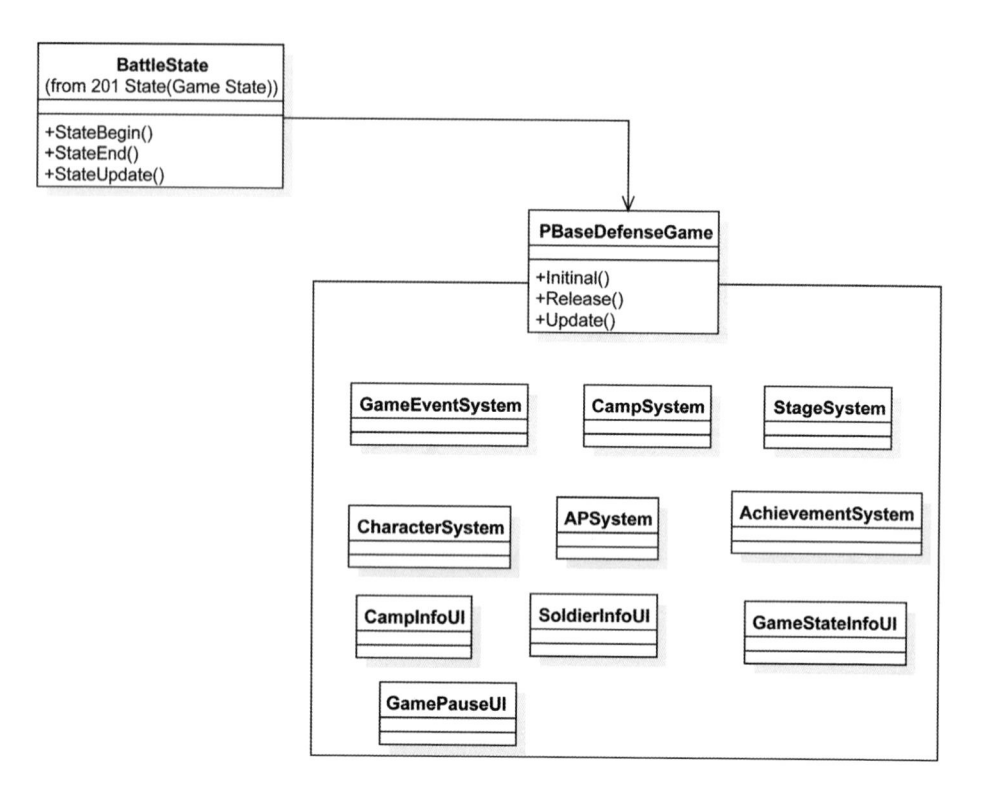

```
┌─────────────────────────────────┐
│         BattleState             │
│ (from 201 State(Game State))    │
├─────────────────────────────────┤
│ +StateBegin()                   │
│ +StateEnd()                     │
│ +StateUpdate()                  │
└─────────────────────────────────┘
                │
                ▼
        ┌──────────────────┐
        │ PBaseDefenseGame │
        ├──────────────────┤
        │ +Initial()       │
        │ +Release()       │
        │ +Update()        │
        └──────────────────┘

    ┌────────────────┐  ┌────────────┐  ┌─────────────┐
    │ GameEventSystem│  │ CampSystem │  │ StageSystem │
    └────────────────┘  └────────────┘  └─────────────┘

    ┌────────────────┐  ┌────────────┐  ┌──────────────────┐
    │ CharacterSystem│  │  APSystem  │  │ AchievementSystem│
    └────────────────┘  └────────────┘  └──────────────────┘

    ┌────────────────┐  ┌──────────────┐  ┌─────────────────┐
    │   CampInfoUI   │  │ SoldierInfoUI│  │ GameStateInfoUI │
    └────────────────┘  └──────────────┘  └─────────────────┘

    ┌────────────────┐
    │  GamePauseUI   │
    └────────────────┘
```

當中的參與者的說明如下：

- `GameEventSystem`、`CampSystem`…

    分別為遊戲的子系統，每個系統負責各自應該實作的功能並提供介面。

- `PBaseDefenseGame`

    包含了和遊戲相關的子系統物件，並提供了介面讓客戶端使用。

- `BattleState`

    戰鬥狀態類別，即是「P 級陣地」中跟 PBaseDefenseGame 互動的客戶端之一。

4.3.2 實作說明

在 `PBaseDefenseGame` 類別中，將子系統定義為類別的私有成員，如下：

Chapter 4 遊戲主要類別 — Facade 外觀模式

Listing 4-2 遊戲主要類別的實作，將子系統定義為類別成員
(PBaseDefenseGame.cs)

```
public class PBaseDefenseGame
{
    ...
    // 遊戲系統
    private GameEventSystem m_GameEventSystem = null;    // 遊戲事件系統
    private CampSystem m_CampSystem = null;              // 兵營系統
    private StageSystem m_StageSystem = null;            // 關卡系統
    private CharacterSystem m_CharacterSystem = null;    // 角色管理系統
    private APSystem m_ApSystem = null;                  // 行動力系統
    private AchievementSystem m_AchievementSystem = null; // 成就系統
    ...
}
```

並且提供初始化方法，提供遊戲開始時呼叫之用。初始化方法被呼叫時，各個子系統的物件才會被產生出來：

Listing 4-3 初始 P-BaseDefense 遊戲相關設定 **(PBaseDefenseGame.cs)**

```
public void Initial() {
    // 場景狀態控制
    m_bGameOver = false;
    // 遊戲系統
    m_GameEventSystem = new GameEventSystem(this);    // 遊戲事件系統
    m_CampSystem = new CampSystem(this);              // 兵營系統
    m_StageSystem = new StageSystem(this);            // 關卡系統
    m_CharacterSystem = new CharacterSystem(this);    // 角色管理系統
    m_ApSystem = new APSystem(this);
    m_AchievementSystem = new AchievementSystem(this); // 成就系統
    ...
}
```

再定義出相關的高階介面供客戶端使用。而這些 PBaseDefenseGame 類別方法，多數會將接收到的訊息或請求轉傳給相對應的子系統負責。

Listing 4-4 P-BaseDefense 更新 **(PBaseDefenseGame.cs)**

```
public void Update() {
    // 遊戲系統更新
    m_GameEventSystem.Update();
    m_CampSystem.Update();
    m_StageSystem.Update();
    m_CharacterSystem.Update();
    m_ApSystem.Update();
```

4-9

```csharp
            m_AchievementSystem.Update();
        ...
    }
    ...
    // 遊戲狀態
    public bool ThisGameIsOver() {
        return m_bGameOver;
    }
    ...
    // 目前敵人數量
    public int GetEnemyCount() {
        if( m_CharacterSystem !=null)
            return m_CharacterSystem.GetEnemyCount();
        return 0;
    }
    ...
    // 取得各單位數量
    public int GetUnitCount(ENUM_Soldier emSolider) {
        return m_CharacterSystem.GetUnitCount( emSolider );
    }
    public int GetUnitCount(ENUM_Enemy emEnemy) {
        return m_CharacterSystem.GetUnitCount( emEnemy );
    }
```

在戰鬥狀態類別(BattelState)中，透過 PBaseDefenseGame 類別提供的介面來操作「P 級陣地」的系統運作：

Listing 4-5 使用 `PBaseDefenseGame Facade` 介面溝通的戰鬥狀態類別 (`BattleState.cs`)

```csharp
public class BattleState : ISceneState
{
    ....
    // 開始
    public override void StateBegin() {
        PBaseDefenseGame.Instance.Initial();
    }

    // 結束
    public override void StateEnd() {
        PBaseDefenseGame.Instance.Release();
    }

    // 更新
    public override void StateUpdate() {
        ...
        // 遊戲邏輯
        PBaseDefenseGame.Instance.Update();
        ...
```

```
    // 遊戲是否結束
    if( PBaseDefenseGame.Instance.ThisGameIsOver())
        m_Controller.SetState(
            new MainMenuState(m_Controller),"MainMenuScene");
    }
}
```

4.3.3 使用外觀模式（Facade）的優點

將遊戲相關的系統整合在一個類別之下，並且提供單一操作介面給客戶端使用，相較於當初將所有功能都直接實作在 BattleState 類別中的方式，具有下列幾項優點：

- 使用外觀模式（Facade）可將戰鬥狀態類別 BattleState 單純化，讓該類別只負責遊戲在「戰鬥狀態」下的功能執行及狀態切換，不用負責串接各個遊戲系統的初始化及功能呼叫。
- 使用外觀模式（Facade）使得戰鬥狀態類別 BattleState 減少了不必要的類別引用及功能整合，因此增加了 BattleState 類別被重複使用的機會。

除了上述優點之外，外觀模式（Facade）如果應用得宜，還具有下列優點：

節省時間

對某些程式語言而言，減少系統之間的耦合度，有助於減少系統建置的時間。以 C/C++ 為例，標頭檔(.h)代表了某一個類別所提供的介面，當介面中的方法有所更動時，任何引用到的該標頭檔(.h)的單元都必須重新編譯。以採用編譯器來編譯的程式語言來說，編譯每一個程式檔都必須花費許多時間及步驟，以一個包含上千檔案的中大型 C/C++ 專案而言，會因為不良的設計，使得變動一個標頭檔(.h)中的類別介面方法，進行造成專案中過半的程式檔案都需要被重新編譯。以筆者過去的開發經驗來說，即便現代的電腦設備愈來愈進步，仍花費許多時間在等待編譯器進行編譯的過程。而像是《Large-Scale C++ Software Design》[10] 這類的書籍，即是在教導及分析如何減少這種無畏的浪費，不過該書並未引入設計模式的概念，單純地以檔案位置及功能劃分做為專案調整的方向。

雖然使用 C#在 Unity3D 開發上，不致於發生修改一個檔案就讓系統重建時間變長的情況，但良好的設計習慣還是有助於其它程式語言的使用，誰知道哪一天 Unity3D 會不會提供 C++開發環境來提昇其效能呢？

事實上，Unity3D 本身也提供了不少系統的 Facade 介面，例如：物理引擎、渲染系統、動作系統、粒子系統…等。當在 Unity3D 中使用物理引擎時，只要需在 GameObject 掛上碰撞元件(Collider)或剛體元件(Rigidbody)，並且在面版上設定好相關參數之後，GameObject 馬上就可以與其它物理元件產生反應。另外透過面版上的材質設定及相關參數調整，也可以輕易得到 Unity3D 渲染系統反饋的效果。所以開發者只需要專心在遊戲效果及可玩性上，不必再自行開發物件引擎及渲染功能。

易於分工開發

對於一個夠大夠複雜的子系統而言，若應用外觀模式（*Facade*），都可以成為另一個 Facade 介面。所以在工作的分工配合上，開發者只需要了解對方負責系統的 Facade 介面，不必太深入了解其中的運作方式。例如，今天有個程式 A 告訴你，要使用他寫的「關卡系統」時，必須 1.先初始一個關卡資料 List、2.將關卡資訊加入、3.設定排序規則、4.最後才能取得關卡資訊；但另一位程式 B 也同時告訴你，使用他寫的「關卡系統」時，只要初始關卡系統後，就可以馬上取得關卡資訊…。想當然爾，跟程式 B 合作時是比較愉快的，因為在使用程式 B 的關卡系統時，不必清楚了解每一步的流程是什麼，而且也不必撰寫太多的程式碼與對方的系統連接，連帶也會讓自己撰寫的功能更容易維護。所以，為了讓系統能夠順利分工開發，將單一系統功能內部所需要的操作流程全部隱藏，不讓客戶端去操作，可協助開發團隊在分工上的任務劃分。

增加系統的安全性

隔離客戶端對子系統的接觸，除了能減少耦合度之外，安全性也是重點之一。而這裡所說的安全性指的是，系統執行時「意外當機或出錯」的情況。因為有時候子系統之間的溝通及建構程序上，會有一定的步驟，例如：某一個功能一定要先通知子系統 A 將內部功能設定完成後，才能通知子系統 B 接手完成後續的設定，順序的錯誤會讓系統初始化失敗或導致當機。所以像是這樣子的建立順序，應該由 Facade 介面類別來完成，不該由客戶端去實作。如果客戶端去實作了這樣子的呼叫順序，那麼哪天這個順序更動或有錯誤發生了，到時候程式設計師就必須去查看所有客戶端的程式碼，去修正順序或錯誤。如果又那麼剛好，存在的客戶端不只一個，那麼後續的修改幅度就會非常可觀，有時候程式設計師會以「災難」來形容這樣子的修改連動性。

4.3.4 實作外觀模式（Facade）時的注意事項

由於將所有子系統集中在 Facade 介面類別中，最終會導致 Facade 介面類別過於龐大而難以維護。當有這種情況發生時，可以重構 Facade 介面類別，將功能相近的子系統再整合，以減少內部系統的相依性，或是整合其它設計模式來減少 Facade 介面過度膨脹。

例如在本章的實作上，PBaseDefenseGame 類別雖然隔離了戰鬥狀態類別(BattleState) 和各遊戲子系統之間的操作，但還需要注意的是，PBaseDefenseGame 內部子系統之間要如何減少耦合度的問題，而下一個章(第 5 章)中，將說明如何減少子系統之間的耦合度。

4.4 當外觀模式（Facade）遇到變化時

隨著開發需求的變更，任何遊戲子系統的修改及更換，都被限縮在 PBaseDefenseGame 這個 Facade 介面類別內。所以，當有新的系統需要增加時，也只會影響 PBaseDefenseGame 類別的定義及增加對外開放的方法，這樣子，就能使專案的更動範圍減到最小。

4.5 總結與討論

將複雜的子系統溝通交由單一個類別負責，並且提供單一介面給客戶端使用，使客戶減少對系統的耦合度是外觀模式（Facade）的優點。在本章中，我們用外觀模式（Facade）實作了 PBaseDefenseGame 類別，所以戰鬥狀態類別(BattleState)與各遊戲子系統被隔離開了，這樣做的好處是顯而易見的。除此之外，本章所實作的設計還有哪些應該注意的地方，以及我們還可以將外觀模式（Facade）應用在遊戲設計的那些地方，分述如下。

與其它模式(Pattern)的合作

在「P 級陣地」中，PBaseDefenseGame 類別使用單例模式（Singleton）來產生唯一的類別物件，內部子系統之間則使用仲介者模式（Mediator）做為互相溝通的方式，而遊戲事件系統(GameEventSystem)是觀察者模式（Observer）的實作，主要的目的就是要減少 PBaseDefenseGame 類別介面過於寵大而加入的設計。

其它應用方式

- 網路引擎：網路通訊是一件複雜的工作，通常包含了：連線管理系統、訊息事件系統、封包管理系統…，所以一般會用外觀模式（*Façade*）將上述子系統整合成一個系統。

- 資料庫引擎：在遊戲伺服器的實作中，可以將與「關聯式資料庫」(MySQL、MSSQL…) 相關的操作，以一種較為高階的介面隔離，這個介面可以將資料庫系統中所需的：連線、表格修改、新增、刪除、更新、查詢…等等的操作加以包裝，讓不是很了解關聯式資料庫原理的設計人員也能使用。

第 5 章

取得遊戲服務的唯一物件 — *Singleton* 模式

5.1 遊戲實作中的唯一物件

生活中的許多物品都是唯一的，地球是唯一的、太陽是唯一的…。軟體設計上也會有唯一物件的需求，例如：伺服器端的程式只能連接到一個資料庫、只能有一個日誌產生器；遊戲世界也是一樣，同時間只能有一個關卡正在進行、只能連線到一台遊戲伺服器、只能同時操作一個角色…。

在「P 級陣地」中，也存在唯一的物件，例如上一章提到的，用來包含所有遊戲子系統的 PBaseDefenseGame 類別，它負責遊戲中幾個主要功能之間的串接，外界透過它的介面就能存取「P 級陣地」的主要遊戲服務，所以可以稱這個 PBaseDefenseGame 類別為「遊戲服務」的提供者。因為它提供了運作這個遊戲所需要的功能，所以 PBaseDefenseGame 類別的物件只需要一個，並且由這個唯一的物件來負責遊戲的執行。另外，PBaseDefenseGame 類別實作了外觀模式（*Façade*），所以包含了遊戲中大部份的操作介面。因此，在實際應用上，會希望有一種方法能夠容易地取得這個唯一的物件。

所以在實作上，程式設計師會希望這個 PBaseDefenseGame 類別具備兩項特質：1. 同時間只存在一個物件、2. 提供一個快速取得這個物件的方法。

如果使用比較直接的方式來實作，可能會使用程式語言中的「全域靜態變數」功能，來達成上述兩項需求。若以 C# 來撰寫的話，可能會是如下這樣：

Listing 5-1　使用全域靜態物件的實作方式

```
public static class GlobalObject
{
    public static PBaseDefenseGame GameInstance = new PBaseDefenseGame();
}

GlobalObject.GameInstance.Update(); // 使用方法
```

在一個靜態類別中，宣告類別物件為一個靜態成員，這樣實作的方式雖然可以達成「容易取得物件」的需求，但無法避免刻意或無意地產生第二個物件，而且像這種使用全域變數的實作方式，也容易產生全域變數命名重覆的問題。

所以，最好的實作方式是，讓 PBaseDefenseGame 類別自己確保只能產生一個物件，並提供便利的方法來取得這唯一的物件。GoF 中的單例模式（Singleton），講述的就是如何滿足上述需求的模式。

5.2 單例模式（Singleton）

這是個筆者過去常使用的設計模式，使用單例模式（Singleton）確實令人著迷，它實在太方便了。因為它讓程式設計師能夠快速取得提供某項服務或功能的物件，工程師因此省去層層傳遞物件的困擾。

5.2.1 單例模式（Singleton）的定義

單例模式（Singleton）在 GoF 中的說明是：

「確認類別只有一個物件，並且提供一個全域的方法來取得這個物件」。

單例模式（Singleton）在實作時，需要程式語言的支援。只要具有：

1. 靜態類別屬性；
2. 靜態類別方法；
3. 重新定義類別建構者存取層級。

等三項語法功能的程式語言，都可以實作出單例模式（Singleton）。本書使用的 C#具備上述條件，所以可以用來實作單例模式（Singleton）。

不過單例模式（Singleton）目前也是許多設計模式推廣人士不建議大量使用的模式，詳細的原因會在本章後面加以說明。

5.2.2 單例模式（Singleton）的說明

單例模式（Singleton）的結構如下：

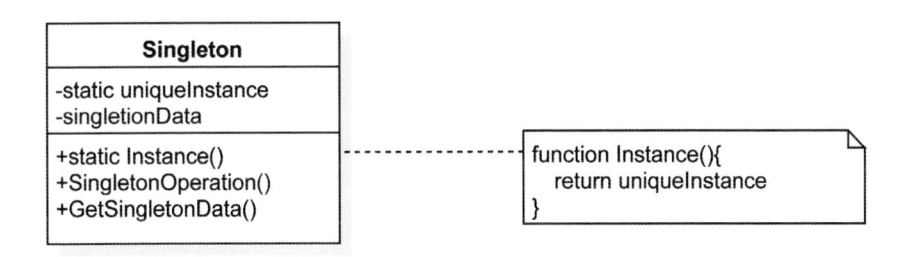

```
        Singleton
-static uniqueInstance
-singletionData
+static Instance()           ------  function Instance(){
+SingletonOperation()                    return uniqueInstance
+GetSingletonData()                  }
```

參與的角色說明如下：

- Singleton
    - ◎ 能產生唯一物件的類別，並且提供「全域方法」讓外界可以方便取得那個唯一的物件。
    - ◎ 通常會把唯一的類別物件設定為「靜態類別屬性」。
    - ◎ 習慣上會使用「Instance」做為全域靜態方法的名稱，而透過這個靜態函式可能取得「靜態類別屬性」。

5.2.3 單例模式（Singleton）實作範例

C#支援實作單例模式(Singleton Pattern)的特性，以下是用C#實作的方式之一：

Listing 5-2　單例模式的實作範例(Singleton.cs)

```csharp
public class Singleton
{
    public string Name {get; set;}

    private static Singleton _instance;
    public static Singleton Instance
    {
        get {
            if (_instance == null)
            {
```

```
            Debug.Log("產生 Singleton");
            _instance = new Singleton();
        }
        return _instance;
    }
}

    private Singleton(){}
}
```

在類別內定義一個 Singleton 類別的「靜態屬性成員」_instance，並定義一個「靜態成員方法」Instance，用來取得_instance 屬性。這裡也應用了 C#的 getter 存取運算子功能來實作 Instance 方法，讓原本 Singleton.Instance() 的呼叫方式可以改為 Singleton.Instance 方式，雖然只是少了對小括號()，但以筆者的開發經驗來說，少打一對小括號對於程式撰寫及後續維護上仍有不少的助益。

Instance 的 getter 存取子中，先判斷_instance 是否已被產生過，沒有的話才接續下面的 new Singleton()，之後再回傳_instance。

最後，再將建構者 Singleton() 宣告為私有成員，這個宣告主要是讓建構者 Singletion() 無法被外界呼叫。一般來說，有了這行的宣告就可以確保該類別只能產生一個物件，因為建構者是私有成員無法被呼叫，因此可以防止其它客戶端有意或無意地產生其它類別物件。

開啟測試類別 SingletonTest，測試程式碼如下：

Listing 5-3　單例模式測試方法 (SingletonTest.cs)

```
void UnitTest() {
    Singleton.Instance.Name = "Hello";
    Singleton.Instance.Name = "World";
    Debug.Log (Singleton.Instance.Name);

    //Singleton TempSingleton = new Singleton();
    /* 錯誤　error CS0122:
    'DesignPattern_Singleton.Singleton.Singleton()' is
    inaccessible due to its protection level */
}
```

範例中，分別利用 Singleton.Instance 來取得類別屬性 Name，從輸出訊息中可以看到：

> **執行結果** 產生 Singleton 測試範例產生的訊息

```
World
```

使用兩次 Singleton.Instacne 只會產生一個物件,從 Name 屬性最後顯示的是 World 也可以証實存取的是同一個物件。

測試程式碼最後試著再產生另一個 Singleton 物件,但從 C#編譯報錯的訊息:

> **執行結果** 再產生另一個 Singleton 物件時,產生的錯誤訊息

```
error CS0122: 'DesignPattern_Singleton.Singleton.Singleton()' is
            inaccessible due to its protection level,
```

可以看出,因為建構式 Singleton()是在保護階段無法被呼叫,所以無法產生物件。

5.3 使用單例模式（*Singleton*）來取得唯一的遊戲服務物件

遊戲系統中哪些類別適合以單例模式（*Singleton*）實作必須經過挑選,至少要確認的是,它只能產生一個的物件而且不能夠被繼承。筆者過去的許多經驗,都會遇到必須將原本是單例模式（*Singleton*）的類別改回非單例,而且還必須開放繼承的情況。強制修改之下會使得程式碼變得不易維護,所以分析上需要多加注意。

5.3.1 遊戲服務類別的單例模式實作

在「P 級陣地」中,因為 PBaseDefenseGame 類別包含了遊戲大部份的功能及操作,因此希望只產生一個物件,並提供方便的方法來取用 PBaseDefenseGame 功能,所以將該類別套用單例模式（*Singleton*）,設計如下:

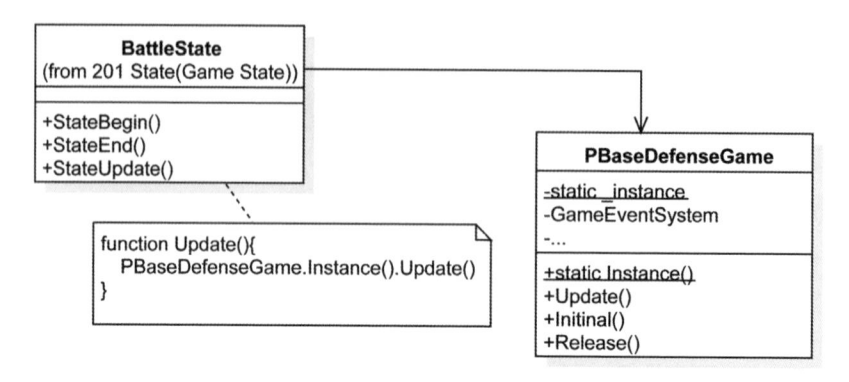

```
                    ┌─────────────────────────────────┐
                    │         BattleState             │
                    │ (from 201 State(Game State))    │
                    ├─────────────────────────────────┤
                    │ +StateBegin()                   │
                    │ +StateEnd()                     │
                    │ +StateUpdate()                  │
                    └─────────────────────────────────┘
```

參與者的說明如下:

- `PBaseDefenseGame`
  ◎ 遊戲主程式,內部包含了型別為 `PBaseDefenseGame` 的靜態成員屬性 `_instance`,做為該類別唯一的物件。
  ◎ 提供使用 C# getter 實作的靜態成員方法 `Instance`,用它來取得唯一的靜態成員屬性 `_instance`。

- `BattleState`
  ◎ `PBaseDefenseGame` 類別的客戶端,使用 `PBaseDefenseGame.Instance` 來取得唯一的物件。

5.3.2 實作說明

在「P 級陣地」範例中,只針對 `PBaseDefenseGame` 類別套用單例模式(*Singleton*),實作方式如下:

Listing 5-4　將遊戲服務類別以單例模式實作(`PBaseDefenseGame.cs`)

```csharp
public class PBaseDefenseGame
{
    // Singleton 模式
    private static PBaseDefenseGame _instance;
    public static PBaseDefenseGame Instance
    {
        get {
            if (_instance == null)
                _instance = new PBaseDefenseGame();
            return _instance;
        }
```

Chapter 5 取得遊戲服務的唯一物件
— Singleton 模式

```
    }
    ...
    private PBaseDefenseGame()
    {}
}
```

實作時按照之前說明的步驟，先宣告一個 PBaseDefenseGame 類別的靜態成員屬性 _instance，同時提供一個用來存取這個靜態成員屬性的「靜態成員方法」Instance。在靜態成員方法中，實作時必須確保只會有一個 PBaseDefenseGame 類別物件會被產生出來。最後，再將建構者 PBaseDefenseGame() 設定為私有成員。

在實際應用上，直接透過 PBaseDefenseGame.Instnace 取得物件，隨後立即可以使用類別功能：

| Listing 5-5 | **戰鬥狀態中使用以單例的方式使用 PBaseDefenseGame 物件 (BattleState.cs)** |

```
public class BattleState : ISceneState
{
    ...
    // 開始
    public override void StateBegin() {
        PBaseDefenseGame.Instance.Initial();
    }
    ...
}
```

「P級陣地」中，除了 BattleState 類別會使用到 PBaseDefenseGame 物件之外，在後續的說明中也會看到其它類別的使用情況。以下是另一個使用的例子：

| Listing 5-6 | **兵營使用者介面中以單例的方式使用 PBaseDefenseGame 物件 (SoldierClickScript.cs)** |

```
public class SoldierOnClick : MonoBehaviour
{
    ...
    public void OnClick() {
        //Debug.Log ("CharacterOnClick.OnClick:" + gameObject.name);
        PBaseDefenseGame.Instance.ShowSoldierInfo( Solder );
    }
}
```

在 SoliderOnClick 中完全不需要去設定 PBaseDefenseGame 物件的引用來源，直接呼叫 PBaseDefenseGame.Instance 就可以馬上取用物件並呼叫類別方法。

5-7

5.3.3 使用單例模式（Singleton）後的比較

對於需要特別注意「物件產生數量」的類別，單例模式（Singleton）透過 1.將「類別建構者私有化」，讓類別物件只能在「類別成員方法」中產生，再配合 2.「靜態成員屬性」在每一個類別中只會存在一個的限制，讓系統可以有效地限制產生數量(有需要時可以放寬一個的限制)。在兩者配合之下，讓單例模式（Singleton）可以有效地限制類別物件產生的地點及時間，也可防止類別物件被任意產生而造成系統錯誤。

5.3.4 反對使用單例模式（Singleton）的原因

依照筆者過去的開發經驗，單例模式（Singleton）好用的原因之一是：可以馬上取得類別物件，不必為了「安排物件傳遞」或「設定參考引用」而傷腦筋，想使用類別物件時，呼叫類別的 Instance 方法就可以馬上取得物件，非常方便。

但如果不想使用單例模式（Singleton）或全域變數的話，最簡單的物件引用方式就是：將物件當成「方法參數」，一路傳遞到最後需要使用該物件的方法中。但此時若存在設計不當的程式碼，那麼方法的參數數量就容易失控而變多，造成難以維護的情況。

而程式設計師一但發現這個「馬上取得」的好處時，就很容易在整個專案中到處看到單例模式（Singleton）應用（包含實作與呼叫），這種情況就會如同 Joshua Kerievsky 在《Refactoring to Patterns》一書中提到的，開發者得到了「單例癖(Singletonitis)」，意思是「過於沉迷於使用單例模式（Singleton）」。

很不幸地，筆者本身在過去的開發經驗中也有過這個症狀，大多是為了想「省略參數傳遞」以及「能快速取得唯一類別物件」等原因。所以在實作時，只要發現「遊戲子系統類別」或「使用者介面類別」的物件，在整個遊戲執行時是唯一時，就會將單例模式（Singleton）套用在該類別之上，所以專案內處處可見標示為 Singleton 的類別。

所以當筆者看到 Joshua Kerievsky 提出的「單例癖(Singletonitis)」一詞時，馬上就對他的說明及建議進行研究探討。當然，他也請出幾位敏捷開發領域中，大師級的開發者——Ward Cunningham 和 Kent Beck 共同提供看法。他們認為單例模式（Singleton）被濫用，是開發者過度使用了「全域變數」及不仔細思考物件的「適當可視性」所造成的產物，因此這是可以避免的。而 Martin Fowler 則是提供了另一種模型，來避開使用單例模式（Singleton）。

歸咎濫用單例模式（Singleton）的主要原因，多數還是認為是在設計上出了問題。Joshua Kerievsky 認為，有大多數時候是不需要使用到單例模式（Singleton）的，開發者只需要再多花點時間重新思考、更改設計，就可避免使用。

再仔細探討的話，單例模式（Singleton）還違反了「開放封閉原則(OCP)」。因為，透過 Instance 方法取得物件是「實作類別」而不是「介面類別」，該方法回傳的物件是包含了實作細節的實體類別。因此，當設計變更或需求增加時，程式設計師無法將它替代成其它類別，只能更動原有實作類別內的程式碼，所以無法滿足對「對修改關閉」的要求。

當然，如果真的要讓單例模式（Singleton）回傳介面類別---即父類別為單例模式（Singleton）型別，並讓子類別去繼承實作，並不是沒有辦法，有以下兩種方式可以達成：

1. 子類別向父類別註冊實體物件，讓父類別的 Instance 方法回傳物件時，依條件查表回傳對應的子類別物件。

2. 每個子類別都實作單例模式（Singleton），再由父類別的 Instance 去取得這些子類別。(「P 級陣地」採用類似的方式來達成)。

不過「回傳子類別的單例模式的物件」有時候會引發「白馬非馬」的邏輯詭辯問題——傳回的物件是否就能代表父類別呢？舉一個實例來說明會發生邏輯詭辯的設計方式：

今天有個伺服器端的系統有項設計需求，需要連向某一個資料庫服務，並且要求同時只能存在一個連線。程式設計師們經過設計分析後，決定使用單例模式（Singleton）只能產生唯一物件的特性，來達成只能存在一條連線的需求。所以，接著定義資料庫連線操作的介面，並套用單例模式（Singleton）：

IDBConnect
-static _instance
+static Instance() +Connect() +GetData() +InsertData() +UpdateData() +Delete()

又因為伺服器端可以支援 MySQL 及 Oracle 這兩種資料庫連線，所以定義了兩個子類別，並且實作「子類別向父類別註冊實體物件」的方式，讓 `IDBConnect.Instance()` 方法可以回傳對應的子類別：

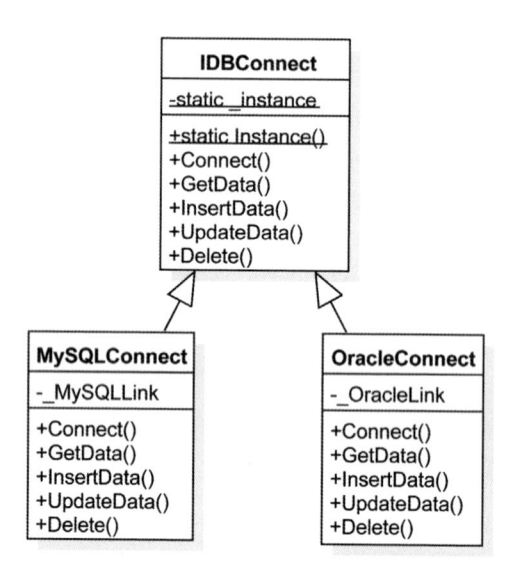

```
              IDBConnect
         -static _instance
         +static Instance()
         +Connect()
         +GetData()
         +InsertData()
         +UpdateData()
         +Delete()
              △       △
         ┌────┘       └────┐
   MySQLConnect        OracleConnect
   -_MySQLLink         -_OracleLink
   +Connect()          +Connect()
   +GetData()          +GetData()
   +InsertData()       +InsertData()
   +UpdateData()       +UpdateData()
   +Delete()           +Delete()
```

所以客戶端現在可以依目前的設計結果，取得某一種資料庫連線物件，並且也同時確保只存在一條連線。

但經過多次需求追加後，伺服器資料庫功能的操作需求增加了，這次希望的需求是：每次的資料庫操作能夠被記錄下來，因此，當資料庫完成操作後還必須將操作記錄寫入「日誌資料庫」中。而由於日誌資料庫具有「只寫不讀」的特性，所以在實作上會選擇再開啟另一條連線，連接到另一組資料庫(有針對只寫不讀特性進行最佳化的資料庫)，這樣除了可以減少每次操作記錄寫入時的延遲，並且也不增加主資料庫的負擔。

所以，如果要在不更動原有介面的要求下實現新的功能，最簡單的方式就是再從 `MySQLConnect` 及 `OracleConnect` 各自繼承一個子類別，並在子類別中增加另一條「日誌資料連線」及日誌操作方法：

```
                    ┌─────────────────────┐
                    │     IDBConnect      │
                    ├─────────────────────┤
                    │ -static _instance   │
                    ├─────────────────────┤
                    │ +static Instance()  │
                    │ +Connect()          │
                    │ +GetData()          │
                    │ +InsertData()       │
                    │ +UpdateData()       │
                    │ +Delete()           │
                    └─────────────────────┘
```

```
   ┌──────────────────┐          ┌──────────────────┐
   │   MySQLConnect   │          │  OracleConnect   │
   ├──────────────────┤          ├──────────────────┤
   │ -_MySQLLink      │          │ -_OracleLink     │
   ├──────────────────┤          ├──────────────────┤
   │ +Connect()       │          │ +Connect()       │
   │ +GetData()       │          │ +GetData()       │
   │ +InsertData()    │          │ +InsertData()    │
   │ +UpdateData()    │          │ +UpdateData()    │
   │ +Delete()        │          │ +Delete()        │
   └──────────────────┘          └──────────────────┘
```

```
 ┌────────────────────────┐      ┌────────────────────────┐
 │  MySQLConnectWithLog   │      │  OracleConnectWithLog  │
 ├────────────────────────┤      ├────────────────────────┤
 │ -_MySQLLink            │      │ -_OracleSQLLink        │
 │ -_MySQLLogLink         │      │ -_OracleSQLLogLink     │
 ├────────────────────────┤      ├────────────────────────┤
 │ +Connect()             │      │ +Connect()             │
 │ +GetData()             │      │ +GetData()             │
 │ +InsertData()          │      │ +InsertData()          │
 │ +UpdateData()          │      │ +UpdateData()          │
 │ +Delete()              │      │ +Delete()              │
 │ -AddLog()              │      │ -AddLog()              │
 └────────────────────────┘      └────────────────────────┘
```

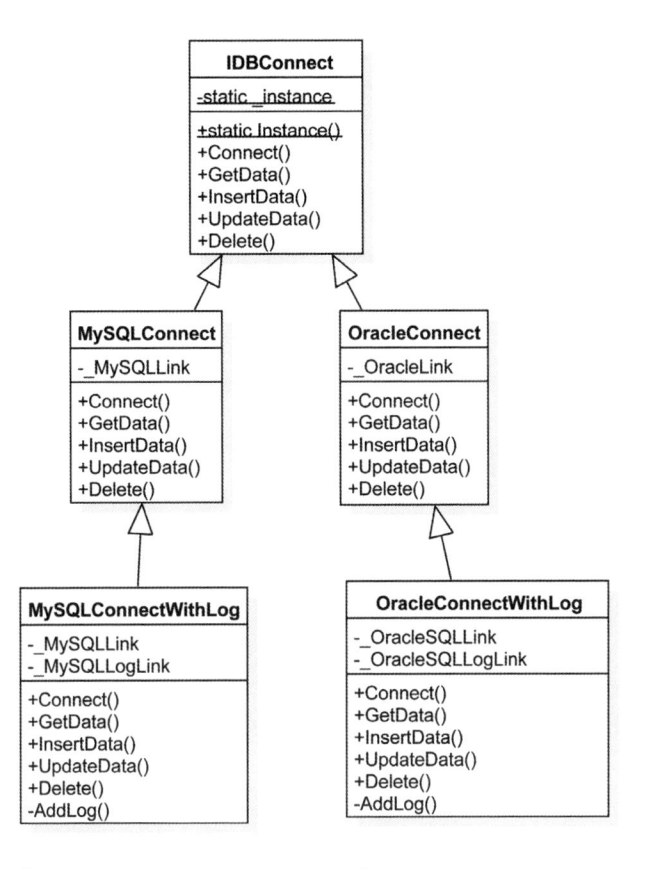

此時取得的子類別 MySQLConnectWithLog 或 OracleConnectWithLog 的單例物件時，我們可以問的是：現在的 MySQLConnectWithLog 或 OracleConnectWithLog 物件，是否還是 IDBConnect 物件？從 IDBConnect 的設計需求來看：

- 資料庫連線 ── 有；
- 只能有一個物件 ── 有；
- 這一個物件代表一線連線 ── 沒有。

因為有兩條連線存在……所以，MySQLConnectWithLog 還是 IDBConnect 嗎？

贊同方會說：「因為單例模式（Singleton）負責產生的物件只有一個，不會去管資料庫的連線數量，所以還是單例物件」；反對方則會說：「當初就是希望利用單例模式（Singleton）只能產生唯一物件的效果，來限制資料庫的同時連線數，現在子類別卻有兩條連線，所以當然不是」…白馬是不是馬的辯論就這樣產生了。而筆者認為，花點時間修改原有的設計，讓這種辯論消失才是真正解決的方式。

5.4 少用單例模式（*Singleton*）時如何方便地引用到單一物件

單例模式（*Singleton*）包含兩個重要精神：1.唯一的物件、2.容易取得物件。那麼要如何使用更好的設計方式，來減少單例模式（*Singleton*）的使用呢？可以先從分析類別的「使用需求」開始，先確認程式設計師在使用這個類別時，是希望同時獲得上述兩個好處或者只需要其中一個。若是只需要其中一個的情況下，那麼就有下面幾種方式可以用來設計系統。

讓類別具有計數功能來限制物件數量

在有數量限制的類別中加上「計數器」(靜態成員屬性)。每當類別建構者被呼叫時，就讓計數器增加 1，然後再判斷有沒有超過限制的數量，如果超過使用上限，那麼該物件就會被標記為無法使用，後續的物件功能也不可以被執行。而適當地在類別建構者中加上警告或 Assert 也有助於除錯分析，範例程式如下：

Listing 5-7　有計數功能的類別(ClassWithCounter.cs)

```
public class ClassWithCounter
{
    protected static int m_ObjCounter = 0;
    protected bool m_bEnable=false;

    public ClassWithCounter() {
        m_ObjCounter++;
        m_bEnable = ( m_ObjCounter ==1 )? true:false ;

        if( m_bEnable==false)
            Debug.LogError("目前物件數["+m_ObjCounter+"]超過1個!!");
    }
    public void Operator() {
        if( m_bEnable ==false)
            return ;
        Debug.Log ("可以執行");
    }
}
```

Listing 5-8　有計數功能類別的測試方法(SingletonTest.cs)

```
void UnitTest_ClassWithCounter() {
    // 有計數功能的類別
    ClassWithCounter pObj1 = new ClassWithCounter();
```

```
        pObj1.Operator();

        ClassWithCounter pObj2 = new ClassWithCounter();
        pObj2.Operator();

        pObj1.Operator();
    }
```

設定成為類別的參考,讓物件可以容易被取得

某個類別的功能會被大量使用時,可以將這個類別物件設定為其它類別中的成員,方便這些類別直接引用。而這種實作方法是「相依性注入」的方式之一,可以讓被參考的物件不必透過參數傳遞的方式,就能被類別的其它方法引用到。依照設定的方式又可以分為「各別設定」或「指定給類別靜態成員」兩種:

1. 各別設定:

在「P 級陣地」中 PBaseDefenseGame 是最常被引用的。雖然已經套用了單例模式 (*Singleton*),但筆者還是以它來示範,如何透過設定它成為其它類別參考的方式,來減少對單例模式的使用。

由於在「P 級陣地」中,每個遊戲子系統都會使用 PBaseDefenseGame 類別的功能,所以在各個遊戲系統初始設定時,就將 PBaseDefenseGame 物件指定給每一個遊戲系統,並讓遊戲系統設定為類別成員。那麼,往後若有遊戲系統的方法需要使用 PBaseDefenseGame 的功能時,就可以直接使用這個類別成員來呼叫 PBaseDefenseGame 的方法:

Listing 5-9 將 **PBaseDefenseGame** 設定為其它類別中的物件參考

```
public class PBaseDefenseGame
{
    ...
    // 初始 P-BaseDefense 遊戲相關設定
    public void Initial() {
        ...
        // 遊戲系統
        m_GameEventSystem = new GameEventSystem(this);  // 遊戲事件系統
        m_CampSystem = new CampSystem(this);            // 兵營系統
        m_StageSystem = new StageSystem(this);          // 關卡系統
        ...
    }
    ...
} // PbaseDefenseGame.cs
```

```csharp
// 遊戲子系統共用介面
public abstract class IGameSystem
{
    protected PBaseDefenseGame m_PBDGame = null;
    public IGameSystem( PBaseDefenseGame PBDGame ) {
        m_PBDGame = PBDGame;
    }

    public virtual void Initialize(){}
    public virtual void Release(){}
    public virtual void Update(){}
} // IGameSystem.cs


// 兵營系統
public class CampSystem : IGameSystem
{
    ...
    public CampSystem(PBaseDefenseGame PBDGame):base(PBDGame) {
        Initialize();
    }
    ...
    // 顯示場景中的俘兵營
    public void ShowCaptiveCamp() {
        m_CaptiveCamps[ENUM_Enemy.Elf].SetVisible(true);
        m_PBDGame.ShowGameMsg("獲得俘兵營");
    }
    ...
} // CampSystem.cs
```

上面的範例中，兵營系統的建構者將傳入的 PBaseDefenseGame 物件設定給類別成員 m_PBDGame，並在有需求時(ShowCaptiveCamp)，透過 m_PBDGame 來呼叫 PBaseDefenseGame 的方法。

2. 指定給類別的靜態成員：

A 類別的功能中若需要使用到 B 類別的方法，並且 A 類別在產生其物件時具有下列幾種情況：

(1) 產生物件的位置不確定；

(2) 有多個地方可以產生物件；

(3) 生成的位置無法引用到；

(4) 有多眾子類別。

當滿足上述情況之一時，可以直接將 B 類別物件設定給 A 類別中的「靜態成員屬性」，讓該類別的物件都可以直接使用：

Listing 5-10 將 `PBaseDefenseGame` 設定為類別的靜態參考成員

```
public class PBaseDefenseGame
{
    ...
    // 初始 P-BaseDefense 遊戲相關設定
    public void Initial() {
        m_StageSystem = new StageSystem(this);// 關卡系統
        ...
        // 注入到其它系統
        EnemyAI.SetStageSystem( m_StageSystem );
        ...
    }
    ...
} // PBaseDefenseGame.cs
```

舉例來說，敵方單位 AI 類別(EnemyAI)，在執行時需要使用關卡系統(StageSystem)的資訊，但 EnemyAI 物件產生的位置是在，敵方單位建構者(EnemyBuilder)之下：

Listing 5-11 Enemy 各部位的建立

```
public class EnemyBuilder : ICharacterBuilder
{
    ...
    // 加入 AI
    public override void AddAI() {
        EnemyAI theAI = new EnemyAI( m_BuildParam.NewCharacter,
                                     m_BuildParam.AttackPosition );
        m_BuildParam.NewCharacter.SetAI( theAI);
    }
    ...
} // EnemyBuilder.cs
```

依照「最少知識原則(LKP)」，會希望敵方單位的建構者(EnemyBuilder)減少對其它無關類別的引用。因此，在產生敵方單位 AI(EnemyAI)物件時，敵方單位建構者(EnemyBuilder)無法將關卡系統(StageSystem)物件設定給敵方單位 AI，這是屬於上述「(3) 生成的位置無法引用到」的情況。所以，可以在敵方單位 AI(EnemyAI)類別

中,提供一個靜態成員屬性及靜態方法,讓關卡系統(StageSystem)物件產生的當下,就設定給敵方單位 AI(EnemyAI)類別:

Listing 5-12　敵方 AI 的類別(EnemyAI.cs)

```
public class EnemyAI : ICharacterAI
{
    private static StageSystem m_StageSystem = null;
    ...
    // 將關卡系統直接注入給 EnemyAI 類別使用
    public static void SetStageSystem(StageSystem StageSystem) {
        m_StageSystem = StageSystem;
    }
    ...
    // 是否可以攻擊 Heart
    public override bool CanAttackHeart() {
        // 通知少一個 Heart
        m_StageSystem.LoseHeart();
        return true;
    }
    ...
}
```

使用類別的靜態方法

每當增加一個類別名稱就等同於又少了一個可使用的全域名稱,但如果是在類別下增加「靜態方法」就不會減少可使用的全域名稱數量,而且還能馬上增加這個靜態類別方法的「可視性」── 也就是全域都可以引用這個靜態類別方法。如果在專案開發時,不存在限制全域引用的規則,或已經沒有更好的設計方法時,使用「類別靜態方法」來取得某一系統功能的介面,應該是最佳的方式了。它有著單例模式(*Singleton*)的第 2 項效果:方便取得物件。

舉例來說,在「P 級陣地」中,有一個靜態類別 PBDFactory,就是按照這個概念去設計的。由於它在「P 級陣地」中負責的是所有資源的產生,所以將其定義為「全域引用的類別」並不違反這個遊戲專案的設計原則。它的每一個靜態方法都負責回傳一個「資源生成工廠介面」,注意,是「介面」,所以在往後的系統維護更新上,是可以依照需求的變更來替換子類別而不影響其它客戶端:

Listing 5-13　取得 P-BaseDefenseGame 中所使用的工廠(PBDFactory.cs)

```
public static class PBDFactory
{
    private static IAssetFactory m_AssetFactory = null;
```

```
    // 取得將 Unity Asset 實作化的工廠
    public static IAssetFactory GetAssetFactory() {
        if( m_AssetFactory == null)
        {
            if( m_bLoadFromResource)
                m_AssetFactory = new ResourceAssetFactory();
            else
                m_AssetFactory = new RemoteAssetFactory();
        }
        return m_AssetFactory;
    }
}
```

但如果在系統設計的需求上，又要求每個遊戲資源工廠都「必須是唯一的」，那麼此時可以在各個子類別中套用單例模式（Singleton），或是採取稍早提到的「讓類別具有計數功能來限制物件數量」的方式來達成需求。

5.5 結論

單例模式（Singleton）的優點是 1.可以限制物件的產生數量及 2.提供方便取得唯一物件方法。單例模式（Singleton）的缺點是容易造成設計思考不周及過度使用的問題，但並不是要求設計者完全不要使用這個模式，而是應該在仔細設計及特定的前提之下，適當地採用單例模式（Singleton）。

在「P 級陣地」中，只有少數地方引用到的單例類別 PBaseDefenseGame，而引用點可以視為單例模式（Singleton）優點的呈現。

其它應用方式

- 連線型遊戲的客戶端，可以使用單例模式（Singleton）來限制連線數，以預防誤用而產生過多連線，避免伺服器端因此失效。
- 日誌工具是比較不受專案類型影響的功能之一，所以可以設計為跨專案共用使用。此外，日誌工具大多使用在除錯或重要訊息的輸出上，而單例模式（Singleton）能讓程式設計師方便快速取得日誌工具，所以是個不錯的設計方式。

設計模式與遊戲開發
　的完美結合

第 6 章

遊戲內各系統的整合
— *Mediator* 仲介者模式

6.1 遊戲系統間的溝通

在第 4 章曾提到過,「P 級陣地」將整個遊戲需要執行的系統切分成好幾個,包含的遊戲系統如下:

- 遊戲事件系統(`GameEventSystem`)
- 兵營系統(`CampSystem`)
- 關卡系統(`StageSystem`)
- 角色管理系統(`CharacterSystem`)
- 行動力系統(`APSystem`)
- 成就系統(`AchievementSystem`)

另外,還有之前沒提過的,用來與玩家互動的介面:

- 兵營介面(`CampInfoUI`)
- 戰士資訊介面(`SoldierInfoUI`)
- 遊戲狀態介面(`GameStateInfoUI`)
- 遊戲暫停介面(`GamePauseUI`)

設計模式與遊戲開發
的完美結合

回顧單一職責原則(SRP)強調的是：將系統功能細分、封裝，讓每一個類別都能各司其職，負責系統中的某一項功能。因此，一個分析設計良好的軟體或遊戲，都是由一群功能或子系統一起組合起來運作的。

整個遊戲系統在面對客戶端時，可以使用第4章提到的外觀者模式（*Façade*）整合出一個高階介面給客戶端使用，減少它們接觸遊戲系統的運作，並且加強安全性及減少耦合度。但對於內部子系統之間的溝通，又該如何處理呢？

在「P級陣地」規劃的遊戲系統中，有些系統在運作時，需要其它系統的協助或將訊息通知其它系統。例如，玩家想要產生戰士就包含：①兵營介面(CampInfoUI)在接收到玩家的指令後，②會向兵營系統(CampSystem)發出要訓練一名戰士的需求。③而兵營系統(CampSystem)在接收到通知後，向行動力系統(APSystem)詢問是否有足夠的行動力可以生產。④行動力系統(APSystem)回覆有足夠的行動力後，⑤兵營系統(CampSystem)便執行產生戰士的功能，⑥然後再通知行動力系統(APSystem)扣除行動力，⑦接著通知遊戲狀態介面(GameStateInfoUI)顯示目前的行動力。⑧最後則是將產生的戰士交由角色管理系統(CharacterSystem)來管理。

而上述的8個流程中，一共有3個遊戲系統及2玩家介面參與其中在運作，如下圖：

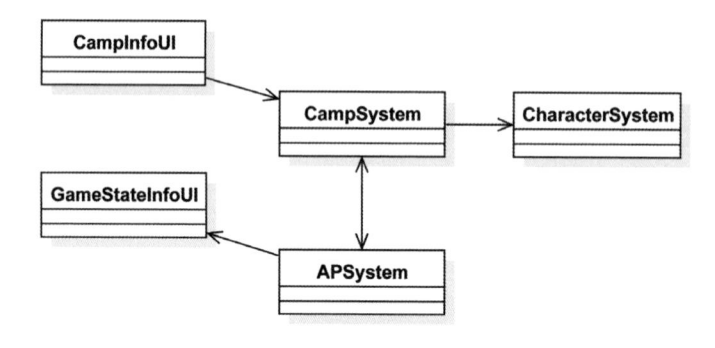

因為專案一開始時，各系統是慢慢建構起來的，所以可能會實作出下列的程式碼：

Listing 6-1　內部系統交錯使用的情況

```
// 兵營介面
public class CampInfoUI
{
    CampSystem m_CampSystem; // 兵營系統

    // 訓練戰士
    public void TrainSoldier(int SoldierID) {
```

```
        m_CampSystem.TrainSoldier(SoldierID);
    }
}

// 兵營系統
public class CampSystem
{
    APSystem m_ApSystem;  // 行動力系統
    CharacterSystem m_CharacterSystem;// 角色管理系統

    // 訓練戰士
    public void TrainSoldier(int SoldierID) {
        //向行動力系統(APSystem)詢問是否有足夠的行動力可以生產，
        if( m_ApSystem.CheckTrainSoldier( SoldierID )==false)
            return ;

        // 有足夠的行動力，執行訓練戰士功能
        ISoldier NewSoldier = CreateSoldier(SoldierID);
        if( NewSoldier == null)
            return ;

        // 再通知行動力系統(APSystem)扣除行動力，
        m_ApSystem.DescAP( 10 );

        // 最後將產生的戰士交由角色管理系統(CharacterSystem)管理
        m_CharacterSystem.AddSoldier( NewSoldier );
    }

    // 執行訓練戰士
    private ISoldier CreateSoldier(int SoldierID) {
        ...
    }
}

// 行動力系統
public class APSystem
{
    GameStateInfoUI m_StateInfoUI; // 遊戲狀態介面
    int m_AP;

    // 是否可以訓練戰士
    public bool CheckTrainSoldier(int SoldierID) {
        ...
    }

    // 扣除 AP
    public void DescAP(int Value) {
        m_AP -= Value;
        m_StateInfoUI.UpdateUI();
    }
```

```
        // 取得 AP
        public int GetAP() {
            return m_AP;
        }
}

// 遊戲狀態介面
public class GameStateInfoUI
{
    APSystem m_ApSystem; // 行動力系統

    // 更新介面
    public void UpdateUI() {
        int NowAP = m_ApSystem.GetAP();
    }
}

// 角色管理系統
public class CharacterSystem
{
    // 加入戰士
    public void AddSoldier(ISoldier NewSoldier) {
        ...
    }
}
```

從上面的程式碼可以看出，所有系統在實作上都必須參照其它系統的物件。而這些被參照的物件都必須在功能執行前被設定好，或者在呼叫方法時透過參數傳入。但這些方式都會增加系統間的依賴程度，也與最少知識原則(LKP)有所抵觸。

上面的流程只呈現了「P級陣地」眾多功能當中的一個。如果將各功能執行時所需要連接的系統，都繪製成關聯圖的話，最後可能如下圖所示。如果我們套用計算多邊型連線數的公式，應該輕易就能得知系統間的複雜度是多少。

系統切分愈細意謂著系統之間的溝通愈複雜，如果系統內部持續存在這樣的連接，就會產生下列缺點：

1. 單一系統引入太多其它系統的功能，不利於單一系統的移轉及維護。
2. 單一系統被過多的系統所依賴，不利於介面的更動，容易牽一髮而動全身。
3. 因為需提供給其它系統操作，系統的介面可能會過於龐大，不容易維護

要解決上述這些問題，可以使用仲介者模式（*Mediator*）的設計方式。

Chapter 6 遊戲內各系統的整合
— Mediator 仲介者模式

```
GameEventSystem    CampSystem
GamePauseUI        CharacterSystem
GameStateInfoUI    StageSystem
SoldierInfoUI      APSystem
CampInfoUI         AchievementSystem
```

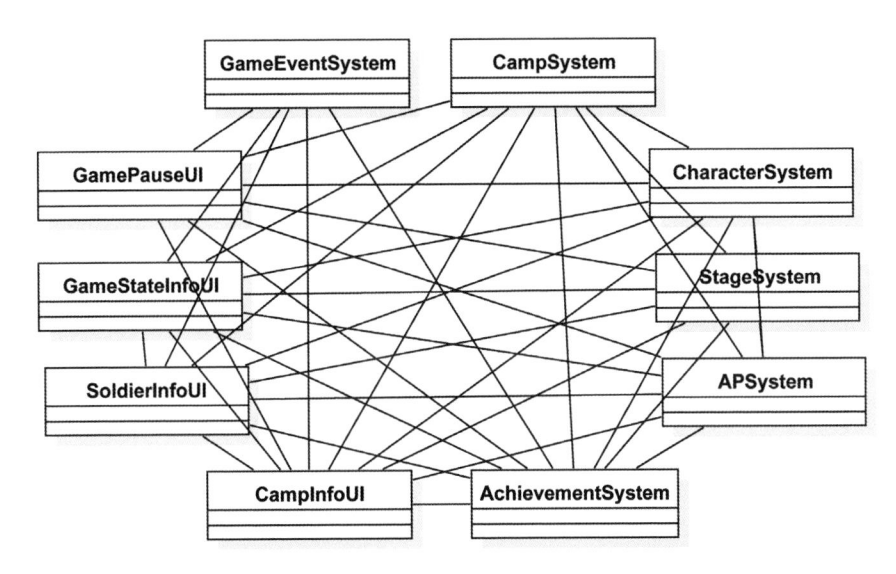

仲介者模式（*Mediator*）簡單解釋的話，比較像是中央管理的概念。建立起一個資訊集中的中心，任何子系統要與它的子系統溝通時，都必須先將請求交給中央單位，再由中央單位分派給對應的子系統。這種交由中央單位統一分配的方式，已在物流業中証明是最有效率的方式：

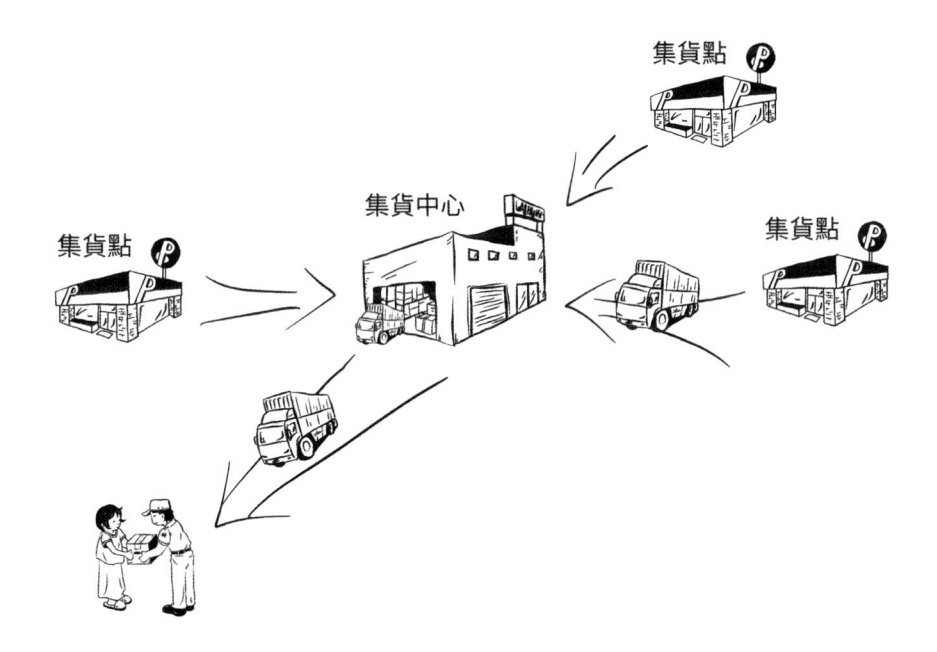

圖 6-1 物流業的貨物流動示意圖

6-5

所以同樣地,「P 級陣地」的子系統也希望在套用仲介者模式（*Mediator*）之後,能夠由統一的介面來進行接收及轉送訊息:

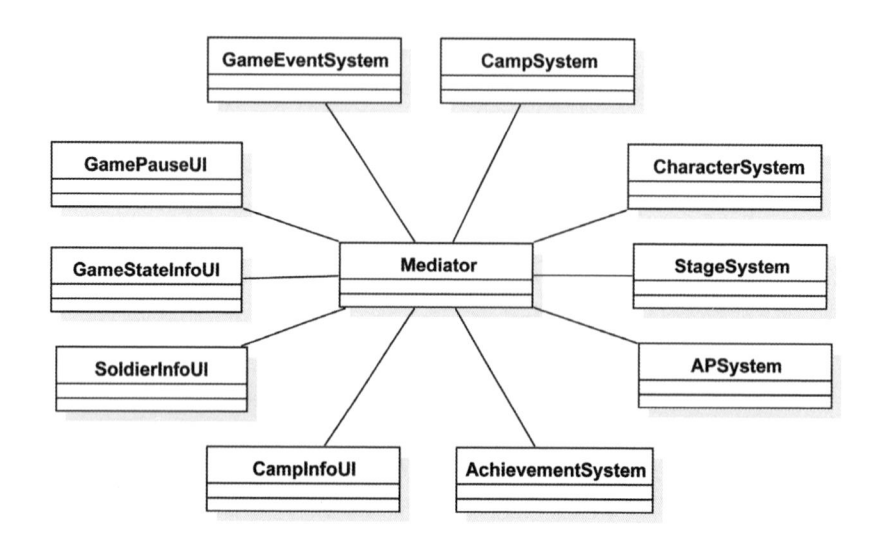

```
GameEventSystem      CampSystem
GamePauseUI                      CharacterSystem
GameStateInfoUI      Mediator    StageSystem
SoldierInfoUI                    APSystem
         CampInfoUI   AchievementSystem
```

6.2 仲介者模式（*Mediator*）

剛開始學習仲介者模式（*Mediator*）時,會覺得為什麼要如此麻煩,讓兩個功能直接呼叫就好了。但隨著時間經驗的累積,接觸過許多專案,並且想要跨專案移轉某個功能時就會知道,減少類別之間的耦合度,是很重要的一項設計原則。仲介者模式（*Mediator*）在內部系統的整合上,扮演著重要的角色。

6.2.1 仲介者模式（*Mediator*）的定義

仲介者模式（*Mediator*）在 GoF 中的說明是:

「定義一個介面用來包裝一群物件的互動行為。仲介者藉由移除物件間的引用,來減少它們之間的耦合度,並且能讓你改變它們之間的互動獨立性。」

以貨運業的運作方式,來說明仲介者模式（*Mediator*）,可以解釋為:

「設定一個物品集貨中心,讓所有收貨點的物品都必須先集中到集貨中心後,再分配出去,各集貨點之間不必知道其它集貨點的位置,省去各自在貨物運送上的浪費」

以一個擁有上百個集貨點的貨運行來說，各集貨點不必自行運送到其它點，統一送到中央集貨中心再分送出去才是比較有效率的方式。

6.2.2 仲介者模式（Mediator）的說明

仲介者模式（Mediator）的結構如下：

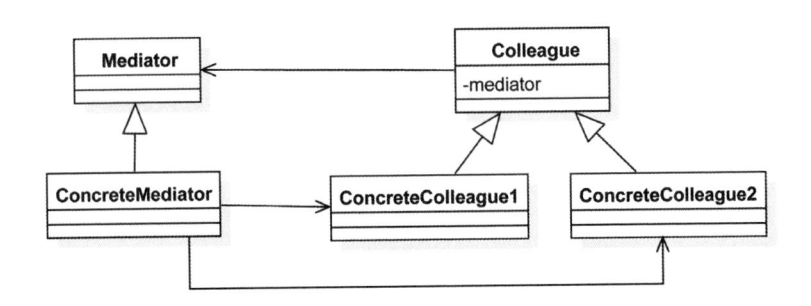

參與者的說明如下：

- Colleague(同事介面)
    ◎ 擁有一個 Mediator 屬性成員，可以透過它來呼叫仲介者的功能。
- ConcreteColleagueX(同事介面實作類別)
    ◎ 實作 Colleague 介面的類別，對於單一實作類別而言，只會依賴一個 Mediator 介面。
- Mediator(仲介者介面)、ConcreteMediator(仲介者介面實作類別)
    ◎ 由 Mediator 定義讓 Colleague 類別操作的介面。
    ◎ ConcreteMediator 實作類別中會包含所有 ConcreteColleague 的物件參考。
    ◎ ConcreteMediator 類別間的互動會在 ConcreteMediator 中發生。

6.2.3 仲介者模式（Mediator）的實作範例

GoF 範例程式中，Colleague(同事介面)如下：

Listing 6-2 `Mediator` 所控管的 `Colleague(Mediator.cs)`

```
public abstract class Colleague
```

```csharp
{
    protected Mediator m_Mediator = null;  // 透過 Mediator 對外溝通

    public Colleague( Mediator theMediator) {
        m_Mediator = theMediator;
    }

    // Mediator 通知請求
    public abstract void Request(string Message);
}
```

Colleague 為抽象類別,擁有一個型別為 Mediator 的屬性成員 m_Mediator 用來指向仲介者,而這個仲介者會在建構者中被指定。

ConcreateColleague1、ConcreateColleague2 繼承了 Colleague 類別,並重新定義父類別中的抽象方法:

Listing 6-3　實作各 Colleage 類別 (Mediator.cs)

```csharp
// 實作 Colleague 的類別 1
public class ConcreateColleague1 : Colleague
{
    public ConcreateColleague1( Mediator theMediator) :
                                        base(theMediator)
    {}

    // 執行動作
    public void Action() {
        // 執行後需要通知其它 Colleageu
        m_Mediator.SendMessage(this,"Colleage1 發出通知");
    }

    // Mediator 通知請求
    public override void Request(string Message) {
        Debug.Log("ConcreateColleague1.Request:" + Message);
    }
}

// 實作 Colleague 的類別 2
public class ConcreateColleague2 : Colleague
{
    public ConcreateColleague2( Mediator theMediator) :
                                        base(theMediator)
    {}

    // 執行動作
    public void Action() {
        // 執行後需要通知其它 Colleageu
```

```
            m_Mediator.SendMessage(this,"Colleage2 發出通知");
        }

        // Mediator 通知請求
        public override void Request(string Message) {
            Debug.Log("ConcreateColleague2.Request:" + Message);
        }
    }
```

每一個繼承自 Colleague 的 ConcreteColleagueX 類別，需要對外界溝通時，都會透過 m_Mediator 來傳遞訊息。而來自 Mediator 的請求也會透過父類的抽象方法 Request() 來進行通知。

以下是 Mediator 的介面：

Listing 6-4　用來管理 Colleague 物件的介面 (Mediator.cs)

```
public abstract class Mediator
{
    public abstract void SendMessage(Colleague theColleague,
                                     string Message);
}
```

Mediator 定義一個抽象方法 SendMessage()，主要是做為外界傳遞訊息給 Colleageu 之用。

最後實作 ConcreteMediator 類別，該類別擁有所有「要在內部進行溝通的 Colleague 子類別的參考」：

Listing 6-5　實作 Mediator 介面，並集合管理 Colleague 物件 (Mediator.cs)

```
public class ConcreteMediator : Mediator
{
    ConcreateColleague1 m_Colleague1 = null;
    ConcreateColleague2 m_Colleague2 = null;

    public void SetColleageu1( ConcreateColleague1 theColleague ) {
        m_Colleague1 = theColleague;
    }

    public void SetColleageu2( ConcreateColleague2 theColleague ) {
        m_Colleague2 = theColleague;
    }

    // 收到由 Colleague 通知請求
    public override void SendMessage(Colleague theColleague,
                                     string Message) {
```

```csharp
            // 收到 Colleague1 通知 Colleague2
            if( m_Colleague1 == theColleague)
                m_Colleague2.Request( Message);

            // 收到 Colleague2 通知 Colleague1
            if( m_Colleague2 == theColleague)
                m_Colleague1.Request( Message);
        }
    }
```

因為測試程式只實作兩個子類別,所以在 SendMessage 中只是進行簡單的判斷,然後就轉傳給另一個 Colleague。但在實際應用時,Colleague 類別會有許多個,必須使用別的轉傳方式才能提昇效率,在後面的章節中會有相關的說明。以下是測試程式:

Listing 6-6 仲介者模式的測試(`MediatorTest.cs`)

```csharp
        void UnitTest() {
            // 產生仲介者
            ConcreteMediator pMediator = new ConcreteMediator();

            // 產生兩個 Colleague
            ConcreateColleague1 pColleague1 =
                                    new ConcreateColleague1(pMediator);
            ConcreteColleague2 pColleague2 =
                                    new ConcreateColleague2(pMediator);

            // 設定給仲介者
            pMediator.SetColleageu1( pColleague1 );
            pMediator.SetColleageu2( pColleague2 );

            // 執行
            pColleague1.Action();
            pColleague2.Action();
        }
```

先產生仲介者 ConcreteMediator 的物件之後,接續產生兩個 Colleague 物件,並將它們設定給仲介者。分別呼叫兩個 Colleague 物件的 Action 方法,查看訊息是否透過 Mediator 傳遞給另一個 Colleague 類別:

執行結果 仲介者模式的測試執行結果

```
ConcreateColleague2.Request:Colleage1 發出通知
ConcreateColleague1.Request:Colleage2 發出通知
```

Console 視窗上會顯示兩個 Colleague 類別發出的訊息，表示都已正確地接收了另一個類別傳送過來的訊息。

6.3 仲介者模式（*Mediator*）作為系統間的溝通介面

在第 4 章外觀模式（*Façade*）的介紹中，說明了如何將 PBaseDefenseGame 類別套用外觀模式（*Façade*），讓遊戲系統整合在單一介面之下，「對外」做為對客戶端的操作介面時使用。而在這一章中，則是將 PBaseDefenseGame 類別套用仲介者模式（*Mediator*），讓它「對內」也成為遊戲系統間的溝通介面。

6.3.1 使用仲介者模式（*Mediator*）的系統架構

經過重新分析設計之後，PBaseDefenseGame 類別的仲介者模式（*Mediator*）將串接「P 級陣地」中，兩個主要的類別群組：「遊戲系統」與「玩家介面」。

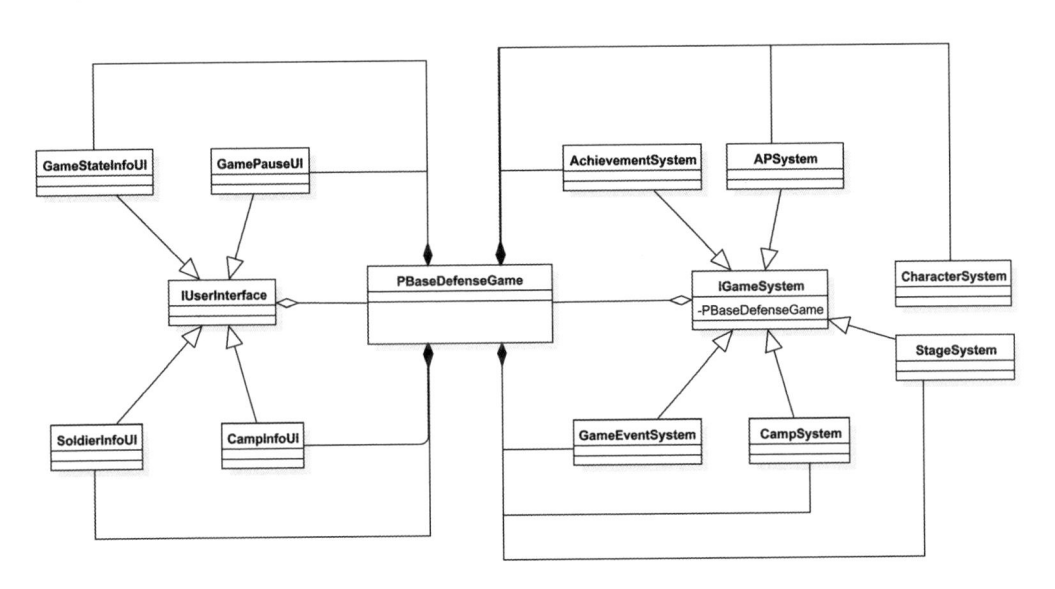

設計模式與遊戲開發的完美結合

參與者的說明如下：

- PBaseDefenseGame

  擔任仲介者角色，定義相關的操作介面給所有遊戲系統與玩家介面來使用，並包含這些遊戲系統及玩家介面的物件，同時負責相關的初始化流程。

- IGameSystem

  遊戲系統的共同父類別，包含一個指向 PBaseDefenseGame 物件的類別成員，在其下的子類別都能透過這個成員向 PBaseDefenseGame 發出需求。

- GameEventSystem、CampSystem、…

  負責遊戲內的系統實作，這些系統間不會互相引用及操作，必須透過 PBaseDefenseGame 來完成。

- IUserInterface

  玩家介面的共同父類別，包含一個指向 PBaseDefenseGame 物件的類別成員，在其下的子類別都能透過這個成員向 PBaseDefenseGame 發出需求。

- SoldierInfoUI、GampInfoUI、…

  負責各玩家介面的實作，這些玩家介面與遊戲系統間不會互相引用及操作，必須透過 PBaseDefenseGame 來完成。

6.3.2 實作說明

以下是 PBaseDefenseGame 類別在實作仲介者模式（*Mediator*）後的程式碼：

```
public class PBaseDefenseGame
{
    // 遊戲系統
    private GameEventSystem m_GameEventSystem = null;     // 遊戲事件系統
    private CampSystem m_CampSystem = null;               // 兵營系統
    private StageSystem m_StageSystem = null;             // 關卡系統
    private CharacterSystem m_CharacterSystem = null;     // 角色管理系統
    private APSystem m_ApSystem = null;                   // 行動力系統
    private AchievementSystem m_AchievementSystem = null; // 成就系統
```

```
//界面
private CampInfoUI m_CampInfoUI = null;            // 兵營介面
private SoldierInfoUI m_SoldierInfoUI = null;       // 戰士資訊介面
private GameStateInfoUI m_GameStateInfoUI = null;   // 遊戲狀態介面
private GamePauseUI m_GamePauseUI = null;           // 遊戲暫停介面

// 初始P-BaseDefense遊戲相關設定
public void Initial() {
    // 場景狀態控制
    m_bGameOver = false;

    // 遊戲系統
    m_GameEventSystem = new GameEventSystem(this);// 遊戲事件系統
    m_CampSystem = new CampSystem(this);          // 兵營系統
    m_StageSystem = new StageSystem(this);        // 關卡系統
    m_CharacterSystem = new CharacterSystem(this);// 角色管理系統
    m_ApSystem = new APSystem(this);              // 行動力系統
    m_AchievementSystem = new AchievementSystem(this); //成就系統

    // 介面
    m_CampInfoUI = new CampInfoUI(this);                  // 兵營資訊
    m_SoldierInfoUI = new SoldierInfoUI(this);            // Soldier資訊
    m_GameStateInfoUI = new GameStateInfoUI(this);        // 遊戲資料
    m_GamePauseUI = new GamePauseUI (this);               // 遊戲暫停

    // 注入到其它系統
    EnemyAI.SetStageSystem( m_StageSystem );
    ...
}
...
```

類別內包含所有遊戲系統及玩家介面等物件，並負責它們的產生及初始化，另外也提供了遊戲系統之間相互溝通時的方法：

```
...
// 升級Soldier
public void UpgateSoldier() {
    if( m_CharacterSystem !=null)
    m_CharacterSystem.UpgateSoldier();
}
```

```csharp
// 增加Soldier
public void AddSoldier( ISoldier theSoldier) {
    if( m_CharacterSystem !=null)
        m_CharacterSystem.AddSoldier( theSoldier );
}

// 移除Soldier
public void RemoveSoldier( ISoldier theSoldier) {
    if( m_CharacterSystem !=null)
        m_CharacterSystem.RemoveSoldier( theSoldier );
}

// 增加Enemy
public void AddEnemy( IEnemy theEnemy) {
    if( m_CharacterSystem !=null)
        m_CharacterSystem.AddEnemy( theEnemy );
}

// 移除Enemy
public void RemoveEnemy( IEnemy theEnemy) {
    if( m_CharacterSystem !=null)
        m_CharacterSystem.RemoveEnemy( theEnemy );
}
...
```

上面幾個方法是，遊戲玩家單位 Soldier 及敵方單位 Enemy 相關操作的方法。從實作中可以看到，這幾個方法主要是轉發給角色管理系統(CharacterSystem)做後續的處理，而這些方法都可以由其它遊戲系統或玩家介面呼叫。

在操作遊戲系統或玩家介面時，當然可以同時轉傳給不只一個的系統或介面。因應遊戲設計的需求，可以同時通知不同的子系統及玩家介面：

```csharp
// 顯示兵營資訊
public void ShowCampInfo( ICamp Camp ) {
    m_CampInfoUI.ShowInfo( Camp );
    m_SoldierInfoUI.Hide();
}
```

```
    // 顯示Soldier資訊
    public void ShowSoldierInfo( ISoldier Soldier ) {
        m_SoldierInfoUI.ShowInfo( Soldier );
        m_CampInfoUI.Hide();
    }
    ...
```

為了能夠更靈活地處理遊戲系統之間的溝通,「P級陣地」也實作了觀察者模式(*Observer*)(第 21 章),而遊戲事件系統(GameEventSystem)即觀察者模式(*Observer*)的類別。透過它就能減少在 PBaseDefenseGame 中增加介面方法,並且讓訊息的通知更有效率。而它的相關操作也是透過 PBaseDefenseGame 提供的方法來完成:

```
    // 註冊遊戲事件
    public void RegisterGameEvent( ENUM_GameEvent emGameEvent,
                                    IGameEventObserver Observer) {
        m_GameEventSystem.RegisterObserver( emGameEvent , Observer );
    }

    // 通知遊戲事件
    public void NotifyGameEvent( ENUM_GameEvent emGameEvent,
                                  System.Object Param ) {
        m_GameEventSystem.NotifySubject( emGameEvent, Param);
    }
    // PBaseDefenseGame.cs
```

IGameSystem 類別及 IUserInterface 類別,分別做為「遊戲系統類別」及「玩家介面類別」的共同介面:

Listing 6-7　遊戲系統共用介面(IGameSystem.cs)

```
public abstract class IGameSystem
{
    protected PBaseDefenseGame m_PBDGame = null;
    public IGameSystem( PBaseDefenseGame PBDGame ) {
        m_PBDGame = PBDGame;
    }

    public virtual void Initialize(){}
    public virtual void Release(){}
    public virtual void Update(){}
}
```

Listing 6-8 玩家介面的操作介面定義(IUserInterface.cs)

```
public abstract class IUserInterface
{
    protected PBaseDefenseGame m_PBDGame = null;
    protected GameObject m_RootUI = null;
    private bool m_bActive = true;
    public IUserInterface( PBaseDefenseGame PBDGame ) {
        m_PBDGame = PBDGame;
    }

    public bool IsVisible() {
        return m_bActive;
    }

    public virtual void Show() {
        m_RootUI.SetActive(true);
        m_bActive = true;
    }

    public virtual void Hide() {
        m_RootUI.SetActive(false);
        m_bActive = false;
    }

    public virtual void Initialize(){}
    public virtual void Release(){}
    public virtual void Update(){}
}
```

在這兩個類別中，皆包含一個指向 PBaseDefenseGame 物件的類別成員 m_PBDGame，在各個子類別物件產生的同時就必須完成設定。這兩個類別也都定義了提供客戶端使用的方法，部份方法必須由子類別繼承後重新定義。

下面是繼承自 IGameSystem 類別的關卡控制系統(StageSystem)：

Listing 6-9 關卡控制系統的實作(StageSystem.cs)

```
public class StageSystem : IGameSystem
{
    ...
    public StageSystem(PBaseDefenseGame PBDGame):base(PBDGame) {
        Initialize();
    }

    public override void Initialize() {
        ...
        // 註冊遊戲事件
        m_PBDGame.RegisterGameEvent( ENUM_GameEvent.EnemyKilled,
```

```csharp
            new EnemyKilledObserverStageScore(this));
    }

    // 更新
    public override void Update() {
        // 更新目前的關卡
        m_NowStageData.Update();

        // 是否要切換下一個關卡
        if(m_PBDGame.GetEnemyCount() ==  0 )
        {
            IStageHandler NewStageData = m_NowStageData.CheckStage();

            // 是否為新的關卡
            if( m_NowStageData != NewStageData)
            {
                m_NowStageData = NewStageData;
                NotiyfNewStage();
            }
        }
    }

    // 通知新的關卡
    private void NotifyNewStage() {
        m_PBDGame.ShowGameMsg("新的關卡");
        m_NowStageLv++;

        //  顯示
        m_PBDGame.ShowNowStageLv(m_NowStageLv);

        // 通知 Soldier 升級
        m_PBDGame.UpgateSoldier();

        // 事件
        m_PBDGame.NotifyGameEvent( ENUM_GameEvent.NewStage , null );
    }

    // 通知關卡更新
    public void LoseHeart() {
        m_NowHeart--;
        m_PBDGame.ShowHeart( m_NowHeart );
    }
    ...
}
```

在關卡系統初始化的過程中(在 Initialize 方法中)，透過父類別中指向 PBase DefenseGame 的屬性成員 m_PBDGame，呼叫遊戲事件註冊功能：

```csharp
    public override void Initialize() {
```

```csharp
        ...
        // 註冊遊戲事件
        m_PBDGame.RegisterGameEvent( ENUM_GameEvent.EnemyKilled,
                        new EnemyKilledObserverStageScore(this));
    }
```

關卡系統在「P級陣地」中是負責戰鬥場景當中，關卡的更新功能(第20章)。所以，在每次關卡系統的「定時更新」時，會判斷是否需要產生新的關卡。除了透過 m_PBDGame 取得目前敵方單位的數量外，當系統決定要轉換到下一個關卡時(在 NotifyNewStage 方法中)，也會利用 m_PBDGame 來通知目前關卡已經更新，並通知其它相關的系統。

每個遊戲系統都有一個定期更新的方法 Update 可以重新定義。這個機制是在「P級陣地」中特別設計的，主要是提供給「單純的遊戲系統」更新使用。而一部份的說明，我們將保留在第 7 章中加以介紹。

類似地，在玩家介面中，遊戲狀態資訊(GameStateInfoUI)負責遊戲相關資訊的呈現：

```csharp
    // 遊戲狀態資訊
    public class GameStateInfoUI : IUserInterface
    {
        // 定時更新
        public override void Update() {
            base.Update ();
            ...
            // 雙方數量
            m_SoldierCountText.text = string.Format("我方單位數:{0}",
                        m_PBDGame.GetUnitCount( ENUM_Soldier.Null ));
                m_EnemyCountText.text = string.Format("敵方單位數:{0}",
                        m_PBDGame.GetUnitCount( ENUM_Enemy.Null ));
        }
        ...
        // Continue
        private void OnContinueBtnClick() {
            Time.timeScale = 1;
            // 換回開始State
            m_PBDGame.ChangeToMainMenu();
        }

        // Pause
```

```
    private void OnPauseBtnClick() {
        // 顯示暫停
        m_PBDGame.GamePause();
    }
    ...
} // GameStateInfoUI.cs
```

運作上也是透過父類別的屬性成員 m_PBDGame，向 PBaseDefenseGame 類別取得遊戲相關資訊或發出轉換介面的請求。除此之外，並沒有直接與其它遊戲系統或玩家介面類別有任何的互動。

6.3.3 使用仲介者模式（*Mediator*）的優點

我們在本章中，將 PBaseDefenseGame 類別套用仲介者模式（*Mediator*），因此具備下列優點：

不會引入太多其它的系統

從上面的「P 級陣地」的實作來看，每一個遊戲系統及玩家介面除了會引用與本身功能相關的類別外，不論是對外的訊息取得或是資訊的傳遞，都只透過 PBaseDefenseGame 類別物件來完成。這使得每一遊戲系統、玩家介面對外的依賴度縮小到只有一個類別(PBaseDefenseGame)。

系統被依賴的程度也降低

每一個遊戲系統或玩家介面，也只在 PBaseDefenseGame 類別的方法中被呼叫使用。所以，當遊戲系統或玩家介面有所更動時，受影響的也僅僅侷限於 PBaseDefenseGame 類別，因此可以減少系統維護上的困難度。

6.3.4 實作仲介者模式（*Mediator*）時注意事項

由於 PBaseDefenseGame 類別擔任仲介者(Mediator)的角色，再加上各個遊戲系統及玩家介面都必須透過它來進行資訊交換及溝通，所以要注意的是，PBaseDefenseGame 類別會因為擔任過多仲介者的角色而容易出現「操作介面爆炸」的情況。因此，在實作上我們可以搭配其它設計模式來避免發生這種情況。在稍早說明中，我們提及到的遊戲事件系統(GameEventSystem)，其作用就是用來提供更好的訊息傳遞方式，以減輕 PBaseDefenseGame 類別的負擔。

在 GoF 的實作結構圖上，存在一個仲介者(Mediator)介面類別，但 PBaseDefenseGame 類別卻沒有繼承任何一個仲介者(Mediator)介面，這是為什麼呢？請讀者回顧第 5 章中所提到的：為了呈現單例模式（*Singleton*）在「P 級陣地」中的使用情形，所以將 PBaseDefenseGame 類別套用單例模式（*Singleton*），而單例模式（*Singleton*）的特性之一是「回傳實作類別」，因此 PBaseDefenseGame 沒有繼承任何介面類別。不過，如果能移除單例模式（*Singleton*）的應用，將 PBaseDefenseGame 轉化成一個介面類別，那麼對於所有的遊戲系統及玩家介面而言，它們所依賴的將是「介面」而不是「實作」，這樣會更符合開放封閉原則(OCP)，並提高遊戲系統及玩家介面的可移植性。

6.4 仲介者模式（*Mediator*）遇到變化時

任何軟體系統都是會面臨需求的變化，採用仲介者模式（*Mediator*）設計的軟體同樣會面對這些變化，在本節中，我們將探討仲介者模式（*Mediator*）如何面對變化，以及更常見的，如何面對子類別的新增。

如何對應變化

當遊戲系統或玩家介面需要新增功能，且該功能需要由外界提供資訊才能完成時，可以先在 PBaseDefenseGame 類別中增加取得資訊的方法，之後再透過 PBaseDefenseGame 類別來取得資訊完成新功能。這樣一來，專案的修改可以保持在兩個類別或最多 3 個類別的更動，而不會影響任何類別的「相依性」。

如何面對新增

當需要新增加遊戲系統或玩家介面時，只要是繼承自 IGameSystem 或 IUserInterface 的遊戲系統及玩家介面，都可以直接加入 PBaseDefenseGame 的類別成員中，並透過現有的介面進行實作或增加功能。這時候專案更動的幅度，可能只是新增一個程式檔及修改一個 PBaseDefenseGame 類別而已，不太容易影響到其它系統或介面。

6.5 總結與討論

仲介者模式（*Mediator*）的優點是能讓系統之間的耦合度降低，提升系統的可維護性。但身為模式中的仲介者角色類別，也會存在著介面過大的風險，此時必須再配合其它模式來進行最佳化。

與其它模式(Pattern)的合作

`PBaseDefenseGame` 類別在「P 級陣地」中，除了是仲介者模式（*Mediator*）中的仲介者(`Mediator`)之外，也是外觀模式（*Facade*）中，對外系統整合介面的主要類別，並且還套用單例模式（*Singleton*）來產生唯一的類別物件。

此外，為了降低 `PBaseDefenseGame` 類別有介面過大的問題，其子系統「遊戲事件系統」(`GameEventSystem`)套用觀察者模式（*Observer*），專門用來解決遊戲系統之間，對於訊息的產生及通知的需求，減少這些訊息及通知的方法充滿在 `PBaseDefenseGame` 類別之中。

在進行分析設計時，集合多種設計模式是良好設計常見的應用，如何將所學設計模式融合並適當地運用，才是設計模式之道。

其它應用方式

- 網路引擎：連線管理系統與封包管理系統之間如果可以透過仲介者模式（*Mediator*）進行溝通，那麼就能輕易地針對連線管理系統，抽換所使用的通訊方式(TCP 或 UDP)。

- 資料庫引擎：內部可以分成數個子系統，有專門負責資料庫連線的功能與產生資料庫操作語法的功能，兩個子功能之間的溝通可以透過來仲介者模式（*Mediator*）來進行，讓兩者之間不相互依賴，方便抽換另一個子系統。

設計模式與遊戲開發
　的完美結合

第 7 章

遊戲的主迴圈
— Game Loop

7.1 GameLoop 由此開始

在這一章中，我們先跳離 GoF 的設計模式一下，來講解一個在遊戲開發時特有的設計模式「遊戲迴圈(Game Loop)」。

遊戲迴圈(Game Loop)，主要是因為「遊戲軟體」與「一般應用軟體」在執行時，有不一樣的運作方式而特別設計的一種「程式執行流程」。先說明何謂「一般應用軟體」：以桌上型電腦的作業系統(Windows、MacOS、Linux 的 X-Windows…)為例，這些「一般應用軟體」指的就是 Word、Excel、記事本…之類的應用軟體。它們的特色是：程式開啟後會等待使用者去操作它，給它命令，以被動的方式等待使用者決定要執行的功能。所以這類軟體大多數都是以「事件驅動」的方式來設計，因此，畫面上會有不少的「按鈕」、「功能選單」…等等元件，等著使用者按下來產生「事件」，讓應用軟體執行後續的功能。

圖 7-1 一般的應用軟體的介面示意

設計模式與遊戲開發
的完美結合

但遊戲軟體有著完全不同的運作方式。我們可以試著想像，遊戲執行之後它就產生了一個虛擬世界，這個虛擬世界它會自己運作，並且有自己的遊戲規則。在這個世界中，玩家可能只是扮演其中一名會移動的角色，並且透過搖桿或鍵盤與這個遊戲世界互動。它不必等待玩家的反應，可能就會從某處出現一隻怪物攻擊玩家，或是跳出任務要求玩家去完成它。所以遊戲軟體在設計時，必須提供一個機制讓這個遊戲世界能不斷地更新，讓它能自動產生各種情境與玩家互動，而一般將這個更新機制稱之為「遊戲邏輯更新」。

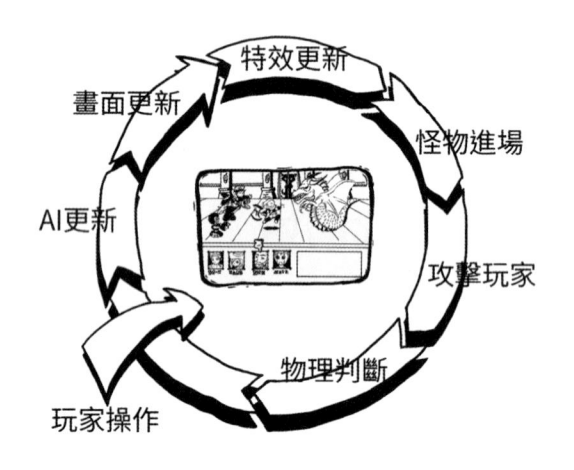

圖 7-2　遊戲更新示意圖

「遊戲軟體」與「一般應用軟體」另外一個最大的不同是，遊戲軟體需要不斷地進行「畫面更新」，當玩家進入遊戲世界讚嘆畫面美麗、動態逼真時，它正在不斷地進行「畫面更新」以產生如動畫般的效果。而一般用於遊戲效能評量值當中的「每秒畫面更新率」(FPS, Frame Per Second)，通常指的是：遊戲系統在一秒鐘之內能執行多少次「畫面更新」，這個數值愈高代表遊戲的效能愈好。

而所謂的「遊戲迴圈(Game Loop)」，就是將上述提到的：1.玩家操作、2.遊戲邏輯更新及 3.畫面更新，這三項動作整合在一起的執行流程：

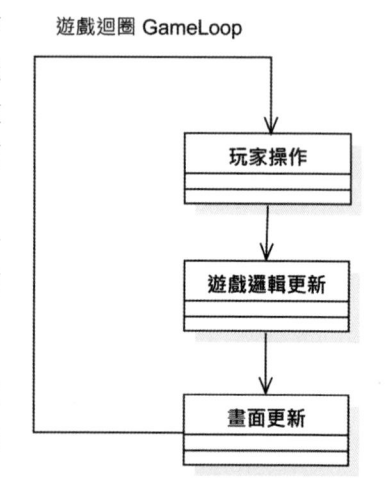

圖 7-3　遊戲更新示意圖

7.2 怎麼實作遊戲迴圈(Game Loop)

如果遊戲軟體是從命令模式(Console)開始執行的話,那麼遊戲迴圈(Game Loop)可以如下實作:

Listing 7-1　Game Loop 的簡單寫法

```
void main() {
    // 初始
    GameInit();

    // 遊戲迴圈 GameLoop
    while( IsGameOver()==false   )
    {
        // 玩家控制
        UserInput();

        // 遊戲邏輯更新
        UpdateGameLogic();

        // 畫面更新
        Render();
    }

    // 釋放
    GameRelease();
}
```

在早期使用 Win32 API + DirectX 來開發 2D 遊戲時,如果要配合 Windows 系統的訊息機制,那就必須使用不同於一般應用程式的訊息分配方式來完成,實作方式舉例如下:

Listing 7-2　在 Win32API 下寫 Game Loop

```
int WINAPI WinMain(HINSTANCE hInstance,HINSTANCE hPrevInstance,
              LPSTR szCmdLine,int iCmdShow) {
    ...
    while(TRUE)
    {
        if(PeekMessage(&msg,NULL,0,0,PM_REMOVE))
        {
            if(msg.message==WM_QUIT)
                break;      //break 出 while
            TranslateMessage(&msg);
            DispatchMessage(&msg);
        }
        else
        {
            // 玩家控制
```

7-3

```
                    UserInput();

                    // 遊戲邏輯更新
                    UpdateGameLogic();

                    // 畫面更新
                    Render();
                }
            }
        }
```

在執行 `UserInput()` 時，應呼叫 `DirectInput` 來取得玩家的輸入；在執行 `Render()` 時，則應呼叫 `DirectDraw` 來繪製遊戲畫面。

隨著時代的演進，近年來，遊戲界開始使用 3D 遊戲引擎(RenderWare、Gamebryo、Ogre…)來開發遊戲。這些遊戲引擎也會提供回呼函式(Callback Function)，讓開發者可以指定在「內定遊戲迴圈(Game Loop)」之外還要執行的遊戲功能。

無論是早期的 J2ME，還是近期的 Android 及 iOS 提供的 SDK，遊戲程式設計師都可以使用特定的實作方式，來實作遊戲迴圈(Game Loop)。

由於筆者從早期就開始接觸遊戲程式設計，因此我早已經習慣使用遊戲迴圈(Game Loop)的設計方式。從遊戲初始化、資料載入、遊戲系統設定、更新資源、載入存檔…進入遊戲、打怪…直到遊戲結束等，我會讓各個遊戲系統按照一定的順序來完成。所以在第一次接觸新的開發平台工具時，總會在當中尋找最佳的遊戲迴圈(Game Loop)實作方式，Unity3D 也不例外。因此，在本章剩餘的內容中，我們將重點放在如何在 Unity3D 中實作遊戲迴圈(Game Loop)以及介紹「P級陣地」的遊戲迴圈(Game Loop)設計方式。

7.3 在 Unity3D 中實作遊戲迴圈

每一個放在 Unity3D 場景中的遊戲物件(GameObject)，都可以加上一個「腳本元件」(Script Component)。在這個腳本元件中定義的類別，必須繼承自 `MonoBehaviour`，並且在類別中加入特定的方法(`Awake`、`Start`、`Update`、…)。而這些方法在遊戲執行時，就會按照 Unity3D 內部的執行流程依序被呼叫。

Chapter 7　遊戲的主迴圈
— Game Loop

> **提示**　Unity3D 內部的 Game Loop，在 Unity3D 的官方文件 http://docs.unity3d.com/Manual/ExecutionOrder.html 中，說明了一個繼承自 MonoBehaviour 的 Unity3D 腳本，會依照一定的順序被呼叫。

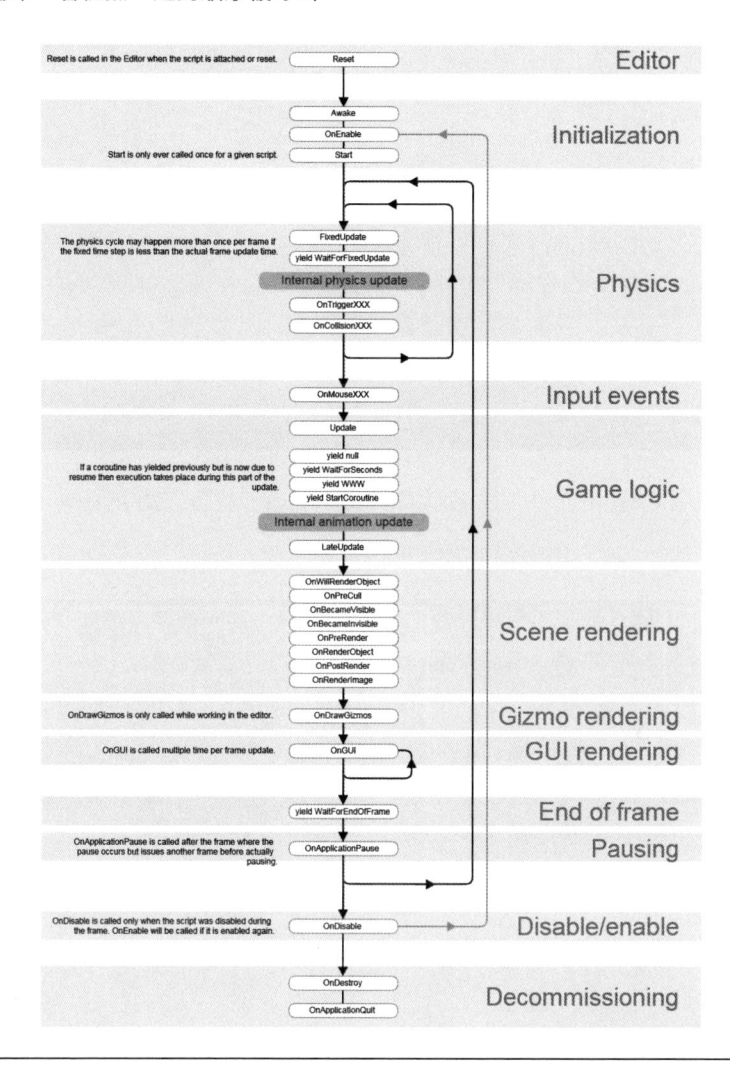

```
Reset is called in the Editor when the script is attached or reset.  →  Reset                           Editor

                                                                        Awake
                                                                        OnEnable                        Initialization
                                    Start is only ever called once for a given script.  →  Start

The physics cycle may happen more than once per frame if                FixedUpdate
the fixed time step is less than the actual frame update time.          yield WaitForFixedUpdate
                                                                        Internal physics update         Physics
                                                                        OnTriggerXXX
                                                                        OnCollisionXXX

                                                                        OnMouseXXX                      Input events

                                                                        Update
If a coroutine has yielded previously but is now due to                  yield null
resume then execution takes place during this part of the                yield WaitForSeconds
update.                                                                  yield WWW                      Game logic
                                                                         yield StartCoroutine
                                                                        Internal animation update
                                                                        LateUpdate

                                                                        OnWillRenderObject
                                                                        OnPreCull
                                                                        OnBecameVisible
                                                                        OnBecameInvisible
                                                                        OnPreRender                     Scene rendering
                                                                        OnRenderObject
                                                                        OnPostRender
                                                                        OnRenderImage

OnDrawGizmos is only called while working in the editor.  →  OnDrawGizmos                               Gizmo rendering

                            OnGUI is called multiple time per frame update.  →  OnGUI                   GUI rendering

                                                                        yield WaitForEndOfFrame         End of frame

OnApplicationPause is called after the frame where the
pause occurs but issues another frame before actually                    OnApplicationPause             Pausing
pausing.

OnDisable is called only when the script was disabled during
the frame. OnEnable will be called if it is enabled again.               OnDisable                      Disable/enable

                                                                         OnDestroy
                                                                         OnApplicationQuit              Decommissioning
```

利用 Unity3D 腳本元件的這個特性，我們可以在當中加入遊戲迴圈(Game Loop)的機制。實作時可以先在開始場景(`Start Scene`)中，加入了一個空的 `GameObject` 並更名為 `GameLoop`：

7-5

設計模式與遊戲開發
的完美結合

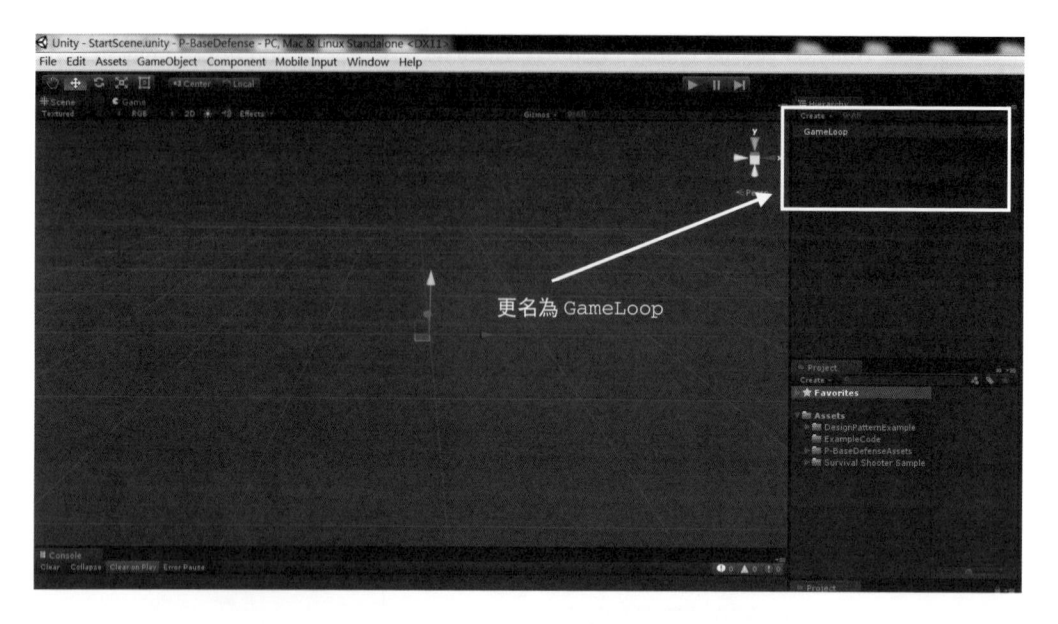

之後產生一個 C# 腳本元件,命名為 GameLoop.cs,並將它掛在 GameLoop 的遊戲物件上:

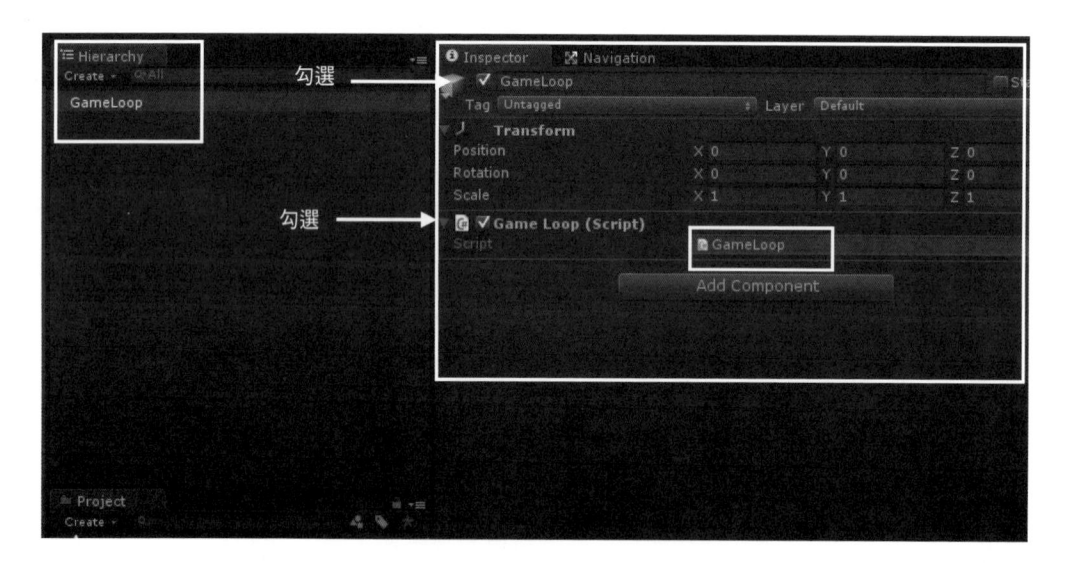

之後在 GameLoop.cs 中完成下列程式碼:

Listing 7-3　遊戲主迴圈 (`GameLoop.cs`)

```
public class GameLoop : MonoBehaviour
{
```

```
        void Awake() {
            // 切換場景不會被刪除
            GameObject.DontDestroyOnLoad( this.gameObject );
        }

        // Use this for initialization
        void Start() {
            // 遊戲初始
            GameInit();
        }

        // Update is called once per frame
        void Update() {
            // 玩家控制
            UserInput();

            // 遊戲邏輯更新
            UpdateGameLogic();

            // 畫面更新，由 Unity3D 負責
        }
        ...
    }
```

在 GameLoop 類別的 Start 方法中，撰寫遊戲初始化的工作。而繼承 MonoBehaviour 的子類別，只要在類別定義中增加一個 Update 方法，那麼這個 Update 方法就會在每次 Unity3D 進行更新的時候被自動呼叫。而這樣子的定期更新機制，剛好可以被應用在需要固定執行的功能上。因此，我們可以在 Update 方法中實作遊戲所需要的「玩家控制功能」及「遊戲邏輯更新」。至於畫面更新的部份是最不用擔心的，因為這一部份全部都由 Unity3D 引擎來幫開發者完成了。在完成上述的步驟後，我們就可以在 Unity3D 中實作遊戲迴圈(Game Loop)。

將需要定時更新的遊戲功能與 Unity3D 解耦

在之前(第 6 章)介紹遊戲系統時曾提到：開發者可以替「單純的遊戲系統」加入定期更新功能。而所謂「單純的遊戲系統」指的是：一個遊戲系統類別被定義在一個.cs 檔案，但這個遊戲系統類別不想透過繼承 MonoBehaviour，並掛入某一個 Unity3D 遊戲物件(GameObject)的方式，來擁有定期更新的功能。它們希望能夠利用另一種方式被定時更新。

雖然掛在遊戲物件(GameObject)上的腳本類別也可以達到定期更新的目的，但這樣一來，這個「單純的遊戲功能」類別就與 Unity3D 引擎有了依賴關係。或許在未來的某一

天,市面上又推出了另一個可以使用 C#語言開發的遊戲引擎,那麼對於已經與 Unity3D 引擎有了依賴關係的類別,在移轉上將會產生困難。

所以解決的方案是,程式設計師可以只單純地增加一個類別,並且在當中宣告一個需要被定期呼叫的函式 Update,然後將這個類別物件置於 GameLoop.cs 中的 Update() 中,讓 GameLoop 的 Update 隨著每次 Unity3D 定期更新的機制,一同呼叫這個物件的更新函式。這樣一來,就可以達到類別不用繼承 MonoBehaviour,也能有定期更新的功能:

Listing 7-4 需要定時更新的遊戲功能 (GameFunction.cs)

```
public class GameFunction
{
    public void Update(){
        // 更新遊戲功能
    }
}
```

Listing 7-5 遊戲主迴圈 (GameLoop.cs)

```
public class GameLoop : MonoBehaviour
{
    GameFunction m_GameFunction = new GameFunction();
    void Awake() {
        // 切換場景不會被刪除
        GameObject.DontDestroyOnLoad( this.gameObject );
    }

    // Use this for initialization
    void Start() {
        // 遊戲初始
        GameInit();
    }

    // Update is called once per frame
    void Update() {
        // 玩家控制
        UserInput();

        // 遊戲邏輯更新
        m_GameFunction.Update();

        // 畫面更新,由 Unity3D 負責
    }
    ...
}
```

7-8

7.4 P 級陣地的遊戲迴圈

「P 級陣地」中的遊戲系統(IGameSystem)都是屬於「單純的遊戲系統」，因為筆者在實作上希望能自己來掌控這些遊戲功能被更新的時間點及方式，所以並未讓它們繼承 Unity3D 的 MonoBehaviour 類別，而是將這些遊戲系統物件都一起放在 PBaseDefenseGame 的 Update()更新方法中一起被呼叫執行。而要讓 PBaseDefenseGame 的 Update()更新方法被定期呼叫，就必須利用本章介紹的 GameLoop 機制來達成。

所以，對於「P 級陣地」中結合數個設計模式的結果，包含遊戲迴圈中的「玩家操作」及「遊戲邏輯更新」，都被我從原本的 GameLoop.cs 中調整到 PBaseDefenseGame 的更新方法 Update()內：

Listing 7-6 遊戲功能類別中的 Game Loop (PBaseDefenseGame.cs)

```
public class GameLoop : MonoBehaviour
public class PBaseDefenseGame
{
    ...
    // 更新
    public void Update() {
        // 玩家輸入
        InputProcess();

        // 遊戲系統更新
        m_GameEventSystem.Update();
        m_CampSystem.Update();
        m_StageSystem.Update();
        m_CharacterSystem.Update();
        m_ApSystem.Update();
        m_AchievementSystem.Update();

        // 介面更新
        m_CampInfoUI.Update();
        m_SoldierInfoUI.Update();
        m_GameStateInfoUI.Update();
        m_GamePauseUI.Update();
    }

    // 玩家輸入
    private void InputProcess() {
        // Mouse 左鍵
        if(Input.GetMouseButtonUp( 0 ) ==false)
            return ;

        //由攝影機產生一條射線
```

```csharp
            Ray ray = Camera.main.ScreenPointToRay(Input.mousePosition);
            RaycastHit[] hits = Physics.RaycastAll(ray);

            // 走訪每一個被 Hit 到的 GameObject
            foreach (RaycastHit hit in hits)
            {
                // 是否有兵營點擊
                CampOnClick CampClickScript =
                    hit.transform.gameObject.GetComponent<CampOnClick>();
                if( CampClickScript!=null )
                {
                    CampClickScript.OnClick();
                    return;
                }

                // 是否有角色點擊
                SoldierOnClick SoldierClickScript =
                 hit.transform.gameObject.GetComponent<SoldierOnClick>();
                if( SoldierClickScript!=null )
                {
                    SoldierClickScript.OnClick();
                    return ;
                }
            }
        }
        ...
    }
```

而 PBaseDefenseGame 類別的 Update 方法，則是由戰鬥狀態類別(BattleState)負責呼叫：

Listing 7-7　戰鬥狀態類別配合 Game Loop 更新(BattleState.cs)

```csharp
public class BattleState : ISceneState
{
    public BattleState(SceneStateController Controller) :
                                                base(Controller) {
        this.StateName = "BattleState";
    }

    // 開始
    public override void StateBegin() {
        PBaseDefenseGame.Instance.Initial();
    }

    // 結束
    public override void StateEnd() {
        PBaseDefenseGame.Instance.Release();
    }
```

```csharp
// 更新
public override void StateUpdate() {
    // 遊戲邏輯
    PBaseDefenseGame.Instance.Update();
    // Render 由 Unity3D 負責

    // 遊戲是否結束
    if( PBaseDefenseGame.Instance.ThisGameIsOver())
        m_Controller.SetState(new MainMenuState(m_Controller),
                            "MainMenuScene" );
    }
}
```

所以當遊戲進入到戰鬥狀態(BattleState)時，位於 PBaseDefenseGame 類別內的「遊戲迴圈」就能從 GameLoop.cs 中的 Update() 方法，透過 BattleState 類別不斷地被呼叫。那麼最後位於 PBaseDefenseGame 類別內的遊戲邏輯(各遊戲系統)也就能不斷地被更新：

Listing 7-8　遊戲主迴圈(GameLoop.cs)

```csharp
public class GameLoop : MonoBehaviour
{
    // 場景狀態
    SceneStateController m_SceneStateController =
                                    new SceneStateController();

    void Awake() {
        // 切換場景不會被刪除
        GameObject.DontDestroyOnLoad( this.gameObject );

        // 亂數種子
        UnityEngine.Random.seed =(int)DateTime.Now.Ticks;
    }

    // Use this for initialization
    void Start() {
        // 設定起始的場景
        m_SceneStateController.SetState( new
                        StartState(m_SceneStateController), "");
    }

    // Update is called once per frame
    void Update() {
        m_SceneStateController.StateUpdate();
    }
}
```

各物件的循序圖可以由下圖來表示：

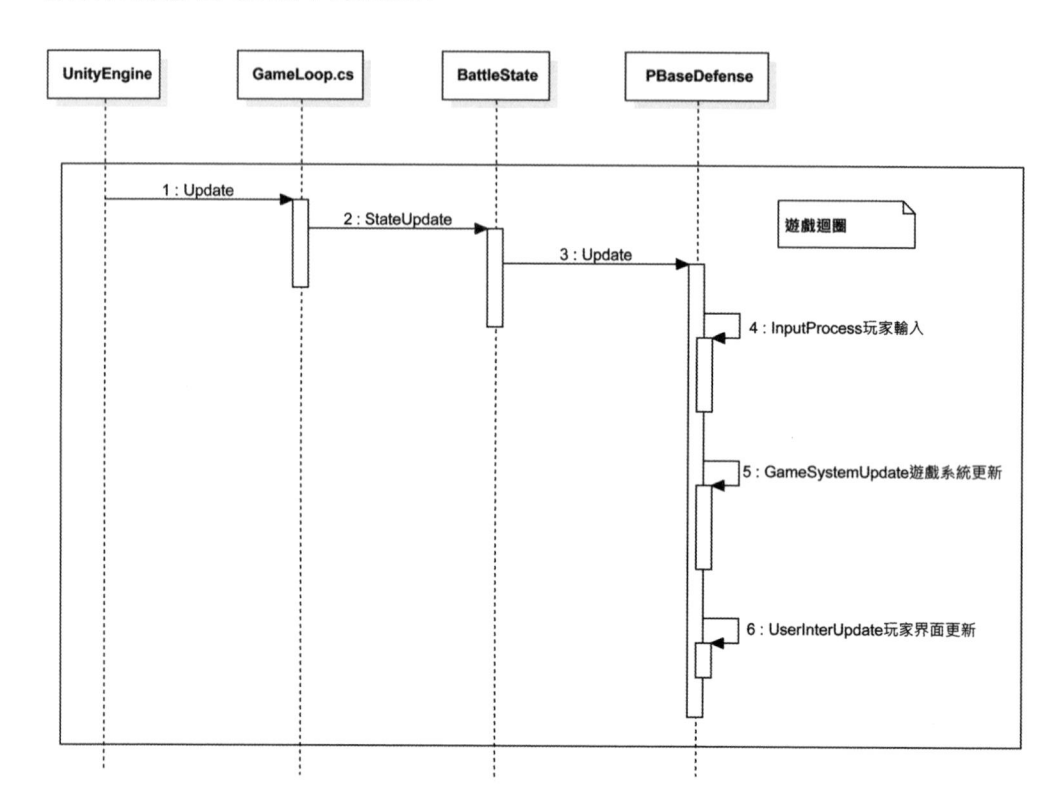

```
UnityEngine    GameLoop.cs    BattleState    PBaseDefense
     |              |              |              |
     |--1:Update--->|              |              |
     |              |--2:StateUpdate->|           |
     |              |              |--3:Update--->|     遊戲迴圈
     |              |              |              |
     |              |              |              |--4:InputProcess玩家輸入
     |              |              |              |
     |              |              |              |--5:GameSystemUpdate遊戲系統更新
     |              |              |              |
     |              |              |              |--6:UserInterUpdate玩家界面更新
```

7.5 結論

每一款遊戲在實作時，都會有專屬於這款遊戲的「玩家操作」及「遊戲邏輯更新」這兩項特殊需求。因此，在 `PBaseDefenseGame` 類別內實作「遊戲迴圈」是比較好的設計方式，這樣可以提高將 `PBaseDefenseGame` 類別整個移植到其它專案的可能性。

雖然「P 級陣地」中大部份的遊戲功能及使用者介面類別，都採用「不」繼承自 `MonoBehaviour` 的方式來運作。但對於會出現在場景中的每個遊戲 3D 角色上，都還是會搭配使用腳本元件(繼承自 `MonoBehaviour`)，所以，每一個腳本元件都還是會按照 Unity3D 引擎的流程去操作每一個遊戲物件(`GameObject`)。

Part III

角色的設計

Bridge 橋接模式、*Strategy* 策略模式、
Template Method 樣版方法模式、
State 狀態模式

在第二篇中,我們介紹了「P 級陣地」的主要架構、狀態轉換、遊戲系統對外介面及對內整合溝通的方式。在第三篇將探討遊戲角色的組成及實作方式。

在本篇中,將介紹下列四種模式,其中 *State* 狀態模式,也將再一次使用於「P 級陣地」的架構中:

- 橋接模式(*Bridge*)
- 策略模式(*Strategy*)
- 樣版方法模式(*Template Method*)
- 狀態模式(*State*)

設計模式與遊戲開發
　的完美結合

第 8 章

角色系統的設計分析

8.1 遊戲角色的架構

「P級陣地」的世界中包含了兩個陣營:「玩家陣營」及「敵方陣營」。玩家陣營的角色必須經由訓練的方式,由兵營中產生。而敵方陣營的角色,則是不斷地從地圖上的某個地點自動出現,一次一隊朝玩家守護的營地前進。

雙方陣營的角色有一些共用的部份:

- 角色數值:每個角色都有「生命力」及「移動速度」兩個數值,不同角色單位之間利用不同的數值做為區分。
- 裝備武器:每個角色能裝備一把武器用來攻擊對手,每把武器利用「攻擊力」及「攻擊距離」來區分不同的武器。
- 人工智慧(AI):由於玩家只決定玩家陣營要訓練哪一個兵種出來防守陣營(玩家不負責如何防守攻擊),而敵方陣營的角色則是會自動攻擊的作戰單位,所以雙方角色都透過人工智慧(AI)來協助移動及攻擊。

在角色的表現上,「P級陣地」使用 3D 模型來呈現每一個角色,而每個角色也都有代表的 2D 圖示(Icon)顯示於玩家介面上。

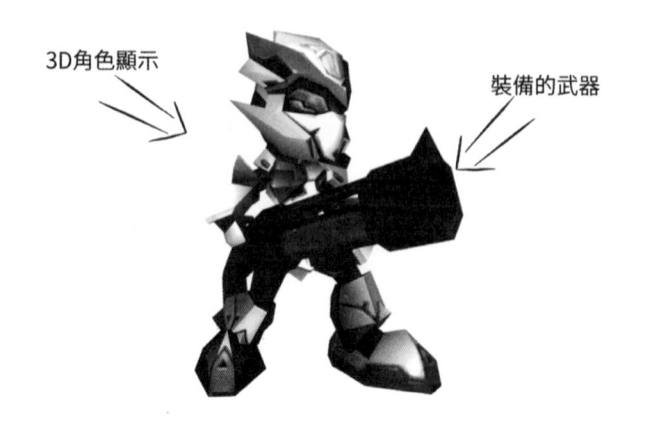

圖 8-1 使用 Unity3D 角色

至於兩方陣營不同之處在於：

- 產出方式：玩家陣營的角色必須經由訓練的方式，由兵營中產生；敵方陣營的角色，則是會不斷地由場景上產生。
- 等級：玩家陣營的單位可以透過「兵營升級」的方式，提高角色的等級來增加防守優勢；敵方陣營的角色則沒有等級的設定。
- 爆擊能力：敵方陣營的角色有一定的機率會以「爆擊」來增加攻擊優勢；玩家陣營的單位則沒有爆擊能力。

圖 8-2 雙方遊戲角色

8.2 角色類別的規劃

按上述的需求說明，在 Unity3D 進行實作時，可以先抽象化雙方陣營「角色」的屬性及操作,成為一個角色介面(ICharacter)來定義雙方陣營角色的共用操作介面：

```
ICharacter
#GameObject
#NavMeshAgent
#AudioSource
#IconSpriteName
#...
+SetGameObject()
+Relase()
+...()
```

Listing 8-1 角色介面(ICharacter.cs)

```csharp
public abstract class ICharacter
{
    protected string m_Name = "";                       // 名稱
    protected GameObject m_GameObject = null;           // 顯示的Unity模型
    protected NavMeshAgent m_NavAgent = null;           // 控制角色移動使用
    protected AudioSource m_Audio = null;
    protected string m_IconSpriteName = "";             // 顯示Icon

    protected bool m_bKilled = false;                   // 是否陣亡
    protected bool m_bCheckKilled = false;              // 是否確認過陣亡事件
    protected float m_RemoveTimer = 1.5f;               // 陣亡後多久移除
    protected bool m_bCanRemove = false;                // 是否可以移除

    // 建構者
    public ICharacter(){}
    // 設定Unity模型
    public void SetGameObject( GameObject theGameObject ) {
        m_GameObject = theGameObject ;
        m_NavAgent = m_GameObject.GetComponent<NavMeshAgent>();
        m_Audio = m_GameObject.GetComponent<AudioSource>();
    }

    // 取得Unity模型
    public GameObject GetGameObject() {
        return m_GameObject;
    }

    // 釋放
    public void Release() {
        if( m_GameObject != null )
            GameObject.Destroy( m_GameObject);
    }

    // 名稱
    public string GetName() {
```

```
            return m_Name;
    }

    // 設定 Icon 名稱
    public void SetIconSpriteName(string SpriteName) {
        m_IconSpriteName = SpriteName;
    }

    // 取得 Icon 名稱
    public string  GetIconSpriteName() {
        return m_IconSpriteName ;
    }
}
```

由於遊戲玩法中設計了兩個陣營角色，並且存在差異，所以在此階段中，先規劃出兩個子類別來繼承 ICharacter 類別。一個為代表玩家陣營的 ISoldier 類別，另一個則是代表敵方陣營的 IEnemy 類別：

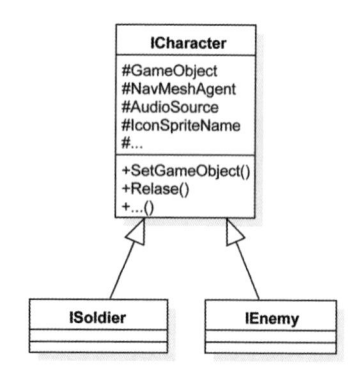

Listing 8-2　Soldier 角色介面 (ISoldier.cs)

```
public abstract class ISoldier : ICharacter
{
    ...
    public ISoldier() {}
    ...
}
```

Listing 8-3　Enemy 角色介面 (IEnemy.cs)

```
public abstract class IEnemy : ICharacter
{
    ...
    public IEnemy() {}
    ...
}
```

在後續的章節中，我們將進行角色介面 (ICharacter) 中各項屬性及功能的說明，並說明套用各種設計模式後所新增的子類別。

第 9 章

角色與武器的實作
—— *Bridge* 橋接模式

9.1 角色與武器的關係

在「P 級陣地」中設計了 3 種武器類型：手槍、散彈槍及火箭，並以「攻擊力」及「攻擊距離」來區分它們的威力。此外，「武器發射」及「擊中目標」時也會有不同的音效及視覺效果。雙方陣營都可以裝備這三種武器，但敵方角色使用武器攻擊時，會有額外的加成效果來增加攻擊時的優勢，而玩家角色沒有額外的加乘效果。

綜上所述，這些遊戲設計需求給程式人員的第一個印象會是 —— 這是兩個群組類別要一起合作完成的功能：

圖 9-1 角色與武器

設計模式與遊戲開發的完美結合

圖上的每一個直行橫列的交叉點都是可能的組合，所以剛開始實作時，最容易想到的方法就是將所有組合可能的程式碼都寫出來，例如：會先將武器宣告為一個類別，並宣告一個列舉型別來定義 3 種武器：

Listing 9-1　第一次實作可能採用的方式

```
// 武器類別
public enum ENUM_Weapon
{
    Null    = 0,
    Gun     = 1,
    Rifle   = 2,
    Rocket  = 3,
    Max     ,
}

// 武器介面
public class Weapon
{
    // 數值
    protected ENUM_Weapon   m_emWeapon = ENUM_Weapon.Null;  // 類型
    protected int           m_AtkValue =0;                   // 攻擊力
    protected int           m_AtkRange =0;                   // 攻擊距離
    protected int           m_AtkPlusValue = 0;              // 額外加乘值

    public Weapon(ENUM_Weapon Type,int AtkValue, int AtkRange) {
        m_emWeapon = Type;
        m_AtkValue = AtkValue;
        m_AtkRange = AtkRange;
    }

    public ENUM_Weapon GetWeaponType() {
        return m_emWeapon;
    }

    // 攻擊目標
    public void Fire( ICharacter theTarget ) {
        ...
    }

    // 設定額外攻擊力
    public void SetAtkPlusValue(int AtkPlusValue) {
        m_AtkPlusValue = AtkPlusValue;
    }

    // 顯示子彈特效
    public void ShowBulletEffect(Vector3 TargetPosition,
                                 float LineWidth,float DisplayTime) {
        ...
```

```
        }

        // 顯示槍口特效
        public void ShowShootEffect() {
            ...
        }

        // 顯示音效
        public void ShowSoundEffect(string ClipName) {
            ...
        }
    }
```

在 Weapon 類別中,將攻擊力、攻擊距離及額外加乘的值都宣告為類別屬性,並提供相關的操作方法。之後在角色類別中,增加一個『記錄目前使用武器』的類別成員:

```
    // 角色介面
    public abstract class ICharacter
    {
        // 擁有一把武器
        protected Weapon m_Weapon = null;

        // 攻擊目標
        public abstract void Attack( ICharacter theTarget);
    }
```

並宣告一個抽象方法 Attack(),讓持有武器的角色利用這把武器去攻擊另一個角色。因為不同武器在發射時,會產生不同的音效及特效,所以將此方法宣告為抽象方法,好讓武器子類別能夠針對不同的需求重新定義這個方法。另一項需求則是:敵方陣營使用武器攻擊時有額外的加乘效果,所以在實作上,代表玩家陣營的角色 ISoldier,及代表敵方陣營的 IEmeny 在重新定義 Attack() 方法時,自然也會有不一樣的實作內容:

Listing 9-2 Enemy 使用武器攻擊

```
    // Enemy 角色介面
    public class IEnemy : ICharacter
    {
        public IEnemy()
        {}

        // 攻擊目標
        public override void Attack( ICharacter theTarget) {
            // 發射特效
```

```
            m_Weapon.ShowShootEffect();
            int AtkPlusValue = 0;

            // 依目前武器決定攻擊方式
            switch(m_Weapon.GetWeaponType())
            {
                case ENUM_Weapon.Gun:
                    // 顯示武器特效及音效
                    m_Weapon.ShowBulletEffect(theTarget.GetPosition(),
                                              0.03f,0.2f);
                    m_Weapon.ShowSoundEffect("GunShot");

                    // 有機率增加額外加乘
                    AtkPlusValue = GetAtkPlusValue(5,20);
                    break;

                case ENUM_Weapon.Rifle:
                    // 顯示武器特效及音效

                    m_Weapon.ShowBulletEffect(theTarget.GetPosition(),
                                              0.5f,0.2f);
                    m_Weapon.ShowSoundEffect("RifleShot");

                    // 有機率增加額外加乘
                    AtkPlusValue = GetAtkPlusValue(10,25);
                    break;

                case ENUM_Weapon.Rocket:
                    // 顯示武器特效及音效
                    m_Weapon.ShowBulletEffect(theTarget.GetPosition(),
                                              0.8f,0.5f);
                    m_Weapon.ShowSoundEffect("RocketShot");

                    // 有機率增加額外加乘
                    AtkPlusValue = GetAtkPlusValue(15,30);
                    break;
            }

        // 設定額外加乘值
        m_Weapon.SetAtkPlusValue( AtkPlusValue );

        // 攻擊
        m_Weapon.Fire( theTarget );
    }

    // 取得額外的加乘值
    private int GetAtkPlusValue(int Rate, int AtkValue) {
        int RandValue = UnityEngine.Random.Range(0,100);
        if( Rate > RandValue )
            return AtkValue;
        return 0;
```

            }
    }

Listing 9-3　Soldier 使用武器攻擊

```csharp
// Soldier 角色介面
public class ISoldier : ICharacter
{
    public ISoldier()
    {}

    // 攻擊目標
    public override void Attack( ICharacter theTarget) {
        // 發射特效
        m_Weapon.ShowShootEffect();

        // 依目前武器決定攻擊方式
        switch(m_Weapon.GetWeaponType())
        {
            case ENUM_Weapon.Gun:
                // 顯示武器特效及音效
                m_Weapon.ShowBulletEffect(theTarget.GetPosition(),
                                    0.03f,0.2f);
                m_Weapon.ShowSoundEffect("GunShot");
                break;

            case ENUM_Weapon.Rifle:
                // 顯示武器特效及音效
                m_Weapon.ShowBulletEffect(theTarget.GetPosition(),
                                    0.5f,0.2f);
                m_Weapon.ShowSoundEffect("RifleShot");
                break;

            case ENUM_Weapon.Rocket:
                // 顯示武器特效及音效
                m_Weapon.ShowBulletEffect(theTarget.GetPosition(),
                                    0.8f,0.5f);
                m_Weapon.ShowSoundEffect("RocketShot");
                break;
        }

            // 攻擊
            m_Weapon.Fire( theTarget );
    }
}
```

兩個類別在重新定義 Attack()方法時，都先取得武器中的類型，再依照類型播放不同的音效及特效。IEmeny 另外還實作了「取得額外的加乘值」的功能。

將兩種角色與三種武器交叉組合，然後以上述方式實作，會存在幾個缺點：

1. 每個繼承自 ICharacter 角色介面的類別，在重新定義 Attack 方式時，都必須針對每一種武器進行實作(顯示特效及播放音效)，或進行額外的公式計算。所以當有新增角色類別時，也要在新的子類別中重複編寫相同的程式碼。

2. 當要新增武器類型時，所有角色子類別中的 Attack 方法，都必須修改，針對新的武器類型撰寫新的對應程式碼。這樣子會增加維護的困難度，使得武器類型不容易擴增。

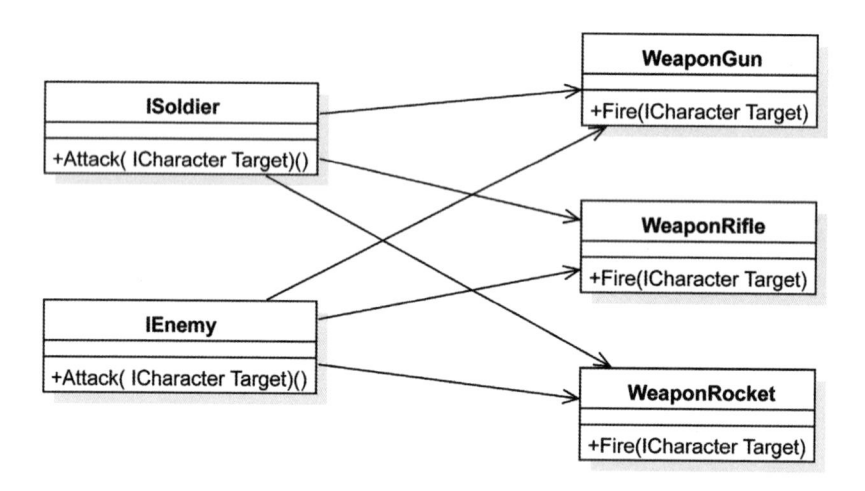

一般來說，上述的情況可以視為兩個類別群組交互使用所引發的問題。

而 GoF 的設計模式中，橋接模式（*Bridge*）可以用來解決上述實作方式的缺點。

9.2 橋接模式（*Bridge*）

筆者認為，在 GoF 的 23 個設計模式之中，橋接模式是最好應用但也是最難理解的，尤其是它的定義不長，其中關鍵的「抽象與實作分離 (Decouple an abstraction from its implementation)」，常讓程式設計師花費許多時間，才能慢慢了解它背後所代表的原則。

9.2.1 橋接模式（*Bridge*）的定義

橋接模式（*Bridge*），在 GoF 中的解釋是：

「將抽象與實作分離，讓它們之間的變化獨立」

乍看之下，多數人會以為這是「只依賴介面而不依賴實作」原則的另外一個解釋：

「定義一個介面類別，然後將實作的部份在子類別中完成」

客戶端只需要知道「介面類別」的存在，不必知道是由哪一個實作類別來完成功能。而實作類別則可以有好幾個，至於使用哪一個實作類別，可能會依照目前系統設定的情況來決定。程式設計師大多都可以依照這個原則進行系統實作，假設我們先按這個原則實作下面案例，來看看會出現什麼問題。

假設：今天我們要實作一個「3D 繪畫工具」，並且要支援目前最常見的 OpenGL 及 DirectX 兩種 3D 繪圖 API。

首先，定義「圓球」這個類別及兩個繪圖引擎：

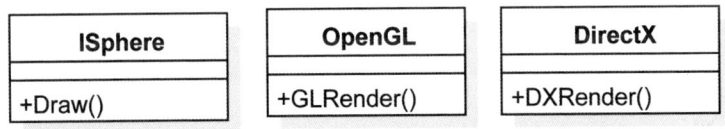

ISphere	OpenGL	DirectX
+Draw()	+GLRender()	+DXRender()

```
// DirectX引擎
public class DirectX
{
    public void DXRender(string ObjName) {
        Debug.Log ("DXRender:"+ObjName);
    }
}

// OpenGL引擎
public class OpenGL
{
    public void GLRender(string ObjName) {
        Debug.Log ("OpenGL:"+ObjName);
    }
}
```

```
// 圓球
public abstract class ISphere
{
    public abstract void Draw();
}
```

ISphere 是一個抽象類別(介面)，當中宣告一個 Draw()方法，讓子類別可以重新實作要如何繪製這個圓球。因為要支援兩種 3D 繪圖 API，所以要再定義繼承自 IShaper 的兩個子類別，這兩個子類別分別實作，以支援不同的 3D 繪圖 API：

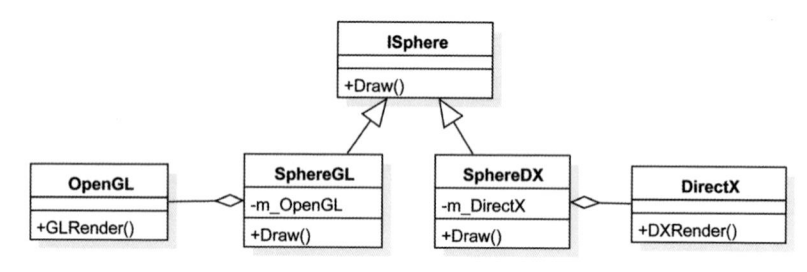

```
// 圓球使用Direct繪出
public class SphereDX : ISphere
{
    DirectX m_DirectX;

    public override void Draw() {
        m_DirectX.DXRender("Sphere");
    }
}

// 圓球使用Direct繪出
public class SphereGL : ISphere
{
    OpenGL m_OpenGL;

    public override void Draw() {
        m_OpenGL.GLRender("Sphere");
    }
}
```

SphererDX 代表使用 DirectX 繪製圓球；SphereGL 代表用 OpenGL 繪製圓球。因為滿足「只依賴介界而不依賴實作」的原則，所以客戶端只需要知道 ISphere 介面，至於由那一個實作類別負責完成功能需求，則交由系統決定。而如果系統判斷客戶端目前在 Windows 作業系統下，那麼就會選擇使用 DirectX 繪製，所以會指定 SphererDX 這個實作類別；相同地，如果是處於 Mac 作業系統的環境，那麼就會選擇使用 OpenGL 繪製，所以會指定 SphereGL 這個實作類別。

現在再增加一個「方塊」類別，而且因為「圓球」與「方塊」可以再一般化為一個「形狀」父類別，因此設計如下：

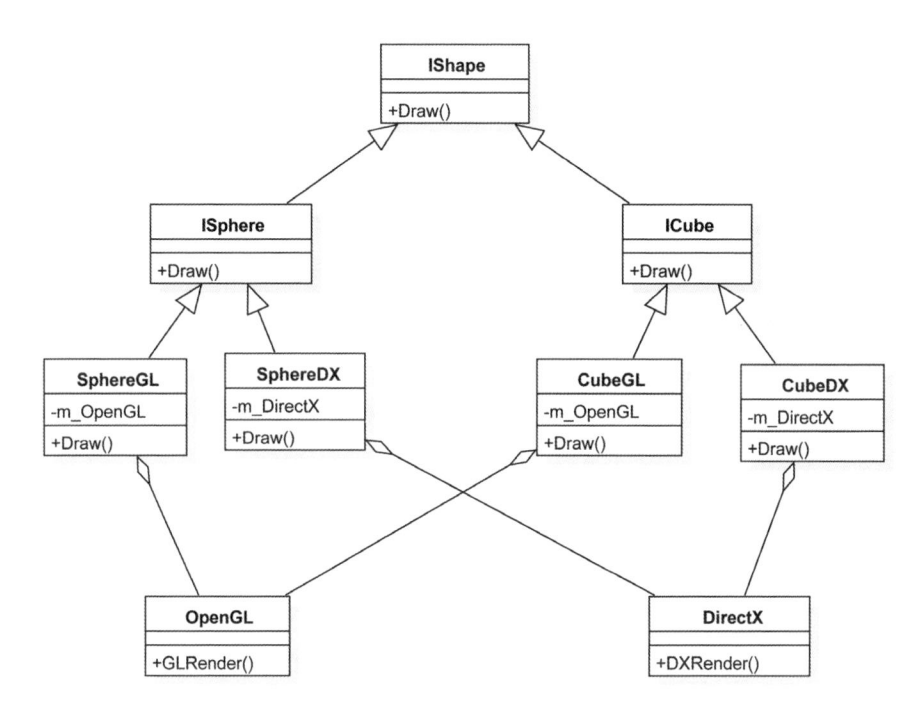

接下來，若系統又再往下開發，繼續增加「圖柱體」時，會變成如下設計：

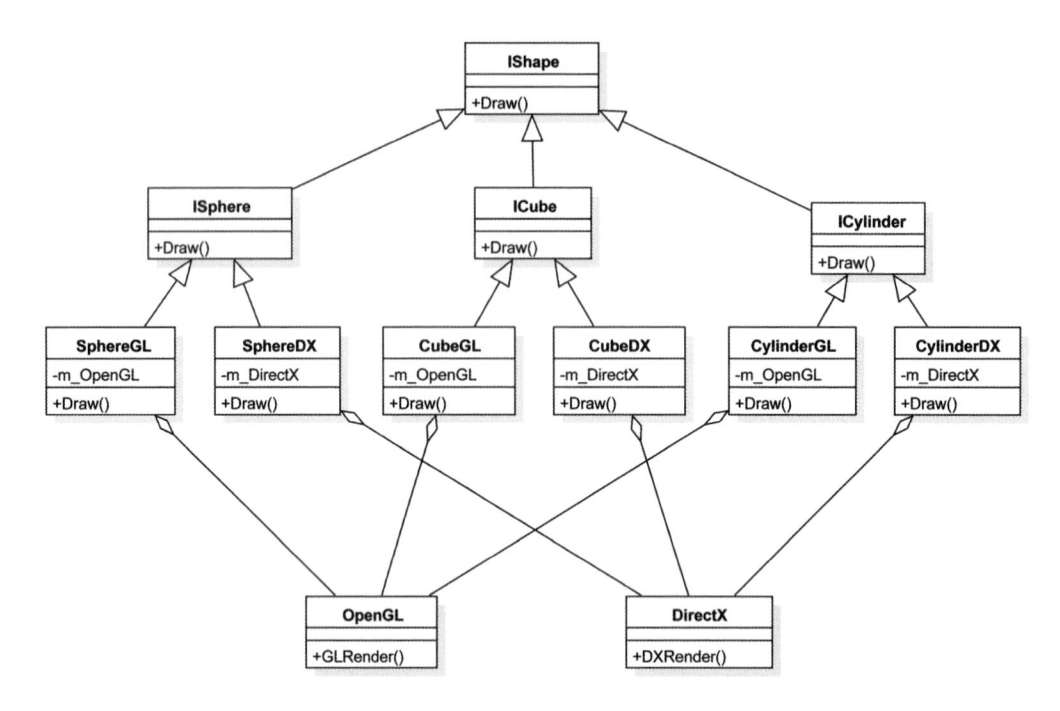

```
                    IShape
                    +Draw()
         ↗            ↑            ↖
   ISphere         ICube         ICylinder
   +Draw()        +Draw()         +Draw()
    ↑    ↑         ↑    ↑         ↑    ↑
 SphereGL SphereDX CubeGL CubeDX CylinderGL CylinderDX
 -m_OpenGL -m_DirectX -m_OpenGL -m_DirectX -m_OpenGL -m_DirectX
 +Draw()  +Draw()   +Draw()   +Draw()   +Draw()    +Draw()

            OpenGL              DirectX
           +GLRender()         +DXRender()
```

發現了嗎？我們每增加一個「形狀」的子類別時，都必須為新的子類別再實作兩個孫類別，兩個孫類別中再以 DirectX 及 OpenGL 實作 Draw() 方法。為什麼會這樣子呢？原因是，每一個形狀的 Draw 方法要在不同的引擎上繪製時，都必須先用「繼承」的方式產生新的子類別後，才能在各自的 Draw() 方式中呼叫對應的「繪圖工具」來繪製該形狀，例如：

- 想要在 OpenGL 上畫一個圓球，就先要「繼承」圓球類別來產生一個子類別，之後在子類別的 Draw() 方法中呼叫「OpenGL 引擎」函式來繪製圓球；
- 想要在 DirectX 上畫一個圓球，就先要「繼承」圓球類別來產生一個子類別，之後在子類別的 Draw() 方法中呼叫「DirectX 引擎」函式來繪製圓球。

我們將實現「不同功能」交給「不同的子類別」來完成，也就是用「繼承的方式」來完成「不同的功能實現」，這種方式看似直覺，但在某些應用上並不是那麼聰明。就以上述的「3D 繪畫工具」為例，這樣利用「繼承實作」的解法，反而造成系統往後的維護困難：也就是每增加一個「形狀子類別」，就必須連帶增加「兩個實作類別」。

最麻煩的是，如果這個「3D 繪畫工具」想要在行動裝置上運行，那就必須支援「OpenGL ES」引擎，意思就是得再增加第 3 個繪圖引擎做為實作的方法，所以設計會變成下面這樣：

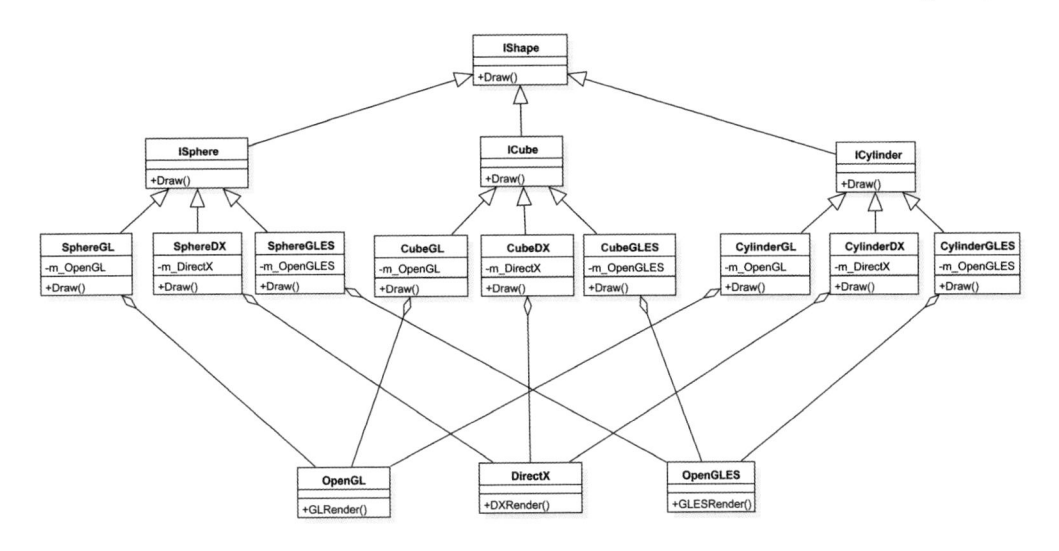

```
                                    IShape
                                    +Draw()

        ISphere              ICube              ICylinder
        +Draw()              +Draw()            +Draw()

SphereGL  SphereDX  SphereGLES   CubeGL  CubeDX  CubeGLES   CylinderGL  CylinderDX  CylinderGLES
-m_OpenGL -m_DirectX -m_OpenGLES -m_OpenGL -m_DirectX -m_OpenGLES -m_OpenGL -m_DirectX -m_OpenGLES
+Draw()   +Draw()   +Draw()     +Draw()  +Draw()  +Draw()     +Draw()    +Draw()    +Draw()

              OpenGL           DirectX           OpenGLES
              +GLRender()      +DXRender()       +GLESRender()
```

更糟糕的是,「OpenGL ES」還會因為行動裝置支援的程度,又分為 OpenGL ES 1、OpenGL ES 2、OpenGL ES3…。此時,所有的「形狀」子類別通通都要加上 GLES:ShaperGLES1、CubeGLES1…。這會造成非常難維護的情況,因為系統擴充時會連帶修改或新增許多類別,而且每個繪圖工具類別還會不斷地增加與其它形狀類別的耦合度。

但在目前的架構之下,不同功能的實作目前僅採用「繼承實作」這個方式。「繼承」是「功能實現」的方式之一,但如果「功能實現」被限制在只能使用「繼承」方式來達成,則是不樂見的。

9.2.2 橋接模式（$Bridge$）的說明

所以,如果要避免被限制在只能以「繼承實作」來完成功能實現的話,可考慮使用橋接模式（$Bridge$）。橋接模式（$Bridge$）是有別於上述解法的另一種解決方式。從我們先前的例子中可以看出,基本上這是兩個類別組群之間,關係呈現「交叉組合」的情況:

- 群組一的「抽象類別」指的是,將物體或功能經「抽象」之後所定義出來的類別介面,並透過子類別繼承的方式產生多個不同的物體或功能。像是上述的「形狀」類別,其用途是一個用來描述一個有「形狀」的物體應該具備的功能及操作方式。所以,這個群組只負責增加「抽象類別」,不負責實作『介面定義的功能』。

設計模式與遊戲開發
的完美結合

- 群組二的「實作類別」指的是，這些類別可以用來實作出「抽象類別」中所定義的功能。像是上述例子中的 OpenGL 引擎類別及 DirectX 引擎類別，它們是可以用來實現「形狀」類別中所定義的「繪出」功能，能將形狀繪製到螢幕上。所以這個群組只負責增加「實作類別」。

「群組一類別」中的每一個類別，可以使用「群組二類別」中的每一個類別來實作所定義的功能。

在重新設計之後，我們將繪圖工具當成群組二的「實作類別」，所以先要一般化出一個介面類別，再分別繼承不同的實作類別，如下：

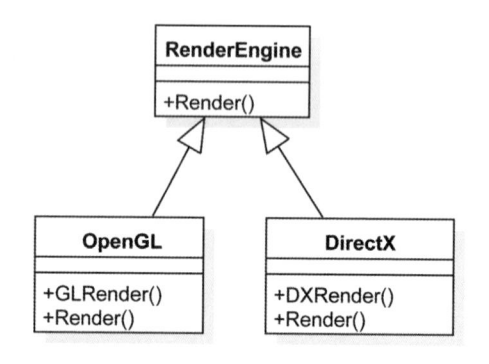

```
            RenderEngine
            +Render()
               △
              ╱ ╲
             ╱   ╲
      OpenGL      DirectX
      +GLRender() +DXRender()
      +Render()   +Render()
```

之後在「抽象類別」中包含一個「實作類別」的物件參考 m_RenderEngine：

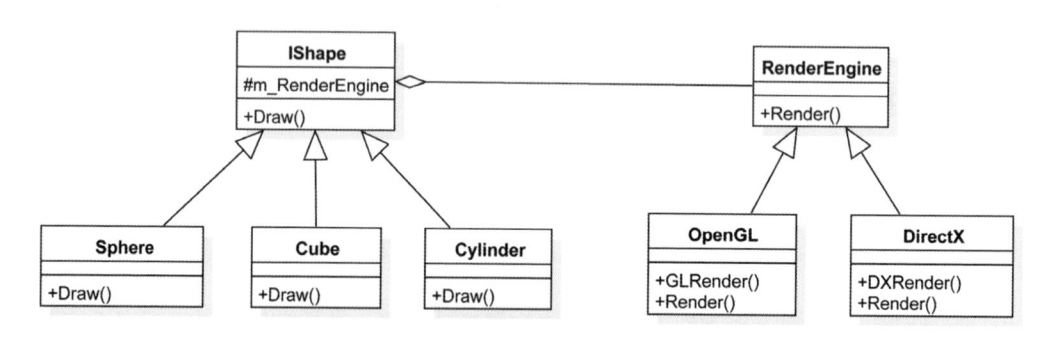

```
        IShape                          RenderEngine
  #m_RenderEngine ◇─────────────        +Render()
  +Draw()                                  △
     △                                    ╱ ╲
    ╱│╲                                  ╱   ╲
   ╱ │ ╲                           OpenGL     DirectX
Sphere Cube Cylinder               +GLRender() +DXRender()
+Draw() +Draw() +Draw()            +Render()   +Render()
```

繼承「抽象類別」的子類別需要實現功能時，只要透過「實作類別」的物件參考 m_RenderEngine 來呼叫實作功能即可。這麼一來，就真正的讓「抽象與實作分離」，也就是「抽象不與實作綁定」，讓「圓球」或「方形」這種抽象概念的類別，不再透過產生不同子類別的方式去完成特定的「實作方式」(OpenGL 或 DirectX)，將「抽象類別群組」與「實作類別群組」徹底分開。

套用橋接模式（Bridge）後的「圓形」類別，不必再考慮要使用 OpenGL 還是 DirectX 進行繪製，因為 RenderEngenr 類別介面，已經將真正的實作與客戶端(IShaper)分開了。

下面圖示為 GoF 定義的橋接模式（Bridge）的結構圖：

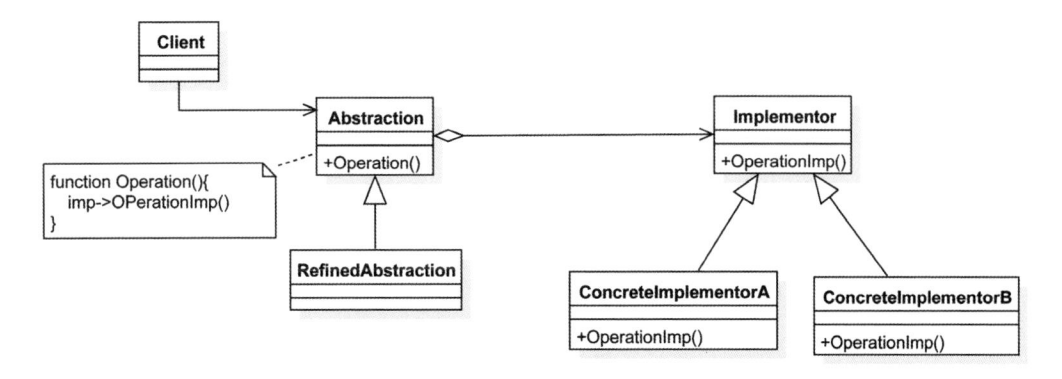

參與者的說明如下：

- Abstraction(抽象體介面)
    - ◎ 擁有指向 Implementor 的物件參考。
    - ◎ 定義抽象功能的介面，也可做為子類別呼叫實作功能的介面。
- RefinedAbstraction(抽象體實現、延伸)
    - ◎ 繼承抽象體並呼叫 Implementor 完成實作功能。
    - ◎ 擴充抽象體的介面，增加額外的功能。
- Implementor(實作體介面)
    - ◎ 定義實作功能的介面，提供給 Abstraction(抽象體)使用。
    - ◎ 介面功能可以只有單純的功能，真正的功能表則再由 Abstraction(抽象體)的需求加以組合應用。
- ConcreteImplementorA/B(實作體)
    - ◎ 實際完成實作體介面上所定義的方法。

9.2.3 橋接模式（Bridge）的實作範例

以下為「3D繪畫工具」套用橋接模式（Bridge）後的範例。首先定義繪圖引擎使用的介面：

Listing 9-4　繪圖引擎使用橋接模式實作（實作體介面及實作體）

```
// 繪圖引擎
public abstract class RenderEngine
{
    public abstract void Render(string ObjName);
}

// DirectX 引擎
public class DirectX : RenderEngine
{
    public override void Render(string ObjName) {
        DXRender(ObjName);
    }

    public void DXRender(string ObjName) {
        Debug.Log ("DXRender:"+ObjName);
    }
}

// OpenGL 引擎
public class OpenGL : RenderEngine
{
    public override void Render(string ObjName) {
        GLRender(ObjName);
    }

    public void GLRender(string ObjName) {
        Debug.Log ("OpenGL:"+ObjName);
    }
}
```

將繪圖引擎定義為 RenderEngine 之後再分別繼承出兩個子類別：DirectX 及 OpenGL。在兩個子類別中將父類別定義的介面功能，重新實作完成。之後，在 IShaper 類別中增加一個 RenderEngine 的類別成員，並提供一個 SetRanderEngine() 方法，讓系統能指定目前使用的繪圖引擎。

Listing 9-5　繪圖引擎使用橋接模式實作（抽象體介面）

```
// 形狀
public abstract class IShape
{
```

```
protected RenderEngine m_RenderEngine = null;

public void SetRenderEngine( RenderEngine theRenderEngine ) {
    m_RenderEngine = theRenderEngine;
}

public abstract void Draw();
}
```

抽象體介面定義之後,其下所有的子類別都可以透過 m_RenderEngine 物件來呼叫目前指定的繪圖引擎:

Listing 9-6　繪圖引擎使用橋接模式實作(抽象體介面的子類別)

```
// 圓球
public class Sphere : IShape
{
    public override void Draw() {
        m_RenderEngine.Render("Sphere");
    }
}

// 方塊
public class Cube : IShape
{
    public override void Draw() {
        m_RenderEngine.Render("Cube");
    }
}

// 圖柱體
public class Cylinder : IShape
{
    public override void Draw() {
        m_RenderEngine.Render("Cylinder");
    }
}
```

由於 RenderEngine 將繪圖引擎的功能與使用介面類別分離,讓原本依賴實作的程度降到最低。

新的範例一樣是在「只依賴介面而不依賴實作」的原則之下完成實作。只不過,重構後的 3D 繪圖引擎工具中,同時存在著「抽象介面」與「實作介面」,而「抽象介面」中的實作類別現在依賴「實作介面」的介面,但不再依賴它的實作類別。

9.3 使用橋接模式（Bridge）來實作角色與武器介面

定義哪個群組類別是「抽象類別」，哪個又是「實作類別」並不容易。不過，如果從兩個類別群組的交叉合作開始分析，那麼對於橋接模式（Bridge）的運用就不會那麼困難了。

9.3.1 角色與武器介面設計

橋接模式（Bridge）除了能夠應用在「抽象跟實作」的分離之外，還可以應用在：

「當兩個群組因功能上的需求，想要連接合作，但又希望兩組類別可以各自發展不受彼此影響時」。

本章開始所描述的角色與武器的遊戲功能需求，滿足上述的情況：「角色類別群組」想要使用「武器類別群組」的功能(攻擊)，並且希望避免遊戲開發後期，因為角色新增或武器新增而影響到另一個類別群組，所以採用了橋接模式（Bridge）來實作，設計後的類別結構如下：

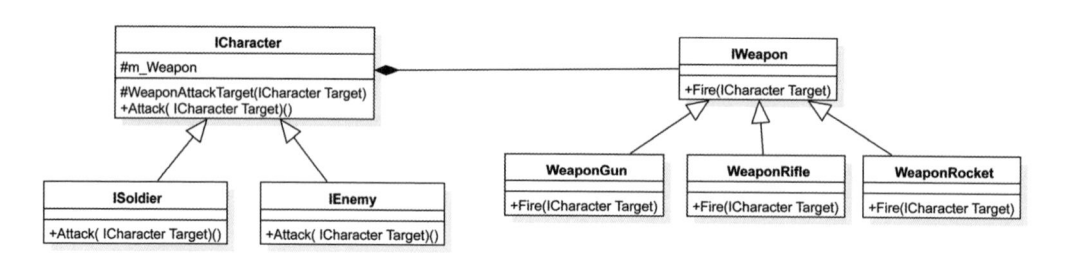

參與者的說明如下：

- ICharacter

    角色的抽象介面，擁有一個 IWeapon 物件參考，並且在介面中宣告了一個武器攻擊目標 WeaponAttackTarget() 方法讓子類別可以呼叫,同時要求繼承的子類別，必須在 Attack() 中重新實作攻擊目標的功能。

- ISoldier、IEnemy

雙方陣營單位，實作攻擊目標 Attack() 時，只需要呼叫父類別的 WeaponAttackTarget() 方法，就可使用目前裝備的武器攻擊對手。

- IWeapon

    武器介面，定義遊戲中對於武器的操作及使用方法。

- WeaponGun、WeaponRifle、WeaponRocket

    遊戲中可以使用的三種武器類型的實作。

9.3.2 實作說明

將原先的武器類別重新定義為 IWeapon 武器介面：

Listing 9-7　橋接模式中的武器介面(IWeapon.cs)

```
// 武器介面
public abstract class IWeapon
{
    // 數值
    protected int m_AtkPlusValue = 0;              // 額外增加的攻擊力
    protected int m_Atk = 0;                       // 攻擊力
    protected float m_Range= 0.0f;                 // 攻擊距離

    //
    protected GameObject m_GameObject = null;      // 顯示的 Unity 模型
    protected ICharacter m_WeaponOwner = null;     // 武器的擁有者

    // 發射特效
    protected float m_EffectDisplayTime = 0;
    protected ParticleSystem m_Particles;
    protected LineRenderer m_Line;
    protected AudioSource m_Audio;
    protected Light m_Light;

    ...

    // 顯示子彈特效
    protected void ShowBulletEffect(Vector3 TargetPosition,
                                float LineWidth,float DisplayTime) {
        if( m_Line ==null)
            return ;
        m_Line.enabled = true;
        m_Line.SetWidth( LineWidth,LineWidth);
        m_Line.SetPosition(0,m_GameObject.transform.position);
        m_Line.SetPosition(1,TargetPosition);
```

```
                m_EffectDisplayTime = DisplayTime;
        }

        // 顯示槍口特效
        protected void ShowShootEffect() {
            if( m_Particles != null)
            {
                m_Particles.Stop ();
                m_Particles.Play ();
            }

            if( m_Light !=null)
                m_Line.enabled = true;
        }

        // 顯示音效
        protected void ShowSoundEffect(string ClipName) {
            if(m_Audio==null)
                return ;

            //   取得音效
            IAssetFactory Factory = PBDFactory.GetAssetFactory();
            AudioClip theClip = Factory.LoadAudioClip( ClipName);
            if(theClip == null)
                return ;
            m_Audio.clip = theClip;
            m_Audio.Play();
        }

        ...

        // 攻擊目標
        public abstract void Fire( ICharacter theTarget );
        ...
    }
```

除了定義武器的相關屬性外,也將與特效有關的程式碼實作在父類別中,讓繼承的子類別呼叫。最後則是宣告一個「攻擊目標 Fire()」抽象方法,讓每個子類別重新實作該武器在攻擊對手時所需的功能:

Listing 9-8　橋接模式中的武器實作

```
// Gun
public class WeaponGun : IWeapon
{
    public WeaponGun()
    {}

    // 攻擊目標
    public override void Fire( ICharacter theTarget ) {
```

```csharp
        // 顯示武器特效及音效
        ShowShootEffect();
        ShowBulletEffect(theTarget.GetPosition(),0.03f,0.2f);
        ShowSoundEffect("GunShot");

        // 攻擊直接命中
        theTarget.UnderAttack( m_WeaponOwner );
    }
} // WeaponGun.cs

// Rifle
public class WeaponRifle : IWeapon
{
    public WeaponRifle()
    {}

    // 攻擊目標
    public override void Fire( ICharacter theTarget ) {
        // 顯示武器特效及音效
        ShowShootEffect();
        ShowBulletEffect(theTarget.GetPosition(),0.5f,0.2f);
        ShowSoundEffect("RifleShot");

        // 直接命中攻擊
        theTarget.UnderAttack( m_WeaponOwner );
    }
} // WeaponRifle.cs

// Rifle
public class WeaponRocket : IWeapon
{
    public WeaponRocket()
    {}

    // 攻擊目標
    public override void Fire( ICharacter theTarget ) {
        // 顯示武器特效及音效
        ShowShootEffect();
        ShowBulletEffect(theTarget.GetPosition(),0.8f,0.5f);
        ShowSoundEffect("RocketShot");

        // 直接命中攻擊
        theTarget.UnderAttack( m_WeaponOwner );
    }
} // WeaponRocket.cs
```

每一種武器都重新實作了「攻擊目標 Fire()」這個方法。客戶端(擁有武器的角色)呼叫該方法後，武器會對目標發動攻擊，過程包含了播放特效及音效，最後則是通知目標受到攻擊，並把攻擊它的武器以參數方式傳遞過去。但是，在目前實作的程式碼中，每

一把武器的實作內容仍相同，而且重覆了三次，這裡還有改進的空間，而這一部份的改進方式將留待第 11 章中說明。

最後在角色介面 ICharacter 的定義中，增加一個型別為 IWeapon 的成員屬性，用來記錄目前裝備的武器：

Listing 9-9　橋接模式中的角色介面(ICharacter.cs)

```
// 角色介面
public abstract class ICharacter
{
    private IWeapon m_Weapon = null;                    // 使用的武器

    // 設定使用的武器
    public void SetWeapon(IWeapon Weapon) {
        if( m_Weapon != null )
            m_Weapon.Release();
        m_Weapon = Weapon;

        // 設定武器擁有者
        m_Weapon.SetOwner(this);

        // 設定 Unity GameObject 的層級
        UnityTool.Attach( m_GameObject, m_Weapon.GetGameObject(),
                                        Vector3.zero);
    }

    // 取得武器
    public IWeapon GetWeapon()
    {
        return m_Weapon;
    }

    // 設定額外攻擊力
    protected void SetWeaponAtkPlusValue(int Value)
    {
        m_Weapon.SetAtkPlusValue( Value );
    }

    // 武器攻擊目標
    protected void WeaponAttackTarget( ICharacter Target)
    {
        m_Weapon.Fire( Target );
    }

    // 計算攻擊力
    public int GetAtkValue()
    {
        // 武器攻擊力 + 角色數值的加乘
```

```
            return m_Weapon.GetAtkValue();
        }

        // 取得攻擊距離
        public float GetAttackRange()
        {
            return m_Weapon.GetAtkRange();
        }

        // 攻擊目標
        public abstract void Attack( ICharacter Target);

        // 被其他角色攻擊
        public abstract void UnderAttack( ICharacter Attacker);
    }
}
```

除了增加一個 IWeapon 類別成員 m_Weapon 外,也定義了和武器相關的方法,讓客戶端可以呼叫使用,並且宣告了兩個抽象方法,讓繼承的子類別重新定義:

Listing 9-10　橋接模式中的角色實作

```
// Soldier 角色介面
public class ISoldier : ICharacter
{
    ...
    // 攻擊目標
    public override void Attack( ICharacter Target) {
        // 武器攻擊
        WeaponAttackTarget( Target );
    }

    // 被武器攻擊
    public override void UnderAttack( ICharacter Attacker )
    {
        ...
    }
} // ISoldier.cs}

// Enemy 角色介面
public class IEnemy : ICharacter
{
    ...
    // 攻擊目標
    public override void Attack( ICharacter Target) {
        // 設定武器額外攻擊加乘
        SetWeaponAtkPlusValue( m_Value.GetAtkPlusValue() );

        // 武器攻擊
        WeaponAttackTarget( Target );
```

```
        }
        // 被武器攻擊
        public override void UnderAttack( ICharacter Attacker) {
            ...
        }
    } // IEnemy.cs
```

在玩家陣營 `ISoldier` 類別重新實作 `Attack` 方法時，直接呼叫父類別的 `WeaponAttackTarget` 方法，要求以目前裝備的武器去攻擊對手。但在敵方陣營 `IEnemy` 類別中，重新實作的 `Attack` 方法在呼叫 `WeaponAttackTarget` 之前，會先將角色本身能造成的「額外加乘效果」設定給裝備的武器，好讓後續「攻擊效果計算」時，能使用到加乘的數值。利用這樣的方式，`IEnemy` 類別就可以達成遊戲需求中，提到的「敵方陣營使用武器攻擊時，會有額外的加乘效果，用來增加攻擊時的優勢」。

9.3.3 使用橋接模式（*Bridge*）的優點

我們希望將功能與實作分離，因此套用橋接模式（*Bridge*）。套用橋接模式（*Bridge*）後的 `ICharacter`(角色介面)，就是群組一「抽象類別」，它定義了「攻擊目標」這個功能。但真正實作「攻擊目標」功能的類別，則是群組二 `IWeapon`(武器介面)這個「實作類別」。對於 `ICharacter` 及其繼承類別都不必理會 `IWeapon` 群組的變化，尤其是遊戲開發後期可能增加的武器類型。而對於 `ICharacter` 來說，它面對的只有 `IWeapon` 這個介面類別，相對地，`IWeapon` 類別群組也不必去理會角色類別群組內的新增或修改，讓兩個群組之間的耦合度降到最低。

9.3.4 實作橋接模式（*Bridge*）的注意事項

在實作角色介面 `ICharacter` 時，「P 級陣地」將武器類別 `IWeapon` 的變數定義為「私有成員」並提供一組操作函式。這些操作函式除了提供給外界的客戶端操作使用外，另一項用意則是不讓角色子類別直接使用 `IWeapon` 成員。這項設計的好處在於，讓武器系統的功能呼叫只限制在 `ICharacter` 類別中，因此，武器類別 `IWeapon` 只會和角色介面 `ICharacter` 產生耦合。這麼做是因為當遊戲製作進入後期時，下面幾種情況是可預期會出現的：

1. `ICharacter` 類別群組會產生變化，可能是增加角色類別，也可能是增加角色的功能。

2. 武器系統可能更複雜，攻擊一個目標時可能需要設定更多的參數，而這些參數無法由角色子類別提供。

3. 可能將武器全部更換，換成另一種武器系統(例如近戰武器)，所以需要引入另一組武器群組。

因為武器系統是「P級陣地」的核心系統之一，一但產生變化很容易影響到其它系統。所以有必要在實作的初期，就將武器類別 IWeapon 的操作與角色群組的子類別加以解耦。

9.4 橋接模式（Bridge）面對變化時

應用了橋接模式（Bridge）的角色與武器系統，在後續的遊戲系統設計上，增加了不少的彈性及靈活度。當需要新增武器類型時，繼承 IWeapon 類別並重新實作抽象方法後，就可讓角色系統裝備使用：

Listing 9-11　新增一個武器類別　　Cannon

```
public class WeaponCannon : IWeapon
{
    public WeaponCannon()
    {}

    // 攻擊目標
    public override void Fire( ICharacter theTarget ) {
        // 顯示武器特效及音效
        ShowShootEffect();
        ShowBulletEffect(theTarget.GetPosition(),0.1f,0.5f);
        ShowSoundEffect("CannonShot");

        // 直接命中攻擊
        theTarget.UnderAttack( m_WeaponOwner );
    }
}
```

而在角色群組的擴充上，也完全不必受到武器系統的限制。後續的章節(第 25 章)將會說明在「P級陣地」中，角色群組因應遊戲需求而做的類別擴充。

9.5 總結與討論

橋接模式（Bridge）可以將兩個群組有效地分離，讓兩個群組彼此不互相影響。這兩個群組可以是「抽象定義」與「功能實作」，也可以是兩個需要交叉合作之後，才能完成某項任務的類別。

與其它模式(Pattern)的合作

在第 15 章中，「P 級陣地」將使用建造者模式（Builder）來負責產生遊戲中的角色物件，當角色產生時會設定需要裝備的武器，而設定武器的動作則是由角色介面中的方法來完成。

其它應用方式

兩組類別群組需要搭配使用的實作方式，常見於遊戲設計之中，例如：

- 遊戲角色可以駕駛不同的行動載具像是，汽車、飛機、水上摩托車⋯。
- 奇幻類型遊戲的角色可以施展法術，除了多樣的角色之外，「法術」本身也是另一個複雜的系統，火系法術、冰系法術⋯，遠程法術、近戰法術、補血法術⋯，想額外加上使用限制的話，就必須使用橋接模式（Bridge）將角色與法術類別群組妥善結合。

第 10 章

角色數值的計算
── *Strategy* 策略模式

10.1 角色數值的計算需求

在「P 級陣地」中，雙方陣營的角色都有基本的數值：「生命力」及「移動速度」，而角色之間可以利用不同的數值做為能力區分，但雙方陣營會有些不同點：

- 玩家陣營的角色有等級數值，而等級可透過「兵營升級」的方式來提升，等級提升可以增加防守優勢，這些優勢包含：1. 角色等級愈高，他的「生命力」就愈高，生命力會依照等級做加乘；2. 被攻擊時，角色等級愈高可以抵免愈多的攻擊力。

- 敵方陣營的角色攻擊時，有一定的機率會產生爆擊，當爆擊發生時會將「爆擊值」做為武器的額外攻擊力，讓敵方陣營角色增加攻擊優勢。

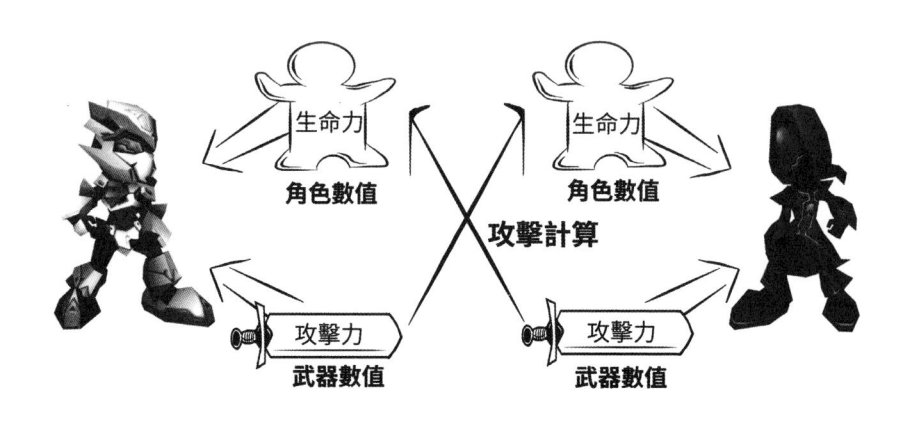

圖 10-1 攻擊數值的計算

雙方角色數值主要是使用在某單位受到攻擊時，受攻擊的角色需要計算這次攻擊所產生的傷害值，然後利用這個傷害值去扣除角色的生命力。所以「P 級陣地」針對攻擊後的數值計算，需求如下：

「當單位 A 攻擊單位 B 時，A 單位使用目前裝備上的武器數值，去扣除 B 單位角色數值中的生命力，當 B 單位的生命力扣除到 0 以下，B 單位即陣亡必須從戰場上消失」。

綜合上述遊戲需求的分析，在不考量單位 A、B 所屬陣營的情況下，當一個攻擊事件發生時，其流程如下：

1. 單位 A 決定攻擊單位 B；
2. 將單位 A 可以產生的「額外攻擊加乘值」設定給武器；
3. 單位 A 使用目前裝備的武器攻擊單位 B；
4. 單位 B 受到攻擊後，取得「單位 A 的武器攻擊力」；
5. 取得「單位 B 的生命力」；
6. 「單位 B 的生命力」減去「單位 A 的武器攻擊力」，並考量單位 B 是否有「等級抵攻擊」；
7. 如果「單位 B 的生命力」小於 0，則單位 B 死亡。

但上述流程中，有些步驟的數值計算會因為單位所屬的陣營而有不同的計算策略：

- 第 2 步驟中的「額外攻擊加乘值」，只有敵方陣營會產生，玩家陣營則沒有這個值。
- 第 6 步驟中的「等級抵攻擊」，只有玩家陣營具備，而敵方陣營則沒有。
- 另外，雙方陣營單位在初始化角色時，「單位的生命力」上限也是不同的，玩家陣營有等級加乘，而敵方單位則沒有。

所以，要讓一次攻擊能夠產生正確的計算，在 3 個事件點上會因為不同單位陣營，而有不同的計算策略。將角色數值在角色類別 Character 中宣告是最直覺的方法：

```
// 角色類型
public enum ENUM_Character
{
    Soldier = 0,
```

```
        Enemy,
}

// 角色介面
public class Character
{
    // 擁有一把武器
    protected Weapon m_Weapon = null;

    // 角色數值
    ENUM_Character m_CharacterType;         // 角色類型
    int    m_MaxHP = 0;                     // 最高生命力值
    int    m_NowHP = 0;                     // 目前生命力值
    float  m_MoveSpeed = 1.0f;              // 目前移動速度
    int    m_SoldierLv = 0;                 // Soldier等級
    int    m_CritRate = 0;                  // 爆擊機率
    ...
}
```

之後，針對「初始設定」及「攻擊流程」，在角色類別 Character 中定義所需的操作方法：

```
// 角色介面
public class Character
{
    ...
    // 初始角色
    public void InitCharacter() {
        // 依角色類型判斷是最高生命力值的計算方式
        switch(m_CharacterType)
        {
            case ENUM_Character.Soldier:
                // 最大生命力有等級加乘
                if(m_SoldierLv > 0 )
                    m_MaxHP += (m_SoldierLv-1)*2;
                break;
            case ENUM_Character.Enemy:
                // 不需要
                break;
        }
```

```csharp
        // 重設目前的生命力
        m_NowHP = m_MaxHP;
    }

    // 攻擊目標
    public void Attack( ICharacter theTarget) {
        // 設定武器額外攻擊加乘
        int AtkPlusValue = 0;

        // 依角色類型判斷是否加乘額外攻擊力
        switch(m_CharacterType)
        {
            case ENUM_Character.Soldier:
                // 不需要
                break;
            case ENUM_Character.Enemy:
                // 依爆擊機率回傳攻擊加乘值
                int RandValue =  UnityEngine.Random.Range(0,100);
                if( m_CritRate >= RandValue )
                    AtkPlusValue = m_MaxHP*5; // 血量的5倍值
                break;
        }

        // 設定額外攻擊力
        m_Weapon.SetAtkPlusValue( AtkPlusValue );

        // 使用武器攻擊目標
        m_Weapon.Fire( theTarget );
    }

    // 被攻擊
    public void UnderAttack( ICharacter Attacker) {
        // 取得攻擊力(會包含加乘值)
        int AtkValue = Attacker.GetWeapon().GetAtkValue();

        // 依角色類型計算減傷害值
        switch(m_CharacterType)
        {
            case ENUM_Character.Soldier:
```

```
            // 會依照Soldier等級減少傷害
            AtkValue -= (m_SoldierLv-1)*2;
            break;
        case ENUM_Character.Enemy:
            // 不需要
            break;
    }

    // 目前生命力減去攻擊值
    m_NowHP -= AtkValue;

    // 是否陣亡
    if( m_NowHP <= 0 )
        Debug.Log ("角色陣亡");
}
...
}
```

在這 3 個操作方法中,都針對不同的角色類型,進行了相對應的數值計算,但這樣的實作方式有些缺點:

- 每個方法都針對「角色類型」進行數值計算,所以這 3 個方法依賴「角色類型」,當往後又新增「角色類型」時,必須修改這 3 個方法,因此會增加維護的困難度。
- 同一類型的計算規則分散在角色類別 Character 中,不易閱讀及了解,且重複的實作程式碼(switch case)也充滿在類別之中。

對於這些因角色的不同而有差異的計算公式,該如何重新設計才能解決上述問題呢?GoF 的策略模式(*Strategy*)為我們提供了解答。

10.2 策略模式(*Strategy*)

因條件的不同而需要有所選擇時,剛入門的程式設計師會使用 if else 或多組的 if elseif else 來完成需求,再不然就是使用 switch case 語法來完成。當然,這是因為入門的程式書籍大多是這樣建議的,而且也是最快完成實作的方式。對於小型專案或快速開發驗證用的專案而言,或許可使用比較快速的條件判斷方式來實作。但若遇

到具有規模或產品化(需要長期維護)專案時,最好還是選擇策略模式（*Strategy*）來完成,因為這將有利於專案的維護。

10.2.1 策略模式（*Strategy*）的定義

GoF 對策略模式（*Strategy*）的解釋是：

「定義一群演算法,並封裝每個演算法,讓他們可以彼此交換使用。策略模式讓這些演算法在客戶端使用它們時能更加獨立」

就字面 「策略(Strategy)」一詞看來,有著當發生「某情況」時要做出什麼「反應」的意涵。從生活中可以舉出許多在相同的環境下針對不同條件,要進行不同的計算方式的例子：

> 當「購買商品滿 399」時,要加送「100 元折價券」；
>
> 當「購買商品滿 699」時,要加送「200 元折價券」。
>
> 當「客人是日本人」時,要「使用日元計價並加手續費 1.5%」；
>
> 當「客人是美國人」時,要「使用美元計價並加手續費 1%」。
>
> 當「超速未達 10 公里」時,「罰金 3600 元」；
>
> 當「超速 10 公里以上」時,「罰金 3600 元外,每公里再加罰 1000 元」。
>
> 當「選擇換美金」時,「將輸入的金額乘上美金匯率」
>
> 當「選擇換日幣」時,「將輸入的金額乘上日幣匯率」
>
> …

在策略模式（*Strategy*）中,這些不同的計算方式就是所謂的「演算法」,而這些演算法中的每一個都應該獨立出來,將「計算細節」加以封裝隱藏起來,並讓他們成為一個「演算法」類別群組。客戶端只需要依情況來選擇對應的「演算法」類別,至於計算方式及規則,客戶端不需要去理會。

10.2.2 策略模式（*Strategy*）的說明

將每一個演算法封裝並組成一個類別群組，讓客戶端可以選擇使用，其基本架構如下：

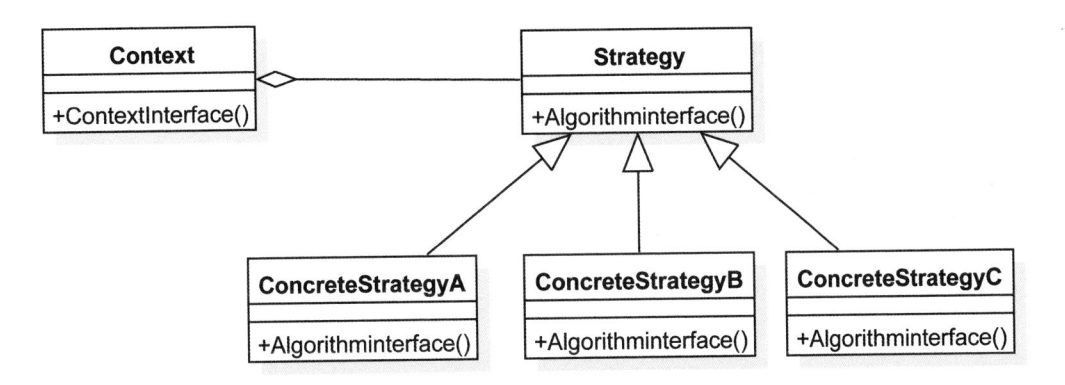

```
Context                          Strategy
+ContextInterface()              +AlgorithmInterface()
                                        △
                    ┌───────────────────┼───────────────────┐
            ConcreteStrategyA    ConcreteStrategyB    ConcreteStrategyC
            +AlgorithmInterface() +AlgorithmInterface() +AlgorithmInterface()
```

參與者的說明如下：

- `Strategy`(策略介面類別)

    ◎ 提供「策略客戶端」可以使用的方法。

- `ConcreteStretegyA~ConcreteStretegyC`(策略實作類別)

    ◎ 不同演算法的實作。

- `Context`(策略客戶端)

    ◎ 擁有一個 `Strategy` 型別的物件參考，並透過物件參考取得想要的計算結果。

10.2.3 策略模式（*Strategy*）的實作範例

首先定義 `Strategy` 的操作介面：

Listing 10-1　演算法的共用介面(`Strategy.cs`)

```csharp
// Context 透過此介面呼叫 ConcreteStrategy 實作的演算法
public abstract class Strategy
{
    public abstract void AlgorithmInterface();
}
```

介面中只定義一個演算法方法 AlgorithmInterface()，按設計的需要，可以將同一個領域下的演算方法都定義在同一個介面之下。之後將真正要實作演算法的部份，寫在 Strategy 的子類別中：

Listing 10-2　實作各種演算法(Strategy.cs)

```csharp
// 演算法 A
public class ConcreteStrategyA : Strategy
{
    public override void AlgorithmInterface() {
        Debug.Log ("ConcreteStrategyA.AlgorithmInterface");
    }
}

// 演算法 B
public class ConcreteStrategyB : Strategy
{
    public override void AlgorithmInterface() {
        Debug.Log ("ConcreteStrategyB.AlgorithmInterface");
    }
}

// 演算法 C
public class ConcreteStrategyC : Strategy
{
    public override void AlgorithmInterface() {
        Debug.Log ("ConcreteStrategyC.AlgorithmInterface");
    }
}
```

最後再宣告一個擁有 Strategy 物件參考的 Context 類別：

Listing 10-3　擁有 Strategy 物件的客戶端(Strategy.cs)

```csharp
public class Context
{
    Strategy m_Strategy = null;

    // 設定演算法
    public void SetStrategy( Strategy theStrategy ) {
        m_Strategy = theStrategy;
    }

    // 執行目前的演算法
    public void ContextInterface() {
        m_Strategy.AlgorithmInterface();
    }
}
```

Context 類別提供了兩個方法：SetStrategy 可以用來提示要使用的演算法，ContextInterface 則用來測試目前演算法的執行結果。測試程式如下：

Listing 10-4　策略模式測試 (StrategyTest.cs)

```
void UnitTest() {
    Context theContext = new Context();

    // 設定演算法
    theContext.SetStrategy( new ConcreteStrategyA());
    theContext.ContextInterface();

    theContext.SetStrategy( new ConcreteStrategyB());
    theContext.ContextInterface();

    theContext.SetStrategy( new ConcreteStrategyC());
    theContext.ContextInterface();
}
```

在測試程式中，將不同的演算法的類別物件設定給 Context 物件，讓 Context 物件去執行各種演算法，得出不同的結果：

執行結果

```
ConcreteStrategyA.AlgorithmInterface
ConcreteStrategyB.AlgorithmInterface
ConcreteStrategyC.AlgorithmInterface
```

10.3 使用策略模式（*Strategy*）來實作攻擊計算

許多人在想到要應用策略模式（*Strategy*）時，常常會遇到不知從何切入的情況。究其原因，通常是不知道如何在不使用 if else 或 switch case 語法的情況下，將這些計算策略配對呼叫。其實，有時候處理方式是必須利用重構方法或搭配其它的設計模式來完成的，也就是先利用重構方法或搭配其它的設計模式將這些條件判斷式從程式碼中移除後，再將策略模式（*Strategy*）加入到專案的設計方案之中。否則，最常見的策略模式（*Strategy*）應用方式，還是會在 if else 或 switch case 語法之中，呼叫對應的策略類別物件。

10-9

10.3.1 攻擊流程的實作

根據本章開始時的說明可以得知，「P 級陣地」的攻擊計算中，有 3 個事件點需要依條件(單位所屬的陣營)來決定所使用的計算公式，這些公式目前共有 6 個(玩家陣營 3 個、敵方陣營 3 個)，而這些計算公式可以利用策略模式（*Strategy*）加以封裝。

在重新實作前，「P 級陣地」先將角色屬性(生命力、移動…)從角色類別 ICharacter 中移出，放入專門儲存角色屬性的 ICharacterAttr 類別中。使用專門的類別，是因為要符合「單一職責原則(SRP)」的要求，讓角色屬性能夠集中管理，同時也能減少角色類別 ICharacter 的複雜度。而在 ICharacterAttr 中，擁有的是負責計算角色屬性的「策略類別物件」，並能在攻擊流程中扮演數值計算的功能：

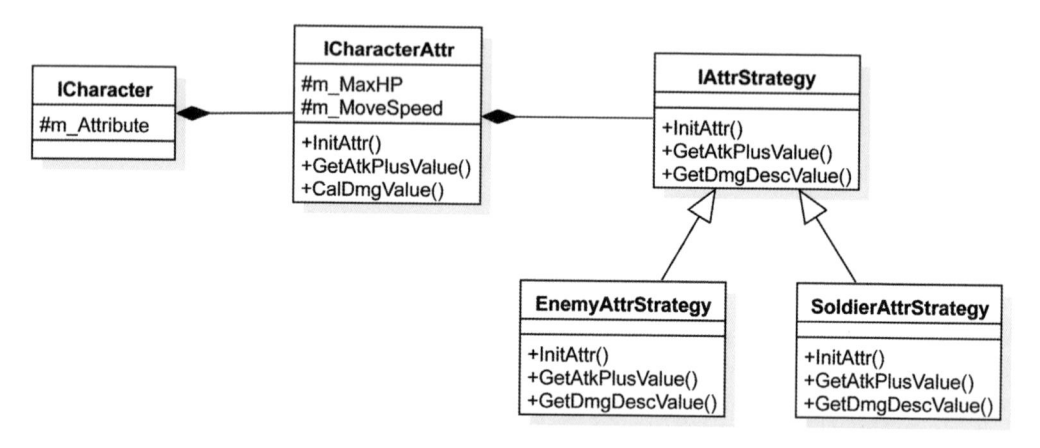

參與者的說明如下：

- ICharacterAttr

    宣告遊戲內使用的角色屬性、存取方法及宣告攻擊流程中所需要的方法，並擁有一個 IAttrStrategy 物件，透過該物件來呼叫真正的計算公式。

- IAttrStrategy

    宣告角色屬性計算的介面方法，用來分離 ICharacterAttr 與計算演算法，讓 ICharacterAttr 可輕易地更換計算策略。

- EnemyAttrStrategy

    實作敵方陣營單位在攻擊流程中，所需的各項公式計算。

- SoldierAttrStrategy

  實作玩家陣營單位在攻擊流程中,所需的各項公式計算。

10.3.2 實作說明

將角色屬性從 ICharacter 類別中獨立出來,放入 ICharacterAttr 角色屬性類別中:

Listing 10-5 定義角色數值介面(ICharacterAttr.cs)

```
public abstract class ICharacterAttr
{
    protected int      m_MaxHP = 0;              // 最高 HP 值
    protected int      m_NowHP = 0;              // 目前 HP 值
    protected float    m_MoveSpeed = 1.0f;       // 目前移動速度
    protected string   m_AttrName = "";          // 數值的名稱
    ...

    // 目前 HP
    public int GetNowHP() {
        return m_NowHP;
    }

    // 最大 HP
    public virtual int GetMaxHP() {
        return m_MaxHP;
    }

    // 移動速度累計
    public virtual float GetMoveSpeed() {
        return m_MoveSpeed;
    }
    ...
}
```

在 ICharacterAttr 中,宣告遊戲角色需要使用的屬性,並提供各個屬性的存取方法,而宣告 ICharacterAttr 為抽象類別是因為,兩個陣營有各自專用的屬性類別,必須在子類別中加以定義:

Listing 10-6 Soldier 數值(SoldierAttr.cs)

```
public class SoldierAttr : ICharacterAttr
{
    protected int m_SoldierLv = 0;      // Soldier 等級
    protected int m_AddMaxHP;           // 因等級新增的 HP 值
```

10-11

```csharp
        public SoldierAttr()
        {}

        public SoldierAttr(int MaxHP, float MoveSpeed, string AttrName) {
            m_MaxHP = MaxHP;
            m_NowHP = MaxHP;
            m_MoveSpeed = MoveSpeed;
            m_AttrName = AttrName;
        }

        // 設定等級
        public void SetSoldierLv(int Lv) {
            m_SoldierLv = Lv;
        }

        // 取得等級
        public int GetSoldierLv() {
            return m_SoldierLv ;
        }

        // 設定新增的最大生命力
        public void AddMaxHP(int AddMaxHP) {
            m_AddMaxHP = AddMaxHP;
        }

        // 最大 HP
        public override int GetMaxHP() {
            return base.GetMaxHP() + m_AddMaxHP;
        }
    }
```

Listing 10-7 Enemy 數值(EnemyAttr.cs)

```csharp
    public class EnemyAttr : ICharacterAttr
    {
        protected int m_CritRate = 0;  // 爆擊機率

        public EnemyAttr()
        {}

        public EnemyAttr(int MaxHP, float MoveSpeed,int CritRate ,
                        string AttrName) {
            m_MaxHP = MaxHP;
            m_NowHP = MaxHP;
            m_MoveSpeed = MoveSpeed;
            m_CritRate = CritRate;
            m_AttrName = AttrName;
        }

        // 爆擊率
```

```csharp
    public int GetCritRate() {
        return m_CritRate;
    }

    // 減少爆擊率
    public void CutdownCritRate() {
        m_CritRate -= m_CritRate/2;
    }
}
```

IAttrStrategy 類別則定義了跟攻擊有關的計算方法：

Listing 10-8 角色數值計算介面(`IAttrStrategy.cs`)

```csharp
public abstract class IAttrStrategy
{
    // 初始的數值
    public abstract void InitAttr( ICharacterAttr CharacterAttr );

    // 攻擊加乘
    public abstract int GetAtkPlusValue( ICharacterAttr CharacterAttr );

    // 取得減傷害值
    public abstract int GetDmgDescValue( ICharacterAttr CharacterAttr );
}
```

IAttrStrategy 類別包含了：數值的初始化 InitAttr、取得攻擊加乘值 GetAtkPlusValue、取得減傷害值 GetDmgDescValue 等三個方法，這三個方法都和角色在攻擊流程中計算數值有關，所以被定義在同一個類別之下，可以減少產生過多類別的問題。

IAttrStrategy 被兩個子類別繼承：SoldierAttrStrategy 及 EnemyAttrStrategy，分別用來實作玩家陣營及敵方陣營角色的數值計算：

Listing 10-9 玩家單位(士兵)的數值計算策略(`SoldierAttrStrategy.cs`)

```csharp
public class SoldierAttrStrategy : IAttrStrategy
{
    // 初始的數值
    public override void InitAttr( ICharacterAttr CharacterAttr ) {
        // 是否為士兵類別
        SoldierAttr theSoldierAttr = CharacterAttr as SoldierAttr;
        if(theSoldierAttr==null)
            return ;

        // 最大生命力有等級加乘
        int AddMaxHP = 0;
```

```csharp
            int Lv = theSoldierAttr.GetSoldierLv();
            if(Lv > 0 )
                AddMaxHP = (Lv-1)*2;

            // 設定最高 HP
            theSoldierAttr.AddMaxHP( AddMaxHP );
        }

        // 攻擊加乘
        public override int GetAtkPlusValue(ICharacterAttr CharacterAttr) {
            return 0;  // 沒有攻擊加乘
        }

        // 取得減傷害值
        public override int GetDmgDescValue(ICharacterAttr CharacterAttr) {
            // 是否為士兵類別
            SoldierAttr theSoldierAttr = CharacterAttr as SoldierAttr;
            if(theSoldierAttr==null)
                return 0;

            // 回傳減傷值
            return (theSoldierAttr.GetSoldierLv()-1)*2;;
        }
    }
```

在 SoldierAttrStrategy 類別中，實作初始化數值 InitAttr 及取得減傷害值 GetDmgDescValue 應有的計算公式，讓玩家陣營角色可以計算有防守優勢的數值。

Listing 10-10　敵方單位的數值計算策略(EnemyAttrStrategy.cs)

```csharp
    public class EnemyAttrStrategy : IAttrStrategy
    {
        // 初始的數值
        public override void InitAttr( ICharacterAttr CharacterAttr )
        {       // 不用計算    }

        // 攻擊加乘
        public override int GetAtkPlusValue(ICharacterAttr CharacterAttr) {
            // 是否為敵方數值
            EnemyAttr theEnemyAttr = CharacterAttr as EnemyAttr;
            if(theEnemyAttr==null)
                return 0;

            // 依爆擊機率回傳攻擊加乘值
            int RandValue =  UnityEngine.Random.Range(0,100);
            if( theEnemyAttr.GetCritRate()  >= RandValue )
            {
                theEnemyAttr.CutdownCritRate();     // 減少爆擊機率
```

Chapter 10 角色數值的計算
— Strategy 策略模式

```
            return theEnemyAttr.GetMaxHP()*5;  // 血量的 5 倍值
        }
        return 0;
    }

    // 取得減傷害值
    public override int GetDmgDescValue( ICharacterAttr CharacterAttr )
    {       return 0;  // 沒有減傷        }
}
```

在 EnemyAttrStrategy 類別中，只針對取得攻擊加乘值 GetAtkPlusValue，實作所需的計算公式。當中利用 UnityEngine.Random 類別產生的機率值，來決定是否發生爆擊。如果發生爆擊，則按遊戲設計的需求，回傳攻擊加乘值，並減少爆擊機率 (這是一種遊戲平衡的調整)。

當角色數值計算的相關演算法類別都封裝好了之後，在 ICharacterAttr 類別中，就可以加入 IAttrStrategy 的物件參考及相關操作方法，使它成為類別成員：

Listing 10-11　角色數值介面(ICharacterAttr.cs)

```
public abstract class ICharacterAttr
{
    protected int     m_MaxHP = 0;                  // 最高 HP 值
    protected int     m_NowHP = 0;                  // 目前 HP 值
    protected float   m_MoveSpeed = 1.0f;           // 目前移動速度
    protected string  m_AttrName = "";              // 數值的名稱

    protected IAttrStrategy m_AttrStrategy = null;  // 數值的計算策略

    // 設定數值的計算策略
    public void SetAttStrategy(IAttrStrategy theAttrStrategy) {
        m_AttrStrategy = theAttrStrategy;
    }

    // 取得數值的計算策略
    public IAttrStrategy GetAttStrategy() {
        return m_AttrStrategy;
    }

    // 初始角色數值
    public virtual void InitAttr() {
        m_AttrStrategy.InitAttr( this );
        FullNowHP();
    }

    // 攻擊加乘
    public int GetAtkPlusValue() {
```

10-15

```
            return m_AttrStrategy.GetAtkPlusValue( this );
        }

        // 取得被武器攻擊後的傷害值
        public void CalDmgValue( ICharacter Attacker ) {
            // 取得武器功擊力
            int AtkValue = Attacker.GetAtkValue();

            // 減傷
            AtkValue -= m_AttrStrategy.GetDmgDescValue(this);

            // 扣去傷害
            m_NowHP -= AtkValue;
        }
    }
```

在 ICharacterAttr 類別中，初始化角色數值時呼叫 InitAttr，而 GetAtkPlusValue 及 CalDmgValue 則是在攻擊流程中被呼叫使用。從上面 3 個方法實作中可以發現，ICharacterAttr 類別不必理會目前記錄的數值是屬於玩家陣營還是敵方陣營，只需透過 IAttrStrategy 的物件參考 m_AttrStrategy 來執行即可。而 m_AttrStrategy 物件是在 SetAttStrategy 方法中，被設定為「角色建構流程」中對應的計算策略類別物件 —— SoldierAttrStrategy 物件或 EnemyAttrStrategy 物件。隨著遊戲的開發進度，若有其它相關的計算策略類別產生時，也可以使用相同的方式來設定新的計算策略，這一點將在稍後說明。

ICharacterAttr 類別完成後，就可將之放入角色類別 ICharacter 中，並修改攻擊流程中的實作程式碼：

Listing 10-12　角色介面(ICharacter.cs)

```
public abstract class ICharacter
{
    ...
    private IWeapon m_Weapon = null;             // 使用的武器
    protected ICharacterAttr m_Attribute = null; // 角色數值

    // 設定角色數值
    public virtual void SetCharacterAttr(ICharacterAttr CharacterAttr){
        // 設定
        m_Attribute = CharacterAttr;
        m_Attribute.InitAttr ();

        // 設定移動速度
        m_NavAgent.speed = m_Attribute.GetMoveSpeed();
        //Debug.Log ("設定移動速度:"+m_NavAgent.speed);
```

```csharp
        // 名稱
        m_Name = m_Attribute.GetAttrName();
    }

    // 攻擊目標
    public void Attack( ICharacter Target) {
        // 設定武器額外攻擊加乘
        SetWeaponAtkPlusValue( m_Attribute.GetAtkPlusValue() );

        // 攻擊
        WeaponAttackTarget( Target);
    }

    // 攻擊目標
    public void Attack( ICharacter theTarget) {
        // 設定額外攻擊力
        m_Weapon.SetAtkPlusValue( m_Attribute.GetAtkPlusValue() );

        // 使用武器攻擊目標
        m_Weapon.Fire( theTarget );
    }

    // 被攻擊
    public void UnderAttack( ICharacter Attacker) {
        // 計算傷害值
        m_Attribute.CalDmgValue( Attacker );

        // 是否陣亡
        if( m_Attribute.GetNowHP() <= 0 )
            Debug.Log ("角色陣亡");
    }
}
```

套用策略模式（*Strategy*）的角色類別 ICharacter，以 ICharacterAttr 類別物件來記錄角色數值，並提供 SetCharacterAttr 方法，使得在角色建構流程中，可以設定該角色對應的數值(因為每個角色單位都有對應的生命力、移動速度)，並且在當中呼叫 ICharacterAttr 類別的 InitAttr 方法來進行第一次的角色數值初始化。

兩個配合攻擊流程的方法：Attack 及 UnderAttack，在修改後，將原本的角色陣營判斷及公式計算，都透過 ICharacterAttr 類別來執行，而在 ICharacterAttr 類別的方法內，會再透過 IAttrStrategy 類別物件來呼叫對應的公式計算演算法。

循序圖可以讓我們了解物件間的互動流程。下面是敵方陣營 IEnemy 攻擊玩家陣營 ISoldier 時的攻擊流程循序圖：

10-17

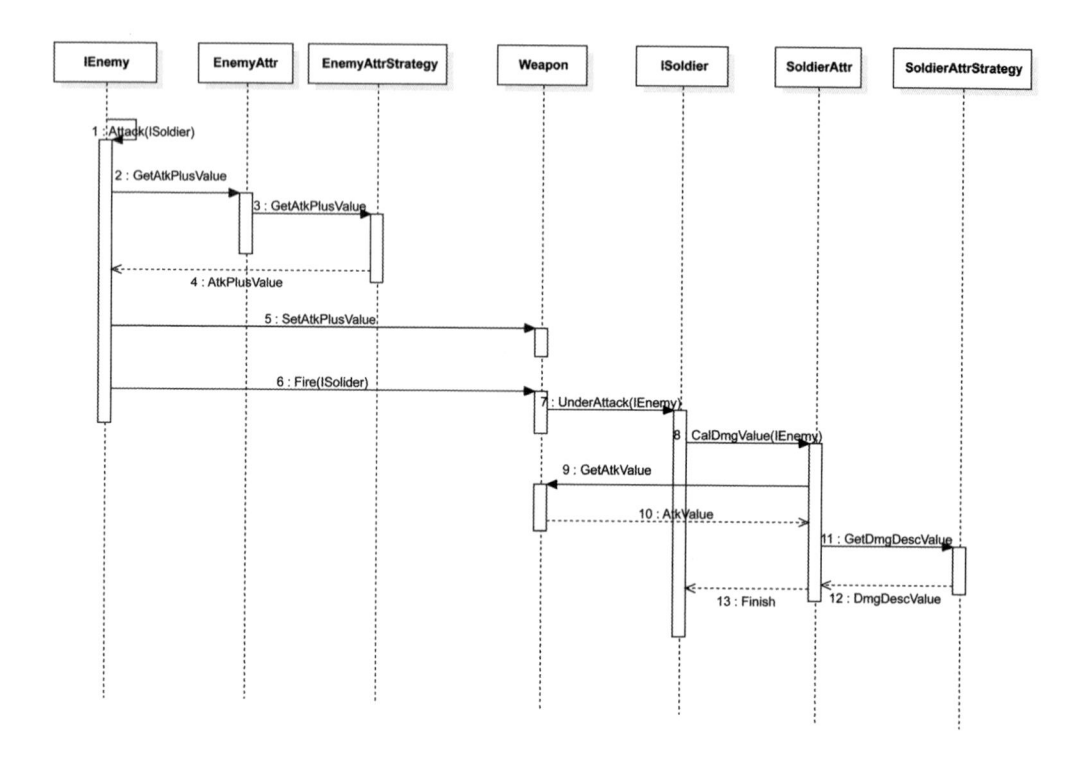

[時序圖：IEnemy、EnemyAttr、EnemyAttrStrategy、Weapon、ISoldier、SoldierAttr、SoldierAttrStrategy 之間的互動]

1 : Attack(ISoldier)
2 : GetAtkPlusValue
3 : GetAtkPlusValue
4 : AtkPlusValue
5 : SetAtkPlusValue
6 : Fire(ISolider)
7 : UnderAttack(IEnemy)
8 : CalDmgValue(IEnemy)
9 : GetAtkValue
10 : AtkValue
11 : GetDmgDescValue
12 : DmgDescValue
13 : Finish

10.3.3 使用策略模式（*Strategy*）的優點

將角色數值計算套用策略模式（*Strategy*）有下列優點：

讓角色數值好維護

對於改進後的角色類別 ICharacter 來說，將角色數值有關的屬性以專屬類別 ICharacterAttr 來取代，可以讓往後角色數值異動時，不會影響到角色類別 ICharacter。此外，隨著遊戲需求的複雜化，加入更多的角色數值是可預期的，所以讓角色數值集中在同一個類別下管理，將有助於後續遊戲專案的維護，也可以減少角色類別 ICharacter 的更動及複雜度。

不必再針對角色類型撰寫程式碼

透過 `ICharacterAttr` 與其子類別的分工，將雙方陣營的數值放置於不同的類別之中。對於角色類別 `ICharacter` 而言，使用 `ICharacterAttr` 的物件參考時，完全不必考慮將使用哪一個子類別物件，免去了使用 `switch case` 語法的撰寫方式及後續可能產生的維護問題。當有新的陣營類別產生時，角色類別 `ICharacter` 並不需要有任何更動。

計算公式的替換更為方便

在遊戲開發的過程中，數值計算公式是最常變換的。套用策略模式（*Strategy*）後的 `ICharacterAttr`，更容易替換公式，除了可保留舊有的計算公式外，還可以讓所有公式同時並存，並且能自由切換，關於這一點的詳細說明，將在第四節呈現。

10.3.4 實作策略模式（*Strategy*）時的注意事項

用策略模式（*Strategy*）來管理演算法群，是一種有助於日後維護的好方法，但在使用時，仍有些地方需要注意：

計算公式時的參數設定

當實作每一個策略類別的計算公式時，可能需要外界提供相關的資訊做為計算依據。所以 `IAttrStrategy` 中的每個方法都要求傳入計算對象來做為依據，以「P 級陣地」為例，`SoldierAttrStrategy` 在計算角色初始化時，最高生命力(MaxHP)就是利用傳入參數的 `ICharacterAttr` 物件轉型為 `SoldierAttr` 類別後取得。主要是因為玩家陣營角色的等級資訊，是宣告在 `SoldierAttr` 類別而非其父類別 `ICharacterAttr` 之中。在目前的類別設計規則下，唯有透過轉換才能取得所需的等級資訊，這其實違反了里氏替代原則（LSP），因此，這裡留下了一個修改題目，讓讀者思考如何重構以符合里氏替代原則（LSP）。由於目前的實作存在轉型失敗的情況，所以在轉型之後需要馬上判斷轉型是否成功，必要的話可以加上警語。

與狀態模式（*State*）的差別

如果讀者仔細分析狀態模式（*State*）與策略模式（*Strategy*）的類別結構圖，可能會發現兩者看起來非常相似：

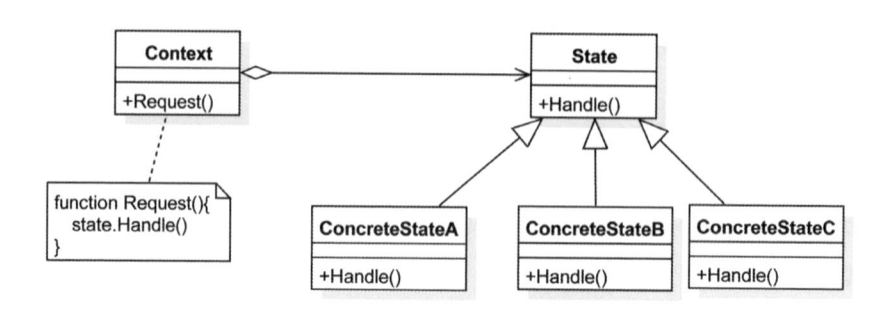

圖 10-2　Gof 的狀態模式

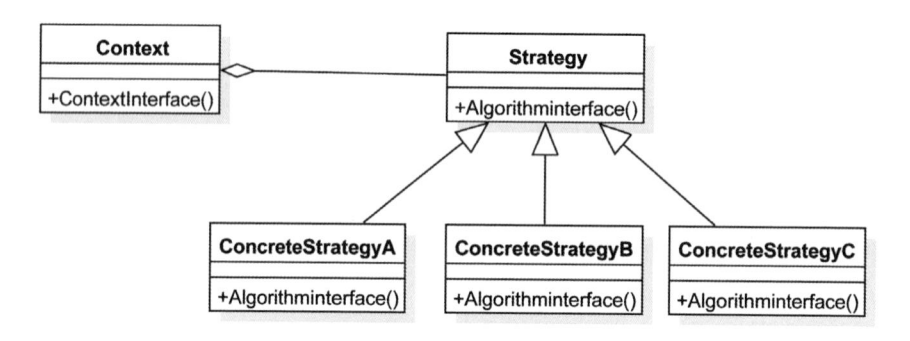

圖 10-3　Gof 的策略模式

兩者都被 GoF 歸類在行為模式(*Behavioral Patterns*)分類之下，都是由一個 Context 類別來維護物件參考，並藉此呼叫提供功能的方法。但就筆者過去的實作經驗，對於這兩種模式，可歸類出下面幾點差異，供讀者作為往後選擇時的參考依據：

- *State* 是在一群狀態中進行切換，狀態之間有對應及連接的關係；但 *Strategy* 則是由一群沒有任何關係的類別所組成，不知彼此的存在。
- *State* 受限於狀態機的切換規則，在設計初期就會定義所有可能的狀態，就算後期追加也需要和現有的狀態有所關聯，而不是想加入就加入；而 *Strategy* 是由封裝計算演算法而形成的一種設計模式，演算法之間不存在任何依賴關係，有新增的演算法就可以馬上加入或替換。

10.4 策略模式（*Strategy*）遇到變化時

當策略模式（*Strategy*）日後遇到需求變化時，會如何呢？讓我們來看一個可能的場景：

Chapter 10 角色數值的計算
— Strategy 策略模式

「P 級陣地」開發中的某一天⋯

> 企劃：「小程，可不可以幫我改一下，設定玩家陣營角色在受到攻擊時，先不要受等級的影響，我想先測試平衡」
>
> 程式：「可以啊！不過你是說『先』改成，意思是你有可能再改回來嗎？」
>
> 企劃：「先測看看再說」
>
> 程式：「⋯好」

這時的小程想了一下這個「先」字，因為依照過去的經驗，「先」這個字有時候隱含著「改回來」的高度可能。不過所幸，現在的角色屬性類別 ICharacterAttr 已經套用了策略模式（Strategy），可以保留現在的公式(SoldierAttrStrategy 類別)留待之後「改回來」時使用，新的公式只要再宣告一個繼承自 SoldierAttrStrategy 的子類別，將取得減傷害值的 GetDmgDescValue 方法修正如下即可：

Listing 10-13 玩家單位(士兵)的數值計算策略(應企劃要求更改，沒有減傷害值)

```
public class SoldierAttrStrategy_NoDmgDescValue : SoldierAttrStrategy
{
    // 取得減傷害值
    public override int GetDmgDescValue( ICharacterAttr CharacterAttr )
    {   return 0;// 沒有減傷害值  }
}
```

然後將原本設定給玩家陣營角色的 SoldierAttrStrategy 物件改成新的 SoldierAttrStrategy_NoDmgDescValue 物件就完成啦。此時，小程心想「如果哪天企劃測試完成又想要改回來，在將設定的物件改回 SoldierAttrStrategy 就可以了」。

又過了幾天⋯

> 企劃：「小程啊，前幾天改的，玩家陣營角色在受到攻擊時，不要受等級影響，我測試過了⋯但是好像效果不是很好，你可不可以再幫我改一下」

小程笑了一下

> 程式：「改回來嗎？」

10-21

企劃：「不是耶，原先的是乘以 2，現在我想要…改乘以 1.5…」企劃歪著頭說。

程式：「好的」

小程馬上按上次的修改方式又改好了，新增的程式碼如下：

```
// 取得減傷害值
public override int SoldierAttrStrategy_PlusOneAndHalf(
                        ICharacterAttr CharacterAttr ) {
    // 是否為士兵類別
    SoldierAttr theSoldierAttr = CharacterAttr as SoldierAttr;
    if(theSoldierAttr==null)
        return 0;

    // 回傳減傷值
    return (theSoldierAttr.GetSoldierLv()-1)*1.5;
}
```

程式：「好了，請更新專案」

企劃：「這麼快，那這樣好了，上次改的兩種公式都有留著嗎？」

程式：「你是指原先 x2 及不要受等級影響的公式嗎？」

企劃：「是的，有嗎？」

程式：「有，都有」

企劃：「那這樣好了，你可不可以做一個設定檔，讓我可以選擇這三個公式，我想做一下比較，但又不想每次都要請你改程式」

程式：「這樣也好，那再等一下，我修改一下」

此時，小程在專案設定檔中，增加了一個「玩家陣營公式選項」的設定參數，並在角色建構流程中，增加了選擇功能，該功能可以依照「玩家陣營公式選項」的參數設定值，從 SoldierAttrStrategy、SoldierAttrStrategy_NoDmgDescValue、SoldierAttrStrategy_PlusOneAndHalf 三個類別中選擇一個設定給玩家陣營角色。

看到了嗎？類似的情節中，筆者親身體驗過，也就是在那時，深切體會到「策略模式（*Strategy*）」好用之處。

10.5 總結與討論

將複雜的公式計算從客戶端中獨立出來成為一個群組，之後客戶端可以依情況來決定使用的計算公式策略，提高了系統應用的靈活程度，也強化了系統中對所有計算策略的維護方式。讓後續開發人員很容易找出相關計算公式的差異，而修改點也會縮小到計算公式本身也不影響到使用的客戶端。

與其它模式(Pattern)的合作

在第 15 章中，「P級陣地」將使用建造者模式（*Builder*）負責產生遊戲中的角色物件。當角色產生時，會需要設定該角色要使用的「角色數值」，這部份將由各陣營的建造者(Builder)來完成。還記得嗎？在 10.3 節曾經提及：策略模式（*Strategy*）若搭配其它設計模式一起應用的話，就可以不必使用 `if else` 或 `switch case` 來選擇要使用的策略類別。讀者將在第 15 章看到實際的案例。

其它應用方式

- 有些角色扮演型遊戲(RPG)的數值系統，會使用「轉換計算」的方式來取得角色最終要使用的數值。例如：玩家看到角色介面上只會顯示「體力」、「力量」、「敏捷」…，但實際在套用攻擊計算時，這些數值會被再轉換為「生命力」、「攻擊力」、「閃避率」…。而之所以會這樣設計的原因在於，該遊戲有「職業」的設定，對於不同的「職業」，在計算轉換時會有不同的轉換方式，利用策略模式（*Strategy*）將這些轉換公式獨立出來是比較好的。

- 遊戲角色操作載具時，會參考角色目前對該類型載具的累積時間，並將之轉換為「操控性」，操控性愈好，就愈能控制該載具。而取得操控性的計算公式，也可以利用策略模式（*Strategy*）將之獨立出來。

- 連線型遊戲往往需要玩家註冊帳號，註冊帳號有許多種方式，例如 OpenID(Facebook、Google+)、自建帳號、隨機產生…等等。透過策略模式（*Strategy*）可以將不同帳號的註冊方式，獨立為不同的登入策略。這樣做，除了可以強化專案維護，也可以方便移轉到不同的遊戲專案上，增加重複利用的價值。

設計模式與**遊戲開發**
　的完美結合

第 11 章

攻擊特效與擊中反應 — *Template Method* 樣版方法模式

11.1 武器的攻擊流程

在「第9章：角色與武器的實作」中，「P 級陣地」的武器系統在套用橋接模式（*Bridge*）之後，產生了一系列的武器類別(WeaponGun、WeaponRifle、WeaponRocket)，而這些類別都重新實作了父類別 IWeapon 的「攻擊目標 Fire()」方法：

Listing 11-1 每一武器類別實作攻擊目標方法

```
public class WeaponGun : IWeapon
{
    public WeaponGun()
    {}

    // 攻擊目標
    public override void Fire( ICharacter theTarget ) {
        // 顯示武器特效及音效
        ShowShootEffect();
        ShowBulletEffect(theTarget.GetPosition(),0.03f,0.2f);
        ShowSoundEffect("GunShot");

        // 直接命中攻擊
        theTarget.UnderAttack( m_WeaponOwner );
    }
}

public class WeaponRifle : IWeapon
{
    public WeaponRifle(){}
```

11-1

```
        // 攻擊目標
        public override void Fire( ICharacter theTarget ) {
            // 顯示武器特效及音效
            ShowShootEffect();
            ShowBulletEffect(theTarget.GetPosition(),0.5f,0.2f);
            ShowSoundEffect("RifleShot");

            // 直接命中攻擊
            theTarget.UnderAttack( m_WeaponOwner );
        }
    }
    public class WeaponRocket : IWeapon
    {
        public WeaponRocket()
        {}

        // 攻擊目標
        public override void Fire( ICharacter theTarget ) {
            // 顯示武器特效及音效
            ShowShootEffect();
            ShowBulletEffect(theTarget.GetPosition(),0.8f,0.5f);
            ShowSoundEffect("RocketShot");

            // 直接命中攻擊
            theTarget.UnderAttack( m_WeaponOwner );
        }
    }
```

因為遊戲的需求，每一把武器攻擊目標時，都要先進行：1.開火/槍口特效 2.子彈特效 3.武器的音效，之後再通知目標被擊中了。所以在現有的實作方式下可以看到，每種武器類別的攻擊目標 Fire 方法中的實作方式都「非常類似」，差別僅在於每種武器所需要的特效不一樣而已。

在上面的範例程式中可以看出「重複」是最大的缺點，雖然 IWeapon 類別已經將大部份的重複功能：ShowShootEffect、ShowBulletEffect…，寫成了類別方法並提供參數讓子類別呼叫，但當中仍可以看到，攻擊目標時的「流程」重覆了，因為都是進行著：1.開火/槍口特效 2.子彈特效 3.武器的音效 4.通知目標被擊中，這 4 個步驟，而且每一個武器子類別都重複著這 4 個效果對應的方法呼叫。

重複的缺點在於，如果面臨「演算流程需要更動」，那麼勢必要將所有相同演算流程的程式碼一併修正，但有些演算流程動輒數十行以上，實在不容易各別將之找出來修改。

所以改良的關鍵在於，如何讓這些流程(或稱為演算法)只需要撰寫一遍，當需要變化時，就交由實作的類別來負責變化。遇到這樣的需求，可以使用 GoF 中的樣版方法模式（Template Method）來解決。

11.2 樣版方法模式（Template Method）

程式碼中的「流程」，有時候不太容易觀察出來，尤其是當原有的程式碼還沒有經過適當的重構。但有個很好的判斷技巧，如果程式設計師發現更新一段程式碼之後，還有另一段程式碼也使用相同的「演算流程」，但實作的內容不太一樣，那麼這兩段程式碼就可以試試看用樣版方法模式（Template Method）加以重寫。

11.2.1 樣版方法模式（Template Method）的定義

GoF 對於樣版方法模式（Template Method）的定義是：

「在一個操作方法中定義演算法的流程，當中某些步驟由子類別完成。樣版方法模式讓子類別在不更動原有演算法的流程下，還能夠重新定義當中的步驟」

從上述的定義來看，樣版方法模式（Template Method）包含兩個概念：

1. 定義一個演算法的流程，即是很明確地定義演算法的每一個步驟，並寫在父類別的方法中，而每一個步驟都可以是一個方法的呼叫。
2. 某些步驟由子類別完成，為什麼父類別不自己完成，卻要交由子類別去實作呢？
    ◎ 定義演算法的流程中，某些步驟需要由執行時「當下的環境」來決定。
    ◎ 定義演算法時，針對每一個步驟都提供了預設的解決方案，但有時候會出現「更好的解決方法」，此時就需要讓這個更好的解決方法，能夠在原有的架構中被使用。

以下提供幾個例子跟大家說明：

以麵包食譜為例，大概會是這樣寫的：

食材：A1.xxx、A2.xxx、A3.xxxx … B1.yyy、B2.yyy

步驟：

1. 將材料 A1~A5 混合在一起攪拌至光滑；
2. 置於密閉空間醒麵 30~50 分鐘；
3. 分成 5 等份，整形滾圓再靜置約 10~20 分鐘；
4. 包入 B1~B3 內餡，整形成長條形狀；
5. 置於密閉空間做二次發酵，約 30~50 分鐘；
6. 烤焙：預熱 180 度，進爐降溫至 165 度 c (或上火 150 度 c/下火 180 度 c)，烘烤 15~20 分鐘至表面上色即可。

如果將麵包食譜看成是「演算法的流程」，那麼當中的 1~6 就是每一個步驟，而且每一個步驟依循著一定的先後順序。有做過麵包的讀者應該可以了解，麵包要好吃，發酵的時間長度是關鍵，而天候、氣溫、濕度…都會影響發酵所需的時間。所以上述麵包食譜的步驟中，第 2、3、5 項是需要實作麵包的人，依照當天的環境情況來決定發酵的時間。所以這也是為什麼食譜上常出現 xx~xx 分鐘，而不是明確告訴你一定要多少分鐘，因為這需要依照「當天情況」才能決定，也就是 GoF 定義中所提示的「定義演算法的流程中，某些步驟需要由執行時「當下的環境」來決定」。

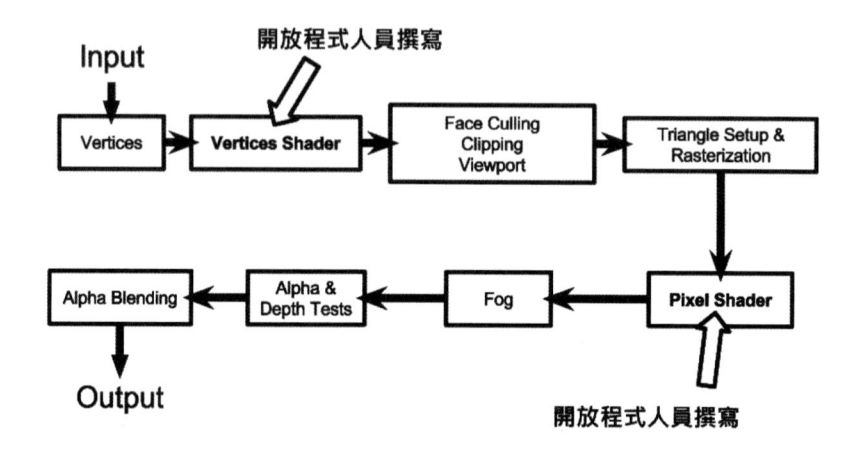

圖 11-1 3D 電腦繪圖中的 Shader 技術流程圖

Chapter 11　攻擊特效與擊中反應 — Template Method 樣版方法模式

3D 渲染技術(Shader)是現代 3D 電腦繪圖重要的功能之一。它在整個 3D 成像的過程中，開放出兩個步驟：Vertex Shader、Pixles Shader，讓開發者能夠加入自己撰寫的 Shader Code，來最佳化遊戲所需要呈現的視覺效果，如圖 11-1。

所以繪圖引擎(DirectX、OpenGL)當中，都事先定義了所有的繪圖流程，並且開放兩個步驟給程式設計師進行最佳化的設計，讓更好的成像效果能在原有的架構中被使用。近十年來，電玩遊戲的視覺效果愈來愈好，其原因之一是，除了繪圖引擎(DirectX、OpenGL)本身不斷強化之外，也從原有的成像流程中(Rendering Pipeline)開放出兩個步驟，讓實作者進行最佳化，以達最佳效果。

Unity3D 除了提供預設的材質功能外，當然也提供了讓開發者自行撰寫渲染程式(Shader Code)的功能，而這些渲染程式(Shader Code)會在上述那兩個步驟中扮演重要的功能：

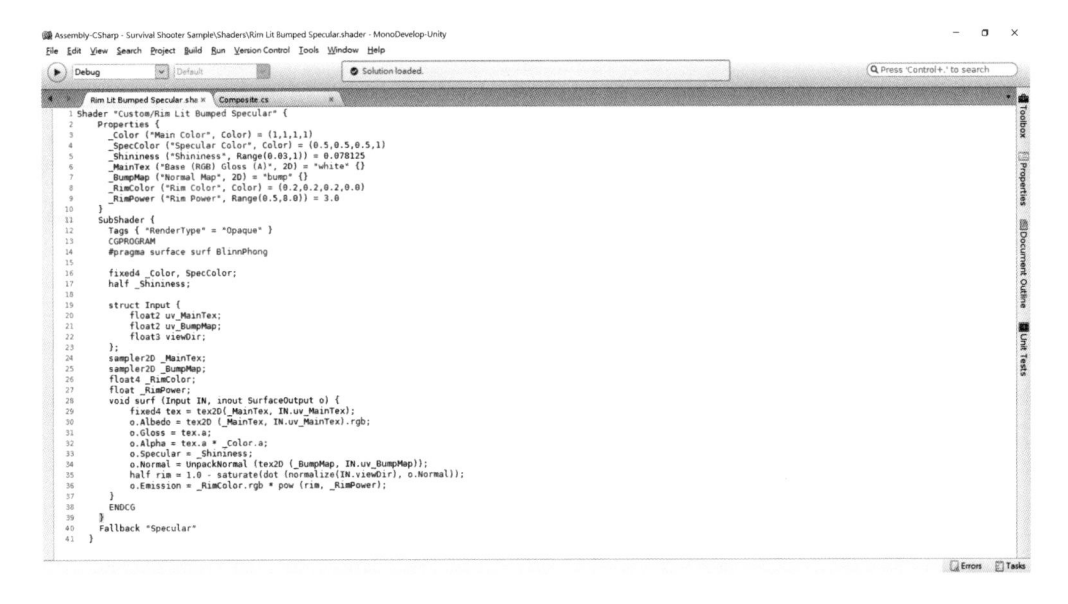

圖 11-2　Unity3D 的 Shader 編輯環境

11-5

11.2.2 樣版方法模式（Template Method）的說明

樣版方法模式（Template Method）的類別結構如下：

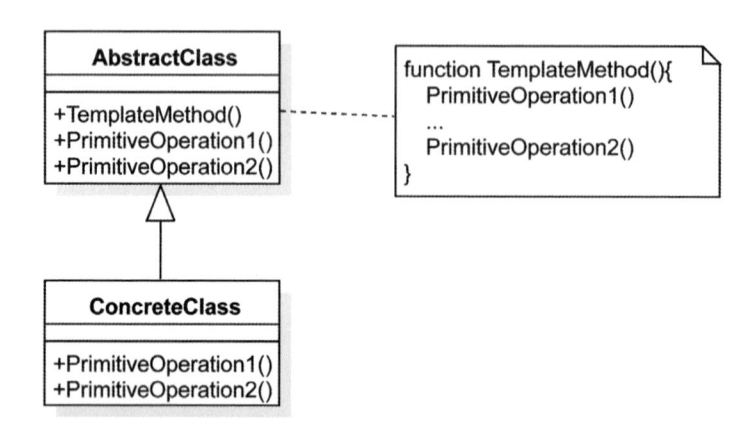

```
AbstractClass
+TemplateMethod()
+PrimitiveOperation1()
+PrimitiveOperation2()

function TemplateMethod(){
    PrimitiveOperation1()
    ...
    PrimitiveOperation2()
}

ConcreteClass
+PrimitiveOperation1()
+PrimitiveOperation2()
```

參與者的說明如下：

- `AbstractClass`(演算法定義類別)
    - ◎ 定義演算法架構的類別。
    - ◎ 可以在某個操作方法 (`TemplateMethod`) 中，定義完整的流程。
    - ◎ 定義流程中會呼叫到方法(`PrimitiveOperation`)，這些方法將由子類別重新實作。
- `ConcreteClass`(演算法步驟的實作類別)
    - ◎ 重新實作父類別中定義的方法，並可依子類別的執行情況反應步驟實際的內容。

11.2.3 樣版方法模式（Template Method）的實作範例

樣版方法模式（Template Method）在實作上並不複雜，首先將演算法架構定義於 `AbstractClass` 當中：

Chapter 11 攻擊特效與擊中反應 ─ Template Method 樣版方法模式

Listing 11-2 定義完整演算法各步驟及執行順序(`TemplateMethod.cs`)

```csharp
public abstract class AbstractClass
{
    public void TemplateMethod() {
        PrimitiveOperation1();
        PrimitiveOperation2();
    }
    protected abstract void PrimitiveOperation1();
    protected abstract void PrimitiveOperation2();
}
```

類別中定義了一個方法 `TemplateMethod`，當中將演算法流程定義為兩個步驟：`PrimitiveOperation1` 及 `PrimitiveOperation2`，這兩個方法也接著被宣告為抽象方法，讓繼承的子類別重新實作這兩個方法。

宣告有兩個子類別來實作 `AbstractClass` 類別中的各個步驟：

Listing 11-3 實作演算法各步驟

```csharp
public class ConcreteClassA : AbstractClass
{
    protected override void PrimitiveOperation1() {
        Debug.Log("ConcreteClassA.PrimitiveOperation1");
    }

    protected override void PrimitiveOperation2() {
        Debug.Log("ConcreteClassA.PrimitiveOperation2");
    }
} // TemplateMethod.cs

public class ConcreteClassB : AbstractClass
{
    protected override void PrimitiveOperation1() {
        Debug.Log("ConcreteClassB.PrimitiveOperation1");
    }

    protected override void PrimitiveOperation2() {
        Debug.Log("ConcreteClassB.PrimitiveOperation2");
    }
} // TemplateMethod.cs
```

每個子類別都重新實作了 `AbstractClass` 類別中的兩個抽象方法。測試程式簡單的產生物件，並且透過呼叫父類別的 `TemplateMethod` 來讓子類別重新實作的方法能夠被執行：

Listing 11-4 測試樣版方法模式（`TemplateMethodTest.cs`）

```
void UnitTest(){
    AbstractClass theClass = new ConcreteClassA();
    theClass.TemplateMethod();

    theClass = new ConcreteClassB();
    theClass.TemplateMethod();
}
```

執行結果

```
ConcreteClassA.PrimitiveOperation1
ConcreteClassA.PrimitiveOperation2
ConcreteClassB.PrimitiveOperation1
ConcreteClassB.PrimitiveOperation2
```

11.3 使用樣版方法模式（*Template Method*）來實作攻擊與擊中流程

不容易找出程式碼中相同的演算流程，是程式設計放棄使用樣版方法模式（*Template Method*）的原因之一；而另一種更常見的情況是，有時這些演算流程當中會有一些小變化，也是因為這些小變化，導致程式設計放棄使用樣版方法模式（*Template Method*）。而那個小變化可能是，A 流程中有一個 `if` 判斷式用以決定是否執行某項功能，但在 B 流程中卻沒有這個 `if` 判斷式。當筆者在遇到這種情況時，會連同這個 `if` 判斷式一起設定為步驟的一部份，只是重構後的 B 類別(B 流程)不去重新定義這一步驟所呼叫的方法。

11.3.1 攻擊與擊中流程的實作

在「P 級陣地」中，我們先將 `IWeapon` 類別中，原本一定要由子類別重新實作的「攻擊目標 `Fire`」方法，設計為：將原本在子類別中的實作碼移到 `IWeapon` 類別中，並找出需要由子類別去執行的步驟，將這些步驟宣告為「抽象方法」。而原本繼承的子類別：`WeaponGun`、`WeaponRifle`、`WeaponRocket` 則改成去重新實作這些新的步驟方法。套用樣版方法模式（*Template Method*）後的結構圖並無改變，但是多了一些必須重新實作的抽象方法：

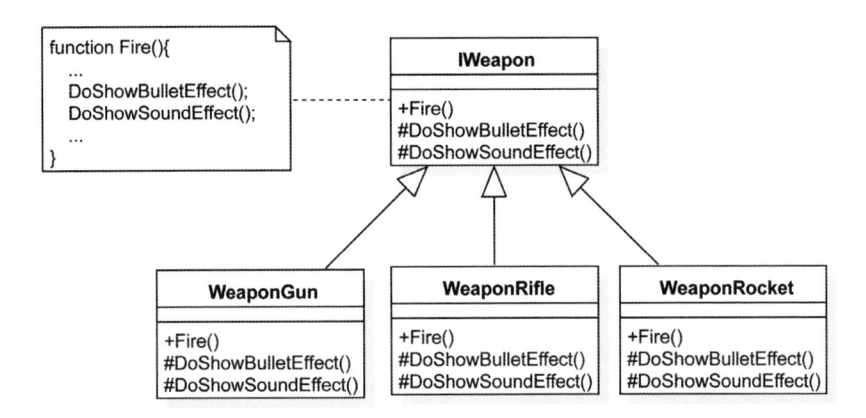

```
                ┌─────────────────────┐
                │      IWeapon        │
                ├─────────────────────┤
                │ +Fire()             │
                │ #DoShowBulletEffect()│
                │ #DoShowSoundEffect()│
                └─────────────────────┘
```

function Fire(){
 ...
 DoShowBulletEffect();
 DoShowSoundEffect();
 ...
}

（WeaponGun、WeaponRifle、WeaponRocket 三個子類別，各自實作 +Fire()、#DoShowBulletEffect()、#DoShowSoundEffect()）

參與者的說明如下：

- IWeapon

    在攻擊目標 Fire 方法中定義流程，也就是要執行的各個步驟，並將這些步驟宣告為抽象方法。

- WeaponGun、WeaponRifle、WeaponRocket

    實作 IWeapon 類別中，需要重新實作的抽象方法。

11.3.2 實作說明

套用樣版方法模式（*Template Method*）後，IWeapon 類別如下：

Listing 11-5　使用樣版方法模式的武器介面 (IWeapon.cs)

```
public abstract class IWeapon
{
    // 數值
    protected int    m_AtkPlusValue = 0;    // 額外增加的攻擊力
    protected int    m_Atk = 0;             // 攻擊力
    protected float  m_Range= 0.0f;         // 攻擊距離

    // 攻擊目標
    public void Fire( ICharacter theTarget ) {
        // 顯示武器發射/槍口特效
        ShowShootEffect();

        // 顯示武器子彈特效(子類別實作)
        DoShowBulletEffect( theTarget );
```

```csharp
    // 顯示音效(子類別實作)
    DoShowSoundEffect();

    // 直接命中攻擊
    theTarget.UnderAttack( m_WeaponOwner );
}

// 顯示武器子彈特效
protected abstract void DoShowBulletEffect( ICharacter theTarget );

// 顯示音效
protected abstract void DoShowSoundEffect();
}
```

攻擊目標 Fire 方法，將武器攻擊目標分為 4 個執行步驟。這 4 個步驟都以「方法呼叫」的方式來完成，其中顯示武器子彈特效 DoShowBulletEffect 及顯示音效 DoShowSoundEffect 這兩個方法需要由子類別來重新實作，所以宣告為抽象方法。而原本繼承 IWeapon 的 3 個武器類別，也都要重新實作這兩個方法，並且移除攻擊目標 Fire 的程式碼：

Listing 11-6　使用樣版方法模式的武器子類別

```csharp
public class WeaponGun : IWeapon
{
    public WeaponGun()
    {}

    // 顯示武器子彈特效
    protected override void DoShowBulletEffect(ICharacter theTarget) {
        ShowBulletEffect(theTarget.GetPosition(),0.03f,0.2f);
    }

    // 顯示音效
    protected override void DoShowSoundEffect(){
        ShowSoundEffect("GunShot");
    }
} // WeaponGun.cs

public class WeaponRifle : IWeapon
{
    public WeaponRifle()
    {}

    // 顯示武器子彈特效
    protected override void DoShowBulletEffect( ICharacter theTarget ){
        ShowBulletEffect(theTarget.GetPosition(),0.5f,0.2f);
    }
```

```csharp
    // 顯示音效
    protected override void DoShowSoundEffect() {
        ShowSoundEffect("RifleShot");
    }
} // WeaponRifle.cs

public class WeaponRocket : IWeapon
{
    public WeaponRocket()
    {}

    // 顯示武器子彈特效
    protected override void DoShowBulletEffect(ICharacter theTarget) {
        ShowBulletEffect(theTarget.GetPosition(),0.8f,0.5f);
    }

    // 顯示音效
    protected override void DoShowSoundEffect() {
        ShowSoundEffect("RocketShot");
    }
} // WeaponRocket.cs
```

11.3.3 套用樣版方法模式（Template Method）的優點

在 IWeapon 類別中，將「攻擊目標 Fire 方法」重新修改後，攻擊目標的「演算法」只被撰寫一次，需要變化的部份，則交由實作的子類別負責變化，這樣一來，原本需要在子類別中「重複實作演算法」的缺點，就不再出現了。

11.3.4 修改擊中流程的實作

在「P 級陣地」中，除了 IWeapon 及其子類別採用樣版方法模式（Template Method）來設計之外，原本實作在角色類別 ICharacter 中的角色受擊方法 UnderAttack，也同時一起修改，並實作幾項遊戲設計需求：

- 受到攻擊時反應：
    - ◎ 當玩家陣營角色(ISoldier)受到攻擊後，只有陣亡時才產生特效及音效，以提示玩家有我方角色陣亡；
    - ◎ 敵方陣營角色(IEnemy)受到攻擊時，必定產生特效及音效，以提示玩家有敵方角色受到有效攻擊。
- 不同類型的單位產生的特效及音效是不同的。

關於第一點的實作，只要將範例中角色類別 ICharacter 中的角色受擊方法 UnderAttack，改為抽象方法，並要求兩個子類別重新定義各自的受擊流程即可：

Listing 11-7　使用樣版方法模式的角色介面 (ICharacter.cs)

```
public abstract class ICharacter
{
    ...
    // 被武器攻擊
    public abstract void UnderAttack( ICharacter Attacker);
    ...
} // ICharacter.cs

// Soldier 角色介面
public abstract class ISoldier : ICharacter
{
    // 被武器攻擊
    public override void UnderAttack( ICharacter Attacker ) {
        // 計算傷害值
        m_Attribute.CalDmgValue( Attacker );

        // 是否陣亡
        if( m_Attribute.GetNowHP() <= 0 )
        {
            DoPlayKilledSound();             // 音效
            DoShowKilledEffect();     // 特效
            Killed();                       // 陣亡
        }
    }

    // 播放音效
    public abstract void DoPlayKilledSound();

    // 播放特效
    public abstract void DoShowKilledEffect();
} // ISoldier.cs

// Enemy 角色介面
public abstract class IEnemy : ICharacter
{
    // 被武器攻擊
    public override void UnderAttack( ICharacter Attacker) {
        // 計算傷害值
        m_Attribute.CalDmgValue( Attacker );

        DoPlayHitSound();        // 音效
        DoShowHitEffect();       // 特效

        // 是否陣亡
```

```
        if( m_Attribute.GetNowHP() <= 0 )
            Killed();
    }

    // 播放音效
    public abstract void DoPlayHitSound();

    // 播放特效
    public abstract void DoShowHitEffect();
} // IEnemy.cs
```

ISoldier 類別及 IEnemy 類別都重新實作了 UnderAttack 方法,而兩個方法都套用了樣版方法模式(*Template Method*),各自要求繼承的子類別必須重新實作相關的抽象方法。而這些抽象方法將滿足新增的第二項需求:「不同類型的單位所產生的特效及音效是不同的」。

另外,由於遊戲設計的需要,讓雙方陣營各自擁有 3 種角色類型:

- ISoldier 陣營:Captain、Rookie、Sergeant
- IEnemy 陣營:Elf、Ogre、Troll

所以,重新實作後的結構如下圖所示:

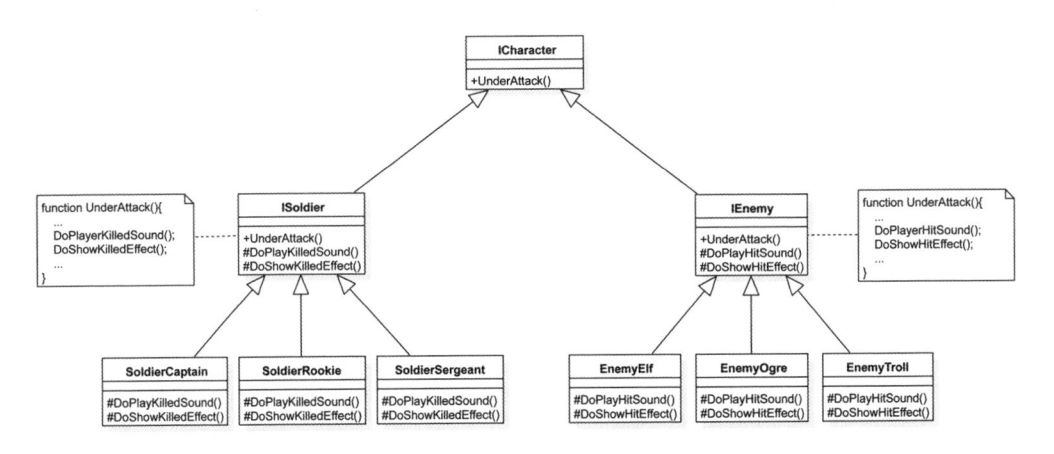

11.4 樣版方法模式(*Template Method*)面對變化時

小程將遊戲架構修正完成,過了幾天之後⋯

11-13

設計模式與遊戲開發
　的完美結合

　　　企劃：「小程啊⋯」

小程頭抬了一下，這個語調聽來是有什麼麻煩事了⋯，

　　　程式：「什麼事？」

　　　企劃：「你會不會覺得攻擊時的槍口特效太明顯了，不容易看到子彈從武器
　　　　　　發出去的位置」企劃皺著眉頭說

　　　程式：「嗯⋯是有點啦~~~」

　　　企劃：「那可以先關掉嗎？我現在只能一個一個調，這樣做很慢，等看完後
　　　　　　再調回來」

小程此時心想：「還好我先將武器的攻擊目標方法用樣版方法模式（*Template Method*）重構過了，只要將方法中的 ShowShootEffect()，先註解起來就好了，這樣所有的武器都不會發出槍口特效了」

```
// 攻擊目標
public void Fire( ICharacter theTarget ) {
    // 顯示武器發射/槍口特效
    // ShowShootEffect();

    // 顯示武器子彈特效(子類別實作)
    DoShowBulletEffect( theTarget );

    // 顯示音效(子類別實作)
    DoShowSoundEffect();

    // 直接命中攻擊
    theTarget.UnderAttack( m_WeaponOwner );
}
```

修改好之後，簽入上傳更新給企劃去測試了。

又過了沒多久⋯

　　　企劃：「那個~~~小程」

　　　程式：「測完要改回來了嗎？」

Chapter 11　攻擊特效與擊中反應 ─ Template Method 樣版方法模式

企劃：「差不多了，但是我發現新的問題」

程式：「是 Bug 嗎？！」

企劃：「不是啦！不用那麼緊張，我是覺得武器的音效好像慢了一點，怎麼好像是特效出來後，音效延遲了一下才出來」

程式：「哦~因為流程上，是先播放特效再播放音效，所以有可能是因為載入延遲的關係」

企劃：「那…可以改一下流程，讓我測試看看嗎？」

程式：「那是要…」

企劃：「就是先播放音效再播放特效，可以嗎？」

程式：「哈~ 還好我前陣子重構過了，如果你更早之前找我，這個修改大概要變動 3 個類別的程式碼，現在只要改一個就可以了」

小程指的是，只要在 IWeapon 的攻擊方法 Fire 中，將 DoShowSoundEffect 的執行位置往前搬移至最前面，就可以一次完成所有武器的攻擊流程的修改：

```
// 攻擊目標
public void Fire( ICharacter theTarget ) {
    // 顯示音效(子類別實作)
    DoShowSoundEffect();

    // 顯示武器發射/槍口特效
    // ShowShootEffect();

    // 顯示武器子彈特效(子類別實作)
    DoShowBulletEffect( theTarget );

    // 直接命中攻擊
    theTarget.UnderAttack( m_WeaponOwner );
}
```

如果是在早幾天，那麼所有的子類別：WeaponGun、WeaponRifle、WeaponRocket 都要一起修改。而重新設計後的架構，還可以因為測試結果沒有新的變化，再更改回原本的流程。所以，只需要修改演算法的結構而不必更動子類別的程式碼，這是減少「重複流程」程式碼後帶來的好處。

11-15

11.5 結論

套用樣版方法模式（*Template Method*）的優點是，將可能出現重複的「演算法流程」，從子類別提升到父類別中，減少重複的發生，並且也開放子類別參與演算法中，各步驟的執行或最佳化。但如果「演算法流程」開放太多的步驟，並要求子類別全部都必須重新實作的話，反而會造成實作的困難，也不容易維護。

其它應用方式

- 奇幻類角色扮演遊戲(RPG)，對於遊戲角色要施展一個法術時，會有許多特定的檢查條件，像是：魔力是否足夠、是否還在冷卻時間內、對象是否在法術施展範圍內…。如果這些檢查條件會依照施展法術的類型而有所不同，那麼就可以使用樣版方法模式（*Template Method*），將檢查流程固定下來，真正檢查的功能則交給各法術子類別去實作。另外，一個法術的施展流程及擊中計算也可以如同本章範例一樣，將流程固定下來，細節交給各法術子類別去實作。

- 線上遊戲的角色登入，也可以使用樣版方法模式（*Template Method*）將登入流程固定下來，例如：顯示登入畫面、選擇登入方法、輸入帳號密碼、向 Server 請求登入…，之後讓登入功能的子類別去重新實作當中的步驟。另外，也可以實作不同的「登入流程樣版」，來對應不同的登入方式（OpenID、自動建立、快速登入…）。

第 12 章

角色 AI
— *State* 狀態模式

12.1 角色的 AI

在前面幾個章節裡，我們將「P 級陣地」的角色數值、裝備武器、武器攻擊流程做了說明。在這一章裡，我們將把重點放在如何能讓角色在場景上「依戰場狀況來移動或攻擊」。

遊戲開始時，玩家會先決定要由哪一個兵營產生角色，而角色在經過一段時間的訓練後，就會出現在戰場上，負責守護陣地防止被敵方角色佔領。同時，畫面的右方會出現敵方角色，並且不斷地朝玩家陣地前進，他們的目的是「佔領玩家陣地」。當雙方角色在地圖上遭遇時會相互攻擊，這時候，玩家角色要擊退敵人，而敵人角色則是努力突破防線。在過程之中，玩家無法參與指揮任何一隻角色，任由他們自動決定要如何行動。

在玩家不能參與操作角色的狀況下，雙方角色要如何自動攻擊及防守呢？一般會使用所謂「人工智慧」(A.I.:Artifical Intelligence)來達成。或許讀者會認為「人工智慧」是一門很高深的技術，其實不然，它不像字義表面那麼複雜，有時候它也可以用很簡單的方式來達成。

所以在實作前先分析一下遊戲需求，條列出雙方陣營的行為模式：

- 玩家陣營角色，出現在戰場時原地不動，之後：
    - ◎ 當偵測到有敵方陣營角色在「偵測範圍」內時，往敵方角色移動。
    - ◎ 當角色抵達「武器可攻擊的距離」時，使用武器攻擊對手。
    - ◎ 當對手陣亡時，尋找下一個目標。

◎ 當沒有敵方陣營角色可以被找到,就停在原地不動。

■ 敵方陣營角色,出現在戰場時,往陣地中央前進,之後:

◎ 當偵測到有玩家陣營角色在「偵測範圍」內時,往玩家角色移動。

◎ 當角色到達「武器可攻擊的距離」時,使用武器攻擊對手。

◎ 當對手陣亡時,尋找下一個目標。

◎ 當沒有玩家陣營角色可以被找到,就往陣地中央目標前進。

透過上述的分析,可以得知,雙方陣營的角色都有 4 個條件做為判斷的依據,而這些條件都可以改變角色的行為(狀態),例如:

原本一出現在場景上的玩家角色 A,其狀態為「閒置狀態(Idle)」。而進入閒置(Idle)狀態的單位 A,會不斷地偵測它的「視野範圍」內,是否有可攻擊的目標(敵方陣營單位)。此時,敵方角色 B 出現在場景中,並且會往陣地中央前進:

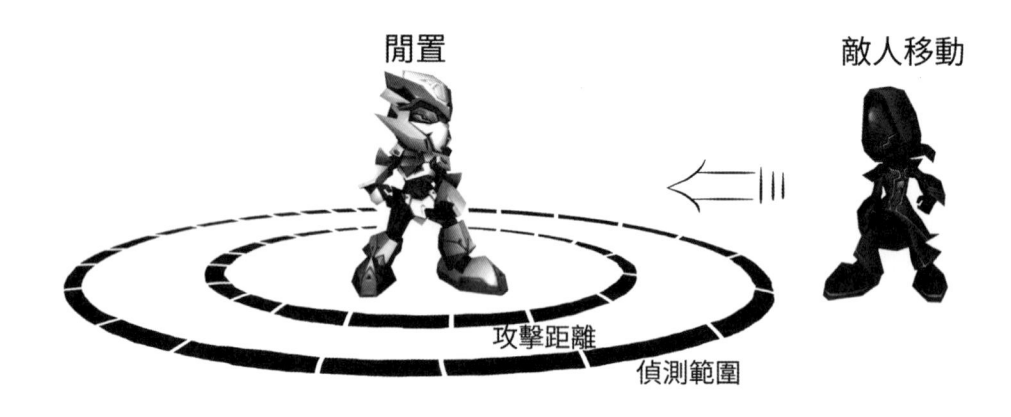

圖 12-1 閒置狀態

當角色 B 前進到進入了單位 A 的「視野範圍」內時，單位 A 即進入「追擊狀態(Chase)」並往單位 B 方向移動：

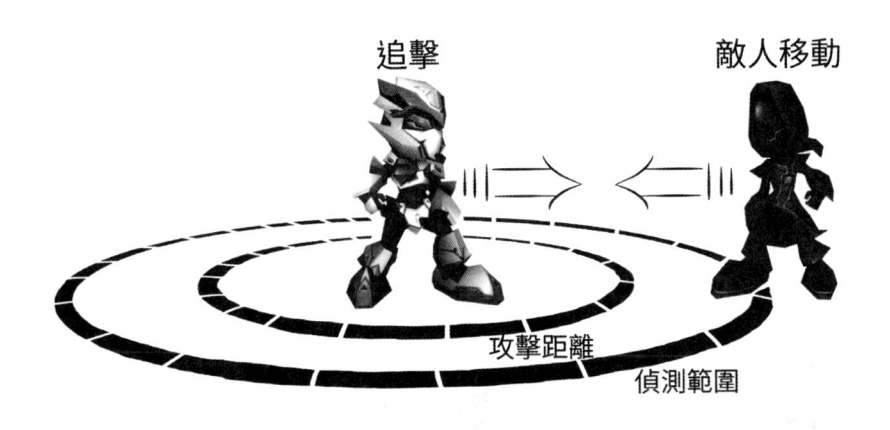

圖 12-2 追擊狀態

當單位 A 追擊 B 到達武器的「射程距離」內時，即進入「攻擊狀態(Attack)」並使用武器攻擊單位 B：

圖 12-3 攻擊狀態

在經過一陣子的交火之後,當單位 B 陣亡時,且單位 A 又回到「閒置狀態(Idle)」,就尋找下一個可攻擊的單位:

圖 12-4 恢復閒置狀態

所以單位 A 是在不同的狀態之間進行切換,因此,實作時可以使用「有限狀態機」來完成上述的需求。「有限狀態機」通常用來說明系統在幾個「狀態」之間進行轉換,可以用下圖來表示:

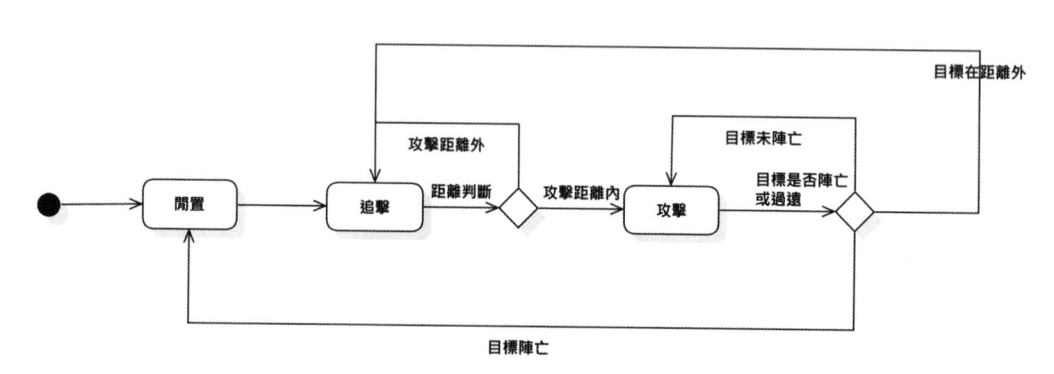

而敵方陣營角色的 AI 轉換則可用下列的狀態圖來表示:

Chapter 12 角色 AI — State 狀態模式

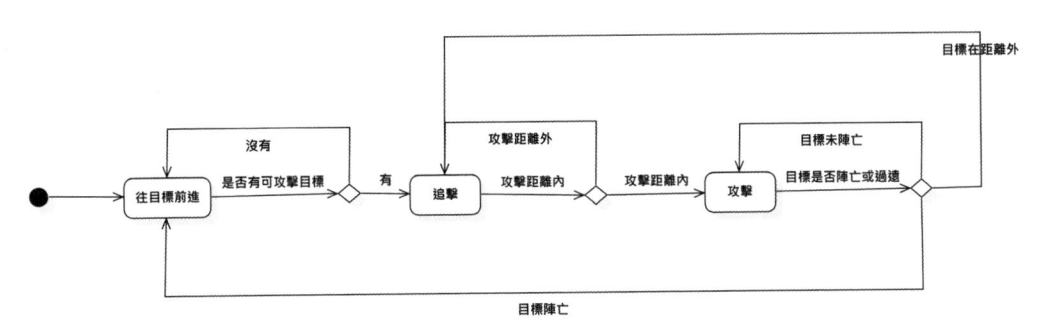

「有限狀態機」使用在遊戲的 AI 開發時，並不是特別困難的技術或學理，只需要應用者定義好幾個「狀態」，並且將每個狀態的「轉換規則」定義好，就可以使用「有限狀態機」來完成 AI 的功能。

在「P 級陣地」開始實作時，可以使用 C#的列舉(enum)功能，將所有可能的狀態列舉出來，並且在角色類別 ICharacter 中增加一個 AI 狀態的屬性。另外，也將在各狀態下使用到的參數一併定義進去：

Listing 12-1　角色 AI 的第一次實作

```csharp
// AI 狀態
public enum ENUM_AI_State
{
    Idle = 0,      // 閒置
    Chase,         // 追擊
    Attack,        // 攻擊
    Move,          // 移動
}

//角色
public abstract class ICharacter
{
    // 狀態
    protected ENUM_AI_State m_AiState =  ENUM_AI_State.Idle;

    // 移動相關
    protected const float MOVE_CHECK_DIST = 1.5f;
    protected bool m_bOnMove = false;

    // 是否有攻擊的地點
    protected bool m_bSetAttackPosition = false;
    protected Vector3 m_AttackPosition;

    // 追擊的對象
    protected bool m_bOnChase = false;
    protected ICharacter m_ChaseTarget = null;
```

```
        protected const float   CHASE_CHECK_DIST = 2.0f;

        // 攻擊的對象
        protected ICharacter m_AttackTarget = null;

        // 更新AI
        public abstract void UpdateAI(List<ICharacter> Targets);
        ...
    }
```

因為遊戲的需求,兩個陣營角色的行為有如下的差異:

- 玩家陣營:沒有目標時,設為閒置狀態(Idle),並留在原地。
- 敵方陣營:沒有目標時,設為移動狀態(Move),並往攻擊的目標前進。

所以,將 AI 更新方法 UpdateAI 宣告為抽象方法,分別由兩個子類別:玩家陣營類別 ISoldier 及敵方陣營類別 IEnemy 重新實作,以下是 ISoldier 的實作:

Listing 12-2 Soldier 實作 AI 狀態轉換

```
public class ISoldier : ICharacter
{
    // 更新AI
    public override void UpdateAI(List<ICharacter> Targets) {
        switch( m_AiState )
        {
            case ENUM_AI_State.Idle:   // 閒置
                // 找出最近的目標
                ICharacter theNearTarget = GetNearTarget(Targets);
                if( theNearTarget==null)
                    return;

                // 是否在距離內
                if( TargetInAttackRange( theNearTarget ))
                {
                    m_AttackTarget = theNearTarget;
                    m_AiState = ENUM_AI_State.Attack;  // 攻擊狀態
                }
                else
                {
                    m_ChaseTarget = theNearTarget;
                    m_AiState = ENUM_AI_State.Chase;   // 追擊狀態
                }
                break;

            case ENUM_AI_State.Chase:  // 追擊
                // 沒有目標時,改為閒置
                if(m_ChaseTarget == null || m_ChaseTarget.IsKilled() )
```

```
        {
            m_AiState = ENUM_AI_State.Idle;
            return ;
        }

        // 在攻擊目標內,改為攻擊
        if( TargetInAttackRange( m_ChaseTarget ))
        {
            StopMove();
            m_AiState = ENUM_AI_State.Attack;
            return ;
        }

        // 已經在追擊
        if( m_bOnChase)
        {
            // 超出追擊的距離
            float dist = GetTargetDist( m_ChaseTarget );
            if( dist < CHASE_CHECK_DIST )
                m_AiState = ENUM_AI_State.Idle;
            return ;
        }

        // 往目標移動
        m_bOnChase = true;
        MoveTo( m_ChaseTarget.GetPosition() );
        break;

    case ENUM_AI_State.Attack:// 攻擊
        // 沒有目標時,改為 Idle
        if(m_AttackTarget == null || m_AttackTarget.IsKilled()
                    || Targets == null || Targets.Count==0 )
        {
            m_AiState = ENUM_AI_State.Idle;
            return ;
        }

        // 不在攻擊目標內,改為追擊
        if( TargetInAttackRange( m_AttackTarget) ==false)
        {
            m_ChaseTarget = m_AttackTarget;
            m_AiState = ENUM_AI_State.Chase;   // 追擊狀態
            return ;
        }

        // 攻擊
        Attack( m_AttackTarget );
        break;

    case ENUM_AI_State.Move:   // 移動
        break;
}
```

設計模式與遊戲開發
的完美結合

```
        }
    }
```

以下是 IEnemy 的實作：

Listing 12-3 Enemy 角色實作 AI 狀態轉換

```csharp
public class IEnemy : ICharacter
{
    // 更新 AI
    public override void UpdateAI(List<ICharacter> Targets) {
        switch( m_AiState )
        {
            case ENUM_AI_State.Idle:   // 閒置
                // 沒有目標時
                if(Targets == null ||  Targets.Count==0)
                {
                    // 有設定目標時,往目標移動
                    if( base.m_bSetAttackPosition )
                        m_AiState = ENUM_AI_State.Move;
                    return ;
                }

                // 找出最近的目標
                ICharacter theNearTarget = GetNearTarget(Targets);

                if( theNearTarget==null)
                    return;

                // 是否在距離內
                if( TargetInAttackRange( theNearTarget ))
                {
                    m_AttackTarget = theNearTarget;
                    m_AiState = ENUM_AI_State.Attack; // 攻擊狀態
                }
                else
                {
                    m_ChaseTarget = theNearTarget;
                    m_AiState = ENUM_AI_State.Chase;  // 追擊狀態
                }
                break;

            case ENUM_AI_State.Chase: // 追擊
                // 沒有目標時,改為閒置
                if(m_ChaseTarget == null || m_ChaseTarget.IsKilled() )
                {
                    m_AiState = ENUM_AI_State.Idle;
                    return ;
                }
```

```csharp
        // 在攻擊目標內,改為攻擊
        if( TargetInAttackRange( m_ChaseTarget ))
        {
            StopMove();
            m_AiState = ENUM_AI_State.Attack;
            return ;
        }

        // 已經在追擊
        if( m_bOnChase)
        {
            // 超出追擊的距離
            float dist = GetTargetDist( m_ChaseTarget );
            if( dist < CHASE_CHECK_DIST )
                m_AiState = ENUM_AI_State.Idle;

            return ;
        }

        // 往目標移動
        m_bOnChase = true;
        MoveTo( m_ChaseTarget.GetPosition() );
        break;

    case ENUM_AI_State.Attack:// 攻擊
        // 沒有目標時,改為 Idle
        if(m_AttackTarget == null || m_AttackTarget.IsKilled()
                    || Targets == null || Targets.Count==0 )
        {
            m_AiState = ENUM_AI_State.Idle;
            return ;
        }

        // 不在攻擊目標內,改為追擊
        if( TargetInAttackRange( m_AttackTarget) ==false)
        {
            m_ChaseTarget = m_AttackTarget;
            m_AiState = ENUM_AI_State.Chase;   // 追擊狀態
            return ;
        }

        // 攻擊
        Attack( m_AttackTarget );
        break;

    case ENUM_AI_State.Move:   // 移動
        // 有目標時,改為閒置狀態
        if(Targets != null &&  Targets.Count>0)
        {
            m_AiState = ENUM_AI_State.Idle;
            return ;
```

```
            }
            // 已經目標移動
            if( m_bOnMove)
            {
                //  是否到達目標
                float dist = GetTargetDist( m_AttackPosition );
                if( dist < MOVE_CHECK_DIST )
                {
                    m_AiState = ENUM_AI_State.Idle;
                    if( IsKilled()==false)
                        CanAttackHeart();//攻到目標;
                        Killed();  // 設定死亡
                }
                return ;
            }

            // 往目標移動
            m_bOnMove = true;
            MoveTo( m_AttackPosition );
            break;
        }
    }
}
```

兩個類別都在 UpdateAI 方法中實作了「條件判斷」及「有限狀態機」的切換。但因為兩個陣營對於沒有目標時的需求不同，所以在閒置狀態(ENUM_AI_State.Idle)及移動狀態(ENUM_AI_State.Move)的處理方式不太一樣，不過，其它狀態大部份是差不多的。

在第 3 章說明「P 級陣地」轉換場景的功能時曾提及，「有限狀態機」使用 switch case 來實作時，會一些缺點。所以在第一次的實作範例中，也同樣出現了類似的缺點：

1. 只要增加一個狀態，則所有 switch(m_state)的程式碼都需要增加對應的程式碼。

2. 跟每一個狀態有關的物件與參數都必須被保留在同一個類別中，當這些物件與參數被多個狀態共用時，可能會產生混淆，不太容易了解是由哪個狀態設定的。

3. 方法過長，兩個類別的 UpdateAI 方法都過於冗長，不易了解及除錯。或許可以將兩個類別中重複的程式碼重構為父類別的方法來共用，但這樣一來，又會造成父類別 ICharacter 也過於龐大。

同樣地，既然使用「有限狀態機」來實作角色的 AI 功能，那麼就可以使用狀態模式（*State*）來解決上述缺點。

12.2 狀態模式（*State*）

有限狀態機最簡單的實作方式，就是使用 `switch case` 來實作。故而以往很容易看到，一個類別方法中被一大串的 `switch case` 給佔據。有重構習慣的程式設計師會想辦法讓每一個 `case` 下的程式碼能夠寫到類別方法中，但對於「狀態轉換」及「不共用參數的保護」也會是個麻煩的地方。善用狀態模式（*State*）可以讓有限狀態機變得不那麼複雜。

12.2.1 狀態模式（*State*）的定義

GoF 對狀態模式（*State*）的詳細說明，已經在「第 3 章：遊戲場景的轉換」時完整介紹過了，讀者若有需要，可以前往第 3 章回顧。在此，為方便讀者，還是將結構圖及角色說明列上，讓讀者快速了解：

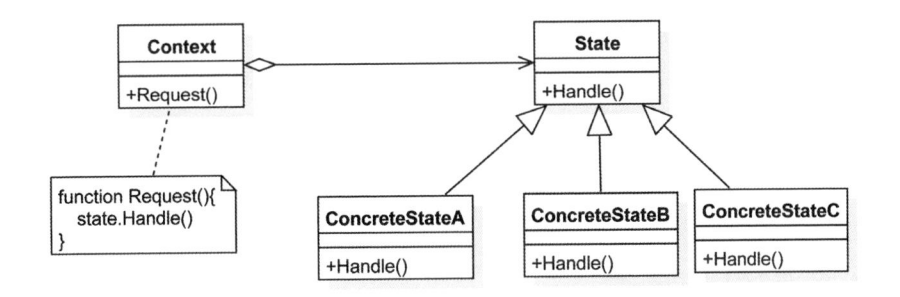

參與者的說明如下：

- `Context`(狀態擁有者)
    - ◎ 是有一個具有「狀態」屬性的類別，可以制訂相關的介面，讓外界能夠得知狀態的改變或透過操作讓狀態改變。
    - ◎ 有狀態屬性的類別，例如：遊戲角色有潛行、攻擊、施法…等狀態；好友有上線、離線、忙錄…等狀態；GoF 使用 TCP 連線為例，有已連線、等待連線、斷線等狀態。

12-11

◎ 會有一個 ConcreteState[X]子類別的物件為其成員,用來代表目前的狀態。

- State(狀態介面類別)

    ◎ 制定狀態的介面,負責規範 Context(狀態擁有者)在特定狀態下要表現的行為。

- ConcreteState(具體狀態類別)

    ◎ 繼承自 State(狀態介面類別)。

    ◎ 實作 Context(狀態擁有者)在特定狀態下該有的行為。例如,實作角色在潛行狀態時該有的行動變緩、3D 模型要半透明、不能被敵方角色查覺…等行為。

程式碼的實作部份在第 3 章中有詳細說明,在此不再列出。

12.3 使用狀態模式（*State*）來實作角色 AI

就像之前提到的,狀態模式（*State*）是遊戲程式設計中被應用最頻繁的一個模式,而新手遊戲程式設計師第一次學習「有限狀態機」的場合,多半是應用在 AI 的實作上。遊戲程式設計書籍多半是以 switch case 做為入門的實作方式。當程式設計師了解有限狀態機及狀態模式（*State*）的關聯之後,想要轉換到套用模式來實作,就不會那麼困難了。

12.3.1 角色 AI 的實作

在開始套用狀態模式（*State*）時,先將「P 級陣地」中的 AI 功能,從角色類別中獨立出來。所以,先宣告了一個角色 AI 抽象類別 ICharacterAI,而繼承它的 SoldierAI 及 EnemyAI 則分別代表玩家角色及敵方角色的 AI。ICharacterAI 類別裡,擁有一個代表目前狀態的 IAIState 類別物件,IAIState 的子類別們分別代表角色目前的狀態:

Chapter 12 角色 AI — State 狀態模式

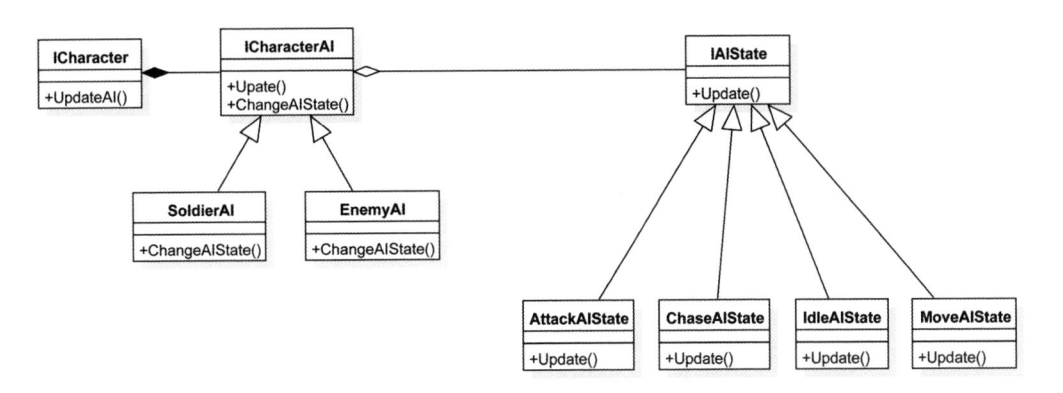

```
[ICharacter]              [ICharacterAI]                          [IAIState]
+UpdateAI()               +Upate()                                +Update()
                          +ChangeAIState()
                           ▲         ▲                          ▲   ▲   ▲   ▲
                    ┌──────┘         └──────┐              ┌────┘   │   │   └────┐
              [SoldierAI]            [EnemyAI]      [AttackAIState][ChaseAIState][IdleAIState][MoveAIState]
              +ChangeAIState()       +ChangeAIState()  +Update()    +Update()     +Update()    +Update()
```

參與者的說明如下：

- `IAIState`

    角色的 AI 狀態，定義「P 級陣地」中角色 AI 操作時所需的介面

- `AttackAIState`、`ChaseAIState`、`IdleAIState`、`MoveAIState`

    分別代表角色 AI 的狀態：攻擊(Attack)、追擊(Chase)、閒置(Idle)、移動(Move)等狀態，並負責實作角色在各別狀態下，應該有的遊戲行為及判斷。這些狀態都可以設定給雙方陣營角色。

- `ICharacterAI`

    雙方陣營角色的 AI 介面，定義遊戲所需的 AI 方法，並實作相關 AI 操作。類別的定義中，擁有代表目前 AI 狀態的 `IAIState` 類別物件，也負責執行角色 AI 狀態的切換。

- `SoldierAI`、`EnemyAI`

    `ICharacterAI` 的子類別，由於遊戲設計要求雙方營陣在 AI 行為上有不同的表現，所以將不同的行為表現，在不同的子類別中實作。

12-13

12.3.2 實作說明

AI 狀態介面 IAIState，定義了在不同的 AI 狀態下，共同的操作介面：

Listing 12-4　AI 狀態介面 (IAIState.cs)

```
public abstract class IAIState
{
    protected ICharacterAI m_CharacterAI = null; // 角色AI(狀態的擁有者)

    public IAIState()
    {}

    // 設定 CharacterAI 的對象
    public void SetCharacterAI(ICharacterAI CharacterAI) {
        m_CharacterAI = CharacterAI;
    }

    // 設定要攻擊的目標
    public virtual void SetAttackPosition( Vector3 AttackPosition )
    {}

    // 更新
    public abstract void Update( List<ICharacter> Targets );

    // 目標被移除
    public virtual void RemoveTarget(ICharacter Target)
    {}
}
```

IAIState 定義中的 ICharacterAI 類別物件參考 m_CharacterAI，主要指向 AI 狀態的擁有者，透過該物件參考可以要求角色更換目前的 AI 狀態。「P 級陣地」一共實作 4 個主要 AI 狀態，分別為：攻擊(Attack)、追擊(Chase)、閒置(Idle)、移動(Move)，這些狀態是雙方陣營都可以使用到的。但因為雙方陣營在閒置(Idle)狀態下，有不同的行為表現，這一部份的實作方式，會在閒置狀態類別 IdleAIState 中進行判斷：

Listing 12-5　閒置狀態 (IdleAIState.cs)

```
public class IdleAIState : IAIState
{
    bool m_bSetAttackPosition = false; // 是否設定了攻擊目標

    public IdleAIState()
    {}
```

```csharp
// 設定要攻擊的目標
public override void SetAttackPosition( Vector3 AttackPosition ) {
    m_bSetAttackPosition = true;
}

// 更新
public override void Update( List<ICharacter> Targets ) {
    // 沒有目標時
    if(Targets == null ||  Targets.Count==0)
    {
        // 有設定目標時,往目標移動
        if( m_bSetAttackPosition )
            m_CharacterAI.ChangeAIState( new MoveAIState());
        return ;
    }

    // 找出最近的目標
    Vector3 NowPosition = m_CharacterAI.GetPosition();
    ICharacter theNearTarget = null;
    float MinDist = 999f;
    foreach(ICharacter Target in  Targets)
    {
        // 已經陣亡的不計算
        if( Target.IsKilled())
            continue;

        float dist = Vector3.Distance( NowPosition,
        Target.GetGameObject().transform.position);
        if( dist < MinDist)
        {
            MinDist = dist;
            theNearTarget = Target;
        }
    }

    // 沒有目標,會不動
    if( theNearTarget==null)
        return;

    // 是否在距離內
    if( m_CharacterAI.TargetInAttackRange( theNearTarget ))
        m_CharacterAI.ChangeAIState(
                        new AttackAIState( theNearTarget ));
    else
        m_CharacterAI.ChangeAIState(
                        new ChaseAIState( theNearTarget ));
}
}
```

閒置狀態中利用「是否設定了攻擊目標」，也就是 m_bSetAttackPosition 這個屬性被設定與否，來決定角色在閒置狀態下，會不會轉換為移動狀態。而目前只有 EnemyAI 會透過呼叫 SetAttackPosition「設定要攻擊的目標」方法來啟用這個功能，而這方法主要是通知敵方陣營角色，在沒有目標可攻擊時，往陣地中央的方向前進。

Update 是閒置狀態的更新方法，它會從參數傳遞進來的目標當中，挑選一個最近的，作為攻擊目標。當攻擊目標存在時，會先判斷目標是否在武器可攻擊的距離內，如果是在可攻擊的距離內，則將角色更換為攻擊狀態，並攻擊該目標：

Listing 12-6　攻擊狀態(`AttackAIState.cs`)

```csharp
public class AttackAIState : IAIState
{
    private ICharacter m_AttackTarget = null; // 攻擊的目標

    public AttackAIState( ICharacter AttackTarget ) {
        m_AttackTarget = AttackTarget;
    }

    // 更新
    public override void Update( List<ICharacter> Targets ) {
        // 沒有目標時,改為 Idle
        if( m_AttackTarget == null || m_AttackTarget.IsKilled() ||
            Targets == null || Targets.Count==0 )
        {
            m_CharacterAI.ChangeAIState( new IdleAIState());
            return ;
        }

        // 不在攻擊目標內,改為追擊
        if( m_CharacterAI.TargetInAttackRange( m_AttackTarget) ==false)
        {
            m_CharacterAI.ChangeAIState(
                          new ChaseAIState(m_AttackTarget));
            return ;
        }

        // 攻擊
        m_CharacterAI.Attack( m_AttackTarget );
    }

    // 目標被移除
    public override void RemoveTarget(ICharacter Target) {
        if( m_AttackTarget.GetGameObject().name ==
                          Target.GetGameObject().name )
            m_AttackTarget = null;
```

            }
    }

攻擊狀態類別會將攻擊目標記錄下來，並在更新方法 Update 中進行攻擊。但如果目標角色已經陣亡或不存在時，則切換為閒置狀態。另外，當目標角色的距離大於武器可攻擊的範圍時，則將 AI 狀態改為追擊狀態，並將追擊的目標設定給追擊狀態類別：

Listing 12-7　追擊狀態(`ChaseAIState.cs`)

```
public class ChaseAIState : IAIState
{
    private ICharacter m_ChaseTarget = null; // 追擊的目標

    private const float CHASE_CHECK_DIST = 0.2f; //
    private Vector3 m_ChasePosition = Vector3.zero;
    private bool m_bOnChase = false;

    public ChaseAIState(ICharacter ChaseTarget) {
        m_ChaseTarget = ChaseTarget;
    }

    // 更新
    public override void Update( List<ICharacter> Targets ) {
        // 沒有目標時,改為待機
        if(m_ChaseTarget == null || m_ChaseTarget.IsKilled() )
        {
            m_CharacterAI.ChangeAIState( new IdleAIState());
            return ;
        }

        // 在攻擊目標內,改為攻擊
        if( m_CharacterAI.TargetInAttackRange( m_ChaseTarget ))
        {
            m_CharacterAI.StopMove();
            m_CharacterAI.ChangeAIState(
                                new AttackAIState(m_ChaseTarget));
            return ;
        }

        // 已經在追擊
        if( m_bOnChase)
        {
            // 已到達追擊目標,但目標不見,改為待機
            float dist = Vector3.Distance( m_ChasePosition,
                                m_CharacterAI.GetPosition());
            if( dist < CHASE_CHECK_DIST )
                m_CharacterAI.ChangeAIState( new IdleAIState());
            return ;
        }
```

12-17

```
            // 往目標移動
            m_bOnChase = true;
            m_ChasePosition = m_ChaseTarget.GetPosition();
            m_CharacterAI.MoveTo( m_ChasePosition );
        }

        // 目標被移除
        public override void RemoveTarget(ICharacter Target) {
            if( m_ChaseTarget.GetGameObject().name ==
                                        Target.GetGameObject().name )
                m_ChaseTarget = null;
        }
    }
```

記錄好追擊的目標之後，追擊狀態類別會在更新方法 Update 中，持續地讓角色往目標前進，直到目標進入武器可攻擊的範圍內時，轉換為攻擊狀態(Attack)。但如果目標角色距離太遠而超出追擊範圍(CHASE_CHECK_DIST)時，或目標陣亡移除時，就會轉為閒置狀態。

轉為閒置狀態的角色，會依據有沒有設定「攻擊位置」，來決定是否要往「攻擊位置」移動。若要往「攻擊位置」移動，則會將狀態轉換為移動狀態(Move)，並將目標位置設定給移動狀態類別：

Listing 12-8　移動的目標狀態(MoveAIState.cs)

```
    public class MoveAIState : IAIState
    {
        private const float MOVE_CHECK_DIST = 1.5f; //
        bool m_bOnMove = false;
        Vector3 m_AttackPosition = Vector3.zero;

        public MoveAIState()
        {}

        // 設定要攻擊的目標
        public override void SetAttackPosition( Vector3 AttackPosition ) {
            m_AttackPosition = AttackPosition;
        }

        // 更新
        public override void Update( List<ICharacter> Targets ) {
            // 有目標時,改為待機狀態
            if(Targets != null &&  Targets.Count>0)
            {
                m_CharacterAI.ChangeAIState( new IdleAIState() );
                return ;
            }
```

```
            // 已經目標移動
            if( m_bOnMove)
            {
                //   是否到達目標
                float dist = Vector3.Distance( m_AttackPosition,
                                    m_CharacterAI.GetPosition());
                if( dist < MOVE_CHECK_DIST )
                {
                    m_CharacterAI.ChangeAIState( new IdleAIState());
                    if( m_CharacterAI.IsKilled()==false)
                        m_CharacterAI.CanAttackHeart();  // 佔領陣地
                    m_CharacterAI.Killed();
                }
                return ;
            }

            //  往目標移動
            m_bOnMove = true;
            m_CharacterAI.MoveTo( m_AttackPosition );
    }
}
```

移動狀態類別在記錄攻擊位置後，在更新方法 Update 中讓角色往「攻擊位置」移動。其間如果發現有可攻擊的目標出現，就馬上轉為閒置狀態，由閒置狀態類別來決定要攻擊目標還是追擊目標。當角色到達「攻擊位置」，通知角色 AI 類別 ICharacterAI 執行「佔領陣地」，之後將自己設定為陣亡，達成目標。

而角色 AI 類別 ICharacterAI 中，擁有一個 AI 狀態物件參考，上述範例中所有狀態的切換都需要透過該物件來進行（ICharacterAI 類別在本小節的最後還會作些修改）：

Listing 12-9　角色 AI 類別（ICharacterAI.cs）

```
public abstract class ICharacterAI
{
    protected ICharacter    m_Character = null;
    protected float         m_AttackRange = 0;
    protected IAIState      m_AIState = null; // 角色 AI 狀態

    protected const float ATTACK_COOLD_DOWN = 1f; // 攻擊的 CoolDown
    protected float         m_CoolDown = ATTACK_COOLD_DOWN;

    public ICharacterAI( ICharacter Character) {
        m_Character = Character;
        m_AttackRange = Character.GetAttackRange() ;
    }
```

```csharp
// 更換 AI 狀態
public virtual void ChangeAIState( IAIState NewAIState) {
    m_AIState = NewAIState;
    m_AIState.SetCharacterAI( this );
}

// 攻擊目標
public virtual void Attack( ICharacter Target ) {
    // 時間到了才攻擊
    m_CoolDown -= Time.deltaTime;
    if( m_CoolDown >0)
        return ;
    m_CoolDown = ATTACK_COOLD_DOWN;

    // 攻擊目標
    m_Character.Attack( Target );
}

// 是否在攻擊距離內
public bool TargetInAttackRange( ICharacter Target ) {
    float dist = Vector3.Distance( m_Character.GetPosition() ,
                                   Target.GetPosition() );
    return ( dist <= m_AttackRange );
}

// 目前的位置
public Vector3 GetPosition() {
    return m_Character.GetGameObject().transform.position;
}

// 移動
public void MoveTo( Vector3 Position ) {
    m_Character.MoveTo( Position );
}

// 停止移動
public void StopMove() {
    m_Character.StopMove();
}

// 設定陣亡
public void Killed() {
    m_Character.Killed();
}

// 是否陣亡
public bool IsKilled() {
    return m_Character.IsKilled();
}
```

```
    // 目標移除
    public void RemoveAITarget( ICharacter Target ) {
        m_AIState.RemoveTarget( Target);
    }

    // 更新 AI
    public void Update(List<ICharacter> Targets) {
        m_AIState.Update( Targets );
    }

    // 是否可以攻擊 Heart
    public abstract bool CanAttackHeart();
}
```

更換 AI 狀態方法 ChangeAIState，除了會記錄新的 AI 狀態物件，也將自己的物件參考設定給新的 AI 狀態物件。此外，還提供與遊戲角色 AI 功能實作時所需要的操作方法。雙方角色則分別繼承 ICharacterAI 之後，實作各自的陣營 AI：

Listing 12-10　玩家陣營角色 AI (SoldierAI.cs)

```
public class SoldierAI : ICharacterAI
{
    public SoldierAI(ICharacter Character):base(Character) {
        // 一開始起始的狀態
        ChangeAIState(new IdleAIState());
    }

    // 是否可以攻擊 Heart
    public override bool CanAttackHeart() {
        return false;
    }
}
```

Listing 12-11　敵方角色 AI (EnemyAI.cs)

```
public class EnemyAI : ICharacterAI
{
    private static StageSystem m_StageSystem = null;
    private Vector3 m_AttackPosition = Vector3.zero;

    // 直接將關卡系統直接注入給 EnemyAI 類別使用
    public static void SetStageSystem(StageSystem StageSystem) {
        m_StageSystem = StageSystem;
    }

    public EnemyAI( ICharacter Character,
                    Vector3 AttackPosition):base(Character) {
        m_AttackPosition = AttackPosition;
```

```
        // 一開始起始的狀態
        ChangeAIState(new IdleAIState());
    }

    // 更換 AI 狀態
    public override void ChangeAIState( IAIState NewAIState) {
        ChangeAIState( NewAIState);

        // Enemy 的 AI 要設定攻擊的目標
        NewAIState.SetAttackPosition( m_AttackPosition );
    }

    // 是否可以攻擊 Heart
    public override bool CanAttackHeart() {
        // 通知少一個 Heart
        m_StageSystem.LoseHeart();
        return true;
    }
}
```

最後,將原本在角色類別中,舊的 AI 實作程式碼移除,並增加一個 ICharacterAI 類別物件,做為執行角色 AI 功能的物件,並提供必要的操作方法:

Listing 12-12 角色介面(`ICharacter.cs`)

```
public abstract class ICharacter
{
    protected ICharacterAI m_AI = null;       // AI
    ...

    // 設定 AI
    public void SetAI(ICharacterAI CharacterAI) {
        m_AI = CharacterAI;
    }

    // 更新 AI
    public void UpdateAI(List<ICharacter> Targets) {
        m_AI.Update(Targets);
    }

    // 通知 AI 有角色被移除
    public void RemoveAITarget( ICharacter Targets ) {
        m_AI.RemoveAITarget(Targets);
    }
    ...
}
```

12.3.3 使用狀態模式（State）的優點

遊戲角色的 AI 有時並不難，使用有限狀態機即可完成。而有限狀態機最適合套用狀態模式（State）來實作，並具有下列優點：

減少錯誤發生及降低維護困難度

不使用 switch(m_AiState) 來實作 AI 功能，可以減少新增 AI 狀態時，因為沒有檢查到所有 switch() 程式碼而造成的錯誤，也讓原本龐大的 AI 更新方法大為縮減，有利於後續的維護。

狀態執行環境單純化

跟每一個 AI 狀態有關的物件及參數，都分別被包含在一個 AI 狀態類別之下，所以可以清楚地了解每一個 AI 狀態執行時，需要使用的物件及搭配的類別。另外，與其它類別使用的物件分開，也可以減少錯誤設定發生的機會。

12.3.4 角色 AI 執行流程

下面的流程圖顯示出，某一角色從「閒置狀態」中發現可攻擊目標後，轉換為「追擊狀態」。在「追擊狀態」下，執行往目標移動的功能，並在武器可攻擊範圍內，轉換為「攻擊狀態」。最後則是「攻擊狀態」下，攻擊目標：

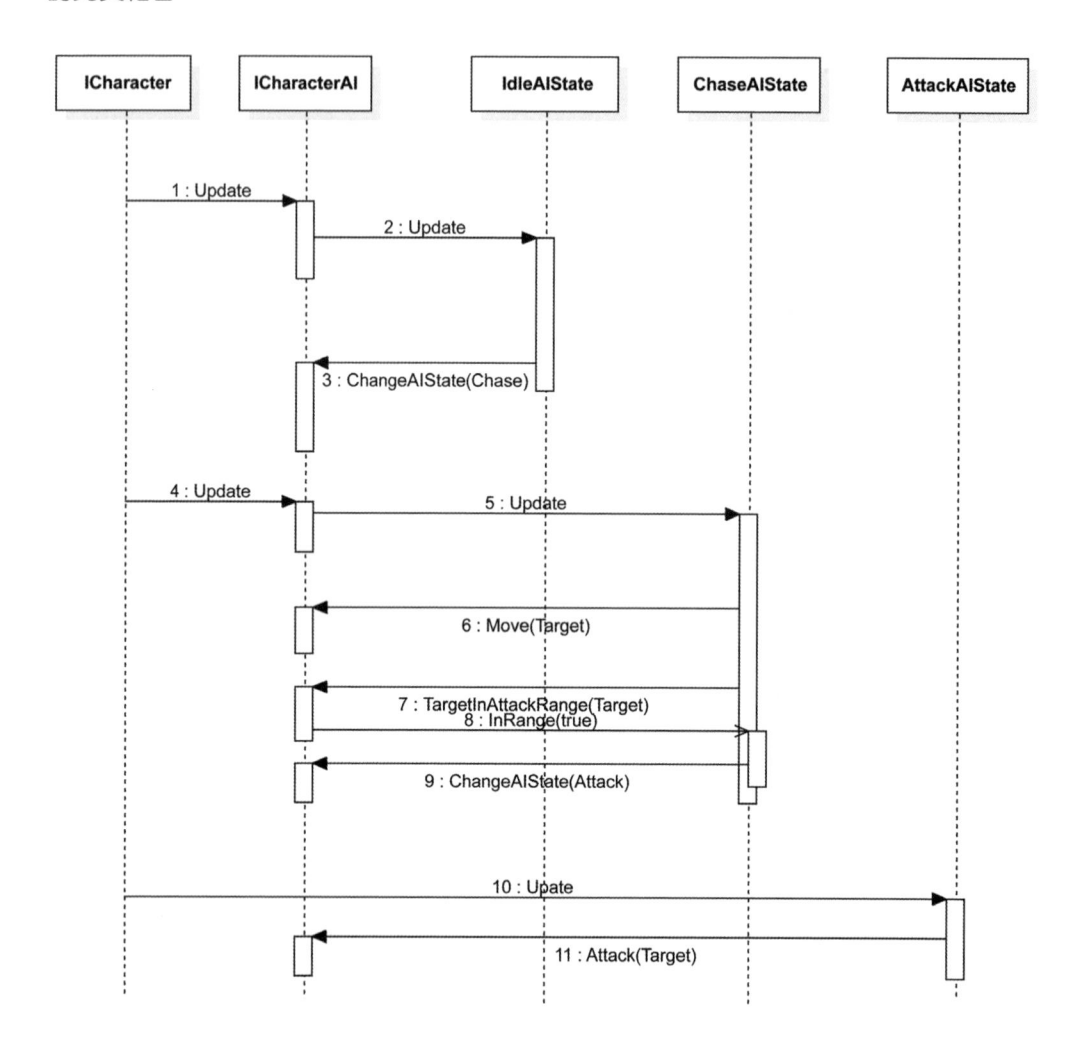

```
ICharacter    ICharacterAI    IdleAIState    ChaseAIState    AttackAIState
    |              |               |              |                |
    |--1:Update--->|               |              |                |
    |              |--2:Update---->|              |                |
    |              |<-3:ChangeAIState(Chase)------|                |
    |              |               |              |                |
    |--4:Update--->|               |              |                |
    |              |--5:Update------------------->|                |
    |              |<-6:Move(Target)--------------|                |
    |              |<-7:TargetInAttackRange(Target)                |
    |              |--8:InRange(true)------------>|                |
    |              |<-9:ChangeAIState(Attack)-----|                |
    |              |               |              |                |
    |--10:Upate----|-------------->|              |                |
    |              |<-11:Attack(Target)---------------------------|
```

12.4 狀態模式（*State*）面對變化時

就在某一天，小企又來找小程了…

　　企劃：「小程啊~」

　　程式：「又有什麼需求想要更改的啊？」

　　企劃：「是這樣子的，我最近測試時突然覺得，玩家角色在陣地裡站著等下一波敵人出現時，傻傻地站在原地，好像哪裡怪怪的」

　　程式：「嗯…是有那麼點呆呆的感覺」

12-24

Chapter 12 角色 AI — State 狀態模式

企劃：「是吧！你也這樣覺得。那我們來改一下好了，原本來玩家陣營角色在『沒有可攻擊目標』時，加入一個『守衛狀態』，這樣你覺得如何，就像這張新的狀態圖一樣」

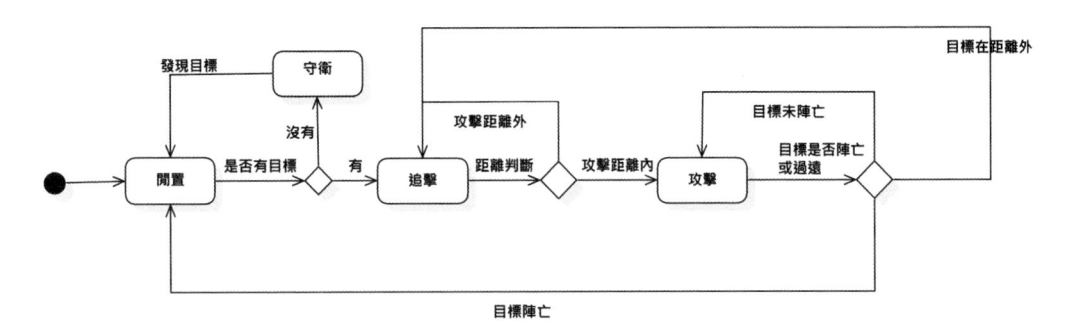

程式：「那玩家陣營角色在『守衛狀態』時，要執行什麼功能嗎？」

企劃：「我想一下…那就到處走走吧」

小程想了一下，在目前角色 AI 以狀態模式（State）實作的情況下，增加一個狀態並不是太困難的任務。所以，小程新增了一個「守衛狀態類別」：

Listing 12-13　守衛狀態 (GuardAIState.cs)

```
public class GuardAIState : IAIState
{
    bool m_bOnMove = false;
    Vector3 m_Position = Vector3.zero;
    const int GUARD_DISTANCE = 3;

    public GuardAIState()
    {}

    // 更新
    public override void Update( List<ICharacter> Targets ) {
        // 有目標時,改為待機狀態
        if(Targets != null &&  Targets.Count>0)
        {
            m_CharacterAI.ChangeAIState( new IdleAIState() );
            return ;
        }

        if( m_Position == Vector3.zero)
            GetMovePosition();

        // 目標已經移動
        if( m_bOnMove)
        {
```

12-25

```csharp
            //  是否到達目標
            float dist = Vector3.Distance( m_Position,
                                m_CharacterAI.GetPosition());
            if( dist > 0.5f )
                return ;

            //  換下一個位置
            GetMovePosition();
        }

        //  往目標移動
        m_bOnMove = true;
        m_CharacterAI.MoveTo( m_Position );
    }

    //  設定移動的位置
    private void GetMovePosition() {
        m_bOnMove = false;

        //  取得隨機位置
        Vector3 RandPos = new Vector3( UnityEngine.Random.Range(-
                            GUARD_DISTANCE,GUARD_DISTANCE),
                            0, UnityEngine.Random.Range(-
                            GUARD_DISTANCE,GUARD_DISTANCE));

        //  設定為新的位置
        m_Position = m_CharacterAI.GetPosition() + RandPos;
    }
}
```

在「守衛狀態」的角色，會不斷地往隨機位置移動。但是發現到攻擊目標出現時，就會馬上轉換為「閒置狀態」，讓閒置狀態決定是要追擊還是攻擊目標。

完成守衛狀態類別後，再修改原來的「閒置狀態」類別，讓「沒有設定攻擊目標」的角色，能轉換成「守衛狀態」：

Listing 12-14　閒置狀態(IdleAIState.cs)

```csharp
public class IdleAIState : IAIState
{
    ...
    //  更新
    public override void Update( List<ICharacter> Targets ) {
        //  沒有目標時
        if(Targets == null ||  Targets.Count==0)
        {
            //  有設定目標時,往目標移動
            if( m_bSetAttackPosition )
```

```
                    m_CharacterAI.ChangeAIState( new MoveAIState());
            else
                m_CharacterAI.ChangeAIState( new GuardAIState());
            return ;
        }
        ...
    }
    ...
}
```

小程在完成修改後,評估了一下:新增了一個類別 GuardAIState 及修改原有的閒置狀類別 IdleAIState ,對原有架構並未造成太大的變化。包含執行完測試案例(Unit Test),大概花了不到 1 小時,所以在現有的狀態模式(*State*)設計基礎下,對於這個遊戲需求的修改,可以說是有效率的。

12.5 總結與討論

使用狀態模式(*State*)可以清楚了解單一狀態執行時的環境,減少因新增狀態而需要大量修改現有程式碼的維護成本。

而在「P 級陣地」中,只規劃了 4 個狀態來實作遊戲角色的攻擊等實作需求,但對於較複雜的 AI 行為,可能會產生過多的「狀態類別」,而造成大量類別產出的問題,這算是其中的缺點。不過先前已經提到過:相較於傳統使用 switch(state_code)的實作方式,使用狀態模式(*State*)對於專案後續的長期維護效益上,仍是較具優勢的。

與其它模式(Pattern)的合作

在「第 15 章:角色的組裝」中,「P 級陣地」將使用建造者模式(*Builder*)來負責遊戲中角色物件的產生,當角色一產生時,需要設定該角色需要使用的 AI 類別及狀態,這部份會交由各陣營的建造者(Builder)來完成。

這也是另一個橋接模式(*Bridge*)的範例

讀者如果再仔細分析一下 11.3 節的角色 AI 類別結構圖及實作程式碼,還有 11.4 節增加「守衛狀態」的修改方式。就可以理解到,角色 AI 類別(ICharacterAI)與 AI 狀態類別(IAIState)兩者之間其實是採用橋接模式(*Bridge*)加以連接。

角色 AI 類別(ICharacterAI)是「抽象類別」,定義了跟 AI 有關的行為及操作,它的子類別只負責增加不同的「抽象類別」,像是玩家角色 AI(SoldierAI) 及敵方角色

AI(EnemyAI)。而 AI 狀態類別(IAIState)它是「實作類別」，負責實作 AI 的行為及狀態之間的轉換(使用 *State* 來實作)。所以當專案需要增加「守衛狀態」時，不會影響到角色 AI 類別(ICharacterAI)群組。所以，想當然爾，當專案有必要再新增一個角色 AI 類別(ICharacterAI)時，也一定不會影響到現有的 AI 狀態類別(IAIState)群組。

其它應用方式

- 奇幻類型的角色扮演遊戲(RPG)中，常有設定目標遭到法術攻擊之後會呈現的「特殊狀態」，例如：

    ◎ 冰凍：角色不能移動，有特效出現。

    ◎ 暈眩：角色不能移動，會有暈眩動作。

    ◎ 變身：角色變成另一種形體，會在場上亂走動。

    …

這些特殊狀態，都可以使用狀態模式（*State*）來實作，但限制是，只能同時存在一個狀態。

第 13 章

角色系統

13.1 角色類別

經過前面幾章的介紹後,「P 級陣地」角色類別 ICharacter 的功能大致上完成了:

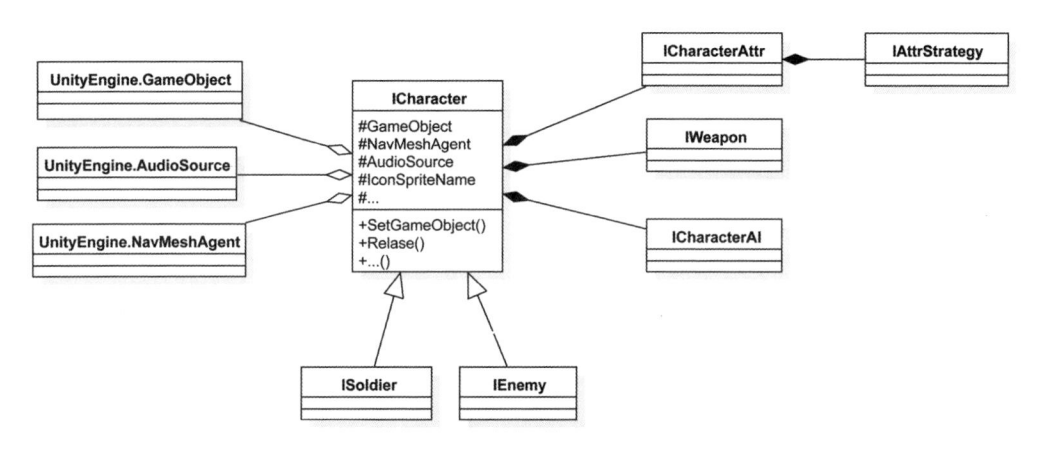

圖 13-1　角色架構 1

上圖中,包含了與角色功能相關的類別如下:

- 角色數值類別 ICharacterAttr:記錄角色目前的最高生命值、攻擊力,並負責計算攻擊流程中所需要的數值。
- 武器類別 IWeapon:角色可以裝備的武器。
- 角色 AI 類別 ICharacterAI:負責角色在遊戲中攻擊及防守等自動行為。

另外上圖中還包含一些與 Unity3D 引擎有關的幾個元件:

- `UnityEngine.GameObject`：負責角色在遊戲中的 3D 模型資料，透過該物件參考可以設定 Unity3D 相關的功能，而將角色 3D 模型資料實際建立出來的說明，將在下一個階段進行說明。
- `UnityEngine.AudioSource`：負責播放角色在遊戲進行間發出的音效聲。
- `UnityEngine.NavMeshAgent`：負責角色在場景中的自動尋徑功能。以往，遊戲中如果實作自動尋徑功能，多半要自行開發尋徑(Path Finding)演算法(A*, Dijkstra…)。不過 Unity3D 引擎已經內建了不錯的尋徑系統，可節省許多開發時間。

角色類別 ICharacter 算是「P 級陣地」的重要類別之一，但要讓它實際運作起來，還需要一些系統進行協助：

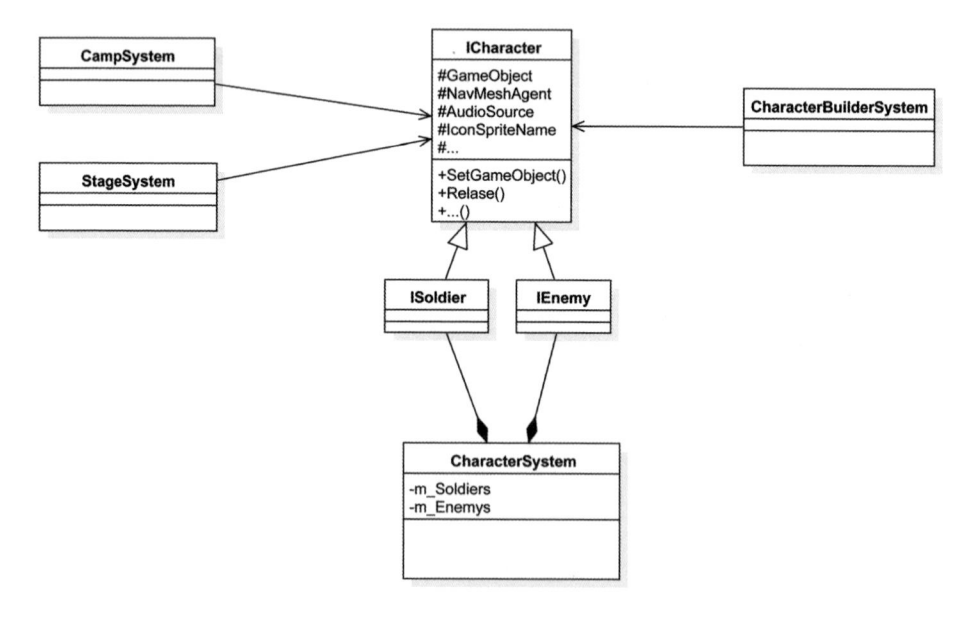

圖 13-2 角色與其它系統

- 遊戲角色管理系統 `CharacterSystem`：管理遊戲中雙方陣營所產生的角色，並透過它的定期更新功能，讓角色 AI 系統可以運作並產生自動化行為(攻擊、防守)。
- 遊戲角色生產及組裝功能：一個遊戲角色包含了 3 個遊戲系統元件及 Unity3D 引擎相關的物件。所以在角色組裝系統 `ChcaraterBuilderSystem` 中，會

經過一定的步驟及流程，將這些元件產生並設定給一個角色。此外，將 Unity3D 引擎中的模型從資源目錄下載入，並放入場景中也有一定的步驟。而關於角色的組裝，將在本書第四篇進行詳細說明

- 兵營系統與關卡系統：玩家透過兵營系統 CampSystem 產生玩家陣營的角色來防守陣地。而關卡系統 StageSystem 則是依照設定，不斷地產生敵方角色來進攻玩家的陣地。而這一部份的說明將在第五篇中詳細說明。

13.2 遊戲角色管理系統

遊戲角色管理系統 CharacterSystem，在「P 級陣地」中負責管理角色類別 ICharacter 的物件。它是「第 4 章:遊戲主要類別」中提到的一個「遊戲系統 IGameSystem」，它的類別物件會在 PBaseDefenseGame 類別中被定義及初始化，並且在 PBaseDefenseGame 類別的定期更新方法 Update 中被更新。

所謂的遊戲角色「管理」指的是，角色管理系統 CharacterSystem 類別會將目前遊戲產生的角色類別物件「記錄」下來，並提供介面讓客戶端可以新增、刪除、取得這些被記錄的角色物件。而此處所稱的「記錄」則是使用 C#的容器類別 List 來完成。透過記錄管理這些物件，讓遊戲系統可以有效率地進行角色的更新、資料查詢、資源釋放…等等的操作。而最重要的是，遊戲中的角色之所以能夠自動攻擊及防守，就是由遊戲角色管理系統 CharacterSystem 來執行的。

遊戲角色管理系統 CharacterSystem 的類別定義中,先定義的兩個 List 容器類別，分別來記錄玩家角色及敵方角色：

```
//管理創建出來的角色
public class CharacterSystem : IGameSystem
{
    private List<ICharacter> m_Soldiers = new List<ICharacter>();
    private List<ICharacter> m_Enemys = new List<ICharacter>();
    ...
```

並且提供與這兩個容器相關的「管理」功能，包含了新增、刪除等方法：

```
//管理容器的相關方法
// 增加Soldier
public void AddSoldier( ISoldier theSoldier) {
```

```csharp
        m_Soldiers.Add( theSoldier );
    }

    // 移除Soldier
    public void RemoveSoldier( ISoldier theSoldier) {
        m_Soldiers.Remove( theSoldier );
    }

    // 增加Enemy
    public void AddEnemy( IEnemy theEnemy) {
        m_Enemys.Add( theEnemy );
    }

    // 移除Enemy
    public void RemoveEnemy( IEnemy theEnemy) {
        m_Enemys.Remove( theEnemy );
    }

    // 移除角色
    public void RemoveCharacter() {
        // 移除可以刪除的角色
        RemoveCharacter( m_Soldiers,m_Enemys,
                        ENUM_GameEvent.SoldierKilled );
        RemoveCharacter( m_Enemys, m_Soldiers,
                        ENUM_GameEvent.EnemyKilled);
    }

    // 移除角色
    public void RemoveCharacter(List<ICharacter> Characters,
                                List<ICharacter> Opponents,
                                ENUM_GameEvent emEvent) {
        // 分別取得可以移除及存活的角色
        List<ICharacter> CanRemoves = new List<ICharacter>();
        foreach( ICharacter Character in Characters)
        {
            // 是否陣亡
            if( Character.IsKilled() == false)
                continue;
            // 是否確認過陣亡事件
            if( Character.CheckKilledEvent()==false)
```

```
            m_PBDGame.NotifyGameEvent( emEvent,Character );
        // 是否可以移除
        if( Character.CanRemove())
            CanRemoves.Add (Character);
    }

    // 移除
    foreach( ICharacter CanRemove in CanRemoves)
    {
        // 通知對手移除
        foreach(ICharacter Opponent in Opponents)
            Opponent.RemoveAITarget( CanRemove );

        // 釋放資源並移除
        CanRemove.Release();
        Characters.Remove( CanRemove );
    }
}

// Enemy數量
public int GetEnemyCount() {
    return m_Enemys.Count;
}
```

而遊戲角色管理系統的定期更新中，會先讓所有角色進行更新，再進行角色 AI 的功能更新：

```
//系統定期更新
// 更新
public override void Update() {
    UpdateCharacter();
    UpdateAI(); // 更新AI
}

// 更新角色
private void UpdateCharacter() {
    foreach( ICharacter Character in m_Soldiers)
        Character.Update();
    foreach( ICharacter Character in m_Enemys)
        Character.Update();
```

```
    }

    // 更新AI
    private void UpdateAI() {
        // 分別更新兩個群組的AI
        UpdateAI(m_Soldiers, m_Enemys );
        UpdateAI(m_Enemys, m_Soldiers );

        // 移除角色
        RemoveCharacter();
    }

    // 更新AI
    private void UpdateAI( List<ICharacter> Characters,
                          List<ICharacter> Targets ) {
        foreach( ICharacter Character in Characters)
            Character.UpdateAI( Targets );
    }
```

而這裡的「更新」並不是指 Unity3D 引擎 MonoBehaviour 中的 Update 方法，而是進行我們為開發需求所設計的「遊戲系統」更新。就像在「第 7 章：遊戲的主迴圈」中提到的「單純的遊戲系統」。對於「P 級陣地」來說，遊戲角色管理系統 CharacterSystem 及角色 AI 就是「單純的遊戲系統」，所以必須透過之前設計的 Game Loop 機制來定期更新它，並使它們運作：

「透過 Game Loop，開發者可以替遊戲系統定期更新功能，因為這個遊戲系統類別，不想透過繼承 MonoBehaviour 且掛入某一個 Unity 遊戲物件(GameObject)的方式，來擁有定期更新的功能」

以角色 AI 功能為例，在 UpdateAI 的方法中，會分別更新兩個陣營群組的 AI 方法。在更新每一個單位角色 AI 時(UpdateAI)，都會將敵對營陣的全部角色以參數的方式傳入。這樣一來，每個角色在 AI 狀態更新時，就會有全部的敵對角色可以參考，之後就可以從這些敵對角色中，找出可攻擊或追擊的目標，接著完成 AI 狀態的轉換或維持現狀。透過下面的循序圖，就能了解整體系統的運作方式：

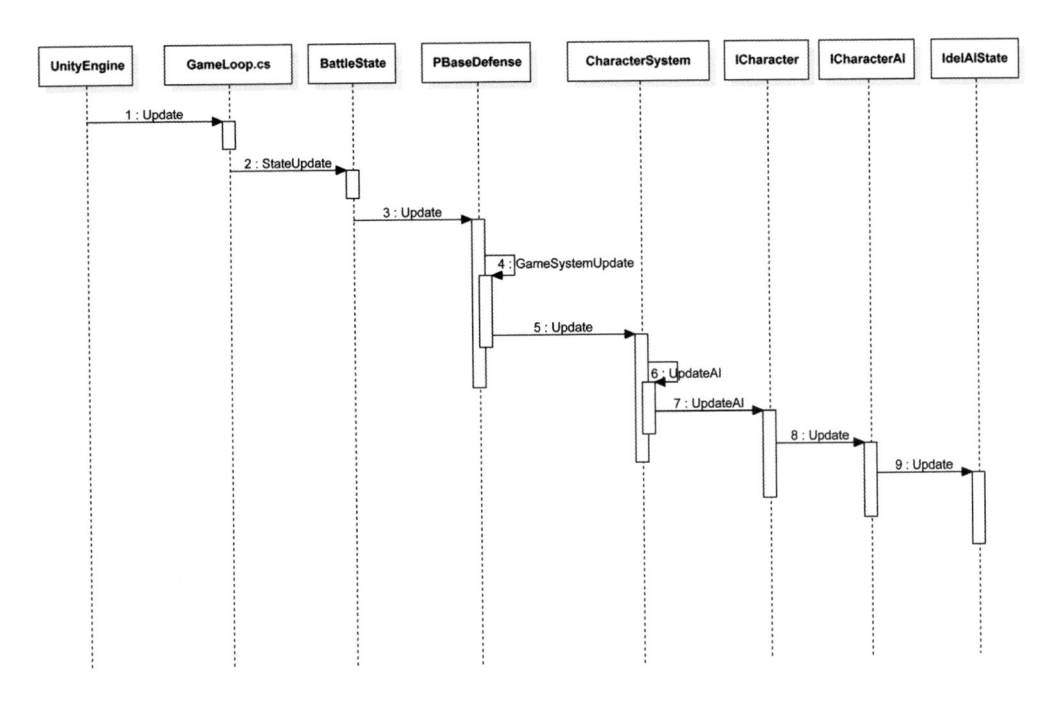

圖 13-3 系統流程圖

在後續的階段中，我們將繼續介紹「遊戲角色的生產及組裝功能」及「兵營系統與關卡系統」，也將介紹在一般實作時會遇到的問題，並提出使用設計模式的解決方法。

設計模式與遊戲開發
　的完美結合

Part IV

角色的產生

Factory Method 工廠方法模式、
Builder 建造者模式、*Flyweight* 享元模式

物件導向程式設計使用「類別」來區分系統的各項功能,例如「P 級陣地」的 PBaseDefenseGamer 類別負責整體遊戲的運作、對外溝通及對內子系統間的協調;角色管理系統 CharacterSystem 則是負責雙方陣營角色的管理。

除了靜態類別(static class)之外,類別都需要透過產生物件的方式,讓類別的功能得以運作,雖然 PBaseDefenseGamer 類別採用單例模式(*Singleton*)來取得唯一的物件,但也是在類別內產生了一個「靜態類別物件」來做為操作的對象。另外像是角色管理系統 CharacterSystem 則是成為 PBaseDefenseGamer 類別的成員,直接在 PBaseDefenseGamer 初始時中就產生物件實例:

Listing IV-1 遊戲系統在初始時產生物件(**PBaseDefenseGame.cs**)

```
public class PBaseDefenseGame
{
    ...
```

```
// 遊戲系統
private CharacterSystem m_CharacterSystem = null; // 角色管理系統
...
// 初始 P-BaseDefense 遊戲相關設定
public void Initial() {
    ...
    // 遊戲系統
    m_CharacterSystem = new CharacterSystem(this); // 角色管理系統
    ...
}
...
```

「P 級陣地」中還有其它的類別，以角色類別 ICharacter 及其子類別為例，其架構圖如下：

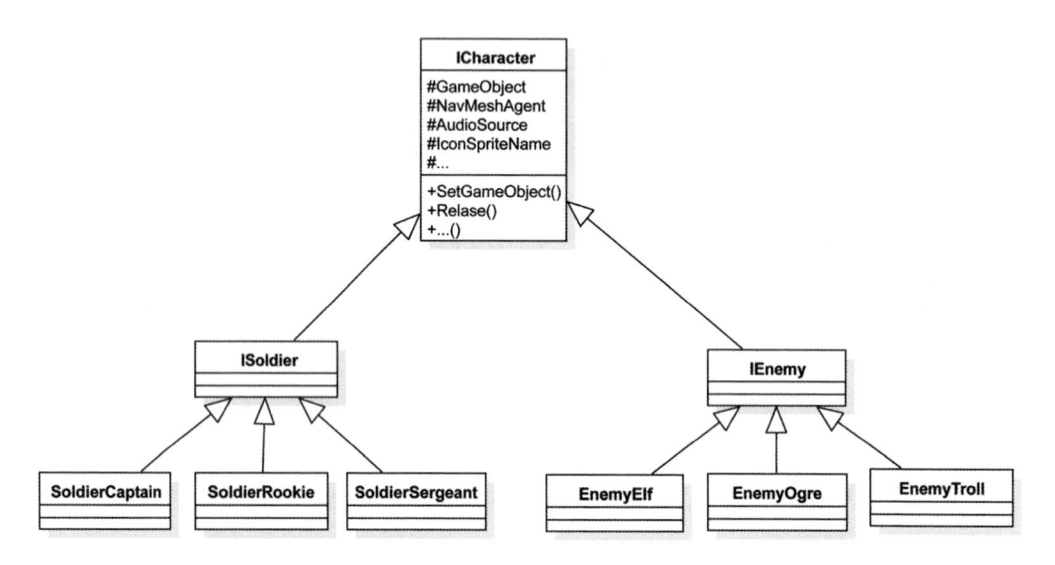

```
                        ICharacter
                        #GameObject
                        #NavMeshAgent
                        #AudioSource
                        #IconSpriteName
                        #...
                        +SetGameObject()
                        +Relase()
                        +...()
              ▲                           ▲
         ISoldier                      IEnemy
    ▲       ▲       ▲            ▲        ▲        ▲
SoldierCaptain  SoldierRookie  SoldierSergeant  EnemyElf  EnemyOgre  EnemyTroll
```

這些類別的物件必須依照執行的情況「即時產生」。而所謂的即時產生就是這些角色類別的物件，是依照遊戲進行中「不同的請求及條件」，讓系統於請求發生的當下，才將物件產生出來，而「P 級陣地」就是藉由這群即時產生的物件，彼此之間進行訊息傳送 (尋找、攻擊對手) 來完成遊戲的運作。

在接下來的幾個章節將討論的是，如何有效地實作「物件產生」的功能，讓遊戲系統能應付各種物件產生的需求，並能在遊戲開發後期還可以進行調整及維護。首先，我們將先針對角色物件產生的方式進行說明。

第 14 章

遊戲角色的產生
— *Factory Method*
工廠方法模式

14.1 產生角色

依照之前的遊戲需求說明可以得知:玩家透過兵營介面決定訓練角色之後,玩家角色就會從所屬的三個兵營中產生出來;而敵方角色物件則是由關卡系統(StageSystem)負責產生,而關卡系統(StageSystem)則是根據企劃人員的設定,在不同進度條件之下,產生不同的敵方角色物件。

圖 14-1 兩方陣營兵種的產生方式

如果用比較直覺的設計方式,我們可以在兵營類別中實作下列程式碼,用來產生玩家角色物件:

Listing 14-1 Soldier 兵營類別中可以產生所有的玩家角色單位

```
public class SoldierCamp
{
    // 訓練 Rookie 單位
    public ISoldier TrainRookie(ENUM_Weapon emWeapon,int Lv) {
        // 產生物件
        SoldierRookie theSoldier = new SoldierRookie();

        // 設定模型
        GameObject tmpGameObject =
                        CreateGameObject("RookieGameObjectName");
        tmpGameObject.gameObject.name = "SoldierRookie";
        theSoldier.SetGameObject( tmpGameObject );

        // 加入武器
        IWeapon Weapon = CreateWeapon(emWeapon);
        theSoldier.SetWeapon( Weapon );

        // 取得 Soldier 的數值,設定給角色
        SoldierAttr theSoldierAttr = CreateSoliderAttr(1);
        theSoldierAttr.SetSoldierLv(Lv);
        theSoldier.SetCharacterAttr(theSoldierAttr);

        // 加入 AI
        SoldierAI theAI = CreateSoldierAI();
        theSoldier.SetAI( theAI );

        // 加入管理器
        PBaseDefenseGame.Instance.AddSoldier( theSoldier as ISoldier );

        return theSoldier as ISoldier;
    }

    // 訓練 Sergeant 單位
    public ISoldier TrainSergeant(ENUM_Weapon emWeapon,int Lv) {
        // 產生物件
        SoldierSergeant theSoldier = new SoldierSergeant();

        // 設定模型
        GameObject tmpGameObject =
                    CreateGameObject("SergeantGameObjectName");
        tmpGameObject.gameObject.name = "SoldierSergeant";
        theSoldier.SetGameObject( tmpGameObject );

        // 加入武器
        IWeapon Weapon = CreateWeapon(emWeapon);
        theSoldier.SetWeapon( Weapon );

        // 取得 Soldier 的數值,設定給角色
```

```csharp
        SoldierAttr theSoldierAttr = CreateSoliderAttr(2);
        theSoldierAttr.SetSoldierLv(Lv);
        theSoldier.SetCharacterAttr(theSoldierAttr);

        // 加入 AI
        SoldierAI theAI = CreateSoldierAI();
        theSoldier.SetAI( theAI );

        // 加入管理器
        PBaseDefenseGame.Instance.AddSoldier( theSoldier as ISoldier );

        return theSoldier as ISoldier;
    }

    // 訓練 Captain 單位
    public ISoldier TrainCaption(ENUM_Weapon emWeapon,int Lv) {
        // 產生物件
        SoldierCaptain theSoldier = new SoldierCaptain();

        // 設定模型
        GameObject tmpGameObject = 
                    CreateGameObject("CaptainGameObjectName");
        tmpGameObject.gameObject.name = "SoldierCaptain";
        theSoldier.SetGameObject( tmpGameObject );

        // 加入武器
        IWeapon Weapon = CreateWeapon(emWeapon);
        theSoldier.SetWeapon( Weapon );

        // 取得 Soldier 的數值,設定給角色
        SoldierAttr theSoldierAttr = CreateSoliderAttr(3);
        theSoldierAttr.SetSoldierLv(Lv);
        theSoldier.SetCharacterAttr(theSoldierAttr);

        // 加入 AI
        SoldierAI theAI = CreateSoldierAI();
        theSoldier.SetAI( theAI );

        // 加入管理器
        PBaseDefenseGame.Instance.AddSoldier( theSoldier as ISoldier );

        return theSoldier as ISoldier;
    }
}
```

兵營類別中,針對三種玩家角色類別實作了三個方法,每個方法之中都先產生對應的玩家角色物件,之後再依需求產生 Unity3D 模型、武器、角色數值、角色 AI 等功能的物件,產生後的物件都一一設定給角色物件。

設計模式與遊戲開發
的完美結合

敵方角色物件的產生方式跟玩家角色相似，不同的是，敵方角色是從關卡系統(Stage System)產生的：

Listing 14-2　在關卡控制系統中產生所有的敵方角色物件

```
public class StageSystem
{
    // 加入 Elf 單位
    public IEnemy AddElf(ENUM_Weapon emWeapon) {
        // 產生物件
        EnemyElf theEnemy = new EnemyElf();

        // 設定模型
        GameObject tmpGameObject =
                        CreateGameObject("ElfGameObjectName");
        tmpGameObject.gameObject.name = "EnemyElf";
        theEnemy.SetGameObject( tmpGameObject );

        // 加入武器
        IWeapon Weapon = CreateWeapon(emWeapon);
        theEnemy.SetWeapon( Weapon );

        // 取得 Soldier 的數值,設定給角色
        EnemyAttr theEnemyAttr = CreateEnemyAttr(1);
        theEnemy.SetCharacterAttr(theEnemyAttr);

        // 加入 AI
        EnemyAI theAI = CreateEnemyAI();
        theEnemy.SetAI( theAI );

        // 加入管理器
        PBaseDefenseGame.Instance.AddEnemy( theEnemy as IEnemy );

        return theEnemy as IEnemy;
    }

    // 加入 Ogre 單位
    public IEnemy AddOgre(ENUM_Weapon emWeapon) {
        // 產生物件
        EnemyOgre theEnemy = new EnemyOgre();

        // 設定模型
        GameObject tmpGameObject =
                        CreateGameObject("OgreGameObjectName");
        tmpGameObject.gameObject.name = "EnemyOgre";
        theEnemy.SetGameObject( tmpGameObject );

        // 加入武器
        IWeapon Weapon = CreateWeapon(emWeapon);
```

```csharp
        theEnemy.SetWeapon( Weapon );

        // 取得 Soldier 的數值,設定給角色
        EnemyAttr theEnemyAttr = CreateEnemyAttr(2);
        theEnemy.SetCharacterAttr(theEnemyAttr);

        // 加入 AI
        EnemyAI theAI = CreateEnemyAI();
        theEnemy.SetAI( theAI );

        // 加入管理器
        PBaseDefenseGame.Instance.AddEnemy( theEnemy as IEnemy );

        return theEnemy as IEnemy;
    }

    // 加入 Troll 單位
    public IEnemy AddTroll(ENUM_Weapon emWeapon) {
        // 產生物件
        EnemyTroll theEnemy = new EnemyTroll();

        // 設定模型
        GameObject tmpGameObject =
                        CreateGameObject("TrollGameObjectName");
        tmpGameObject.gameObject.name = "EnemyTroll";
        theEnemy.SetGameObject( tmpGameObject );

        // 加入武器
        IWeapon Weapon = CreateWeapon(emWeapon);
        theEnemy.SetWeapon( Weapon );

        // 取得 Soldier 的數值,設定給角色
        EnemyAttr theEnemyAttr = CreateEnemyAttr(3);
        theEnemy.SetCharacterAttr(theEnemyAttr);

        // 加入 AI
        EnemyAI theAI = CreateEnemyAI();
        theEnemy.SetAI( theAI );

        // 加入管理器
        PBaseDefenseGame.Instance.AddEnemy( theEnemy as IEnemy );

        return theEnemy as IEnemy;
    }
}
```

同樣地,三個方法中都先產生對應的敵方角色物件,之後再依序產生 Unity3D 模型、武器、角色數值、角色 AI 等功能物件並設定給敵方角色。

在兩個類別中，共宣告了六個方法來產生不同的角色物件。而實務上，宣告功能相似性過高的方法會有不易管理的問題，而且這一次實作的六個方法中，每個角色物件的組裝流程，重複性太高了。此外，將產生相同類別群組物件的實作，分散在不同的遊戲功能之下，也比較不容易管理及維護。

所以，是否可以將這些方法都集合在一個類別下實作，並且以更靈活的方式來決定產生物件的類別呢？GoF 的工廠方法模式（Factory Method）替上述問題提供答案。

14.2 工廠方法模式（Factory Method）

提到「工廠」，多數人的第一個念頭可能是——它是可以大量生產東西的地方，另外就是它是以有組織、有規則的方式來生產東西。它會有多條生產線，每一條生產線上都有特殊的配置，專門用來生產特定的東西。沒錯，工廠方法模式（Factory Method）就是用來搭建專門生產軟體物件的地方，而且這樣的軟體工廠，也能針對特定的類別配置特定的組裝流程，來達成客戶端的要求。

14.2.1 工廠方法模式（Factory Method）的定義

GoF 對工廠方法模式（Factory Method）的解釋是：

「定義一個可以產生物件的介面，但是讓子類別決定要產生哪一個類別的物件。工廠方法模式讓類別的實例化程序延遲到子類別中實行」

工廠方法模式（Factory Method）就是將類別「產生物件的流程」集合管理的模式。集合管理帶來的好處是：1.能針對物件產生的流程制定規則，2.減少客戶端參與物件生成的過程，尤其是對於那種類別物件生產過程過於複雜的，如果讓客戶端操作物件的組裝過程，將使得客戶端與該類別的耦合度過高，不利於後續的專案維護。

工廠方法模式（Factory Method）是先定義一個產生物件的介面，之後讓它的子類別去決定產生哪一種物件，這有助於將龐大的類別群組進行分類。例如一家生產汽車的公司，生產各式房車、小貨車、大卡車…等，而每一個大類別下又有品牌及不同功能之分。

因此，生產部門可以先定義一個「生產車」的介面，從這個介面可以取得生產部門所產生的「車」。之後這個介面會衍生 3 個子類別，每一個子類別負責生產這家公司的一類

車款,分別為:房車工廠、小貨車工廠、大卡車工廠。當業務部門接到 50 台房車的訂單後,只要取得「房車工廠」物件,之後就能對房車工廠下達生產的命令:

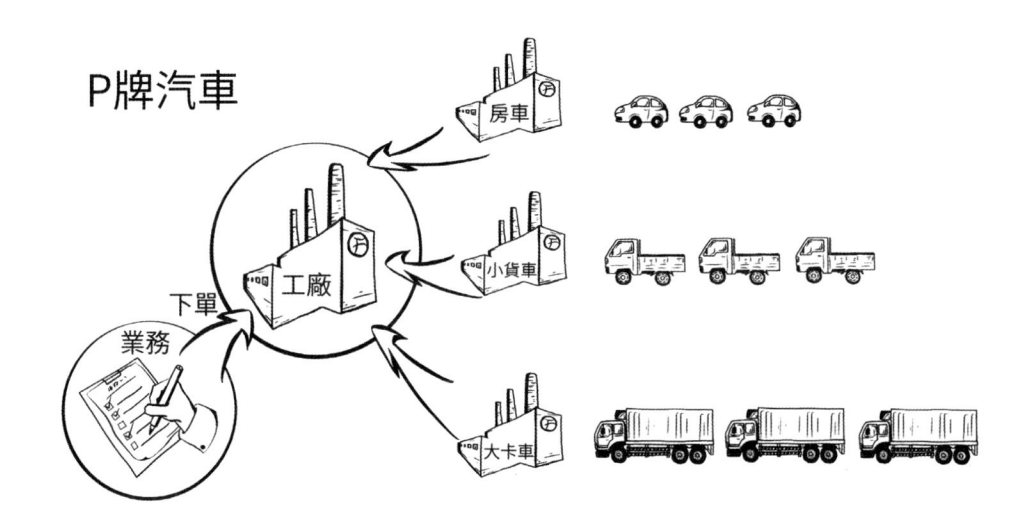

圖 14-2 各式汽車與工廠對應,並由業務部門下單示意圖

最後,業務部門就能取得 50 台房車,至於這 50 台房車是怎麼在生產線上進行組裝的,業務部門不需要知道。

14.2.2 工廠方法模式(*Factory Method*)的說明

定義一個可以產生物件的介面,讓子類別決定要產生哪一個類別的物件,其基本架構如下圖所示:

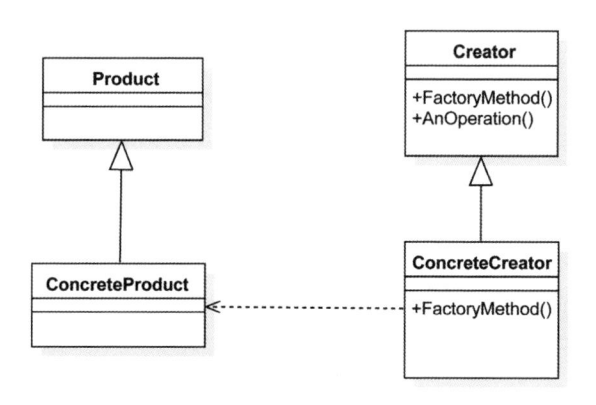

參與者的說明如下：

- Product(產品類別)
    ◎ 定義產品類別的操作介面，而這個產品將由工廠產出。
- ConcreteProduct(產品實作)
    ◎ 實作產品功能的類別，可以不只定義一個產品實作類別，這些產品實作類別的物件都會由 ConcreteCreator(工廠實作類別)產生。
- Creator(工廠類別)
    ◎ 定義能產生 Product(產品類別)的方法：FactoryMethod。
- ConcreteCreator(工廠實作類別)
    ◎ 實作 FactoryMethod，並產生指定的 ConcreteProduct(產品實作)。

14.2.3 工廠方法模式（*Factory Method*）的實作範例

在實作工廠方法模式（*Factory Method*）的選擇上，並非固定的，而是依照程式語言的特性來決定有多少種實作方式。因為 C#支援泛型程式設計，所以有 4 種實作方式：

第一種方式：由子類別產生

定義一個可以產生物件的介面，讓子類別決定要產生哪一個類別的物件，實作上並不會太複雜：

Listing 14-3　宣告 Factory 類別 (FactoryMethod.cs)

```csharp
public abstract class Creator
{
    // 子類別回傳對應的 Product 型別之物件
    public abstract Product FactoryMethod();
}
```

FactoryMethod 方法負責產生 Product 類別的物件，Product 類別及其子類別的實作如下：

Listing 14-4　產品物件類型及子類別 (FactoryMethod.cs)

```csharp
public abstract class Product
{}
```

```csharp
// 產品物件類型 A
public class ConcreteProductA : Product
{
    public ConcreteProductA() {
        Debug.Log("生成物件類型 A");
    }
}

// 產品物件類型 B
public class ConcreteProductB : Product
{
    public ConcreteProductB() {
        Debug.Log("生成物件類型 B");
    }
}
```

之後，讓分別繼承自 Creator 的子類別，去產生對應的產品類別物件：

Listing 14-5　實作能產生產品的工廠（`FactoryMethod.cs`）

```csharp
// 產生 ProductA 的工廠
public class ConcreteCreatorProductA : Creator
{
    public ConcreteCreatorProductA() {
        Debug.Log("產生工廠:ConcreteCreatorProductA");
    }

    public override Product FactoryMethod() {
        return new ConcreteProductA();
    }
}

// 產生 ProductB 的工廠
public class ConcreteCreatorProductB : Creator
{
    public ConcreteCreatorProductB() {
        Debug.Log("產生工廠:ConcreteCreatorProductB");
    }

    public override Product FactoryMethod() {
        return new ConcreteProductB();
    }
}
```

第一個子類別：ConcreteCreatorProductA，它的 FactoryMethod 方法負責產生 ConcreteProductA 的物件；第二個子類別：ConcreteCreatorProductB，它的 FactoryMethod 方法負責產生 ConcreteProductB 的物件。

在測試方法如下：

Listing 14-6　測試工廠模式（`FactoryMethodTest.cs`）

```
void UnitTest() {
    // 產品
    Product theProduct = null;

    // 工廠介面
    Creator theCreator = null;

    // 設定為負責 ProduceA 的工廠
    theCreator = new ConcreteCreatorProductA();
    theProduct = theCreator.FactoryMethod();

    // 設定為負責 ProduceB 的工廠
    theCreator = new ConcreteCreatorProductB();
    theProduct = theCreator.FactoryMethod();
}
```

要取得 ProductA 物件時，工廠介面要指定為能生產 ProductA 的 ConcreteCreatorProductA 工廠類別，之後呼叫 FactoryMethod 來取得 ProductA 物件。接下來的 ProductB 也是一樣的流程。輸出的訊息也反應兩個工廠類別產生了不同的 Product 子類別的物件：

執行結果

```
產生工廠:ConcreteCreatorProductA
生成物件類型 A
產生工廠:ConcreteCreatorProductB
生成物件類型 B
```

第二種方式：在 `FactoryMethod` 增加參數

由不同的子類別工廠產生不同的產品類別物件，在遇到產品類別物件非常多種的時候，很容易造成「工廠子類別暴增」的情況，這對於後續維護來說，是比較辛苦的。所以當有上述情況時，可以改成由單一個 Factory Method 方法，配合傳入參數的方式，來決定要產生的產品類別物件是哪一個：

Listing 14-7 宣告 factory method，它會依參數 Type 的提示回傳對應 Product 類別物件(FactoryMethod.cs)

```
public abstract class Creator_MethodType
{
    public abstract Product FactoryMethod(int Type);
}

// 重新實作 factory method，以回傳 Product 型別之物件
public class ConcreteCreator_MethodType: Creator_MethodType
{
    public ConcreteCreator_MethodType() {
        Debug.Log("產生工廠:ConcreteCreator_MethodType");
    }

    public override Product FactoryMethod(int Type) {
        switch( Type )
        {
            case 1:
                return new ConcreteProductA();
            case 2:
                return new ConcreteProductB();
            default:
                Debug.Log("Type["+Type+"]無法產生物件");
                break;
        }
        return null;
    }
}
```

子類別在實作 Factory Method 時，會依照傳入的 Type，使用 switch case 語法來決定要產生的產品類別物件。在測試程式中，直接產生子類別工廠物件後，就能利用不同的參數來產生對應的產品類別物件：

Listing 14-8 測試 FacctoryMethod(FactoryMethodTest.cs)

```
    void UnitTest() {
        // 工廠介面
        Creator_MethodType theCreatorMethodType =
                            new ConcreteCreator_MethodType();

        // 取得兩個產品
        theProduct = theCreatorMethodType.FactoryMethod(1);
        theProduct = theCreatorMethodType.FactoryMethod(2);
    }
```

輸出的訊息如下：

執行結果

```
產生工廠:ConcreteCreator_MethodType
生成物件類型 A
生成物件類型 B
```

Factory Method 是比較常用的實作方式。但是對於 switch case 語法帶來的缺點，就必須加以衡量了。就筆者的經驗來說，如果選擇了 Factory Method 的方式，那麼就會在 switch case 語法的最後面加上 default 區段，區段中加上警語，提醒有忽略掉的 Type 被傳入，以避免新增產品類別時，忽略了要修改這一段程式碼。

但是否存在那種既可以產生對應的產品類別，又不想用那麼多的工廠子類別去實作，也不想用 switch case 語法來條列所有產品類別的方式呢？答案是有的，只是需要程式語言本身支援了「相關語法」即可。而這裡所說的「相關語法」指的是──程式語言具備「泛型程式設計」的語法。

「泛型程式設計」在 C++語法中，指的是 template 相關語法，而在 Unity3D 使用的 C# 語法中，指的是 Generic 相關語法。所以，既然 C#提供了語法，那就可以使用泛型語法來實作工廠類別。一般還可以分為兩種實作方式：1. 泛型類別(Generic Class)及 2.泛型方法(Generic Method)。

第三種方式：Creator 泛型類別

首先是採用泛型類別(Generic Class)的實作，跟第一種實作方式比較起來，可省去繼承的實作方式，改用指定「T 類別型別」的方式，產生對應類別的物件：

Listing 14-9 宣告 Generic factory 類別(FactoryMethod.cs)

```csharp
public class Creator_GenericClass<T> where T : Product,new()
{
    public Creator_GenericClass() {
        Debug.Log("產生工廠:Creator_GenericClass<"+
                    typeof(T).ToString()+">");
    }

    public Product FactoryMethod() {
        return new T();
    }
}
```

使用泛型類別(Generic Class)實作時很簡潔，只有一個類別需要實作。另外，可以使用

```
public class Creator_GenericClass<T> where T : Product
```

的語法，來限定 T 類別型別，只可以帶入 Product 群組內的類別。

客戶端使用時，跟第一種實作方式(由子類別產生)一樣，要先取得能產生特定產品類別的工廠物件，之後再呼叫工廠物件的 FactoryMethod 來產生物件：

Listing 14-10　測試泛型類別(FactoryMethodTest.cs)

```
void UnitTest() {

    // 使用 Generic Class
    // 負責 ProduceA 的工廠
    Creator_GenericClass<ConcreteProductA> Creator_ProductA =
                new Creator_GenericClass<ConcreteProductA>();
    theProduct = Creator_ProductA.FactoryMethod();

    // 負責 ProduceB 的工廠
    Creator_GenericClass<ConcreteProductB> Creator_ProductB =
                new Creator_GenericClass<ConcreteProductB>();
    theProduct = Creator_ProductB.FactoryMethod();
}
```

輸出的訊息如下：

執行結果

```
產生工廠：
Creator_GenericClass<DesignPattern_FactoryMethod.ConcreteProductA>
生成物件類型 A
產生工廠：
Creator_GenericClass<DesignPattern_FactoryMethod.ConcreteProductB>
生成物件類型 B
```

第四種方式：FactoryMethod 泛型方法

因為泛型類別(Generic Class)不使用繼承的方式實作，所以客戶端無法取得「工廠介面」，所以當需要取得工廠介面時，則可改用泛型方法(Generic Method)來實作工廠方法模式（*Factory Method*）：

14-13

Listing 14-11 宣告 factory method 介面，並使用 Generic 定義方法
(FactoryMethod.cs)

```csharp
interface Creator_GenericMethod
{
    Product FactoryMethod<T>() where T: Product, new();
}

// 重新實作 factory method，以回傳 Product 型別之物件
public class ConcreteCreator_GenericMethod : Creator_GenericMethod
{
    public ConcreteCreator_GenericMethod() {
        Debug.Log("產生工廠:ConcreteCreator_GenericMethod");
    }

    public Product FactoryMethod<T>() where T: Product, new() {
        return new T();
    }
}
```

使用 C# interface 語法宣告了一個介面 Creator_GenericMethod，並定義了一個泛型方法 FactoryMethod<T>。客戶端可以指定要產生的產品類別 T，實作的類別就會將 T 類別的物件產生出來並回傳。而 T 類別在宣告時，必須指定為 Product 類別，且要能使用 new 的方式產生。

在測試程式中，透過傳入不同的 T 型別，就能產生對應的產品類別物件：

Listing 14-12 泛型方法的測試 (FactoryMethodTest.cs)

```csharp
void UnitTest() {
    // 使用 Generic Method
    Creator_GenericMethod theCreatorGM =
                            new ConcreteCreator_GenericMethod();
    theProduct = theCreatorGM.FactoryMethod<ConcreteProductA>();
    theProduct = theCreatorGM.FactoryMethod<ConcreteProductB>();
}
```

執行結果

產生工廠:ConcreteCreator_MethodType
生成物件類型 A
生成物件類型 B

使用 Generic Method 的方法實作，除了擁有「工廠介面」之外，還能免去使用 switch case 語法帶來的缺點。另外，可以限定傳入 T 的類型，必須是 Product 類別，所以當有不屬於 Product 群組的類別被傳入時，C# 在編譯階段就能發現錯誤。

四種實作的選擇，一般會按實務情況，分析工廠類別與其它遊戲系統、客戶端的互動情況來決定。不過，在不知選擇哪種方式時，筆者建議可以先選擇第二種：「利用傳入參數來決定要產生的類別物件」的方式，原因是它能避免產生過多的工廠子類別，也不必去撰寫較複雜的泛型語法。但唯一要忍受不便的是，當中 switch case 語法所帶來的缺點，而這也是專案實作中少數可能出現 switch case 語法的地方。

14.3 使用工廠方法模式（*Factory Method*）來產生角色物件

當類別的物件產生時，若出現下列情況：

- 需要複雜的流程；
- 需要載入外部資源，例如從網路、儲存設備、資料庫；
- 有物件上限；
- 可重複使用。

就建議使用工廠方法模式（*Factory Method*）來實作一個工廠類別，而這個工廠類別內還可以搭配其它的設計模式，讓物件的產生與管理更有效率。

14.3.1 角色工廠類別

在「P 級陣地」中，將角色類別 ICharacter 的物件產生地點，全部整合在同一個角色工廠類別下，有助於後續遊戲專案的維護：

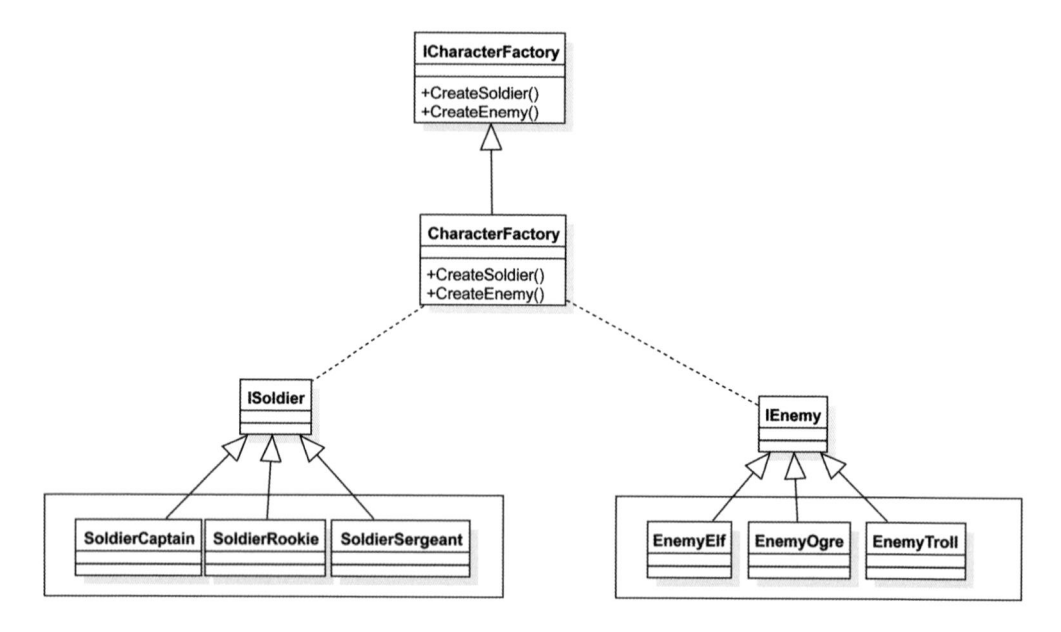

```
                    ┌─────────────────────┐
                    │ ICharacterFactory   │
                    ├─────────────────────┤
                    │ +CreateSoldier()    │
                    │ +CreateEnemy()      │
                    └─────────────────────┘
                              △
                              │
                    ┌─────────────────────┐
                    │  CharacterFactory   │
                    ├─────────────────────┤
                    │ +CreateSoldier()    │
                    │ +CreateEnemy()      │
                    └─────────────────────┘
```

（類別圖：ICharacterFactory、CharacterFactory、ISoldier（SoldierCaptain、SoldierRookie、SoldierSergeant）、IEnemy（EnemyElf、EnemyOgre、EnemyTroll））

參與者的說明如下：

- **ICharacterFactory**

  負責產生角色類別 ICharacter 的工廠介面，並提供了兩個工廠方法來產生不同陣營的角色物件：CharacterSoldier 負責產生玩家陣營的角色物件；CharacterEnemy 負責產生敵方陣營的角色物件。

- **CharacterFactory**

  繼承並實作 ICharacter 工廠介面的類別，之中實作的工廠方法是實際產生物件的地方。

- **ISoldier、SoldierCaption...**

  由工廠類別產生的「產品」，在「P 級陣地」中為玩家角色。

- **IEnemy、EnemyElf...**

  由工廠類別產生的另一項「產品」，在「P 級陣地」中為敵方角色。

14.3.2 實作說明

ICharacterFactory 為抽象類別，定義了兩個可產生雙方陣營角色的工廠方法：

Chapter 14 遊戲角色的產生 — Factory Method 工廠方法模式

Listing 14-13　產生遊戲角色工廠介面(CharacterFactory.cs)

```
public abstract class ICharacterFactory
{
    // 建立Soldier
    public abstract ISoldier CreateSoldier( ENUM_Soldier emSoldier,
                                            ENUM_Weapon emWeapon,
                                            int Lv,
                                            Vector3 SpawnPosition);

    // 建立Enemy
    public abstract IEnemy CreateEnemy( ENUM_Enemy emEnemy,
                                        ENUM_Weapon emWeapon,
                                        Vector3 SpawnPosition,
                                        Vector3 AttackPosition);
}
```

在宣告的方法中，除了將要產生的角色類型使用列舉(enum)語法加以指定外，也將物件產生時所需要的額外資訊：武器類型、等級、集合點等，一併傳遞給工廠方法。CharacterFactory 為實作上述介面的類別：

Listing 14-14　實作產生遊戲角色工廠(CharacterFactory.cs)

```
public class CharacterFactory : ICharacterFactory
{
    // 建立Soldier
    public override ISoldier CreateSoldier( ENUM_Soldier emSoldier,
                                            ENUM_Weapon emWeapon,
                                            int Lv,
                                            Vector3 SpawnPosition) {

        // 產生對應的Character
        ISoldier theSoldier = null;
        switch( emSoldier)
        {
            case ENUM_Soldier.Rookie:
                theSoldier = new SoldierRookie();
                break;
            case ENUM_Soldier.Sergeant:
                theSoldier = new SoldierSergeant();
                break;
            case ENUM_Soldier.Captain:
                theSoldier = new SoldierCaptain();
                break;
            default:
              Debug.LogWarning(
                    "CreateSoldier:無法建立["+emSoldier+"]");
            return null;
        }
```

14-17

```csharp
        // 設定模型
        GameObject tmpGameObject = CreateGameObject(
                                    "CaptainGameObjectName");
        tmpGameObject.gameObject.name = "Soldier" +
                                    emSoldier.ToString();
        theSoldier.SetGameObject(tmpGameObject);

        // 加入武器
        IWeapon Weapon = CreateWeapon(emWeapon);
        theSoldier.SetWeapon(Weapon);

        // 取得 Soldier 的數值,設定給角色
        SoldierAttr theSoldierAttr = CreateSoliderAttr(
                                    theSoldier.GetAttrID());
        theSoldierAttr.SetSoldierLv(Lv);
        theSoldier.SetCharacterAttr(theSoldierAttr);

        // 加入 AI
        SoldierAI theAI = CreateSoldierAI();
        theSoldier.SetAI(theAI);

        // 加入管理器
        PBaseDefenseGame.Instance.AddSoldier(theSoldier);

        return theSoldier;
    }

    // 建立 Enemy
    public override IEnemy CreateEnemy( ENUM_Enemy emEnemy,
                                    ENUM_Weapon emWeapon,
                                    Vector3 SpawnPosition,
                                    Vector3 AttackPosition) {

        // 產生對應的 Character
        IEnemy  theEnemy =null;
        switch( emEnemy)
        {
            case ENUM_Enemy.Elf:
                theEnemy = new EnemyElf();
                break;
            case ENUM_Enemy.Troll:
                theEnemy = new EnemyTroll();
                break;
            case ENUM_Enemy.Ogre:
                theEnemy = new EnemyOgre();
                break;
            default:
                Debug.LogWarning("無法建立["+emEnemy+"]");
                return null;
        }
```

```
            // 設定模型
            GameObject tmpGameObject = CreateGameObject(
                                        "OgreGameObjectName");
            tmpGameObject.gameObject.name = "Enemy" + emEnemy.ToString();
            theEnemy .SetGameObject( tmpGameObject );

            // 加入武器
            IWeapon Weapon = CreateWeapon(emWeapon);
            theEnemy .SetWeapon( Weapon );

            // 取得 Enemy 的數值,設定給角色
            EnemyAttr theEnemyAttr = CreateEnemyAttr(
                                        theEnemy.GetAttrID() );
            theEnemy .SetCharacterAttr(theEnemyAttr);

            // 加入 AI
            EnemyAI theAI = CreateEnemyAI();
            theEnemy .SetAI( theAI );

            // 加入管理器
            PBaseDefenseGame.Instance.AddEnemy( theEnemy );

            return theEnemy ;
        }
    }
```

兩個工廠方法(Factory Method)都包含角色類型列舉的參數,使用 switch case 的語法來產生不同的角色物件。為了減少因 switch case 語法產生的缺失,在 switch 語法的最後加上了 default:區段,用來提示列舉項目無法產生對應角色物件的情況。除了產生對應的類別物件,工廠方法(Factory Method)也將物件後續所需的功能設定程序,一併整合進來。最後再將新增的角色透過 PBaseDefenseGame.Instance.AddEnemy 方法新增到遊戲角色管理系統(CharacterSystem)之中。

14.3.3 使用工廠方法模式(*Factory Method*)的優點

角色工廠類別 CharacterFactory 將「角色類別群組」產生物件的實作,都整合到兩個工廠方法(Factory Method)之下,並將有關的程序從客戶端移除,同時降低了客戶端與「角色產生過程」的耦合度。此外,角色生成後的後續設定功能:給武器、設定數值、設定 AI 等,也都在同一個地方實作,讓開發人員能快速了解類別之間的關聯性及設定的先後順序。

話雖如此,但這兩個工廠方法(Factory Method)對於物件產生之後的相關功能設定,其實還有可以改善的空間。而這一部份的重構,將在下一個章進行說明。

14-19

14.3.4 工廠方法模式（*Factory Method*）的實作說明

上一小節，我們將角色的產生套用了工廠方法模式（*Factory Method*）來產生物件，事實上，在「P 級陣地」中還有些實作方面的考量與延伸應用，簡述如下：

使用泛型方法 Generic Method 來實作

在本章第 2 節曾提及，可使用泛型程式設計中的「泛型方法(Generic Method)」來減少使用 switch case 語法。如果要在「P 級陣地」中使用泛型方法(Generic Method)來實作廠方法模式（*Factory Method*），那麼可能會增加其它系統在呼叫泛型方法時的負擔。

因為呼叫泛型方法的系統，必須知道可以傳入泛型方法(Generic Method)的 T 類別是哪一個，但知道愈多的 T 類別，對於系統的獨立性就愈不利。所以在權衡之下，「P 級陣地」還是使用了 switch case 語法，讓呼叫的系統只需要知道列舉型別(ENUM_Soldier,ENUM_Enemy)，藉此減少耦合度。

不過，筆者還是將以泛型方法(Generic Method)實作的角色工廠列出如下，讓讀者參考。而這些程式碼在實際遊戲運行中，是不會被執行的：

**Listing 14-15　產生遊戲角色工廠介面(Generic Method)
　　　　　　　(TCharacterFactory.cs)**

```csharp
public interface TCharacterFactory_Generic
{
    // 建立 Soldier(Generice 版)
    ISoldier CreateSoldier<T>(ENUM_Weapon emWeapon, int Lv,
                    Vector3 SpawnPosition) where T: ISoldier,new();

    // 建立 Enemy(Generice 版)
    Ienemy CreateEnemy<T>(ENUM_Weapon emWeapon,
                    Vector3 SpawnPosition,
                    Vector3 AttackPosition) where T: IEnemy,new();
}
```

Listing 14-16　產生遊戲角色工廠 Generic 版(CharacterFactory_Generic.cs)

```csharp
public class CharacterFactory_Generic : TCharacterFactory_Generic
{
    // 建立 Soldier(Generice 版)
    public ISoldier CreateSoldier<T>(ENUM_Weapon emWeapon, int Lv,
```

Chapter 14 遊戲角色的產生 — Factory Method 工廠方法模式

```csharp
                    Vector3 SpawnPosition) where T: ISoldier,new() {

    // 產生對應的 T 類別
    ISoldier theSoldier = new T();
    if(theSoldier  == null)
        return null;

    // 設定模型
    GameObject tmpGameObject = CreateGameObject(
                              "CaptainGameObjectName");
    tmpGameObject.gameObject.name ="Soldier" +
                              typeof(T).ToString();
    theSoldier.SetGameObject( tmpGameObject );

    // 加入武器
    IWeapon Weapon = CreateWeapon(emWeapon);
    theSoldier.SetWeapon( Weapon );

    // 取得 Soldier 的數值,設定給角色
    SoldierAttr theSoldierAttr = CreateSoliderAttr(
                                theSoldier.GetAttrID() );
    theSoldierAttr.SetSoldierLv(Lv);
    theSoldier.SetCharacterAttr(theSoldierAttr);

    // 加入 AI
    SoldierAI theAI = CreateSoldierAI();
    theSoldier.SetAI( theAI );

    // 加入管理器
    PBaseDefenseGame.Instance.AddSoldier( theSoldier as ISoldier );

    return theSoldier;
}

// 建立 Enemy(Generice 版)
public IEnemy CreateEnemy<T>(ENUM_Weapon emWeapon,
                  Vector3 SpawnPosition,
                  Vector3 AttackPosition) where T: IEnemy,new() {

    // 產生對應的 Character
    IEnemy   theEnemy = = new T();
    if( theEnemy == null)
        return null;

    // 設定模型
    GameObject tmpGameObject = CreateGameObject(
                              "OgreGameObjectName");
    tmpGameObject.gameObject.name = "Enemy" + typeof(T).ToString();
    theEnemy .SetGameObject( tmpGameObject );

    // 加入武器
    IWeapon Weapon = CreateWeapon(emWeapon);
```

```
            theEnemy .SetWeapon( Weapon );

            // 取得 Enemyr 的數值,設定給角色
            EnemyAttr theEnemyAttr = CreateEnemyAttr(
                                         theEnemy.GetAttrID());
            theEnemy .SetCharacterAttr(theEnemyAttr);

            // 加入 AI
            EnemyAI theAI = CreateEnemyAI();
            theEnemy .SetAI( theAI );

            // 加入管理器
            PBaseDefenseGame.Instance.AddEnemy( theEnemy );

            return theEnemy ;
        }
    }
```

其他的工廠

在「P級陣地」中，採用「將類別物件的產生，都以一個工廠類別來實作」這種概念來實作的，不只角色工廠一個。以下是「P級陣地」中的各種工廠：

- IAssetFactory：資源載入工廠，負責將放置在檔案目錄下的 Unity3D 資源 Asset 實體化的工廠，這些資源包含：3D 模型、2D 圖檔、音效音樂檔…等。因為 Unity3D 在 Asset 載入時，有些策略及步驟是具選擇性的或可進行最佳化的，並且也能減少客戶端直接取得 Unity3D 資源的耦合。所以在「P級陣地」中，會將資源實例化的動作交由 IAssetFactory 工廠來實作。

- IWeaponFactory：武器工廠，負責建立角色單位使用的武器。雖然目前在遊戲的設定上，只有 3 種武器，但產生過程也需要多個步驟才能完成，所以也集中在一個工廠下實作。

- IAttrFactory：數值產生工廠，雙方角色都必須使用數值來代表能力(生命力、移動速度)。而這些數值組合在遊戲設計過程中，是需要被量化及能事先計算設計的，所以「數值」往往以一組一組的方式被記錄及初始化，並且以指定編號的方式，將特定的數值指定給角色。而 IAttrFactory 數值產生工廠，即是透過指定編號的方式，將數值組合產生，當中也包含了可以最佳化的操作，這部份將留在「第 16 章：遊戲數值管理功能」進行說明。

Chapter 14　遊戲角色的產生 —
Factory Method 工廠方法模式

工廠類別物件的管理

在「P 級陣地」中存在 4 個工廠，而這些工廠都是「介面類別」而且不是以「靜態類別」的方式宣告，所以一定會在專案的某個地方進行「產生物件 new」的動作，讓這些工廠能透過物件進行運作。而且因為資源最佳化的需求，也希望整個專案中的每個工廠類別都只產生一個物件，所以「P 級陣地」特別設計了一個「靜態類別」PBDFactory 來管理這些工廠：

Listing 14-17　取得 P-BaseDefenseGame 中所使用的工廠 (`PBDFactory.cs`)

```csharp
public static class PBDFactory
{
    private static bool m_bLoadFromResource = true;
    private static ICharacterFactory m_CharacterFactory = null;
    private static IAssetFactory     m_AssetFactory = null;
    private static IWeaponFactory    m_WeaponFactory = null;
    private static IAttrFactory      m_AttrFactory = null;

    private static TCharacterFactory_Generic m_TCharacterFactory=null;

    // 取得將 Unity Asset 實作化的工廠
    public static IAssetFactory GetAssetFactory() {
        if( m_AssetFactory == null)
        {
            if( m_bLoadFromResource)
                m_AssetFactory = new ResourceAssetFactory();
            else
                m_AssetFactory = new RemoteAssetFactory();
        }
        return m_AssetFactory;
    }

    // 遊戲角色工廠
    public static ICharacterFactory GetCharacterFactory() {
        if( m_CharacterFactory == null)
            m_CharacterFactory = new CharacterFactory();
        return m_CharacterFactory;
    }

    // 遊戲角色工廠(Generic 版)
    public static TCharacterFactory_Generic GetTCharacterFactory() {
        if( m_TCharacterFactory == null)
            m_TCharacterFactory = new CharacterFactory_Generic();
        return m_TCharacterFactory;
    }

    // 武器工廠
    public static IWeaponFactory GetWeaponFactory() {
        if( m_WeaponFactory == null)
```

14-23

```
            m_WeaponFactory = new WeaponFactory();
        return m_WeaponFactory;
    }

    // 數值工廠
    public static IAttrFactory GetAttrFactory() {
        if( m_AttrFactory == null )
            m_AttrFactory = new AttrFactory();
        return m_AttrFactory;
    }
}
```

因為 PBDFactory 是使用「靜態類別」來設計，所以它的類別成員也是以「靜態成員」的方式來宣告。當呼叫該類別的方法取得對應的工廠時，PBDFactory 類別可以確保靜態成員只會被產生一次，而且回傳的是各工廠的「介面」，正好呼應如同「第 5 章: 取得遊戲服務的唯一物件」中所描述的需求——可以使用靜態類別的靜態方法來取得某個類別的唯一物件，而不必使用單例模式（*Singleton*）來完成。

遊戲程式碼中的客戶端取得的工廠之後，可以下列方式來獲得所需要的類別物件：

Listing 14-18 執行訓練 Soldier (TrainSoldierExecute.cs)

```
public class TrainSoldierExecute
{
    ...
    public void Action( TrainSoldierCommand Command )
    {
        // 取得角色工廠
        ICharacterFactory Factory = PBDFactory.GetCharacterFactory();

        // 建立 Soldier
        ISoldier Soldier = Factory.CreateSoldier(Command.emSoldier,
                                                 Command.emWeapon,
                                                 Command.Lv ,
                                                 Command.Position );
        ...
    }
}
```

14.4 工廠方法模式（*Factory Method*）面對變化時

當把物件的產生交由各類工廠負責之後，對於專案後期的變更要求來說，修改會更有效率，例如：針對某一個工廠方法(Factory Method)想要新增一個的參數設定時，雖然這個變更的修改會更動到介面規則，因此必須同時修改所有客戶端，但對於修改的程度及影響範圍而言，仍較容易預估。因為使用程式編輯工具(IDE)的「找尋被參照」功能，就能快速找出所有方法被使用的地方，所以當發現修改必須更動的範圍過大時，就能對於修改的方式做出其他決定，甚至是更改需求。另外，當想要更動物件的產生流程及功能組裝的規則時，也只需要更動工廠方法內的實作程式碼，將修改範圍侷限在一個地方。

當工廠是以「介面」形式存在時，代表有機會更換不同的「實作工廠類別」來達成不同的設計需求。像是「P級陣地」中的 IAssetFactory 資源載入工廠，負責 Unity3D 的資源載入。對於一個 Unity3D 資源而言，它可以存在於不同的物理位置中，像是：

- 專案的 Resource 目錄下。
- 可以使用目錄符號 C:\xxx\xxx 取得的檔案資源，包含本機電腦目錄及區域網路中的電腦目錄。
- 使用 UnityEngine.WWW 類別取得放在網頁伺服器(Web Server)上的 Assetbundle 資源。

而為了應用不同的資源取得方式，「P級陣地」中的 IAssetFactory 資源載入工廠有三個子類別，分別負責不同資源的取得方式：

設計模式與遊戲開發
的完美結合

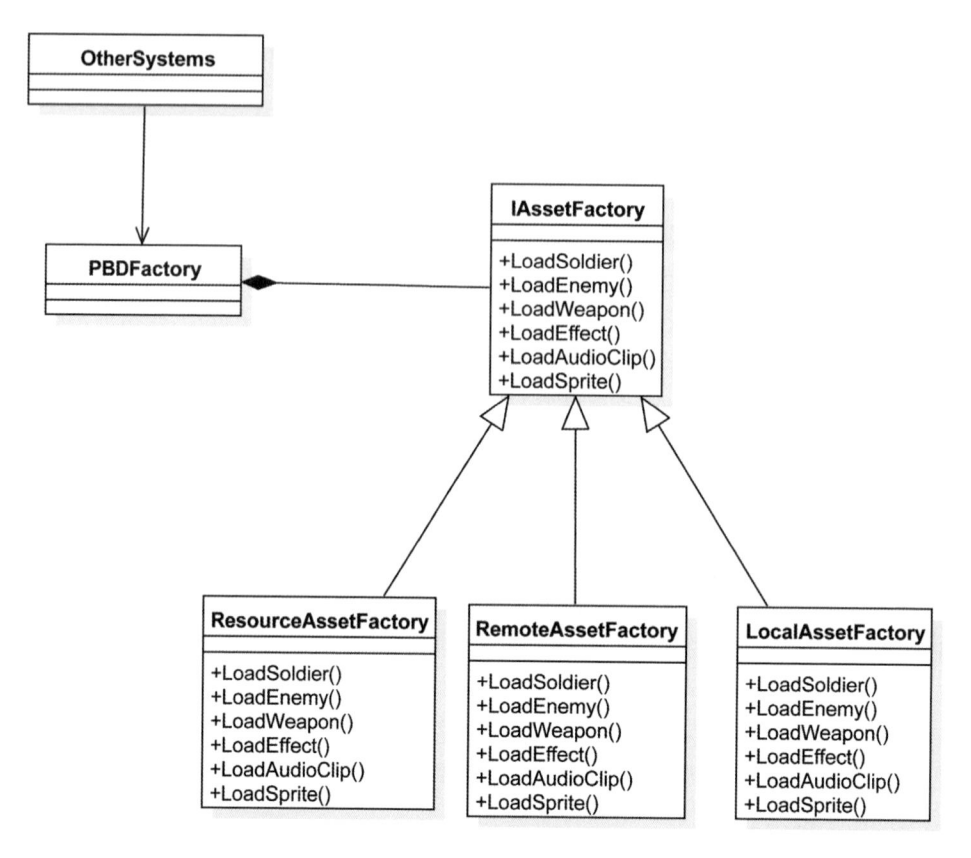

```
OtherSystems
      │
      ▼
  PBDFactory ◆──────── IAssetFactory
                       +LoadSoldier()
                       +LoadEnemy()
                       +LoadWeapon()
                       +LoadEffect()
                       +LoadAudioClip()
                       +LoadSprite()
                              △
            ┌─────────────────┼─────────────────┐
   ResourceAssetFactory  RemoteAssetFactory  LocalAssetFactory
   +LoadSoldier()        +LoadSoldier()      +LoadSoldier()
   +LoadEnemy()          +LoadEnemy()        +LoadEnemy()
   +LoadWeapon()         +LoadWeapon()       +LoadWeapon()
   +LoadEffect()         +LoadEffect()       +LoadEffect()
   +LoadAudioClip()      +LoadAudioClip()    +LoadAudioClip()
   +LoadSprite()         +LoadSprite()       +LoadSprite()
```

- `ResourceAssetFactor`：從專案的 Resource 中，將 Unity3D Asset 實體化成 `GameObject`。

- `LocalAssetFactory`：從本地(儲存設備)中，將 Unity3D Asset 實體化成 `GameObject`。

- `RemoteAssetFactory`：從遠端(網路 WebServer)中，將 Unity3D Asset 實體化成 `GameObject`。

`IAssetFactory` 資源載入工廠的實作如下：

Listing 14-19　取得將 Unity Asset 實體化的工廠

```csharp
public static IAssetFactory GetAssetFactory(int type = 1 ) {
    if( m_AssetFactory == null)
    {
        switch( type )
        {
            case 1:
```

14-26

```
                m_AssetFactory = new ResourceAssetFactory();
                break;
            case 2:
                m_AssetFactory = new LocalAssetFactory();
                break;
            case 3:
                m_AssetFactory = new RemoteAssetFactory();
                break;
        }
    }
    return m_AssetFactory;
}
```

由上述的程式碼可知,在取得工廠時,可因專案的需求傳回不同的工廠,這有助於面對未來的變化。

14.5 總結與討論

工廠方法模式(*Factory Method*)的優點是,將類別群組的物件產生流程整合於同一個類別下實作,並提供唯一的工廠方法,讓專案內的「物件生成流程」更加獨立。不過當類別群組過多時,不論使用哪種方式,都會出現工廠子類別爆量或 switch case 語法過長的問題,這是美中不足的地方。

與其它模式(Pattern)的合作

- 角色工廠(CharacterFactory)中,產生不同陣營的角色時,會搭配建造者模式(*Builder*)的需求,將需要的參數設定給各角色的建造者。
- 本地資源載入工廠(ResourceAssetFactor)若同時要求系統效能的最佳化,可使用代理者模式(*Proxy*)來將載入效能進行最佳化。
- 數值產生工廠(AttrFactory)可使用享元模式(*Flyweight*)來減少重複物件的產生。

其它應用方式

就如同本章的重點,如果系統實作人員想要將物件的產生及相關的初始化工作集中在一個地方完成,那麼都可以使用工廠方法模式(*Factory Method*)來完成,換句話說,工廠方法模式(*Factory Method*)的應用層面非常廣泛。

第 15 章

角色的組裝
― *Builder* 建造者模式

15.1 角色功能的組裝

在上一章工廠方法模式（*Factory Method*）的應用中，「P 級陣地」將雙方角色的產生及功能組裝等工作全部移往工廠類別之中：

Listing 15-1 產生遊戲角色工廠(`CharacterFactory.cs`)

```
public class CharacterFactory : ICharacterFactory
{
    // 建立 Soldier
    public override ISoldier CreateSoldier( ENUM_Soldier emSoldier,
                                            ENUM_Weapon emWeapon,
                                            int Lv,
                                            Vector3 SpawnPosition) {
        // 產生對應的 Character
        ISoldier theSoldier = null;
        switch( emSoldier)
        {
            case ENUM_Soldier.Rookie:
                theSoldier = new SoldierRookie();
                break;
            case ENUM_Soldier.Sergeant:
                theSoldier = new SoldierSergeant();
                break;
            case ENUM_Soldier.Captain:
                theSoldier = new SoldierCaptain();
                break;
            default:
                Debug.LogWarning(
                    "CreateSoldier:無法建立["+emSoldier+"]");
                return null;
        }
```

15-1

```csharp
    // 設定模型
    GameObject tmpGameObject = CreateGameObject(
                                    "CaptainGameObjectName");
    tmpGameObject.gameObject.name = "SoldierCaptain";
    theSoldier.SetGameObject( tmpGameObject );

    // 加入武器
    IWeapon Weapon = CreateWeapon(emWeapon);
    theSoldier.SetWeapon( Weapon );

    // 取得 Soldier 的數值,設定給角色
    SoldierAttr theSoldierAttr = CreateSoliderAttr(
                                    theSoldier.GetAttrID() );
    theSoldierAttr.SetSoldierLv(Lv);
    theSoldier.SetCharacterAttr(theSoldierAttr);

    // 加入 AI
    SoldierAI theAI = CreateSoldierAI();
    theSoldier.SetAI( theAI );

    // 加入管理器
    PBaseDefenseGame.Instance.AddSoldier( theSoldier);

    return theSoldier;
}

// 建立 Enemy
public override IEnemy CreateEnemy( ENUM_Enemy emEnemy,
                                    ENUM_Weapon emWeapon,
                                    Vector3 SpawnPosition,
                                    Vector3 AttackPosition) {
    // 產生對應的 Character
    IEnemy theEnemy =null;
    switch( emEnemy)
    {
        case ENUM_Enemy.Elf:
            theEnemy = new EnemyElf();
            break;
        case ENUM_Enemy.Troll:
            theEnemy = new EnemyTroll();
            break;
        case ENUM_Enemy.Ogre:
            theEnemy = new EnemyOgre();
            break;
        default:
            Debug.LogWarning("無法建立["+emEnemy+"]");
            return null;
    }
```

```
            // 設定模型
            GameObject tmpGameObject = CreateGameObject(
                                            "OgreGameObjectName");
            tmpGameObject.gameObject.name = "EnemyOgre";
            theEnemy.SetGameObject( tmpGameObject );

            // 加入武器
            IWeapon Weapon = CreateWeapon(emWeapon);
            theEnemy.SetWeapon( Weapon );

            // 取得 Soldier 的數值,設定給角色
            EnemyAttr theEnemyAttr = CreateEnemyAttr(
                                            theEnemy.GetAttrID());
            theEnemy.SetCharacterAttr(theEnemyAttr);

            // 加入 AI
            EnemyAI theAI = CreateEnemyAI();
            theEnemy.SetAI( theAI );

            // 加入管理器
            PBaseDefenseGame.Instance.AddEnemy( theEnemy );

            return theEnemy ;
        }
    }
```

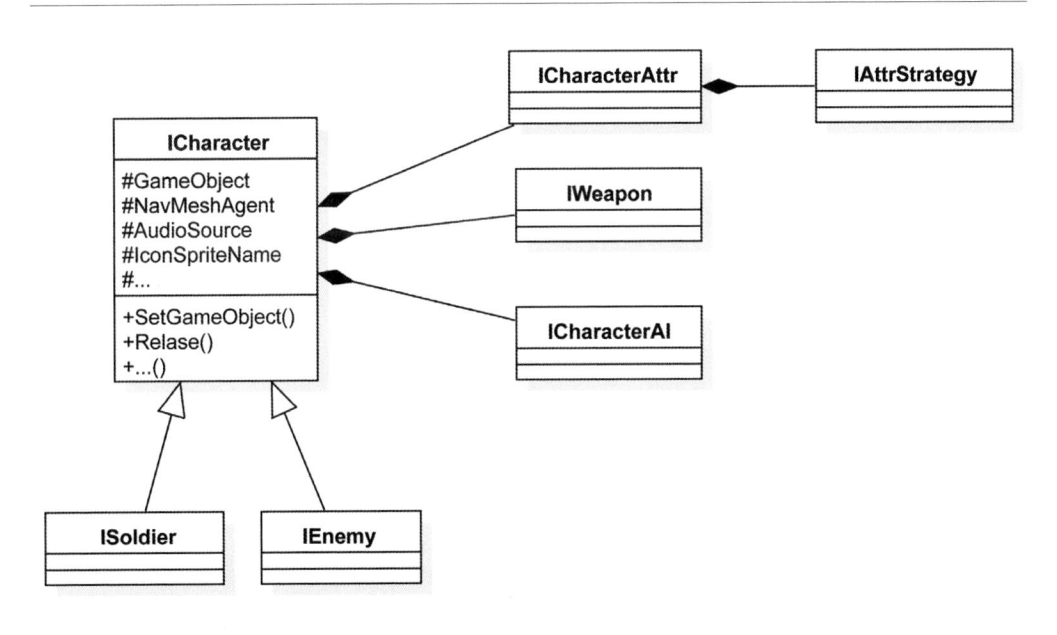

15-3

兩個工廠方法依照傳入參數的指示，將對應的角色物件產生出來，除此之外，還將每一個角色在遊戲執行時所需要的功能物件：角色數值(ICharacterAttr)、武器(IWeapon)、角色 AI(ICharacterAI)等，也依序設定給新產生出來的角色物件。

但如同前一章提到的缺點，對於這些功能的組裝，在實作上兩個陣營角色似乎沒什麼差異，只是「重複著一定的順序及程式碼」。所以，如果按著之前學習到的：當發現兩個功能有著類似的演算法流程時，就可以套用樣版方法模式（*Template Method*）來最佳化，但若如此真正實作後，還會發生其它問題。

樣版方法模式（*Template Method*）的實作方式

套用樣版方法模式（*Template Method*）後的角色工廠可能如下：

Listing 15-2　產生遊戲角色工廠

```csharp
public abstract class CharacterFactory : ICharacterFactory
{
    // Template Method
    public abstract void AddGameObject ( ICharacter pRole );
    public abstract void AddWeapon( ICharacter pRole,
                            ENUM_Weapon emWeapon);
    public abstract void AddAttr(ICharacter pRole,int Lv);
    public abstract void AddAI(ICharacter pRole);

    // 建立 Soldier
    public override ISoldier CreateSoldier( ENUM_Soldier emSoldier,
                                    ENUM_Weapon emWeapon,
                                    int Lv,
                                    Vector3 SpawnPosition) {
        // 產生對應的 Character
        ICharacter theSoldier = null;
        switch( emSoldier)
        {
            case ENUM_Soldier.Rookie:
                theSoldier = new SoldierRookie();
                break;
            case ENUM_Soldier.Sergeant:
                theSoldier = new SoldierSergeant();
                break;
            case ENUM_Soldier.Captain:
                theSoldier = new SoldierCaptain();
                break;
            default:
                Debug.LogWarning(
                        "CreateSoldier:無法建立["+emSoldier+"]");
                return null;
        }
```

Chapter 15 角色的組裝 — Builder 建造者模式

```
    // 增加角色功能
    AddCharacterFuncs( theSoldier, emWeapon, Lv);

    // 加入管理器
    PBaseDefenseGame.Instance.AddSoldier( theSoldier as ISoldier);

    return theSoldier as ISoldier;
}
// 建立 Enemy
public override IEnemy CreateEnemy( ENUM_Enemy emEnemy,
                                    ENUM_Weapon emWeapon,
                                    Vector3 SpawnPosition,
                                    Vector3 AttackPosition) {
    // 產生對應的 Character
    Icharacter theEnemy =null;
    switch( emEnemy)
    {
        case ENUM_Enemy.Elf:
            theEnemy = new EnemyElf();
            break;
        case ENUM_Enemy.Troll:
            theEnemy = new EnemyTroll();
            break;
        case ENUM_Enemy.Ogre:
            theEnemy = new EnemyOgre();
            break;
        default:
            Debug.LogWarning("無法建立["+emEnemy+"]");
            return null;
    }

    // 增加角色功能
    AddCharacterFuncs( theEnemy, emWeapon, 0);

    // 加入管理器
    PBaseDefenseGame.Instance.AddEnemy( theEnemy as IEnemy);
    return theEnemy as IEnemy;
}

// 增加角色功能
public void AddCharacterFuncs(  ICharacter pRole ,
                                ENUM_Weapon emWeapon,int Lv) {
    // 顯示的模式
    AddGameObject (pRole);
    // 設定武器
    AddWeapon(pRole, emWeapon);
    // 設定角色數值
    AddAttr(pRole,Lv);
```

15-5

```csharp
        // 設定角色 AI
        AddAI(pRole);
    }

    // Template Method
    public abstract void AddGameObject ( ICharacter pRole );
    public abstract void AddWeapon( ICharacter pRole,
                                    ENUM_Weapon emWeapon);
    public abstract void AddAttr(ICharacter pRole,int Lv);
    public abstract void AddAI(ICharacter pRole);
}

// 產生 Soldier 角色工廠
public class SoldierFactory : CharacterFactory
{
    // 建立 Enemy
    public override IEnemy CreateEnemy( ENUM_Enemy emEnemy,
                                        ENUM_Weapon emWeapon,
                                        Vector3 SpawnPosition,
                                        Vector3 AttackPosition) {
        // 重宣告為空,防止錯誤呼叫
        Debug.LogWarning("SoldierFactory 不應該產生 IEnemy 物件");
        return null;
    }

    // 加入 3D 成像
    public override void AddGameObject ( ICharacter pRole ) {
        // 設定模型
        GameObject tmpGameObject = CreateGameObject(
                                    "CaptainGameObjectName");
        tmpGameObject.gameObject.name = "Soldier" + pRole.ToString();
        pRole.SetGameObject( tmpGameObject );
    }

    // 加入武器
    public override void AddWeapon( ICharacter pRole,
                                    ENUM_Weapon emWeapon) {
        // 加入武器
        IWeapon Weapon = CreateWeapon(emWeapon);
        pRole.SetWeapon( Weapon );
    }

    // 加入角色數值
    public override void AddAttr(ICharacter pRole,int Lv) {
        // 取得 Soldier 的數值,設定給角色
        SoldierAttr theSoldierAttr = CreateSoliderAttr(
                                        pRole.GetAttrID() );
        theSoldierAttr.SetSoldierLv( Lv );
        pRole.SetCharacterAttr(theSoldierAttr);
```

Chapter 15 角色的組裝
— Builder 建造者模式

```csharp
    }

    // 加入角色 AI
    public override void AddAI(ICharacter pRole) {
        // 加入 AI
        SoldierAI theAI = CreateSoldierAI();
        pRole.SetAI( theAI );
    }
}

// 產生 Enemy 角色工廠
public class EnemyFactory : CharacterFactory
{
    // 建立 Soldier
    public override ISoldier CreateSoldier( ENUM_Soldier emSoldier,
                                            ENUM_Weapon emWeapon,
                                            int Lv,
                                            Vector3 SpawnPosition) {
        // 重宣告為空,並防止錯誤呼叫
        Debug.LogWarning("EnemyFactory 不應該產生 ISoldier 物件");
        return null;
    }

    // 加入 3D 成像
    public override void AddGameObject ( ICharacter pRole ) {
        // 設定模型
        GameObject tmpGameObject = CreateGameObject(
                                            "CaptainGameObjectName");
        tmpGameObject.gameObject.name = "Soldier" + pRole.ToString();
        pRole.SetGameObject( tmpGameObject );
    }

    // 加入武器
    public override void AddWeapon( ICharacter pRole,
                                    ENUM_Weapon emWeapon) {
        // 加入武器
        IWeapon Weapon = CreateWeapon(emWeapon);
        pRole.SetWeapon( Weapon );
    }

    // 加入角色數值
    public override void AddAttr(ICharacter pRole,int Lv) {
        // 取得 Enemy 的數值,設定給角色
        EnemyAttr theEnemyAttr = CreateEnemyAttr( pRole.GetAttrID() );
        pRole.SetCharacterAttr(theEnemyAttr);
    }

    // 加入角色 AI
    public override void AddAI(ICharacter pRole) {
        // 加入 AI
```

```
            EnemyAI theAI = CreateEnemyAI();
            pRole.SetAI( theAI );
        }
    }
```

上述程式碼新增了一個加入角色功能的方法：AddCharacterFuncs，方法內呼叫了一組樣版方法(Template Method)。又因為兩個陣營對於各自角色裝備的功能有些差異，所以將這些差異點，交由兩個新的工廠類別：SoldierFactory 及 EnemyFactory 去實作，AddCharacterFuncs 則保留了角色裝備各功能時呼叫的順序。

但是，現在的角色工廠類別從原有的一個變成了兩個角色工廠，所以 PBDFactory 在取得角色工廠時，還必須指定要使用哪一個工廠，才能產生正確的角色單位。而且還要加上防止產生錯誤陣營的防呆程式碼，這樣一來，也使得原本的角色工廠介面(ICharacterFactory)的擴充受到了限制，而且每當增加一個新的 ICharacterFactory 子類別時，都要再用繼承出兩個孫類別去實作兩個陣營的差異點(所以出現了繼承綁定實作)。

所以接下來的修正方向應該是：1.將重複的演算法放到一個類別之中，2.將兩個新的工廠類別從工廠繼承體系中搬移出去，讓組裝角色功能的流程獨立出來。

而上述說明的修改方向及想法，就是套用建造者模式（*Builder*）的適當情況，將複雜的建構流程以一個類別包裝，並讓不同功能的組裝及設定，在各自不同的類別中實作。

15.2 建造者模式（*Builder*）

工廠類別是將生產物件的地點，全部集中到一個地點來管理，但是如何在生產物件的過程中，能夠更有效率並且更具彈性，則需要搭配其它的設計模式。建造者模式（*Builder*）就是常用來搭配使用的模式之一，加上它之後，整個物件的產生流程就會更有效率。

15.2.1 建造者模式（*Builder*）來的定義

在 GoF 中對建造者模式（*Builder*）的定義是：

「將一個複雜物件的建構流程，與它的物件表現分離出來，讓相同的建構流程可以產生不同的物件行為表現」

Chapter 15 角色的組裝 — Builder 建造者模式

簡單舉一個例子來說明：雖然是同品牌的汽車，但在組裝時，一般都可選擇不同的規格、內裝及外觀。現有幾台車的配裝如下：

A 款車配有 1.6cc 引擎、一般座椅、白色烤漆

B 款車配有 2.0cc 引擎、真皮座椅、紅色烤漆

C 款車配有 2.4cc 引擎、小牛皮座椅、黑色烤漆

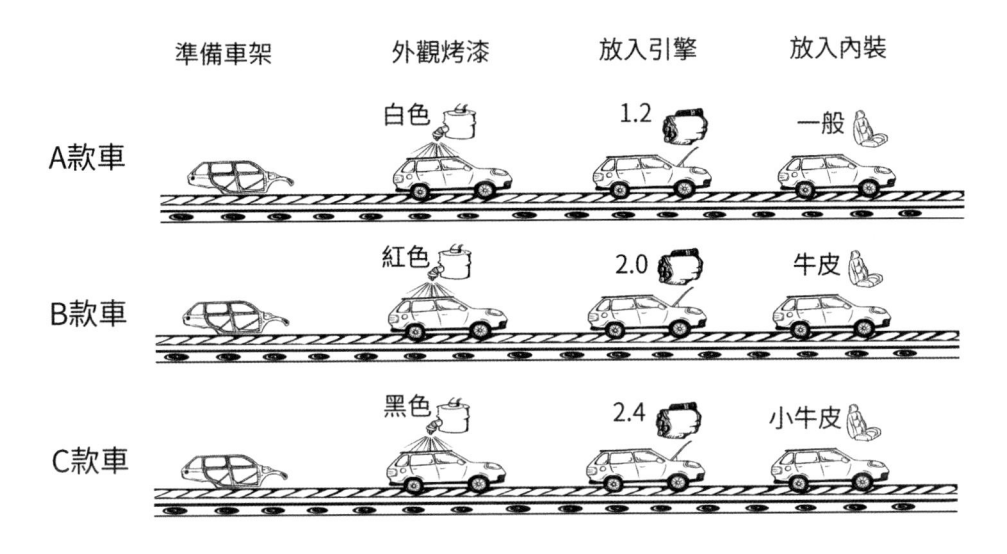

圖 15-1 3 台車在 3 個流程中步驟的示意圖

對於裝配廠而言，不論車子的規格還是外觀是否有所不同，在裝配一輛車子時，都會按照一定的步驟來組裝：

準備車架 → 外觀烤漆 → 將引擎放入車架 → 裝入內裝(椅)

像上面這樣將汽車裝配的流程定義出來，即「將汽車(複雜物件)的裝配流程與它的車輛規格(物件表現)分離出來」。在定義好裝配流程之後，就可以將它應用在不同款的汽車組裝上，如圖 15-1。

每一站的裝配員可以依照不同的需求，安裝對應的設備到車子中，即「讓相同的汽車裝配流程(建構流程)可以裝配(建立)在不同的汽車款式(物件表現)上」。

所以，建造者模式可以分成兩個步驟來實行：

1. 將複雜的建構流程獨立出來，並將整個流程分成幾個步驟，其中的每一個步驟可以是一個功能元件的設定，也可以是參數的指定，並且在一個建構方法中，將這些步驟串接起來。
2. 定義一個專門實作這些步驟(提供這些功能)的實作者，這些實作者知道每一部份該如何完成，並且能接受參數來決定要產出的功能，但不知道整個組裝流程是什麼。

基本上，實作時只要把握這兩個原則：「流程分析安排」及「功能分開實作」，就能將建造者模式（$Builder$）應用於複雜的物件建構流程上。

15.2.2 建造者模式（$Builder$）的說明

將「流程分析安排」及「功能分開實作」以不同的類別來實作的話，類別圖的如下所示：

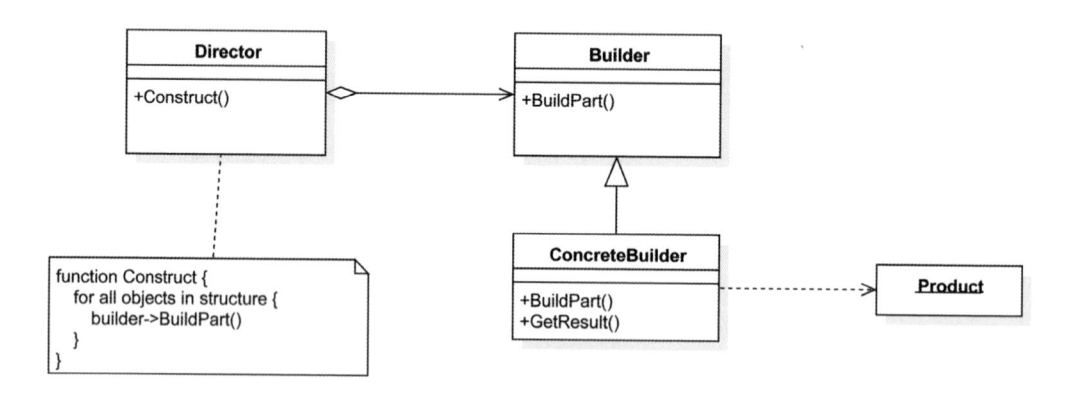

參與者的說明如下：

- Director(建造指示者)
    ◎ 負責物件建構時的「流程分析安排」。
    ◎ 在 Construct 方法中，會明確定義物件組裝的流程，即呼叫 Builder 介面方法的順序。
- Builder(功能實作者介面)
    ◎ 定義不同的操作方法將「功能分開來實作」
    ◎ 當中的每一個方法都是用來提供給某複雜物件的一部份功能，或是提供設定規則。

- ConcreteBuilder(功能實作者)
    - ◎ Builder 的具體實作，實作產出功能的類別。
    - ◎ 不同的 ConcreteBuilder(功能實作者)可以產出不同的功能，用來達成不同物件的行為表現及功能。
- Product(產品)
    - ◎ 代表最終完成的複雜物件，必須提供方法讓 Builder 類別可以將各部位功能設定給它。

15.2.3 建造者模式（*Builder*）實作範例

實作上，Director(建造指示者)與 Builder(功能實作者介面)是會同進行的。當在 Director(建造指示者)的建立方法中，一邊將流程分開呼叫的同時，也將被呼叫的步驟加入到 Builder(功能實作者介面)的介面方法中。以下是 Director(建造指示者)範例：

Listing 15-3　利用 Builder 介面來建構物件(Builder.cs)

```
public class Director
{
    private Product m_Product;
    public Director(){}

    // 建立
    public void Construct(Builder theBuilder) {
        // 利用 Builder 產生各部份加入 Product 中
        m_Product = new Product();
        theBuilder.BuildPart1( m_Product );
        theBuilder.BuildPart2( m_Product );
    }

    // 取得成品
    public Product GetResult() {
        return m_Product;
    }
}
```

在 Director(建造指示者)類別的建立方法(Construct)中，將 Builder(功能實作者介面)物件以參數的方式傳入，此時的 Builder 物件代表某一特定功能的實作者(例如 B 款車的裝配產線)。然後依流程規劃，分別呼叫 Builder 物件中，提供各功能的方法，來將產品組裝。而實作上，對於 Product(產品類別)的物件，是要由 Director(建造

指示者)還是 Builder(功能實作者)來保存,則可依照實際專案的需求來決定,並不一定要由某一個類別負責維護。

Builder(功能實作者介面),定義了能夠產生物件所需功能的方法:

Listing 15-4　介面用來生成 Product 的各零件 Builder.cs

```csharp
public abstract class Builder
{
    public abstract void BuildPart1(Product theProduct);
    public abstract void BuildPart2(Product theProduct);
}

// Builder 介面的具體實作 A
public class ConcreteBuilderA : Builder
{
    public override void BuildPart1(Product theProduct) {
        theProduct.AddPart( "ConcreteBuilderA_Part1");
    }

    public override void BuildPart2(Product theProduct) {
        theProduct.AddPart( "ConcreteBuilderA_Part2");
    }
}

// Builder 介面的具體實作 B
public class ConcreteBuilderB : Builder
{
    public override void BuildPart1(Product theProduct) {
        theProduct.AddPart( "ConcreteBuilderB_Part1");
    }

    public override void BuildPart2(Product theProduct) {
        theProduct.AddPart( "ConcreteBuilderB_Part2");
    }
}
```

兩個子類別:ConcreteBuilderA 及 ConcreteBuilderB 分別實作介面所需的方法,不同的子類別可以產生不同屬性的功能。裝備時,將產出的功能,直接設定給傳入的 Product(產品)物件裡,Product(產品)類別則是最後被產出的對象:

Listing 15-5　欲產生的複雜物件(Builder.cs)

```csharp
public class Product
{
    private List<string> m_Part = new List<string>();

    public Product()
```

```
        {}
        public void AddPart(string Part) {
            m_Part.Add(Part);
        }

        public void ShowProduct() {
            foreach(string Part in m_Part)
                Debug.Log(Part);
        }
    }
```

Product(產品)中的每一項功能,都是由 Builder 的實作來提供,本身並不參與功能的產出。

在測試程式中,分別傳入不同的 Builder 子類別給 Director(建造指示者)物件:

Listing 15-6　測試建造者模式 (BuilderTest.cs)

```
    void UnitTest() {
        // 建立
        Director theDirectoir = new Director();
        Product theProduct = null;

        // 使用 BuilderA 建立
        theDirectoir.Construct( new ConcreteBuilderA() );
        theProduct = theDirectoir.GetResult();
        theProduct.ShowProduct();

        // 使用 BuilderB 建立
        theDirectoir.Construct( new ConcreteBuilderB() );
        theProduct = theDirectoir.GetResult();
        theProduct.ShowProduct();
    }
```

在 Director(建造指示者)的指揮下,將不同屬性的功能指定給 Product(產品)物件,最後取得 Product(產品),並顯示該 Product(產品)目前獲得的功能及狀態。透過訊息的輸出,可以看到 Product(產品)物件在使用不同的 Builder(功能實作者)時,會有不同的功能表現:

執行結果

```
    ShowProduct Functions:
    ConcreteBuilderA_Part1
```

```
ConcreteBuilderA_Part2
ShowProduct Functions:
ConcreteBuilderB_Part1
ConcreteBuilderB_Part2
```

15.3 使用建造者模式（*Builder*）來組裝角色的各項功能

角色的組裝算是遊戲實作上最複雜的功能之一。每款遊戲遇到這個部份時，都要針對程式碼不繼地重構、調整、修正、防呆…，原因是「角色」是遊戲的賣點之一。遊戲裡的角色要有多樣的職業、好看的裝備、炫麗的武器…，才能博得玩家的喜好。如果是商城制的遊戲，甚至可能要讓角色可以長出金光閃閃的翅膀走在街上招搖。

而新一代的遊戲引擎由於有 Shader 技術的支援，所以複雜一點的 Avatar(紙娃娃)系統也一併提供給玩家使用，讓他們能客製化自己最喜歡的角色。也因為這些複雜的遊戲設定及客製化的參數，讓遊戲系統要產生一個角色物件時，需要更多方面的思考，故而也需要包含更多的系統設計，否則就容易造成難以收拾的後果。

15.3.1 角色功能的組裝

接下來，我們繼續尚未完成的最佳化作業。按照建造者模式（*Builder*）的兩個原則：「流程分析安排」及「功能分開實作」來分析現有的程式碼，就會發現，原本規劃在角色工廠 CharacterFactory 的增加角色功能 AddCharacterFuncs 方法，就是建造者模式（*Builder*）所需要的「流程分析安排」：

Listing 15-7　增加角色功能

```
public void AddCharacterFuncs(   ICharacter pRole ,
                                 ENUM_Weapon emWeapon,
                                 int Lv) {
    // 顯示的模式
    AddGameObject (pRole);
    // 設定武器
    AddWeapon(pRole, emWeapon);
    // 設定角色數值
    AddAttr(pRole,Lv);
    // 設定角色 AI
    AddAI(pRole);
```

}

而兩個子類別：Soldier 角色工廠(SoldierFactory)及 Enemy 角色工廠(EnemyFactory)扮演的則是「功能分開實作」。雖然已經找到建造者模式（*Builder*）的要素，也就是實際上已經完成建造者模式（*Builder*）的實作了，但因為實作在 CharacterFactory 之中還是會延伸出一些缺點，所以必須將這一部從角色工廠 CharacterFactory 中分離，單獨實作成為一個新的系統：

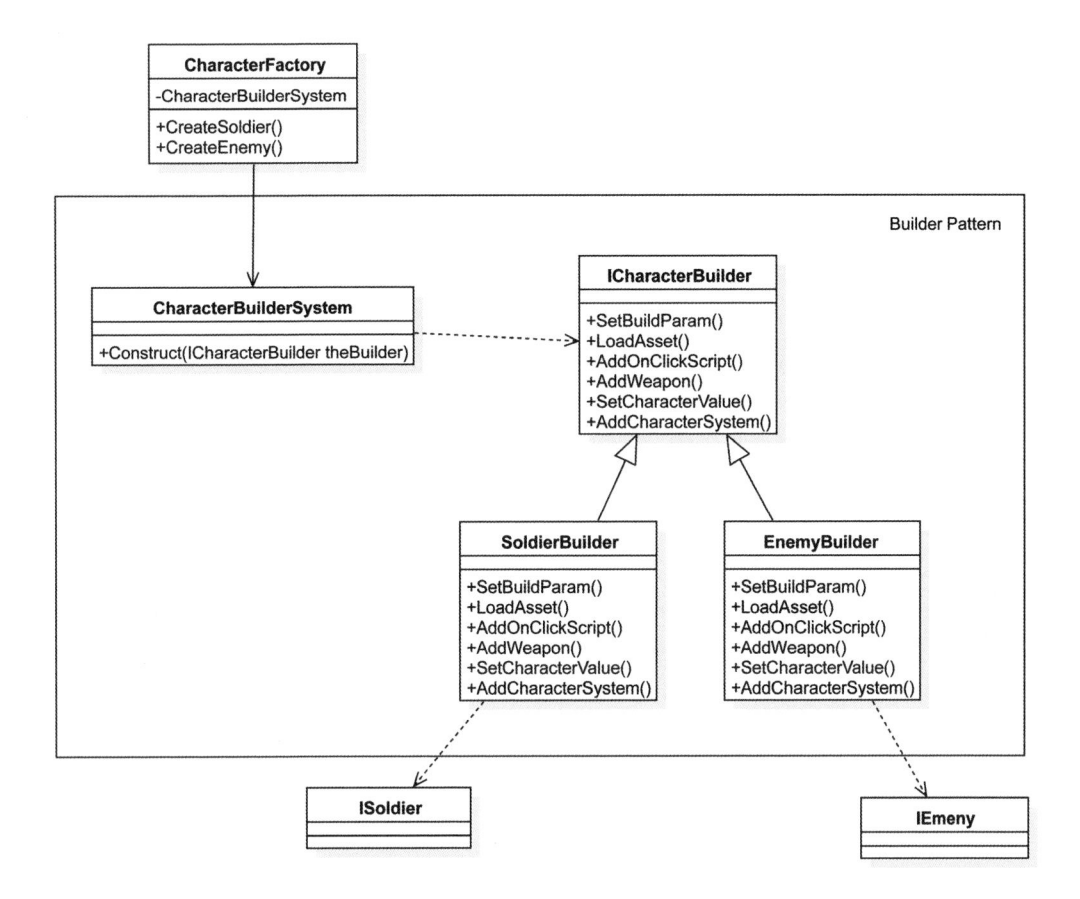

參與者的說明如下：

- `CharacterBuilderSystem`

    角色建構者系統，負責「P 級陣地」中，雙方角色建立時的裝配流程。它是一個「IGameSystem 遊戲系統」，因為角色建立完成後，還需要通知其它遊戲

系統，所以將它加入已經具有仲介者模式（*Mediator*）的 PBaseDefenseGame 類別中，方便與其它遊戲功能溝通。

- ICharacterBuilder

    定義遊戲角色功能的組裝方法，包含：3D 模型、武器、數值、AI…功能。

- SoldierBuilder

    負責玩家陣營角色功能的產出及設定給玩家角色。

- EnemyBuilder

    負責敵方陣營角色功能的產出及設定給敵方角色。

15.3.2 實作說明

角色建造者系統(CharacterBuilderSystem)繼承自遊戲系統介面(IGameSystem)，並定義了與角色產生及功能設定有關的流程：

Listing 15-8 角色建造者系統，利用 Builder 介面來建構物件 (CharacterBuilderSystem.cs)

```
public class CharacterBuilderSystem : IGameSystem
{
    private int m_GameObjectID = 0;
    ...
    // 建立
    public void Construct(ICharacterBuilder theBuilder) {
        // 利用 Builder 產生各部份加入 Product 中
        theBuilder.LoadAsset( ++m_GameObjectID );
        theBuilder.AddOnClickScript();
        theBuilder.AddWeapon();
        theBuilder.SetCharacterAttr();
        theBuilder.AddAI();

        // 加入管理器內
        theBuilder.AddCharacterSystem( m_PBDGame );
    }
}
```

在 Construct 方法中，將一個角色所需的功能及設定順序明確定義下來，並透過呼叫 ICharacterBuilder 提供的方法來完成組裝：

Chapter 15 角色的組裝 — Builder 建造者模式

Listing 15-9 角色建構者(`CharacterBuilder.cs`)

```csharp
// 建立角色時所需的參數
public abstract class ICharacterBuildParam
{
    public ENUM_Weapon    emWeapon = ENUM_Weapon.Null;
    public ICharacter     NewCharacter = null;
    public Vector3        SpawnPosition;
    public int            AttrID;
    public string         AssetName;
    public string         IconSpriteName;
}

// 介面用來生成 ICharacter 的各零件
public abstract class ICharacterBuilder
{
    // 設定建立參數
    public abstract void SetBuildParam(
                                    ICharacterBuildParam theParam );
    // 載入 Asset 中的角色模型
    public abstract void LoadAsset( int GameObjectID );
    // 加入 OnClickScript
    public abstract void AddOnClickScript();
    // 加入武器
    public abstract void AddWeapon();
    // 加入 AI
    public abstract void AddAI();
    // 設定角色能力
    public abstract void SetCharacterAttr();
    // 加入管理器
    public abstract void AddCharacterSystem(
                                    PbaseDefenseGame PBDGame );
}
```

由於遊戲角色複雜，需要配合的功能(武器、數值)有所差異，因此會使得建立一個角色所需的參數變多。而實作上比較好的方式是，將這些參數以一個類別加以封裝，讓這些多達 7、8 個的角色設定參數，不會佔滿與角色產生流程有關的方法中，這樣做會比較方便後續的開發維護。當需要新增或刪除角色的設定參數時，只需要修改封裝結構的內容，而不必更動整個流程中的方法。並且，封裝後的參數類別也可以因應不同角色建立的需要，以繼承的方式增加在子類別中，這也就是角色建立參數類別(ICharacterBuildParam)要宣告為抽象類別的原因，因為兩個陣營角色在建立時，需要的參數各有不同。

SoldierBuilder 類別提供了玩家陣營角色建立時所需要的功能及設定：

Listing 15-10　Solider 角色建構者 (SoldierBuilder.cs)

```csharp
// 建立 Soldier 時所需的參數
public class SoldierBuildParam : ICharacterBuildParam
{
    public int                      Lv = 0;
    public SoldierBuildParam(){}
}

// Soldier 各部位的建立
public class SoldierBuilder : ICharacterBuilder
{
    private SoldierBuildParam m_BuildParam = null;

    public override void SetBuildParam( ICharacterBuildParam theParam ){
        m_BuildParam = theParam as SoldierBuildParam;
    }

    // 載入 Asset 中的角色模型
    public override void LoadAsset( int GameObjectID ) {
        IAssetFactory AssetFactory = PBDFactory.GetAssetFactory();
        GameObject SoldierGameObject = AssetFactory.LoadSoldier(
                        m_BuildParam.NewCharacter.GetAssetName() );
        SoldierGameObject.transform.position =
                                        m_BuildParam.SpawnPosition;
        SoldierGameObject.gameObject.name =
                    string.Format("Soldier[{0}]",GameObjectID);
        m_BuildParam.NewCharacter.SetGameObject( SoldierGameObject );
    }

    // 加入 OnClickScript
    public override void AddOnClickScript() {
        SoldierOnClick Script = m_BuildParam.NewCharacter.
                GetGameObject().AddComponent<SoldierOnClick>();
        Script.Solder = m_BuildParam.NewCharacter as ISoldier;
    }

    // 加入武器
    public override void AddWeapon() {
        IWeaponFactory  WeaponFactory = PBDFactory.GetWeaponFactory();
        IWeapon Weapon = WeaponFactory.CreateWeapon(
                                        m_BuildParam.emWeapon );

        // 設定給角色
        m_BuildParam.NewCharacter.SetWeapon( Weapon );
    }

    // 設定角色能力
    public override void SetCharacterAttr() {
        // 取得 Soldier 的數值
        IAttrFactory theAttrFactory = PBDFactory.GetAttrFactory();
```

```csharp
        SoldierAttr theSoldierAttr = theAttrFactory.GetSoldierAttr(
                        m_BuildParam.NewCharacter.GetAttrID());

        // 設定
        theSoldierAttr.SetAttStrategy( new SoldierAttrStrategy());

        // 設定等級
        theSoldierAttr.SetSoldierLv( m_BuildParam.Lv );

        // 設定給角色
        m_BuildParam.NewCharacter.SetCharacterAttr( theSoldierAttr );
    }

    // 加入 AI
    public override void AddAI() {
        SoldierAI theAI = new SoldierAI( m_BuildParam.NewCharacter );
        m_BuildParam.NewCharacter.SetAI( theAI );
    }

    // 加入管理器
    public override void AddCharacterSystem( PBaseDefenseGame PBDGame){
        PBDGame.AddSoldier( m_BuildParam.NewCharacter as ISoldier );
    }
}
```

每一個角色功能在產生時，都可以搭配其它遊戲系統或物件工廠來取得所需的部份。像是在載入角色模型 LoadAsset 方法中，搭配資源載入工廠 IAssetFactory 來取得角色的 3D 模型資源；在加入武器 AddWeapon 方法中，搭配武器工廠 IWeaponFactory 來取得角色使用的武器。而各個方法在設定及產出功能物件時，都會參考角色設定參數 SoldierBuildParam 中的設定，來產出對應的功能及設定。所以，透過 SoldierBuildParam 參數類別在角色的建立流程中穿梭，讓每個建立步驟產生的功能物件，可以有不同的表現行為及功能。

EnemyBuilder 類別，用來組裝敵方角色時所需要的功能，也是以相同的方式實作：

Listing 15-11　Enemy 角色建造者 (EnemyBuilder.cs)

```csharp
// 建立 Enemy 時所需的參數
public class EnemyBuildParam : ICharacterBuildParam
{
    public Vector3 AttackPosition = Vector3.zero; // 要前往的目標
    public EnemyBuildParam()
        {}
}

// Enemy 各部位的建立
public class EnemyBuilder : ICharacterBuilder
```

```csharp
{
    private EnemyBuildParam m_BuildParam = null;

    public override void SetBuildParam( ICharacterBuildParam theParam ){
        m_BuildParam = theParam as EnemyBuildParam;
    }

    // 載入 Asset 中的角色模型
    public override void LoadAsset( int GameObjectID ) {
        IAssetFactory AssetFactory = PBDFactory.GetAssetFactory();
        GameObject EnemyGameObject = AssetFactory.LoadEnemy(
                       m_BuildParam.NewCharacter.GetAssetName() );
        EnemyGameObject.transform.position =
                                m_BuildParam.SpawnPosition;
        EnemyGameObject.gameObject.name =
                        string.Format("Enemy[{0}]",GameObjectID);
        m_BuildParam.NewCharacter.SetGameObject( EnemyGameObject );
    }

    // 加入 OnClickScript
    public override void AddOnClickScript()
    { }

    // 加入武器
    public override void AddWeapon() {
        IWeaponFactory  WeaponFactory = PBDFactory.GetWeaponFactory();
        IWeapon Weapon = WeaponFactory.CreateWeapon(
                                         m_BuildParam.emWeapon );

        // 設定給角色
        m_BuildParam.NewCharacter.SetWeapon( Weapon );
    }

    // 設定角色能力
    public override void SetCharacterAttr() {
        // 取得 Enemy 的數值
        IAttrFactory theAttrFactory = PBDFactory.GetAttrFactory();
        EnemyAttr theEnemyAttr = theAttrFactory.GetEnemyAttr(
                       m_BuildParam.NewCharacter.GetAttrID());

        // 設定數值的計算策略
        theEnemyAttr.SetAttStrategy( new EnemyAttrStrategy());

        // 設定給角色
        m_BuildParam.NewCharacter.SetCharacterAttr(theEnemyAttr);
    }

    // 加入 AI
    public override void AddAI() {
        EnemyAI theAI = new EnemyAI( m_BuildParam.NewCharacter,
                             m_BuildParam.AttackPosition );
```

```
            m_BuildParam.NewCharacter.SetAI( theAI );
    }

    // 加入管理器
    public override void AddCharacterSystem( PBaseDefenseGame PBDGame){
        PBDGame.AddEnemy( m_BuildParam.NewCharacter as IEnemy );
    }
}
```

比較不一樣的是，因為敵方陣營的角色無法被玩家點選，所以在它的建構流程中，加入的點擊選取功能 AddOnClickScript 方法，是沒有實作的。這也是建造者模式（*Builder*）在實作上的另一個靈活點：對於某項功能，實作類別可以選擇要不要加入，不加入時就可以不實作該方法。如果要更明確地指定子類別的哪些方法是要實作的或那些方法是可以選擇的話，則可利用程式語言的語法限制來規定。以 C#來說，強制子類別一定要實作某方法的話，則將之定義為抽象函式(abstract function)，不一定需要實作的功能，則將之定義為虛擬函式(virtual function)，透過介面的宣告，就可明白類別實作的規則。

從角色工廠 CharacterFactory 將角色功能的組裝流程搬移出去之後，角色在經由工廠方法(Factory Method)產生時，就可以呼叫角色建造者系統(Character BuilderSystem)來組裝角色功能：

Listing 15-12　產生遊戲角色工廠(`CharacterFactory.cs`)

```
public class CharacterFactory : ICharacterFactory
{
    // 角色建立指導者
    private CharacterBuilderSystem m_BuilderDirector =
            new CharacterBuilderSystem( PBaseDefenseGame.Instance );

    // 建立 Soldier
    public override ISoldier CreateSoldier( ENUM_Soldier emSoldier,
                                            ENUM_Weapon emWeapon,
                                            int Lv,
                                            Vector3 SpawnPosition) {
        // 產生 Soldier 的參數
        SoldierBuildParam SoldierParam = new SoldierBuildParam();

        // 產生對應的 Character
        switch( emSoldier)
        {
            case ENUM_Soldier.Rookie:
                SoldierParam.NewCharacter = new SoldierRookie();
                break;
            case ENUM_Soldier.Sergeant:
```

15-21

```csharp
                SoldierParam.NewCharacter = new SoldierSergeant();
                break;
            case ENUM_Soldier.Captain:
                SoldierParam.NewCharacter = new SoldierCaptain();
                break;
            default:
                Debug.LogWarning(
                        "CreateSoldier:無法建立["+emSoldier+"]");
                return null;
        }

        if( SoldierParam.NewCharacter == null)
            return null;

        // 設定共用參數
        SoldierParam.emWeapon = emWeapon;
        SoldierParam.SpawnPosition = SpawnPosition;
        SoldierParam.Lv = Lv;

        //  產生對應的 Builder 及設定參數
        SoldierBuilder theSoldierBuilder = new SoldierBuilder();
        theSoldierBuilder.SetBuildParam( SoldierParam );

        // 產生
        m_BuilderDirector.Construct( theSoldierBuilder );
        return SoldierParam.NewCharacter as ISoldier;
    }

    // 建立 Enemy
    public override IEnemy CreateEnemy( ENUM_Enemy emEnemy,
                                        ENUM_Weapon emWeapon,
                                        Vector3 SpawnPosition,
                                        Vector3 AttackPosition) {
        // 產生 Enemy 的參數
        EnemyBuildParam EnemyParam = new EnemyBuildParam();

        // 產生對應的 Character
        switch( emEnemy)
        {
            case ENUM_Enemy.Elf:
                EnemyParam.NewCharacter = new EnemyElf();
                break;
            case ENUM_Enemy.Troll:
                EnemyParam.NewCharacter = new EnemyTroll();
                break;
            case ENUM_Enemy.Ogre:
                EnemyParam.NewCharacter = new EnemyOgre();
                break;
            default:
                Debug.LogWarning("無法建立["+emEnemy+"]");
```

```
                return null;
        }

        if( EnemyParam.NewCharacter == null)
            return null;

        // 設定共用參數
        EnemyParam.emWeapon = emWeapon;
        EnemyParam.SpawnPosition = SpawnPosition;
        EnemyParam.AttackPosition = AttackPosition;

        //  產生對應的 Builder 及設定參數
        EnemyBuilder theEnemyBuilder = new EnemyBuilder();
        theEnemyBuilder.SetBuildParam( EnemyParam );

        // 產生
        m_BuilderDirector.Construct( theEnemyBuilder );
        return EnemyParam.NewCharacter  as IEnemy;
    }
}
```

重構後的兩個工廠方法(Factory Method)，會先建立一個「角色參數類別 (SoldierBuildParam、EnemyBuildParam)」物件，並將產生出來的角色物件放在其中，讓角色能在整個功能裝備的流程中，都能被存取到。除此之外，角色建立參數也記錄了組裝角色時要使用的設定值。最後產生的建造者 Builder 物件，將角色建立參數設定完成後，就交由建立指導者類別(CharacterBuilderSystem)去完成最後的角色組裝功能。

15.3.3 使用建造者模式（*Builder*）的優點

重構後的角色工廠(CharacterFactory)中，只簡單負責角色的「產生」，而複雜的功能組裝工作則交由新增加的角色建造者系統(CharacterBuilderSystem)來完成。套用建造者模式（*Builder*）的角色建造者系統(CharacterBuilderSystem)，將角色功能的「組裝流程」給獨立出來，並以明確的方法呼叫來呈現，這有助於程式碼的閱讀及維護。而各角色的功能裝備任務，也交由不同的類別來實作，並使用介面方法操作，將系統之間的耦合度降低。所以當實作系統有任何變化時，也可以使用替換實作類別的方式來達成。

15.3.4 角色建造者的執行流程

下圖呈現角色建造者系統(`CharacterBuilderSystem`)的時序，它會指揮 Soldier 角色建造者(`SoldierBuilder`)來完成角色功能的組裝，最後將裝配好的 Soldier 物件，加入角色管理系統(`CharacterSystem`)中來管理：

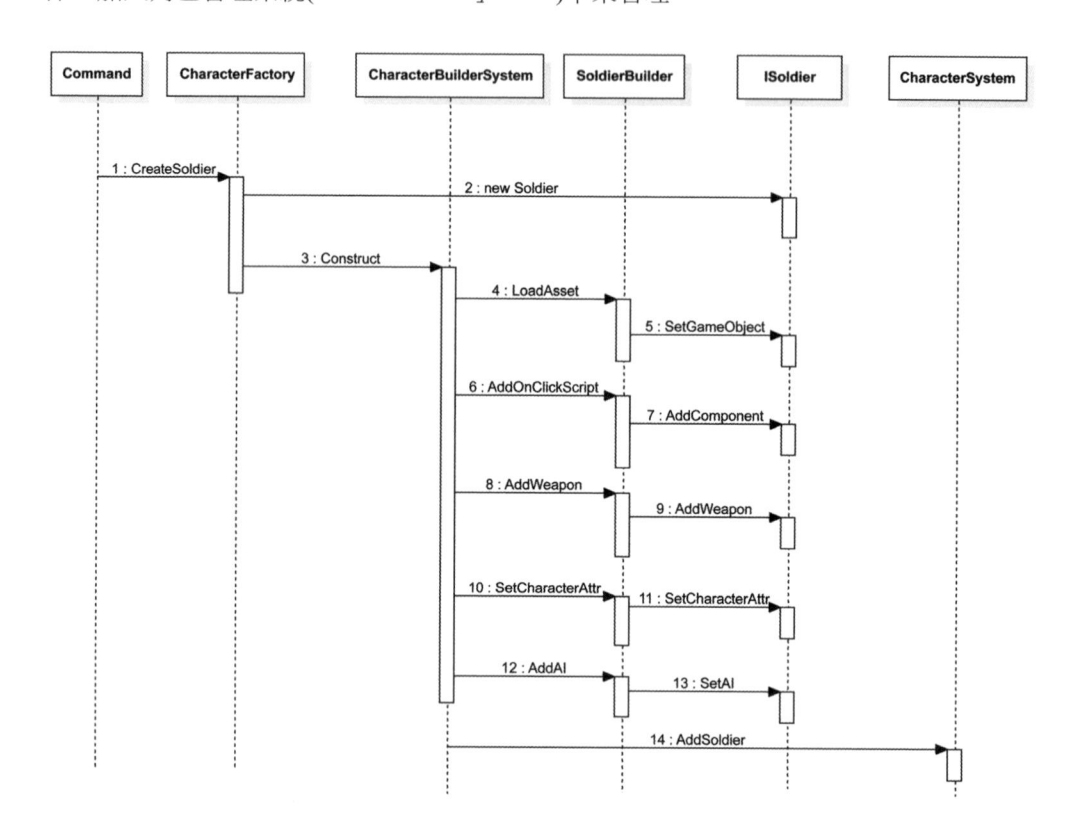

15.4 建造者模式（*Builder*）面對變化時

將角色的「功能建立順序」及「哪些元件會被加入角色」等功能，集中在一個函式方法中實作，對於專案後期的維護開發是非常有幫助的。某天⋯，

企劃：「小程啊~~」

程式：「是⋯」

企劃：「我玩 P 級陣地好一陣子了，總覺得如果角色頭上能夠有個血條來顯示目前的生命力，該有多好⋯，因為可以方便我除錯⋯」

Chapter 15 角色的組裝 — Builder 建造者模式

程式：「加顯示用血條嗎？不過~你說是除錯用？」

企劃：「嗯…測試完看好不好用，再決定要不要開放給玩家，這樣可以嗎？」

程式：「是可以啦~」

企劃：「那可不可再額外加個功能，我想要角色出現時，能利用特效來提示玩家，特效就出現角色位置上」

程式：「嗯…那我一起加給你好了」

小程之所以答應得那麼乾脆，主要是因為上面的兩項需求，可以很簡單地在角色建造者系統(CharacterBuilderSystem)的 Constrcut 方法中進行調整：

```
// 建立
public void Construct(ICharacterBuilder theBuilder) {
    // 利用Builder產生各部份加入Product中
    theBuilder.LoadAsset( ++m_GameObjectID );
    theBuilder.AddOnClickScript();
    theBuilder.AddWeapon();
    theBuilder.SetCharacterAttr();
    theBuilder.AddAI();

    // 是否顯示頭上血條,可用開關控制
    if( m_bEnableHUD)
        theBuilder.AddHud();

    // 角色出生特效
    theBuilder.AddBornEffect();

    // 加入管理器內
    theBuilder.AddCharacterSystem( m_PBDGame );
}
```

將新增的功能加入組裝流程中，並讓兩陣營的建造者(SoldierBuilder、EnemyBuilder)實作新增的兩個功能 AddHud、AddBornEffect。而想要移除時，也可以暫時從建構流程取消。

15-25

15.5 總結與討論

建造者模式（*Builder*）的優點是，能將複雜物件的「建立流程」與「功能實作」拆分後，讓系統調整及維護變得更容易。此外，在不需更新實作者的情況下，調整建立流程的順序就能完成裝備線的異動，是建造者模式（*Builder*）的另一優點。

與其它模式(Pattern)的合作

建造者模式（*Builder*）在實作過程中，大多利用「P級陣地」的工廠類別(Factory Class)取得所需的功能元件，而這兩種生成模式(Creational Pattern)的相互配合，也是本章範例的重點之一。

其它應用方式

- 在奇幻類型的角色扮演遊戲中，設計者為了增加法術系統的聲光效果，對於施展一招法術時，大多會分成不同的段落來呈現法術特效。像是發射前的唱咒特效、發射時的特效、法術在行進時的特效、擊中對手時的特效、對手被打中時的特效、最後消失時的特效。有時為了執行效能的考量，會在展施法術時，就將所有特效全部準備完成。這個時候就可以利用建造者模式（*Builder*）來將所有特效組裝完成。

- 遊戲的使用者介面(UI)就如同一般的網頁或 App，有時也會有複雜的版面配置及資訊顯示。利用建造者模式（*Builder*）可以將介面的呈現，分成不同的區域或內容來實作，讓介面也可以有「功能裝組」的應用方式。

第 16 章

遊戲數值管理功能
— *Flyweight* 享元模式

16.1 遊戲數值的管理

在「P級陣地」中,除了雙方角色使用「數值(生命力、移動速度)」作為能力區分外,武器系統也使用「武器數值(攻擊力、攻擊距離)」做為武器強度的區分:

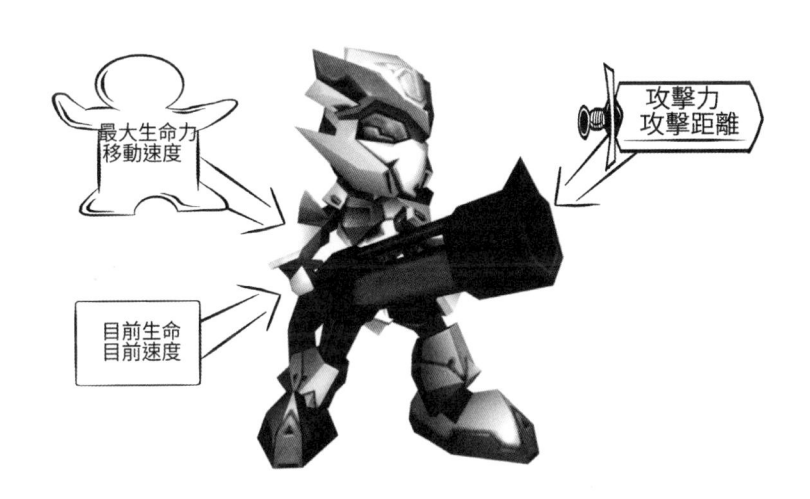

圖 16-1 武器也使用武器數值的示意圖

事實上,一款遊戲的可玩度及角色平衡,都需要針對這些數值精心設計及調整,遊戲企劃人員會透過「公式計算」或「實際測試」等方式找出最佳的遊戲數值。而這些調整完成的遊戲數值,在遊戲系統中需要有一個管理方式來建立及儲存它們,讓它們可以隨著遊戲的進行被遊戲系統使用:

16-1

設計模式與遊戲開發
的完美結合

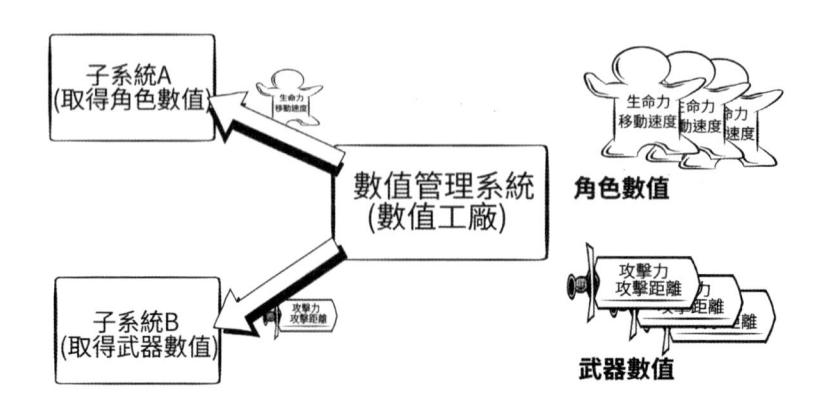

圖 16-2　各系統取得數值的示意圖

在先前的幾個章節中，我們已經定義了角色數值基礎類別(ICharacterAttr)，以及記錄雙方角色攻守差異所需要的數值子類別(SoldierAttr、EnemyAttr)，在此列出相關程式碼，讓讀者回顧一下：

Listing 16-1　角色數值類別

```
//角色數值介面
public abstract class ICharacterAttr
{
    protected int m_MaxHP = 0;            // 最高 HP 值
    protected float m_MoveSpeed = 1.0f;   // 移動速度
    protected string m_AttrName = "";     // 數值的名稱

    protected int m_NowHP = 0;            // 目前 HP 值
    protected IAttrStrategy m_AttrStrategy = null;// 數值的計算策略

    ...
} // ICharacterAttr.cs

// Soldier 數值
public class SoldierAttr : ICharacterAttr
{
    protected int m_SoldierLv = 0; // Soldier 等級
    ...
} // SoldierAttr.cs

// Enemy 數值
public class EnemyAttr : ICharacterAttr
{
    protected int m_CritRate = 0; // 爆擊機率
```

```
    ...
} // EnemyAttr.cs
```

另外,在第 9 章介紹橋接模式(*Bridge*)時,定義了武器介面類別 IWeapon。在當時的實作中,武器數值:攻擊力(m_Atk)及攻擊距離(m_Range)都是直接宣告在武器介面中的:

```
// 武器介面
public abstract class IWeapon
{
    // 數值
    protected int m_AtkPlusValue = 0;      // 額外增加的攻擊力
    protected int m_Atk = 0;               // 攻擊力
    protected float m_Range= 0.0f;         // 攻擊距離
    ...
}
```

「P 級陣地」中先仿照角色數值的設計方式,將「武器數值」的部份,從武器介面中獨立出來:

Listing 16-2　重構後的武器數值類別

```
public class WeaponAttr
{
    protected int       m_Atk = 0;          // 攻擊力
    protected float m_Range= 0.0f;          // 攻擊距離

    public WeaponAttr(int AtkValue,float Range) {
        m_Atk = AtkValue;
        m_Range = Range;
    }

    // 取得攻擊力
    public virtual int GetAtkValue() {
        return m_Atk;
    }

    // 取得攻擊距離
    public virtual float GetAtkRange() {
        return m_Range;
    }
}
```

武器數值可以套用在任何一種武器類別上，而且不會像角色數值具有攻守差異，所以，單純以一個類別加以定義即可，暫不使用繼承的方式來實作。更換後的武器介面類別，將原有的數值以一個武器數值類別(WeaponAttr)物件成員 m_WeaponAttr 加以取代，並提供對應的操作方法：

Listing 16-3　新的武器介面

```
public abstract class IWeapon
{
    // 數值
    protected int m_AtkPlusValue = 0;          // 額外增加的攻擊力
    protected WeaponAttr m_WeaponAttr = null;  // 武器的能力
    ...
    // 設定攻擊能力
    public void SetWeaponAttr(WeaponAttr theWeaponAttr) {
        m_WeaponAttr = theWeaponAttr;
    }

    // 設定額外功擊力
    public void SetAtkPlusValue(int Value) {
        m_AtkPlusValue = Value;
    }

    // 取得攻擊力
    public int GetAtkValue() {
        return m_WeaponAttr.GetAtkValue() + m_AtkPlusValue;
    }

    // 取得攻擊距離
    public float GetAtkRange() {
        return m_WeaponAttr.GetAtkRange();
    }
    ...
} // IWeapon.cs
```

重構後的角色(ICharacter)、角色數值(ICharacterAttr)、武器(IWeapon)及武器數值(IWeaponAttr)等類別圖的關係如下：

Chapter 16 遊戲數值管理功能 — Flyweight 享元模式

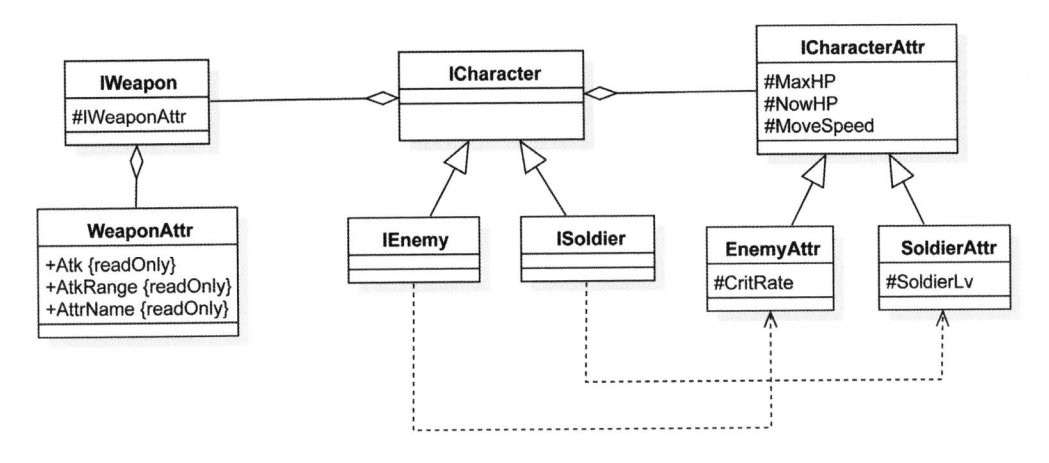

```
┌─────────────────┐                  ┌──────────────┐              ┌──────────────────┐
│    IWeapon      │                  │  ICharacter  │              │  ICharacterAttr  │
│─────────────────│◇────────────────▷│──────────────│◁────────────◇│#MaxHP            │
│ #IWeaponAttr    │                  │              │              │#NowHP            │
└─────────────────┘                  └──────────────┘              │#MoveSpeed        │
         △                                  △                      └──────────────────┘
         │                               ┌──┴──┐                            △
         ◇                               │     │                         ┌──┴──┐
┌─────────────────┐              ┌───────┐  ┌────────┐         ┌──────────┐  ┌──────────┐
│  WeaponAttr     │              │IEnemy │  │ISoldier│         │EnemyAttr │  │SoldierAttr│
│─────────────────│              │       │  │        │         │──────────│  │───────────│
│+Atk {readOnly}  │              └───────┘  └────────┘         │#CritRate │  │#SoldierLv │
│+AtkRange{readOnly}│                △          △              └──────────┘  └──────────┘
│+AttrName{readOnly}│                │          │                    △             △
└─────────────────┘                  │          └────────────────────┼─────────────┘
                                     └───────────────────────────────┘
```

在「P 級陣地」的實作上，三個數值類別：玩家陣營角色數值(SoldierAttr)、敵方陣營角色數值(EnemyAttr)及武器數值(WeaonAttr)，都是由數值工廠(IAttrFactory)負責產生。而在實作時，通常會將一個數值類別的物件，以一個唯一數值來代表，讓其它系統可以利用這個數字，取得對應的數值物件。

所以，三種數值物件由數值工廠(IAttrFactory)產生，並由其它系統將取得的數值物件，設定給有需要的遊戲功能。讓我們再看一次在建造者模式（*Builder*）中，關於「角色數值設定」的程式碼，就能了解相關的流程：

Listing 16-4 `SoldierBuilder 建造者類別中設定角色數值`

```
// Soldier 各部位的建立
public class SoldierBuilder : ICharacterBuilder
{
    ...
    // 設定角色能力
    public override void SetCharacterAttr() {
        // 取得 Soldier 的數值
        IAttrFactory theAttrFactory = PBDFactory.GetAttrFactory();
        int AttrID = m_BuildParam.NewCharacter.GetAttrID();
        SoldierAttr theSoldierAttr =
                        theAttrFactory.GetSoldierAttr(AttrID);

        // 設定
        theSoldierAttr.SetAttStrategy( new SoldierAttrStrategy());

        // 設定等級
        theSoldierAttr.SetSoldierLv( m_BuildParam.Lv );

        // 設定給角色
        m_BuildParam.NewCharacter.SetCharacterAttr( theSoldierAttr );
    }
```

16-5

```
    ...
} // SoldierBuilder.cs
```

在 EnemyBuilder 建造者類別中，設定敵人角色數值：

Listing 16-5 EnemyBuilder 建造者類別中設定角色數值

```
// Enemy 各部位的建立
public class EnemyBuilder : ICharacterBuilder
{
    ...
    // 設定角色能力
    public override void SetCharacterAttr() {
        // 取得 Enemy 的數值
        IAttrFactory theAttrFactory = PBDFactory.GetAttrFactory();
        int AttrID = m_BuildParam.NewCharacter.GetAttrID();
        EnemyAttr theEnemyAttr = theAttrFactory.GetEnemyAttr( AttrID );

        // 設定數值的計算策略
        theEnemyAttr.SetAttStrategy( new EnemyAttrStrategy() );

        // 設定給角色
        m_BuildParam.NewCharacter.SetCharacterAttr( theEnemyAttr );
    }
    ...
} // EnemyBuilder.cs
```

而武器工廠(WeaponFactory)產生武器時，也會取得武器數值設定給武器：

Listing 16-6 設定武器數值

```
// 武器工廠
public class WeaponFactory : IWeaponFactory
{
    // 建立武器
    public override IWeapon CreateWeapon( ENUM_Weapon emWeapon) {
        ...
        // 取得武器的威力
        IAttrFactory theAttrFactory = PBDFactory.GetAttrFactory();
        WeaponAttr theWeaponAttr =
                        theAttrFactory.GetWeaponAttr(AttrID);

        // 設定武器的威力
        pWeapon.SetWeaponAttr( theWeaponAttr );

        return pWeapon;
    }
} // WeaponFactory.cs
```

所以，配合產生物件的數值工廠(IAttrFactory)，會依照參數傳入的「數值編號(AttrID)」來產生對應的數值物件，可能會用下列方式實作：

Listing 16-7　實作產生遊戲用數值

```csharp
public class AttrFactory : IAttrFactory
{
    // 取得 Soldier 的數值
    public override SoldierAttr GetSoldierAttr( int AttrID ) {
        switch( AttrID)
        {
            case 1:
                // 生命力,移動速度,數值名稱
                return new SoldierAttr(10, 3.0f, "新兵");
            case 2:
                return new SoldierAttr(20, 3.2f, "中士");
            case 3:
                return new SoldierAttr(30, 3.4f, "上尉");
            default:
                Debug.LogWarning(
                        "沒有針對角色數值["+AttrID+"]產生新的數值");
                break;
        }
        return null;
    }

    // 取得 Enemy 的數值
    public override EnemyAttr GetEnemyAttr( int AttrID ) {
        switch( AttrID)
        {
            case 1:
                // 生命力,移動速度,爆擊率,數值名稱
                return new EnemyAttr(5, 3.0f,5, "精靈");
            case 2:
                return new EnemyAttr(15,3.1f,10,"山妖");
            case 3:
                return new EnemyAttr(20,3.3f,15,"怪物");
            default:
                Debug.LogWarning(
                        "沒有針對角色數值["+AttrID+"]產生新的數值");
                break;
        }
        return null;
    }

    // 取得武器的數值
    public override WeaponAttr GetWeaponAttr( int AttrID ) {
        switch( AttrID)
        {
            case 1:
```

```
            // 攻擊力,攻擊距離,數值名稱
            return new WeaponAttr( 2, 4 ,"短槍");
        case 2:
            return new WeaponAttr( 4, 7, "長槍");
        case 3:
            return new WeaponAttr( 8, 10,"火箭筒");
        default:
            Debug.LogWarning(
                    "沒有針對角色數值["+AttrID+"]產生新的數值");
            break;
        }
        return null;
    }
}
```

使用 switch case 語法判斷傳入的數值編號(AttrID)後，產生對應的角色數值(SoldierAttr)物件，讓每一個數值編號(AttrID)能夠正確對應一個數值物件。而 switch case 的最後面也加了 default 區段來防止未規劃的編號產生物件。但過長的 switch case 語法會造成不易閱讀的問題，而且遊戲將來需要大量增加遊戲數值資料時，這種實作方式會不容易完成修改，並且更容易造成程式碼過長、不易閱讀等問題。

另外「兩種角色數值」與「武器數值」的類別物件，在應用上也有些差異：

- 兩個陣營的角色數值類別(SoliderAttr、EnemyAttr)：類別成員中包含：現在生命力(NowHP)、等級(Lv)…等，這些是會因著遊戲過程而隨之改變的數值欄位，所以必須針對每個角色類別設定一組新的數值物件。但是角色的最大生命力(MaxHP)及移動速度(MoveSpeed)等數值，則是基本數值不會更動，只需保留一份物件即可。

- 武器數值類別(WeaponAttr)：類別成員包含攻擊力(Akt)與攻擊距離(Range)，這兩個數值一經設定之後就不會再變更，不會隨著遊戲過程而改變，也就是說，每一個編號對應的武器數值(WeaponAttr)，只需要產生一個物件即可。

圖 16-3 非共享部份的數值與會隨遊戲時間演進而變化的數值

所以，有兩個待解決的問題：

1. 方便的管理遊戲數值的方法，讓產生的數值物件能夠有好的管理架構，要能方便取得及設定。
2. 共同的數值部份能夠只維持一份，但隨著(1)不斷重新產生的角色數值(SoldierAttr、EnemyAttr)及(2)只需維持一個武器數值(WeaponAttr)物件，所以需要有不同的設定及替換方式。

針對上述兩個問題，數值工廠(IAttrFactory)可用享元模式（*Flyweight*）來解決。

16.2 享元模式（*Flyweight*）

享元模式是用來解決「大量而且重複的物件」的管理問題，尤其是程式設計師最常忽略的「雖小但卻大量重複的物件」。隨著電腦設備的升級，程式設計師漸漸遺忘了從前在那種記憶體受限制的環境下，對每一個 Byte 都很計較的程式撰寫方式。但近幾年來，由於行動裝置 App 的興起，有大小限制的記憶體環境又成為了程式設計師必須思考的設計條件之一，善用享元模式（*Flyweight*）可以解決大部份物件共享的問題。

16-9

16.2.1 享元模式（*Flyweight*）的定義

GoF 中享元模式（*Flyweight*）的定義是：

「使用共享的方式，讓一大群小規模物件能更有效地運作」

定義中的兩個重點：「共享」與「一大群小規模物件」。

首先，「一大群小規模物件」指的是：雖然有時候類別的組成很簡單，可能只有幾個型別為 int 的類別成員，但如果這些類別成員的數值是相同而且可以共享的，那麼當系統產了一大群類別的物件時，這些重複的部份就都是浪費的，因為它們只需要存在一份即可。

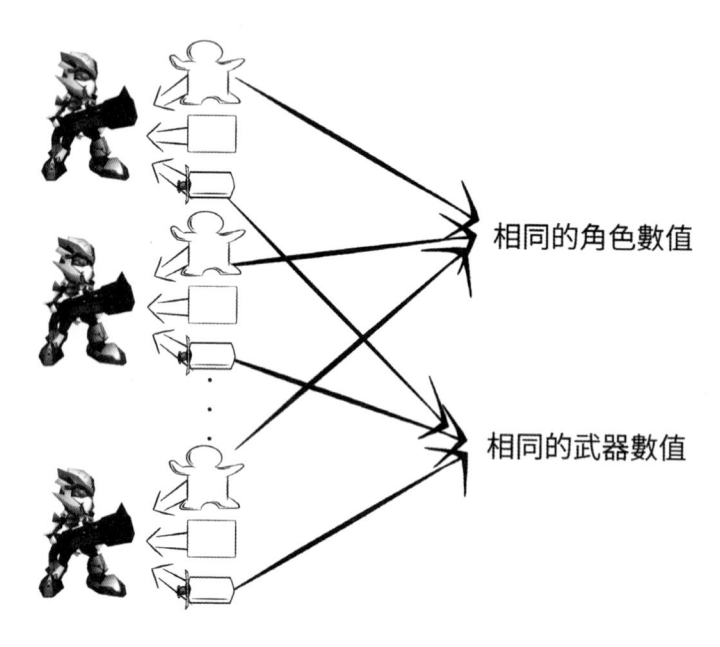

圖 16-4　大量重複的共享空間

而「共享」指的是：使用「管理結構」來設計資訊的存取方式，讓可以被共享的資訊，只需要產生一份物件，而這個物件能夠被引用到其它物件之中。

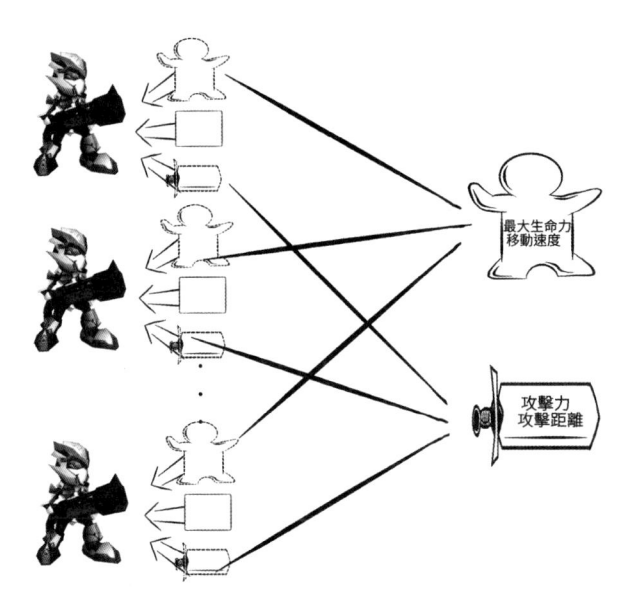

圖 16-5 使用共享的方式利用重複的資料

但必須注意的是，既然可以被多個物件「共享」，那麼對於共享物件的「修改」就必須加以限制，因為被多個物件共享之後，任何更動共享物件中的屬性，都可能導致其它參考物件的錯誤。

因此在設計上，物件中那些「只能讀取而不能寫入」的共享部份稱之為「內在(intrinsic)狀態」，就像是前一節中提到的：最大生命力(MaxHP)、移動速度(MoveSpeed)、攻擊力(Akt)、攻擊距離(Range)這些值。而物件中「不能被共享」的部份，像是：目前的生命力(NowHP)、等級(LV)、爆擊率(CritRate)…等，這些數值會隨著遊戲演算的過程而更動者，則稱為「外在(extrinsic)狀態」。

享元模式（*Flyweight*）提供的解決方案是：產生物件時，將能夠共享的「內在(intrinsic)狀態」加以管理，並且將屬於各物件能自由變更的「外部(extrinsic)狀態」也一併設定給新產生的物件中。

16.2.2 享元模式（*Flyweight*）的說明

以下是享元模式（*Flyweight*）的結構：

設計模式與遊戲開發的完美結合

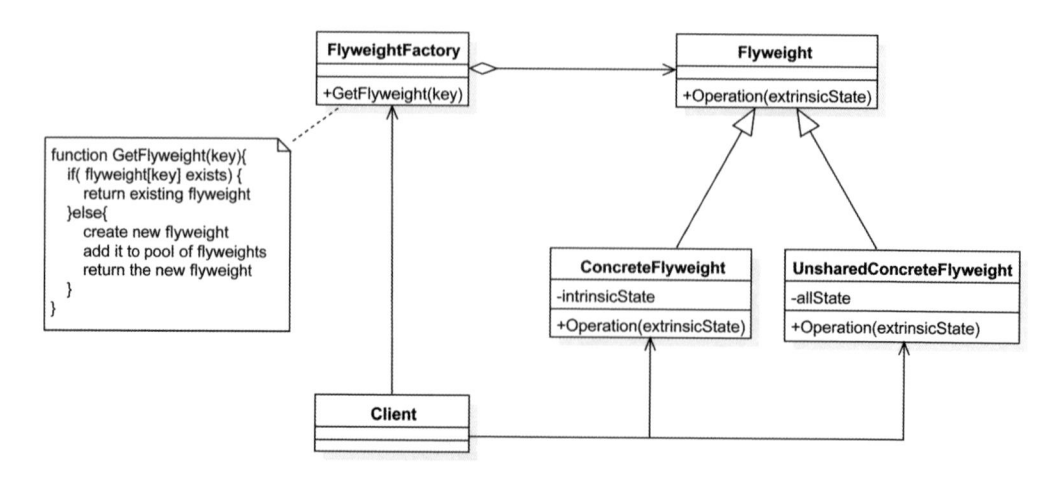

```
function GetFlyweight(key){
  if( flyweight[key] exists) {
    return existing flyweight
  }else{
    create new flyweight
    add it to pool of flyweights
    return the new flyweight
  }
}
```

FlyweightFactory
+GetFlyweight(key)

Flyweight
+Operation(extrinsicState)

ConcreteFlyweight
-intrinsicState
+Operation(extrinsicState)

UnsharedConcreteFlyweight
-allState
+Operation(extrinsicState)

Client

GoF 參與者的說明如下：

- FlyweightFactory(工廠類別)

    ◎ 負責產生及管理 Flyweight 的元件。

    ◎ 內部通常使用容器類別來儲存共享的 Flyweight 元件。

    ◎ 提供工廠方法產生對應的元件，當產生的是共享元件時，就加入到 Flyweight 管理容器內。

- Flyweight(元件介面)

    ◎ 定義元件的操作介面。

- ConcreteFlyweight(可以共享的元件)

    ◎ 實作 Flyweight 介面。

    ◎ 產生的元件是可以共享的，並加入到 Flyweight 管理器中。

- UnsharedConcreteFlyweight(不可以共享的元件)

    ◎ 實作 Flyweight 介面，也可以選擇不繼承自 Flyweight 介面。

    ◎ 可以定義為單獨的元件，不包含任何共享資源。

    ◎ 也可以將一些共享元件定義為類別的成員，成為內部狀態；並另外定義其它不被共享的成員，做為外部狀態使用。

16.2.3 享元模式（*Flyweight*）的實作範例

先定義 Flyweight(元件介面)：

Listing 16-8　可以被共享的 Flyweight 介面 (Flyweight.cs)

```
public abstract class Flyweight
{
    protected string m_Content;  //顯示的內容

    public Flyweight()
    {}

    public Flyweight(string Content) {
        m_Content = Content;
    }

    public string GetContent() {
        return m_Content;
    }

    public abstract void Operator();
}
```

在類別宣告中，包含了一個 m_Content 成員用來代表共享的資訊。

ConcreteFlyweight 實作 Flyweight 介面，用來代表之後要被共享的元件：

Listing 16-9　共享的元件 (Flyweight.cs)

```
public class ConcreteFlyweight : Flyweight
{
    public ConcreteFlyweight(string Content):base( Content )
    {}

    public override void Operator() {
        Debug.Log("ConcreteFlyweight.Content["+m_Content+"]");
    }
}
```

而 UnsharedCoincreteFlyweight，則是用來代表一個包含共享資源及不共享資源的類別：

Listing 16-10　不共享的元件 (可以不必繼承) (Flyweight.cs)

```
public class UnsharedCoincreteFlyweight   //: Flyweight
{
    Flyweight m_Flyweight = null;       // 共享的元件
```

16-13

```
        string m_UnsharedContent;     // 不共享的元件

        public UnsharedCoincreteFlyweight(string Content) {
            m_UnsharedContent = Content;
        }

        // 設定共享的元件
        public void SetFlyweight(Flyweight theFlyweight) {
            m_Flyweight = theFlyweight;
        }

        public void Operator() {
            string Msg = string.Format(
                            "UnsharedCoincreteFlyweight.Content[{0}]",
                            m_UnsharedContent);
            if( m_Flyweight != null)
                Msg += "包含了:" + m_Flyweight.GetContent();
            Debug.Log(Msg);
        }
    }
```

在不使用繼承的實作方式下，利用組合的方式，宣告了一個可指向共享元件的參考 m_Flyweight，並且定義了由自已維護的不共享的資訊成員 m_UnSharedContent，並提供方法 SetFlyweight 來設定共享的元件給類別物件。工廠類別 FlyweightFactor 則提供了管理容器及三個工廠方法來產生各種組合方式的物件：

Listing 16-11 負責產生 Flyweight 的工廠介面(Flyweight.cs)

```
    public class FlyweightFactor
    {
        Dictionary<string,Flyweight> m_Flyweights =
                                    new Dictionary<string,Flyweight>();

        // 取得共享的元件
        public Flyweight GetFlyweight(string Key,string Content) {
            if( m_Flyweights.ContainsKey( Key) )
                return m_Flyweights[Key];

            // 產生並設定內容
            ConcreteFlyweight theFlyweight =
                                    new ConcreteFlyweight( Content );
            m_Flyweights[Key] = theFlyweight;
            Debug.Log (
                "New ConcreteFlyweigh Key["+Key+"] Content["+Content+"]");
            return theFlyweight;
        }
        // 取得元件(只取得不共享的 Flyweight)
        public UnsharedCoincreteFlyweight GetUnsharedFlyweight(
                                                    string Content) {
```

```
            return new UnsharedCoincreteFlyweight( Content);
    }

    // 取得元件(包含共享部份的Flyweight)
    public UnsharedCoincreteFlyweight GetUnsharedFlyweight(
                                        string Key,
                                        string SharedContent,
                                        string UnsharedContent) {
        // 先取得共享的部份
        Flyweight SharedFlyweight = GetFlyweight(Key, SharedContent);

        // 產出元件
        UnsharedCoincreteFlyweight theFlyweight =
                new UnsharedCoincreteFlyweight( UnsharedContent);
        theFlyweight.SetFlyweight( SharedFlyweight );  // 設定共享的部份
        return theFlyweight;
    }
}
```

在工廠類別 FlyweightFactor 的內部，使用 C#的泛型容器 Dictionary 類別來管理共享元件，應用 Dictionary 類別的 Key-Value 對應方式，可以確保元件的唯一性，也就是使用一個 Key 值來代表一個共享元件(Value)，相同的 Key 不可能對應到兩個共享元件，所以只要利用相同的 Key 值來取得 Dictionary 內的元件，即保證回傳的是同一個共享元件。

在 GetFlyweight 方法中，會先判斷 Dictionary 內是否已包含 Key，若已產生過了，則回傳現有 Key 值所對應的 Flyweight 元件；如果 Key 值不存在，則建立一個新的共享元件並回傳。

在測試範例中，先建立元件工廠，接著產生 3 個共享元件：

Listing 16-12　測試享元模式(FlyweightTest.cs)

```
void UnitTest() {
    // 元件工廠
    FlyweightFactor theFactory = new FlyweightFactor();

    // 產生共享元件
    theFactory.GetFlyweight("1","共享元件 1");
    theFactory.GetFlyweight("2","共享元件 2");
    theFactory.GetFlyweight("3","共享元件 3");
    ...
```

訊息視窗上，會反應建立 3 個共享元件：

執行結果

```
New ConcreteFlyweigh Key[1] Content[共享元件1]
New ConcreteFlyweigh Key[2] Content[共享元件2]
New ConcreteFlyweigh Key[3] Content[共享元件3]
```

之後取得共享元件：

```
// 取得一個共享元件
Flyweight theFlyweight = theFactory.GetFlyweight("1","");
theFlyweight.Operator();
```

雖然第二個欄位並未設定任何資訊，但由於是共享元件的關係，所以會取得之前已經建立 Key 值為「1」的元件：

```
ConcreteFlyweight.Content[共享元件1]
```

之後測試建立一個非共享元件。取得物件之後，呼叫 Operator 方法來顯示它的外部狀態(非共享的資訊)。

```
// 產生不共享的元件
UnsharedCoincreteFlyweight theUnshared1 =
            theFactory.GetUnsharedFlyweight("不共享的資訊1");
theUnshared1.Operator();
```

訊息顯示為：

```
UnsharedCoincreteFlyweight.Content[不共享的資訊1]
```

後續將共享元件 theFlyweight1 設定給 theUnshared1，接著產生 theUnshared2，不過這次直接指定要共享的元件「1」：

```
// 設定共享元件
theUnshared1.SetFlyweight( theFlyweight );

// 產生不共享的元件2,並指定使用共享元件1
UnsharedCoincreteFlyweight theUnshared2 =
        theFactory.GetUnsharedFlyweight("1","","不共享的資訊2");

// 同時顯示
```

16-16

```
theUnshared1.Operator();
theUnshared2.Operator();
```

最後,同時顯示兩個非共享元件,輸出的訊息是:

> UnsharedCoincreteFlyweight.Content[不共享的資訊1]包含了:共享元件1
> UnsharedCoincreteFlyweight.Content[不共享的資訊2]包含了:共享元件1

而共享元件 1 在整個測試程式中始終只維持一個,最後的記憶體示意圖如下:

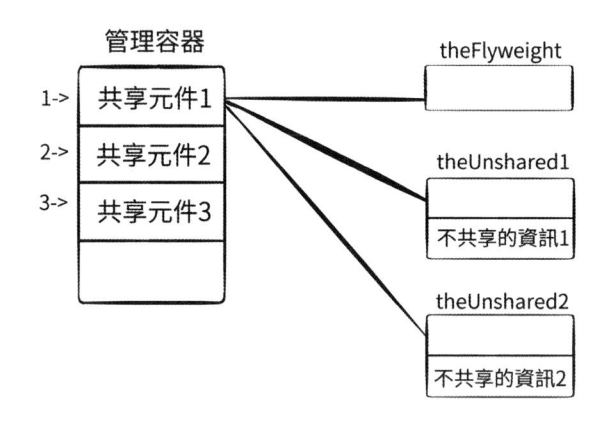

16.3 使用享元模式($Flyweight$)來實作遊戲

在理解了享元模式($Flyweight$)後,接下來,讓我們將這個模式套用到「P 級陣地」遊戲中。

16.3.1 `SceneState` 的實作

將「P 級陣地」中的數值工廠套用享元模式($Flyweight$)時,需要先將現有的程式碼重構一下,分析現有的角色數值類別 `ICharacterAttr`,就會發現當中不會更動的角色數值有:

- 最大生命力(MaxHP)、移動速度(MoveSpeed)、數值名稱(AttrName)等;
- 敵方陣營角色數值類別(EnemyAttr)中的爆擊率(InitCritRate)初始值。

以上是不會更動的數值,應該成為共享元件(類別),成為數值類別的內在狀態。

16-17

而隨著遊戲進行會更動的數值有：

- 角色的現有生命力(NowHP)，被攻擊時會減少；
- 玩家陣營角色數值類別(SoldierAttr)中，等級(SoldierLv)及生命力加乘(AddMaxHP)，會隨兵營等級提升而改變角色的等級；
- 敵方陣營角色數值類別(SoldierAttr)中，爆擊率(CritRate)現值，會因為成功發生爆擊之後而減半。

這些會更動的數值將成為外在狀態，保留在各自的物件之中互不影響，所以先將這共享的部份從原有的角色數值類別(ICharacterAttr)中獨立出來，成為一個新的類別：

Listing 16-13　可以被共享的基本角色數值(BaseAttr.cs)

```
public class BaseAttr
{
    private int    m_MaxHP;         // 最高 HP 值
    private float  m_MoveSpeed;     // 目前移動速度
    private string m_AttrName;      // 數值的名稱

    public BaseAttr(int MaxHP,float MoveSpeed, string AttrName) {
        this.MaxHP = MaxHP;
        this.MoveSpeed = MoveSpeed;
        this.AttrName = AttrName;
    }

    public int GetMaxHP() {
        return m_MaxHP;
    }

    public float GetMoveSpeed() {
        return m_MoveSpeed;
    }

    public string GetAttrName() {
        return m_AttrName;
    }
}
```

該類別只包含基本數值欄位及取得資訊的方法，除了透過建構者之外，沒有任何方式可以設定這三個數值。

針對角色數值物件的產生，下面是數值工廠 IAttrFactory 在套用享元模式（*Flyweight*）之後的結構：

Chapter 16 遊戲數值管理功能
— Flyweight 享元模式

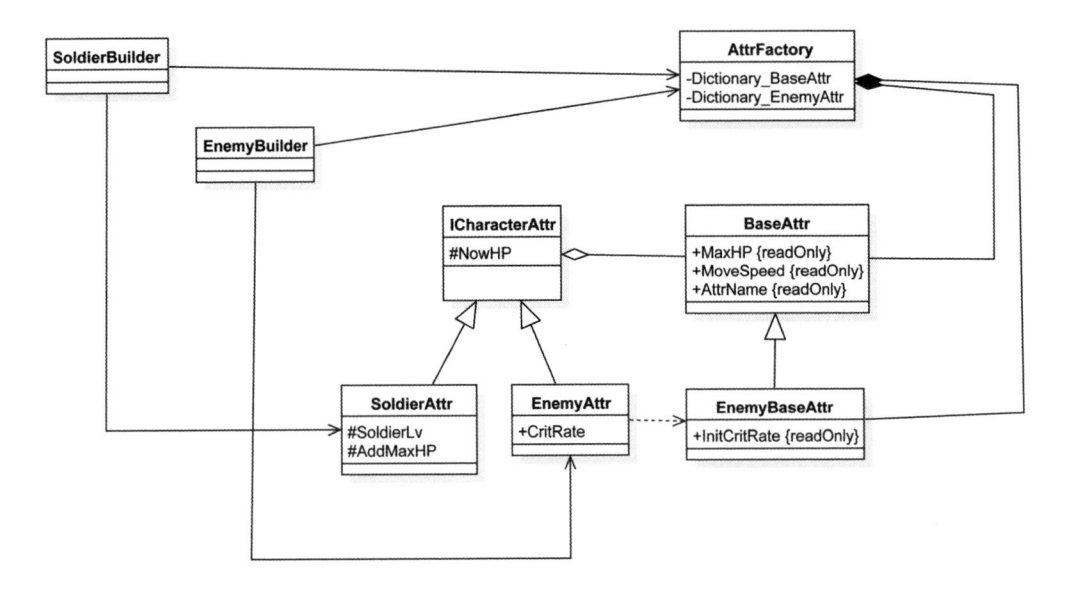

```
SoldierBuilder

                        AttrFactory
                        -Dictionary_BaseAttr
                        -Dictionary_EnemyAttr

    EnemyBuilder

              ICharacterAttr              BaseAttr
              #NowHP                      +MaxHP {readOnly}
                                          +MoveSpeed {readOnly}
                                          +AttrName {readOnly}

        SoldierAttr      EnemyAttr         EnemyBaseAttr
        #SoldierLv       +CritRate         +InitCritRate {readOnly}
        #AddMaxHP
```

參與者的說明如下：

- `BaseAttr`

    定義角色數值中，不會變更可共享的部份。

- `EnemyBaseAttr`

    敵方陣營的角色有爆擊率的功能，用來強化攻擊時的優勢。依遊戲設計需求，必須開放給企劃作設定，所以用一個新類別來增加這個設定，而不在 `BaseAttr` 中增加。

- `ICharacterAttr`、`SoldierAttr`、`EnemyAttr`

    定義角色數值中，會依遊戲執行而變化的部份，屬於各角色物件自己管理的一部份。

- `SoldierBuilder`、`EnemyBuilder`

    雙方陣營角色的建造者，實際運作時，會呼叫數值工廠 `AttrFactory` 的方法來取得角色數值物件。

- `AttrFactory`

    數值工廠，定義了兩個 `Dictionary` 容器，用來管理唯一的 `BaseAttr` 及 `EnemyBaseAttr` 元件。

16-19

武器數值的部份比較單純，只有共享的類別 WeaponAttr，而沒有變動的部份：

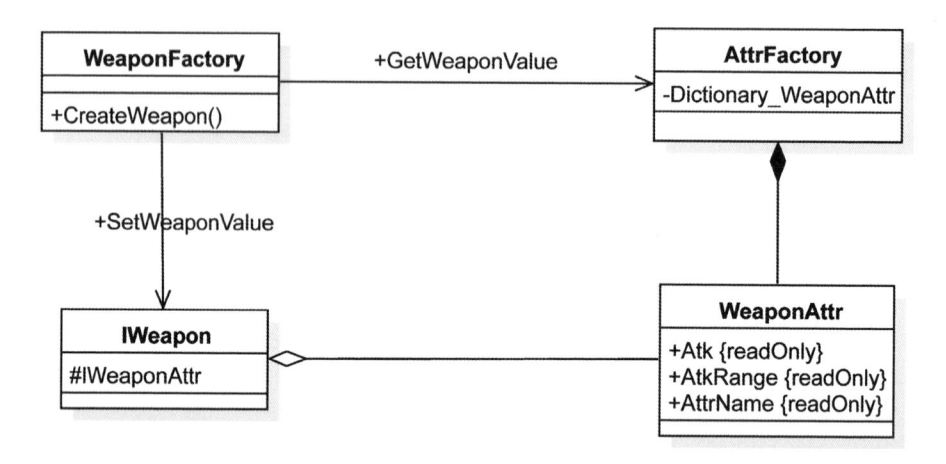

```
┌─────────────────────┐                        ┌─────────────────────────────┐
│   WeaponFactory     │    +GetWeaponValue     │        AttrFactory          │
├─────────────────────┤───────────────────────>├─────────────────────────────┤
│  +CreateWeapon()    │                        │  -Dictionary_WeaponAttr     │
└─────────────────────┘                        └─────────────────────────────┘
         │                                                    ◆
         │ +SetWeaponValue                                    │
         ▼                                                    │
┌─────────────────────┐                        ┌─────────────────────────────┐
│      IWeapon        │                        │        WeaponAttr           │
├─────────────────────┤                        ├─────────────────────────────┤
│  #IWeaponAttr       │◇──────────────────────│  +Atk {readOnly}            │
└─────────────────────┘                        │  +AtkRange {readOnly}       │
                                               │  +AttrName {readOnly}       │
                                               └─────────────────────────────┘
```

參與者的說明如下：

- WeaponAttr
  定義武器數值中不會變更，可以共享的部份。

- IWeapon
  武器類別中，宣告了一個參考，用來指向共享的武器數值。

- AttrFactory
  數值工廠，定義了 Dictionary 容器用來管理唯一的 WeaponAttr。

- WeaponFactory
  武器工廠，實際運作時，會呼叫數值工廠 AttrFactory 的方法來取得武器數值物件，然後接續產生武器物件的步驟。

16.3.2 實作說明

將共享部份獨立出去之後的角色數值類別 ICharacterAttr，除了增加 BaseAttr 的類別參考成員外，也將相關的角色數值存取方法，做了一些更動，改為存取儲存在 BaseAttr 參考物件的數值：

Listing 16-14　角色數值介面(ICharacterAttr.cs)

```
public abstract class ICharacterAttr
{
    protected BaseAttr m_BaseAttr = null;      // 基本角色數值
    protected int m_NowHP = 0;                 // 目前 HP 值
    protected IAttrStrategy m_AttrStrategy = null;  // 數值的計算策略

    public ICharacterAttr(){}

    // 設定基本屬性
    protected void SetBaseAttr( BaseAttr BaseAttr ) {
        m_BaseAttr = BaseAttr;
    }

    // 取得基本屬性
    public BaseAttr GetBaseAttr() {
        return m_BaseAttr;
    }

    // 設定數值的計算策略
    public void SetAttStrategy(IAttrStrategy theAttrStrategy) {
        m_AttrStrategy = theAttrStrategy;
    }

    // 取得數值的計算策略
    public IAttrStrategy GetAttStrategy() {
        return m_AttrStrategy;
    }

    // 目前 HP
    public int GetNowHP() {
        return m_NowHP;
    }

    // 最大 HP
    public virtual int GetMaxHP() {
        return m_BaseAttr.GetMaxHP();
    }

    // 回滿目前 HP 值
    public void FullNowHP() {
        m_NowHP = GetMaxHP();
    }

    // 移動速度
    public virtual float GetMoveSpeed() {
        return m_BaseAttr.GetMoveSpeed();
    }
```

16-21

```csharp
    // 取得數值名稱
    public virtual string GetAttrName() {
        return m_BaseAttr.GetAttrName();
    }

    // 初始角色數值
    public virtual void InitAttr() {
        m_AttrStrategy.InitAttr( this );
        FullNowHP();
    }

    // 攻擊加乘
    public int GetAtkPlusValue() {
        return m_AttrStrategy.GetAtkPlusValue( this );
    }

    // 取得被武器攻擊後的傷害值
    public void CalDmgValue( ICharacter Attacker ) {
        // 取得武器功擊力
        int AtkValue = Attacker.GetAtkValue();
        // 減傷
        AtkValue -= m_AttrStrategy.GetDmgDescValue(this);
        // 扣去傷害
        m_NowHP -= AtkValue;
    }
}
```

ICharacterAttr 子類別也重新定義了幾個方法，將之定義為虛擬方法(Virtual Function)，提供給兩個子類別重新實作，以達成特殊化的目的：

```csharp
// Soldier數值
public class SoldierAttr : ICharacterAttr
{
    protected int   m_SoldierLv; // Soldier等級
    protected int   m_AddMaxHP;  // 因等級新增的HP值

    public SoldierAttr()
    {}

    // 設定角色數值
    public void SetSoldierAttr(BaseAttr BaseAttr) {
        // 共享元件
        base.SetBaseAttr( BaseAttr );
        // 外部參數
        m_SoldierLv = 1;
```

```csharp
            m_AddMaxHP = 0;
        }

        // 設定等級
        public void SetSoldierLv(int Lv) {
            m_SoldierLv = Lv;
        }

        // 取得等級
        public int GetSoldierLv() {
            return m_SoldierLv ;
        }

        // 最大HP
        public override int GetMaxHP() {
            return base.GetMaxHP() + m_AddMaxHP;
        }

        // 設定新增的最大生命力
        public void AddMaxHP(int AddMaxHP) {
            m_AddMaxHP = AddMaxHP;
        }
} // SoldierAttr.cs

// Enemy數值
public class EnemyAttr : ICharacterAttr
{
    protected int m_CritRate = 0; // 爆擊機率
    public EnemyAttr()
    {}
    // 設定角色數值(包含外部參數)
    public void SetEnemyAttr(EnemyBaseAttr EnemyBaseAttr) {
        // 共享元件
        base.SetBaseAttr( EnemyBaseAttr );
        // 外部參數
        m_CritRate = EnemyBaseAttr.InitCritRate;
    }

    // 爆擊率
    public int GetCritRate() {
```

16-23

```
            return m_CritRate;
        }

        // 減少爆擊率
        public void CutdownCritRate() {
            m_CritRate -= m_CritRate/2;
        }
    } // EnemyAttr.cs
```

兩個子類別中，包含因遊戲執行而會變化的數值：等級(SoliderLv)、新增的生命力(AddMaxHP)、爆擊機率(CritRate) 等，並提供方法讓外界能夠變更。

套用享元模式 (*Flyweight*) 的數值工廠 AttrFactor，包含了三個 Dictionary 容器，分別來管理記錄遊戲中的三個數值物件：

Listing 16-15　實作產生遊戲用數值 (AttrFactory.cs)

```
    public class AttrFactory : IAttrFactory
    {
        private Dictionary<int,BaseAttr> m_SoldierAttrDB = null;
        private Dictionary<int,EnemyBaseAttr> m_EnemyAttrDB = null;
        private Dictionary<int,WeaponAttr> m_WeaponAttrDB = null;

        public AttrFactory() {
            InitSoldierAttr();
            InitEnemyAttr();
            InitWeaponAttr();
        }

        // 建立所有 Soldier 的數值
        private void InitSoldierAttr() {
            m_SoldierAttrDB = new Dictionary<int,BaseAttr>();
            // 生命力,移動速度,數值名稱
            m_SoldierAttrDB.Add (  1, new BaseAttr(10, 3.0f,"新兵"));
            m_SoldierAttrDB.Add (  2, new BaseAttr(20, 3.2f,"中士"));
            m_SoldierAttrDB.Add (  3, new BaseAttr(30, 3.4f,"上尉"));
            m_SoldierAttrDB.Add ( 11, new BaseAttr( 3, 0.0f,"勇士"));
        }

        // 建立所有 Enemy 的數值
        private void InitEnemyAttr() {
            m_EnemyAttrDB = new Dictionary<int,EnemyBaseAttr>();
            // 生命力,移動速度,數值名稱,爆擊率,
            m_EnemyAttrDB.Add (  1, new EnemyBaseAttr(5, 3.0f,"精靈",10) );
            m_EnemyAttrDB.Add (  2, new EnemyBaseAttr(15,3.1f,"山妖",20) );
            m_EnemyAttrDB.Add (  3, new EnemyBaseAttr(20,3.3f,"怪物",40) );
```

Chapter 16 遊戲數值管理功能
─ Flyweight 享元模式

```csharp
    }

    // 建立所有 Weapon 的數值
    private void InitWeaponAttr() {
        m_WeaponAttrDB = new Dictionary<int,WeaponAttr>();
        // 攻擊力,距離,數值名稱
        m_WeaponAttrDB.Add ( 1, new WeaponAttr( 2, 4 ,"短槍") );
        m_WeaponAttrDB.Add ( 2, new WeaponAttr( 4, 7, "長槍") );
        m_WeaponAttrDB.Add ( 3, new WeaponAttr( 8, 10,"火箭筒") );
    }
    ...
}
```

在數值方法的建構者中，分別呼叫了三個初始函式，這三個初始函式分別將目前遊戲中會使用的角色數值及武器數值，先加入到管理容器內，讓後續的工廠方法能夠在產生數值物件的過程中，取得對應的共享數值物件：

Listing 16-16　實作產生遊戲用數值(AttrFactory.cs)

```csharp
public class AttrFactory : IAttrFactory
{
    ...
    // 取得 Soldier 的數值
    public override SoldierAttr GetSoldierAttr( int AttrID ) {
        if( m_SoldierAttrDB.ContainsKey( AttrID )==false)
        {
            Debug.LogWarning(
                    "GetSoldierAttr:AttrID["+AttrID+"]數值不存在");
            return null;
        }

        // 產生數值物件並設定共享的數值資料
        SoldierAttr NewAttr = new SoldierAttr();
        NewAttr.SetSoldierAttr(m_SoldierAttrDB[AttrID]);
        return NewAttr;
    }

    // 取得 Enemy 的數值,傳入外部參數 CritRate
    public override EnemyAttr GetEnemyAttr( int AttrID ) {
        if( m_EnemyAttrDB.ContainsKey( AttrID )==false)
        {
            Debug.LogWarning(
                    "GetEnemyAttr:AttrID["+AttrID+"]數值不存在");
            return null;
        }

        // 產生數物件並設定共享的數值資料
        EnemyAttr NewAttr = new EnemyAttr();
        NewAttr.SetEnemyAttr( m_EnemyAttrDB[AttrID]);
```

16-25

```
            return NewAttr;
        }

        // 取得武器的數值
        public override WeaponAttr GetWeaponAttr( int AttrID ) {
            if( m_WeaponAttrDB.ContainsKey( AttrID )==false)
            {
                Debug.LogWarning(
                    "GetWeaponAttr:AttrID["+AttrID+"]數值不存在");
                return null;
            }

            // 直接回傳共享的武器數值
            return m_WeaponAttrDB[AttrID];
        }
        ...
    }
```

取得角色數值的工廠方法(GetSoldierAttr、GetEnemyAttr)，都是先判斷指定的基本數值是否存在，沒有的話，就顯示提示訊息(可以要求實作或測試人員注意相關訊息，並且去了解訊息發生的原因)；存在的話，則先產生對應的角色數值(SoldierAttr、EnemyAttr)物件後，將共享的數值設定給新生的物件，做為內在狀態，而每一個新產生的角色數值物件，都各自擁有外在狀態的數值，供遊戲執行運算時使用。

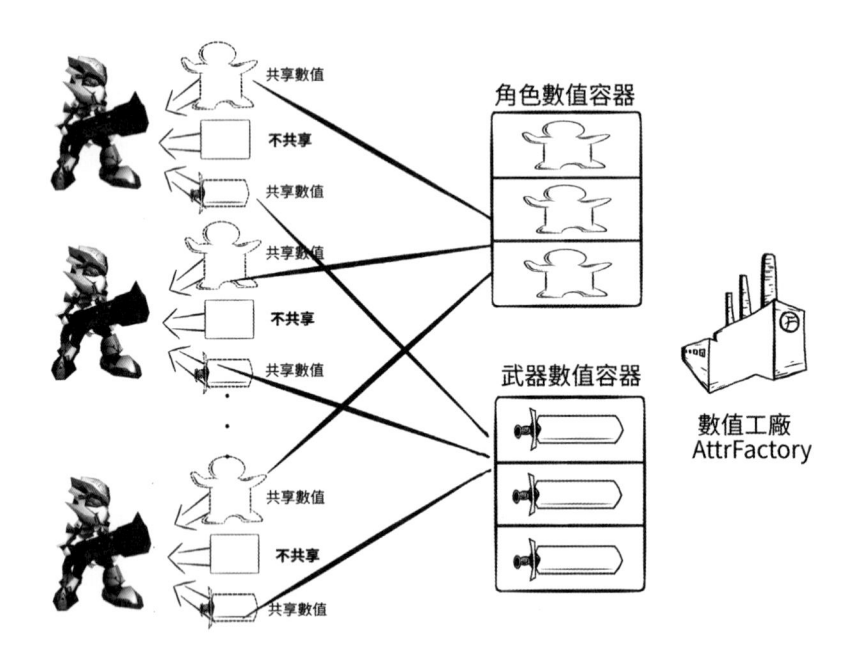

圖 16-6 新版的角色使用共享的數值物件示意

16.3.3 使用享元模式（Flyweight）的優點

新版套用享元模式（Flyweight）的數值工廠 AttrFactor，將數值設定集以更簡短的格式呈現，免去了使用 switch case 的一長串語法，方便企劃人員閱讀及設定，此外，因為共享數值的部份(BaseAttr)，每一個編號對應的數值物件，在整個遊戲執行中只會產生一份，不像舊方法會產生重複的物件，進而增加記憶體的負擔，對於遊戲效能有所提升。

16.3.4 享元模式（Flyweight）的實作說明

就筆者的經驗來說，享元模式（Flyweight）在遊戲開發領域中，最常被應用到的地方就是數值系統。每一款遊戲不論規模大小，都需要數值系統協助調整遊戲平衡，像是：角色等級數值、裝備數值、武器數值、寵物數值、道具數值⋯，而每一種數值設定資料又可能多達上百或上千筆之多，當這些數值設定都成為物件，存在遊戲之中時，即符合了享元模式（Flyweight）定義中所說的「一大群小規模物件」，每一項數值可能只包含 3、4 個欄位，也可能包含多達數十個欄位，若不採用「共享」的方式管理，很容易就造成系統的問題及實作上的困難，應用上也會產生相關的問題，所以下面提出幾點來說明，遊戲開發在實作數值系統時，會遇到的問題及解決方式。

有大量數值設定資料時

因為在「P 級陣地」中，使用的數值設定並不多，所以將數值設定直接寫在程式碼中，但若是就一般中小規模的連線型遊戲或行動平台遊戲而言，需要使用的遊戲設定資料通常達到數百筆以上，假設還是採取像本章範例那樣，直接寫在程式碼的話，就不是一種好的實作方式 。最好的實作方式是，將這些數值設計分開建檔，數值工廠改為讀取各別檔案，將每一筆數值資料取入，再建立共享數值元件。

載入的時間過長

當數值設定由檔案讀入時，會因為數值設定存放的格式(Json、XML⋯)及反序列化的工具，而有效能上的差異，尤其是在手機等行動平台上執行時，一個近千筆的設定資料在手機平台讀入時可能需要花到 1 秒的時間，但當所有設定檔案加起來一起讀入，可能會花去數十秒的時間，此時若不想讓玩家等待太久才進入遊戲的話，那麼，數值的初始化可以用「延後初始(Lazy Initialization)」的策略。就是當某一個數值需要被使用到時，才執行讀入數值設定的動作，這樣就可省去前期載入的時間，另外，玩家不見得都會使

用到每一項道具,當角色身上只使用 5、6 項道具時,只需要初始這 5、6 項道具的數值,對於應用程式的記憶體使用,也會有明顯的最佳化效果。

直接記錄 Key 值,不記錄 Reference

通常如果已經知道數值使用的 Key 值,那麼在使用的類別中,只記錄這個 Key 即可,當真正的數值需要被使用時,才透過這個 Key 值,去向工廠類別取得共享的物件。不過這樣一來,由於每次計算都需要重新查詢,所以會增加系統計算的時間,這也是使用這個方式時的缺點。故而,可以依照遊戲系統設計的不同,來決定記錄數值物件的方式。

若是採用記錄 Key 值的實作方式,「數值工廠(AttrFactory)」就會扮演另一個角色「遊戲設定資料庫」,任何跟遊戲有關的數值設定,都可以透過對資料庫進行查詢來取得數值,而就筆者多年的開發經驗來說,習慣上,會在遊戲設計一開始,就會先將這個資料庫的存取架構、資料載入及數值管理設定⋯等功能完成,因為這是遊戲開發中,企劃最常接觸到的一部份,也就是「企劃開發工具」中所需要的功能之一。

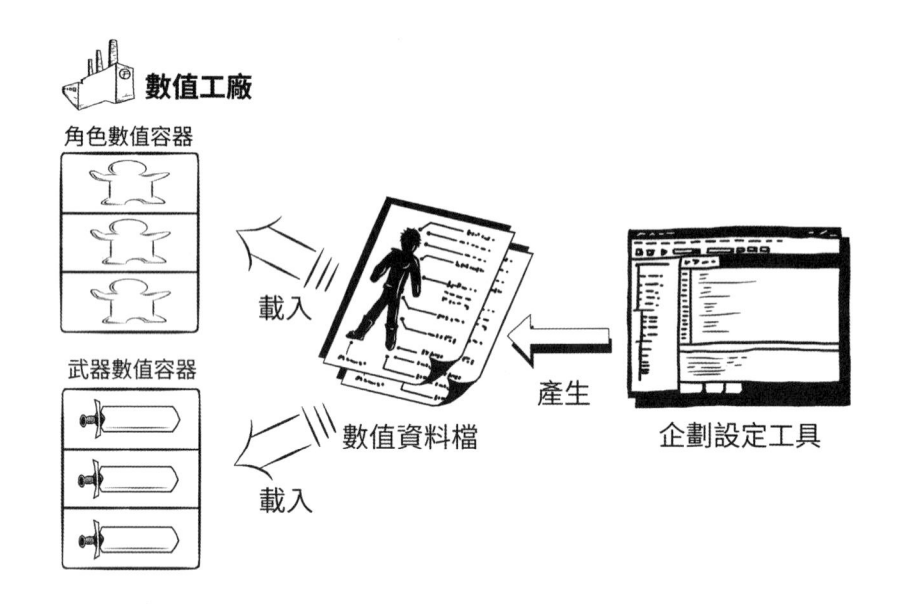

圖 16-7 大量數值資料設定及載入流程圖(企劃開發工具->檔案/DataBase->工具讀入)

16.4 享元模式（*Flyweight*）面對變化時

當遊戲數值系統以「P級陣地」的數值工廠方式實作時，對於遊戲中數值的調整，就變得非常直覺及方便。由於「P級陣地」的數值不多，只有少數幾個，企劃在調整時，只需修改 AttrFactory.cs 程式碼當中各個初始方法的部份，即可完成修改。

但若專案的設定資料較多時，則建議採用企劃工具輸出成檔案的方式。這樣一來，對於數值的修改，將不用更動到任何的程式碼，只需要設定好新的數值，產生新的數值資料檔，讓遊戲重新讀入即可完成修改及調整。

而對於數值欄位需要新增時，只要進行下列調整：

1. 在類別下新增數值欄位；
2. 增加反序列化需要的程式碼；
3. 企劃工具新增數值欄位及序列化動作。

經過上述調整後，就可以將新增的數值欄位，應用在遊戲實作上。

16.5 總結與討論

將有可能散佈在程式碼中，零碎的遊戲數值物件進行統一管理，是享元模式（*Flyweight*）應用在遊戲開發領域帶來的好處之一。

與其它模式(Pattern)的合作

每一個陣營的角色建構者(`Builder`)，在設定武器數值及角色數值時，都會透過數值工廠(`AttrFactory`)來取得數值，而這些數值則是使用享元模式（*Flyweight*）建立的，在遊戲的執行過程中只會存在一份。

其它應用方式

- 在射擊遊戲中，畫面上出現的子彈或飛彈，大多會使用「物件」的方式來代表。而為了讓遊戲系統能夠有效率地產生及管理這些子彈、飛彈物件，可使用享元模式（*Flyweight*）來建立一個子彈物件池(Bullet Object Pool)，讓其它遊戲系統也來使用物件池內的子彈，減少因為重複處理產生子彈物件、刪除子彈物件，所產生的效能損失。

設計模式與遊戲開發
　的完美結合

Part V

戰爭開始

Composite 組合模式、*Command* 命令模式、*Chain of Responsibility* 責任鏈模式

在這一篇中，我們會先介紹如何使用 Unity3D 引擎內建的 UI 工具來設計使用者介面，並且設計一套方便使用的 UI 工具，來輔助程式設計師的 UI 開發。

有了可以跟玩家互動的介面之後，就可以透過這些遊戲介面來完成兵營系統與玩家互動的功能，讓它能接受玩家指示來完成一隻角色的訓練。我們會說明如何讓玩家下達的命令可以被有效的管理及運用。

最後，我們利用責任鏈模式(*Chain of Responsibility*)來完成遊戲關卡的實作，讓玩家可以不斷地挑戰由遊戲開發者所設計的關卡。

設計模式與遊戲開發
的完美結合

第 17 章

Unity3D 的介面設計 — *Composite* 組合模式

17.1 玩家介面設計

在前面的幾個章節中,我們介紹了「P級陣地」的遊戲系統設計、角色設計、角色產生流程及各個工廠,從這一個章節開始,我們將說明如何讓這些功能及系統,和玩家產生互動。

使用者介面

遊戲玩家一般透過所謂的「使用者介面」(UI:User Interface)來跟遊戲系統產生互動。而廣義的「使用者介面」,一般指的是:使用者跟系統之間交換資訊的媒介,系統透過「使用者介面」告訴使用者,系統內部目前發生什麼情況,而使用者則透過「使用者介面」下達操作指令或提供資訊給系統。

所以廣義的「使用者介面」可以有各式各樣的呈現方式。例如,汽車的「使用者介面」就是方向盤及儀表板;微波爐的「使用者介面」就是面板和按鈕;而對於現代的軟體設計領域而言,指的就是電腦螢幕上出現的各式視窗、按鈕及提示訊息。

遊戲業的「使用者介面」也一樣繼承軟體設計的概念,將「使用者介面」的定義縮小到螢幕畫面上的資訊呈現及玩家操作。一般稱之為 UI 設計,並且較著重在平面設計的表現,而「P級陣地」也是使用 2D 表現的使用者介面,來與玩家互動。

Unity3D 的 UI 系統

Unity3D 引擎在 4.6 版時，就提供了內建的 UI 系統，一般稱為 UGUI，它提供了一些基本的 2D 介面元件讓開發者能設計出遊戲介面，像是 Button(按鈕)提供玩家按下後可執行特定功能的介面；Text(文字)顯示系統提示玩家的訊息；Image(圖片)顯示圖像資訊，提供文字之外，還有些其他種類的訊息提示，例如 Slider(滑動條)可以用來顯示進度…等：

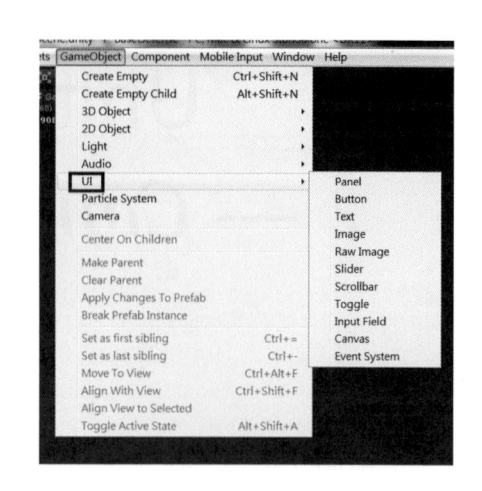

圖 17-1　Unity3D 加入 UI 元件

當開發者選擇新增一個介面時，系統會自動在場景內，加上一個名為「Canvas」的畫布元件，所有與介面相關的「遊戲物件(GameObject)」都會被放在這個 Canvas 之下：

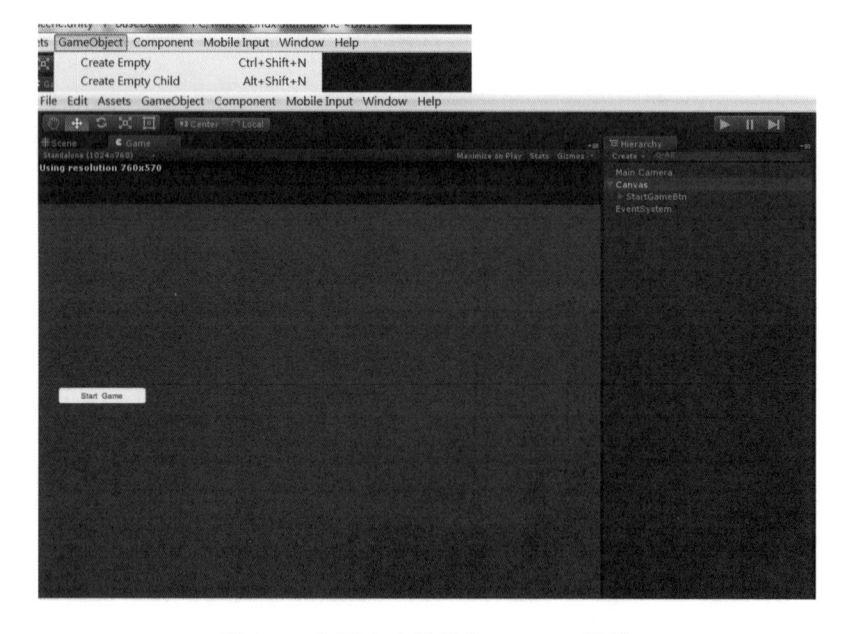

圖 17-2　場景上自動產生 Canvas 元件

上圖是「P 級陣地」在主選單場景(MainMenu Scene)中，加入的一個開始按鈕(StartGameBtn)的畫面，讓玩家可以按下這個按鈕來開始遊戲。

複雜一點的介面則是使用多個元件一起組裝。在一般 Unity3D 的開發實務上，會在 Hierarchy 視窗中，將介面分門別類地組裝起來。下圖是在編輯模式中，組裝戰鬥場景(Battle Scene)中會使用到的介面：

圖 17-3 組裝介面

在 Hierarchy 視窗中，可以看到，Canvas 之下除了一個 BackGroundImage 的背景圖示外，還包含了 4 個組群，而這 4 個群組代表在「P 級陣地」中，用來與玩家互動的 4 個主要的「使用者介面」，它們分別是：

圖 17-4 加入使用者介面

- CampInfoUI：兵營介面，提供玩家查看目前兵營資訊及單位訓練情況，以及提供升級按鈕來升級兵營。

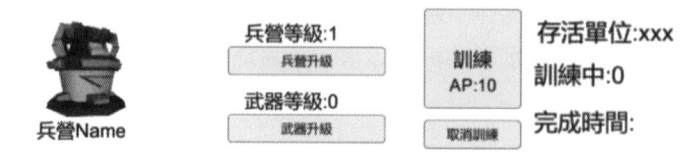

圖 17-5　兵營介面

- SoldierInfoUI：玩家單位資訊，提供玩家查看我方某個單位目前的生命力、行動力…等資訊。

圖 17-6　玩家單位資訊

- GameStateInfo：遊戲狀態介面，用來主動提供玩家目前的遊戲狀態等訊息，包含目前左上角陣地被佔領的狀態、右上方目前的關卡提示、下面則是目前的精力值(AP)、暫停按鈕及中間的提示訊息。

圖 17-7　遊戲狀態介面

Chapter 17　Unity3D 的介面設計
— Composite 組合模式

■ GamePauseUI：遊戲暫停介面，提供玩家用來中斷遊戲的按鈕，並提供目前遊戲的記錄等資訊。

圖 17-8　遊戲暫停介面

這些介面都是直接使用 Unity3D 的介面工具組裝而成，填完相關的參數之後就可以使用，並與遊戲系統產生互動：

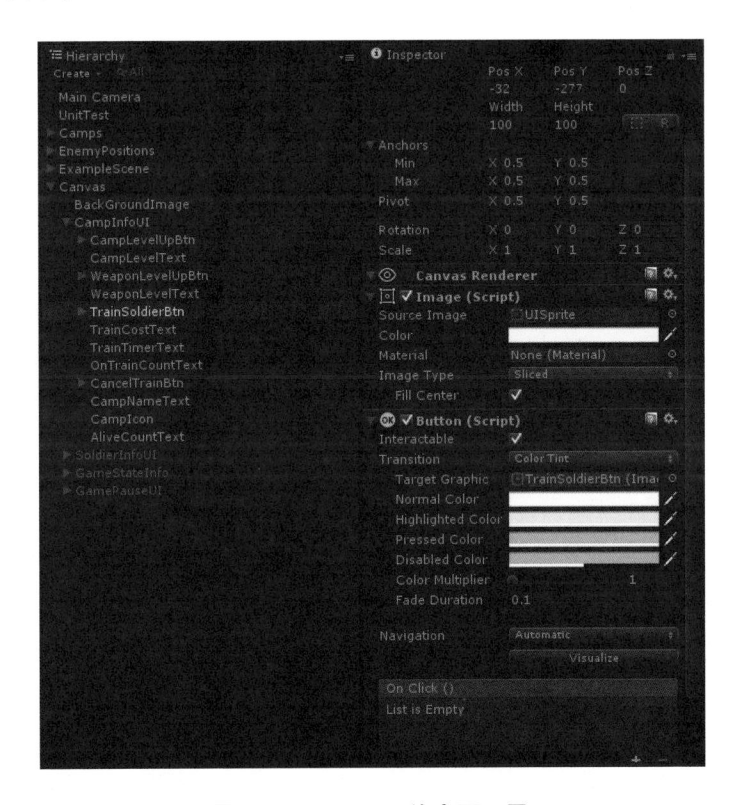

圖 17-9　Unity3D 的介面工具

17-5

設計模式與遊戲開發
的完美結合

這些 Unity3D 的 2D 元件的互動對象通常是，已經放置在相同場景下的遊戲物件(GameObject)，或是一個已經繼承自 MonoBehaviour 腳本類別(Script Compoment)內的操作方法。所以一般會在 Inspector 視窗中，填入要互動的遊戲物件 GameObject 或是腳本元件中的方法名稱。

但是，「P 級陣地」就如同「第 07 章：遊戲的主迴圈」中所說的，採用的是「類別不繼承 MonoBehaviour」的開發方式，再加上場景上的角色單位都是隨著遊戲進行，由系統即時產生的。所以在 Unity3D 的編輯模式中，根本無法指定要互動的對象。

另外，遊戲系統的資訊在某些情況下，必須透過 2D 元件(Text 元件)主動顯示在畫面上，所以系統還必須事先記錄這些元件的參考(object reference)，並透過這些元件參考來顯示資訊給玩家。所以，「P 級陣地」中 2D 介面元件的互動方式，將採用另一種實作方式：

「在遊戲執行的狀態下，在程式碼中主動取得這些 UI 元件的 GameObject 後，針對每個元件希望互動的方式，再指定對應的行為。」

因此，了解 UI 元件的組裝及如何在運行模式下正確有效地取得 2D 元件的參考，是實作上必須清楚了解的前提。

UI 元件的組裝

在設計 UI 介面時，通常會將整個功能介面，以一個單獨檔案的型式儲存起來，Unity3D 也可以使用相同的方式來呈現，就像下圖中顯示的編排方式：「P 級陣地」中使用一個 xxxxUI 結尾的遊戲物件(Game Object)來代表一整個完整的介面，而這個遊戲物件(Game Object)也可以轉換為 Unity3D 的 Prefab 型式，最終以一個資源型式(Asset)儲存起來。

我們先透過對 CampInfoUI 的說明，讓讀者了解「P 級陣地」UI 的設計實作方式。CampInfoUI 代表兵營介面中所有可顯示的元件，這些 2D 元件都歸類在 CampInfoUI 之下，成

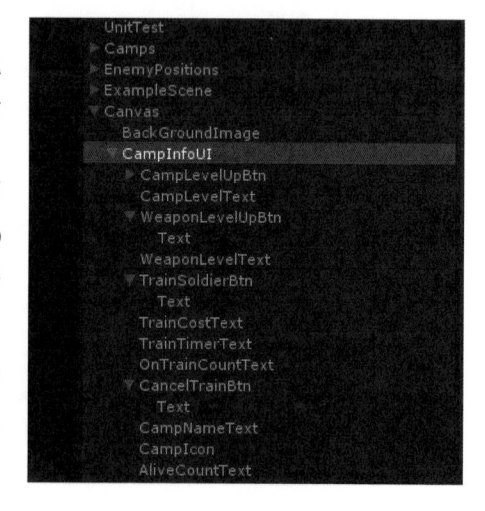

圖 17-10 UI 的組裝方式

17-6

為其子元件。當然如果再複雜一點的介面，可能還會有更多「階層」的展現。有開發過介面功能的程式設計師會知道，將 2D 元件依功能關係，按階層擺放，是比較容易了解、設計及修改的。

「階層式管理架構」一般也稱為「樹狀結構」，是很常出現在軟體實作及應用的一種結構。而 Unity3D 對於遊戲物件(Game Oject)的管理，也應用了「樹狀結構」的概念，讓遊戲物件之間可以被當成子物件或設定為父物件的方式，來連接兩個物件。就像上面提到的 UI 組裝安排：元件 B 在元件 A 之下，所以元件 B 是元件 A 的子物件，而元件 A 是元件 B 的父物件。

若是能先清楚了解 Unity3D 遊戲物件(Game Object)在「階層管理」上的設計原理，將有助程式人員在實作時，「正確有效」地取得場景上的遊戲物件(Game Object)。

而透過 GoF 對組合模式（*Composite*）的說明將更能了解，這個在軟體業中最常被使用的「階層式/樹狀管理架構」，如何在組合模式（*Composite*）下被呈現，並且提供一般化的實作解決方案。最後透過這個過程，讓我們從中了解到，Unity3D 是如何設計他們的遊戲物件階層管理功能。

17.2 組合模式（*Composite*）

在「資料結構與演算法」的課程中，「樹狀結構」是必定要學習的一種資料組織方式。定義好子節點與父節點的建立關係及順序，再配合不同的搜尋演算，常讓樹狀結構成為軟體系統中不可獲缺的一種設計方式。像是有名的開放原始碼資料庫系統在索引值的建立上使用 B-Tree；而 Unity3D 也將它應用在遊戲物件的管理上。

17.2.1 組合模式（*Composite*）的定義

GoF 對於組合模式的定義是：

「將物件以樹狀結構組合，用以表現部份-全體的階層關係。組合模式讓客戶端在操作個別物件或組合物件時是一致的」

階層式/樹狀架構除了常見於軟體應用上，現今生活中的公司組識架構，通常也是以「階層式/樹狀管理架構」的方式呈現：

```
                        ┌──────┐
                        │董事長│
                        └──┬───┘
                           │
                        ┌──┴───┐
                        │總經理│
                        └──┬───┘
      ┌──────┬────────┬───┼─────────┬──────────┐
   ┌──┴─┐ ┌──┴─┐  ┌──┴─┐ ┌──┴─┐   ┌──┴─┐
   │產品部│ │銷售部│  │人事部│ │研發部│   │財務部│
   └─┬──┘ └─┬──┘  └────┘ └─┬──┘   └─┬──┘
  ┌──┴─┐  ┌─┴──┐         ┌──┴─┐   ┌─┴──┐
┌─┴┐ ┌┴─┐┌┴─┐┌┴─┐       ┌┴─┐┌┴─┐ ┌┴─┐┌┴─┐
│網遊││單機││行銷││社群│     │技術││引擎│ │會計││出納│
└──┘ └──┘└──┘└──┘       └──┘└──┘ └──┘└──┘
```

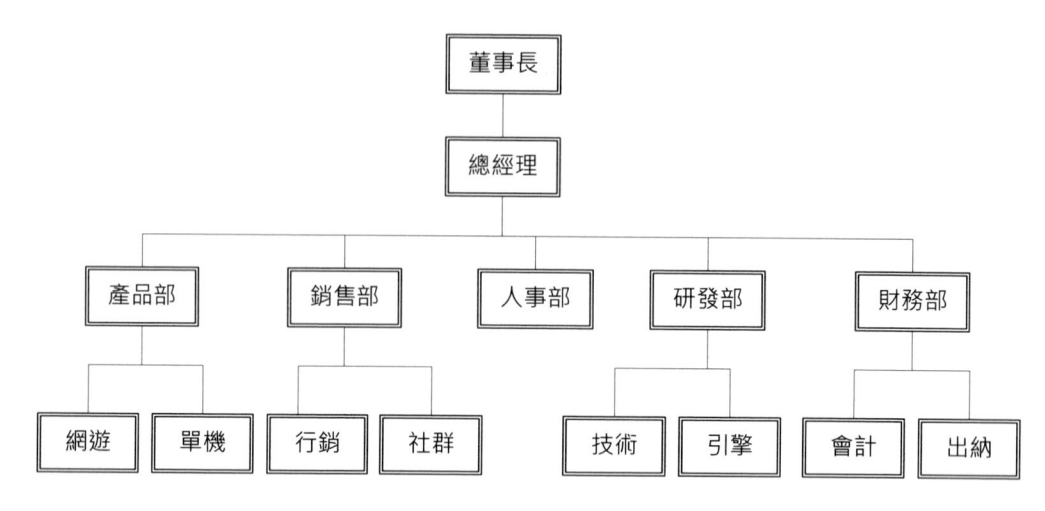

圖 17-11 基本的公司組識圖

只要公司的公文內提到「研發部」,那麼通常會連同之下的「研發一部」、「研發二部」都會被一起包含進來,也就是「部份-全體」概念。而後半段的說明「組合模式讓客戶端在操作個別物件或組合物件時是一致的」則是希望,往後相同的公文發送時,只需要更改「受文者」的對象,不論對象是整個「部門」或是「單一個人」,公文內容在解釋時,並不會有太大的差異,皆一體通用,這就是「讓客戶端在操作個別物件或組合物件時是一致的」所要表達的意思。

GoF 的組合模式(*Composite*)中說明,它使用「樹狀結構」來組合各個物件,所以實作時包含了「根節點」跟「葉節點」的觀念。而「根節點」中會包含「葉節點」的物件,所以當根節點被刪除時,葉節點也會被一併刪除,並且希望對於「根節點」及「葉節點」在操作方法上能夠一致。這表示著,這兩種節點都是繼承自同一個操作介面,能夠對根節點呼叫的操作,同樣能在葉節點上呼叫使用。

17.2.2 組合模式(*Composite*)的說明

不論是根節點還是葉節點,都是繼承自同一個操作介面,其結構圖如下:

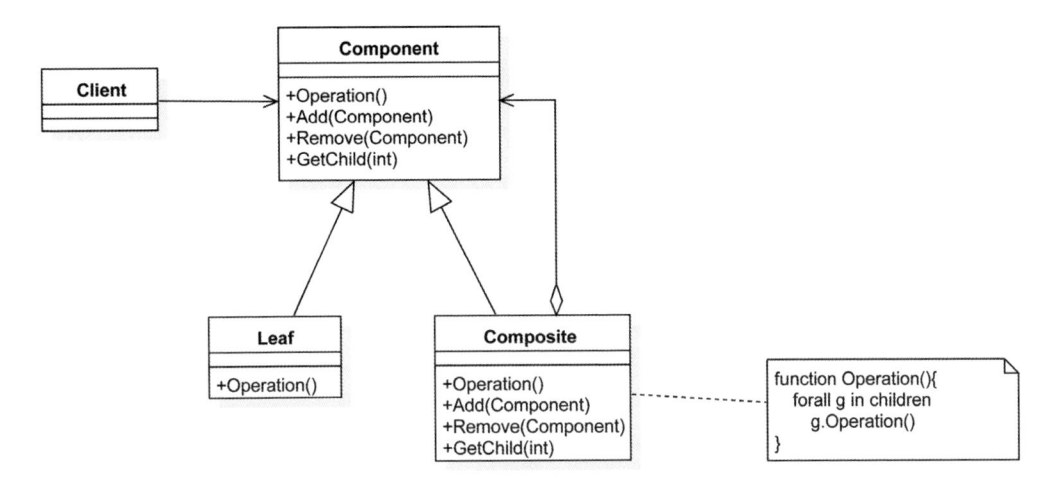

```
                    Component
  ┌──────┐      ┌──────────────────┐
  │Client│      │+Operation()      │
  │      │─────▷│+Add(Component)   │◁───┐
  └──────┘      │+Remove(Component)│    │
                │+GetChild(int)    │    │
                └──────────────────┘    │
                   △          △         │
                   │          │         │
              ┌────┴───┐  ┌───┴──────────────┐
              │  Leaf  │  │    Composite     │       ┌─────────────────────┐
              ├────────┤  ├──────────────────┤       │ function Operation(){│
              │+Operation()│+Operation()     │- - - -│   forall g in children│
              └────────┘  │+Add(Component)   │       │       g.Operation()  │
                          │+Remove(Component)│       │ }                   │
                          │+GetChild(int)    │       └─────────────────────┘
                          └──────────────────┘
```

GoF 參與者的說明如下：

- Component(元件介面)

    ◎ 定義樹狀結構中，每一個節點可以使用的操作方法。

- Composite(組合節點)

    ◎ 即根節點的概念；

    ◎ 會包含葉節點的物件；

    ◎ 會實作 Component(元件介面)中與子節點操作有關的方法，例如 Add、Remove、GetChild 等。

- Leaf(葉節點)

    ◎ 不再包含任何子節點的最終節點；

    ◎ 實作 Component(元件介面)中基本的行為，對於跟子節點操作有關的方法可以不實作、也可提出警告或丟出例外(Exception)。

17.2.3 組合模式（*Composite*）的實作範例

先定義樹狀結構中，每一個元件/節點應有的操作介面：

Listing 17-1　組合體內含物件之介面(Composite.cs)

```
public abstract class IComponent
{
    protected string m_Value;
```

17-9

```csharp
    // 一般操作
    public abstract void Operation();

    // 加入節點
    public virtual void Add( IComponent theComponent) {
        Debug.LogWarning("子類別沒實作");
    }

    // 移除節點
    public virtual void Remove( IComponent theComponent) {
        Debug.LogWarning("子類別沒實作");
    }

    // 取得子節點
    public virtual IComponent GetChild(int Index) {
        Debug.LogWarning("子類別沒實作");
        return null;
    }
}
```

當中包含：Add、Remove、GetChild 三個方法，這些都是與「根節點」有關的操作，如果繼承的子類別包含其它元件/節點時，這三個方法就必須重新實作。由於 Composite 類別因為包含其它子元件/節點，所以實作了上面三個方法：

Listing 17-2 代表組合結構的元節點之行為 (Composite.cs)

```csharp
public class Composite : IComponent
{
    List<IComponent> m_Childs = new List<IComponent>();

    public Composite(string Value) {
        m_Value = Value;
    }

    // 一般操作
    public override void Operation() {
        Debug.Log("Composite["+m_Value+"]");
        foreach(IComponent theComponent in m_Childs)
            theComponent.Operation();
    }

    // 加入節點
    public override void Add( IComponent theComponent) {
        m_Childs.Add ( theComponent );
    }

    // 移除節點
    public override void Remove( IComponent theComponent) {
        m_Childs.Remove( theComponent );
```

```
    }

    // 取得子節點
    public override IComponent GetChild(int Index) {
        return m_Childs[Index];
    }
}
```

Composite 類別使用「List 容器」來管理子元件,透過 Add、Remove 讓客戶端操作容器內容。而 GetChild 則回傳 List 容器指定位置上的元件/節點。

Leaf 是最終節點的實作,因為不包含其它元件/節點,所以僅實作了 Operation 一項方法:

Listing 17-3 代表組合結構之終端物件(Composite.cs)

```
public class Leaf : IComponent
{
    public Leaf(string Value) {
        m_Value = Value;
    }

    public override void Operation() {
        Debug.Log("Leaf["+ m_Value +"]執行 Operation()");
    }
}
```

雖然操作上使用相同的介面,但還是分為 Composite 及 Leaf 兩種類別,所以在初始物件及操作對象上需要留意:

Listing 17-4 測試組合模式 1(CompositeTest.cs)

```
        void UnitTest() {
            // 根節點
            IComponent theRoot = new Composite("Root");
            // 加入兩個最終節點
            theRoot.Add ( new Leaf("Leaf1"));
            theRoot.Add ( new Leaf("Leaf2"));

            // 子節點 1
            IComponent theChild1 = new Composite("Child1");
            // 加入兩個最終節點
            theChild1.Add ( new Leaf("Child1.Leaf1"));
            theChild1.Add ( new Leaf("Child1.Leaf2"));
            theRoot.Add (theChild1);

            // 子節點 2
```

17-11

```
        // 加入 3 個最終節點
        IComponent theChild2 = new Composite("Child2");
        theChild2.Add ( new Leaf("Child2.Leaf1"));
        theChild2.Add ( new Leaf("Child2.Leaf2"));
        theChild2.Add ( new Leaf("Child2.Leaf3"));
        theRoot.Add (theChild2);

        // 顯示
        theRoot.Operation();
    }
```

執行 Root 節點的 Operation 後，訊息上會出現整個樹狀架構的組成方式：

執行結果

```
Leaf[Leaf1]執行 Operation()

Leaf[Leaf2]執行 Operation()

Composite[Child1]

Leaf[Child1.Leaf1]執行 Operation()

Leaf[Child1.Leaf2]執行 Operation()

Composite[Child2]

Leaf[Child2.Leaf1]執行 Operation()

Leaf[Child2.Leaf2]執行 Operation()

Leaf[Child2.Leaf3]執行 Operation()
```

如果不小心搞錯物件，錯將 Leaf 物件加入節點的話，會出現錯誤訊息：

Listing 17-5　測試組合模式 2 (CompositeTest.cs)

```
    void UnitTest2() {
        // 根節點
        IComponent theRoot = new Composite("Root");

        IComponent theLeaf1 = new Leaf("Leaf1");

        // 加入節點
        theLeaf1.Add ( new Leaf("Leaf2") );    // 錯誤
    }
```

17-12

> **執行結果** 出現警告訊息

子類別沒實作

17.2.4 分了兩個子類別但是要使用同一個操作介面

因為設計及實作上的需要，確實需要將之分成 Composite 及 Leaf 兩個類別來應付不同的情況，但同時要讓他們有相同的操作行為，確實有點為難。

例如取得子元件/節點 GetChild 操作，在最終/葉節點上呼叫這個方法是沒有意義的，其它像是 Add、Remove 也是。至於組合模式（*Composite*）中要定義最終/葉節點，則是系統設計上必然產生的，因為如果某方法在子類別重新實作上有差異的話，就必須定義出不同的子類別來顯示這個差異。但要維持兩個差異還蠻大的子類別共用同一個介面，在實作上是對於程式設計師而言，確實是個挑戰。關於上述問題的說明，GoF 作者之一的 John Vlissides 在其著作一書[6]中，有詳細的說明及範例解釋。

John Vlissides 在書中示範了實作一套「檔案管理」工具，同樣是套用組合模式（*Composite*）來完成該工具的實作。因設計上的需求，必須設計兩個類別：

- File 類別，用來表示最終存放在硬碟的檔案
- Directory 類別，即目錄類別，用來包含其它目錄及 File 類別物件

同樣的，這兩個類別都繼承了 Node 節點類別，而 Node 類別也定義了兩個子類別共用的操作介面。

John Vlissides 說到，因為對於搜尋功能而言，檔案管理工具如果回傳的是 Node 類別，那麼比較能符合搜尋功能的定義，因為我們可能想找的是「目錄」，也可能是「檔案」，並不限定是哪一種。但是對於有針對性的功能，就有設計上的考慮。

而 John Vlissides 在過程中，對於「針對性功能(只對某一個類別有意義)」提出一些看法：

- 將針對性功能直接定義在其中一個子類別，會對客戶端產生負擔。因為客戶端必須針對取得的 Node 類別，利用「型別判斷」語法，先判斷是屬於哪一個子類別之後，再呼叫該類別才有的操作方法。對於這一類非要判斷才能做的功能，John Vlissides 並不直接否認這樣做不好，因為，如果這個方式能在編譯時期，就能檢查出嚴重錯誤，那麼也可以採用這個方式來強化程式執行時的安全性。

- 反之，如果這個功能操作之後不會產生什麼嚴重的錯誤後果，那麼將對應的方法宣告在 `Node` 類別中，並不是什麼壞事，因為統一的介面將替整體系統帶來簡單性及良好的擴展性。

上述觀點也是 GoF 在《設計模式(*Design Patterns*)》一書[1]的組合模式（*Composite*）這一章中提到的，「設計時必須考量到安全性(Safety)及透通性(Transparency)之間的權衡」。

當然，如果能讓 `Node` 介面不要不斷地擴張，就可能不必面對這些選擇。所以 John Vlilssides 在 `Node` 結構中，增加了訪問者模式（*Visitor*）的功能，讓介面不會因為功能的增加而不斷地擴張，但又能滿足功能增加的需求。此外，將原本客戶端需要使用轉型語法判斷的地方，改用樣版方法模式（*Template*）實作，來減少客戶端必須寫出 `if else` 或 `switch` 語法的程式碼。但前提是，這樣的功能對於程式執行時的安全性沒有重大影響，而且模式之間也可以相互配合應用。在 John Vlilssides 的檔案管理工具範例中，將這些模式的整合表現得相當好，有興趣的讀者可以參考看看。

17.3 Unity3D 遊戲物件的階層式管理功能

有了組合模式（*Composite*）的觀念之後，讓我們回頭來看看 Unity3D 中的遊戲物件 `GameObject` 類別，如何實作階層管理功能。

17.3.1 遊戲物件的階層管理

在 Unity3D 引擎中，每一個可以放入場景上的物件，都是一個遊戲物件 `GameObject`，Unity3D 可以透過 Hierarchy 視窗來查看目前放在場景的 `GameObject`，以及它們之間的階層關係：

圖 17-12 查看物件的關係

透過簡單的操作，開發者可以對這些遊戲物件進行新增、刪除、調整與其它遊戲物件的關係，而每一個放在場景上的遊戲物件，都有一個固定無法移除的 `Component` 組件——也就是 `Transform` 元件：

Chapter 17　Unity3D 的介面設計
— Composite 組合模式

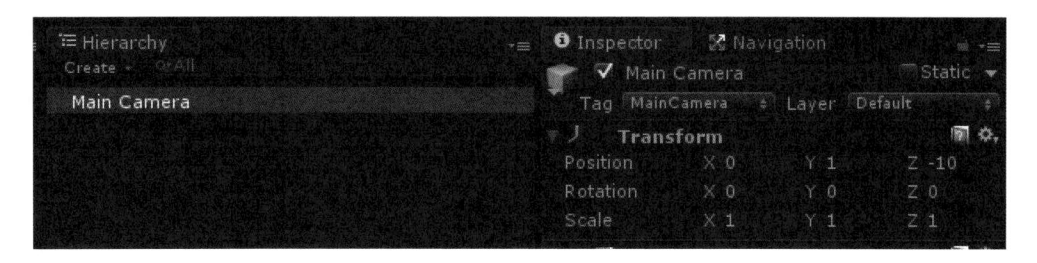

圖 17-13　Transform 元件

這個 Transform 元件，除了用來代表遊戲物件 GameObject 在場景上的位置、縮轉、大小等資訊外，同時也扮演了 Unity3D 引擎中，對於遊戲物件 GameObject 之間「階層管理」的功能操作對象。透過 Transform 元件提供的方法，程式人員可以取得遊戲物件 GameObject 之間的關係，並且利用程式碼操作這些關係的變化。

在程式碼實作時，要取得 GameOjecct 中的 Transform 元件只需要呼叫：

　　UnityEngine.GameObject.transform

即可取得該元件。而 Transform 元件提供了許多可以讓腳本語言(Script Language)操作的方法，像是位置設定、旋轉、縮化…等，讀者可以參考 Unity 引擎提供的線上說明：

　　　　http://docs.unity3d.com/ScriptReference/Transform.html

其中，Transform 元件提供了幾個和遊戲物件階層操作有關的方法及變數：

- 變數

    ◎ childCound：代表子元件數量。

    ◎ parent：代表父元件中的 Transform 物件參考。

- 方法

    ◎ DetachChildren：解除所有子元件與本身的關聯。

    ◎ Find：尋找子元件。

    ◎ GetChild：使用 Index 的方式取回子元件。

    ◎ IsChildOf：判斷某個 Transform 物件是否為其子元件。

    ◎ SetParent：設定某個 Transform 物件為其父元件。

17-15

若再仔細分析，則可以將 Unity3D 的 `Transform` 類別當成是一個通用類別，因為它並不明顯可以察覺出其下又被再分成「目錄節點」或是單純的「終端節點」。其實應該這樣說，`Transform` 類別完全符合組合模式（*Composite*）的需求：「讓客戶端在操作個別物件或組合物件時是一致的」。所以對於場景上所有的遊戲物件 `GameObject`，可以不管它們最終代表的是什麼，對於所有操作都能正確反應。

17.3.2 正確有效地取得 UI 的遊戲物件

在了解 Unity3D 對於物件的階層管理方式後，讓我們回到本章想要解決的問題上，也就是：如何在遊戲執行的狀態下，在程式碼中能夠正確且有效地取得這些 UI 元件的 `GameObject`，並根據每個元件期望互動的方式，再指定其對應的行為。

以下面例子為例：在兵營介面中，有一個用來顯示目前兵營名稱的 Text 元件，被命名為「CampNameText」：

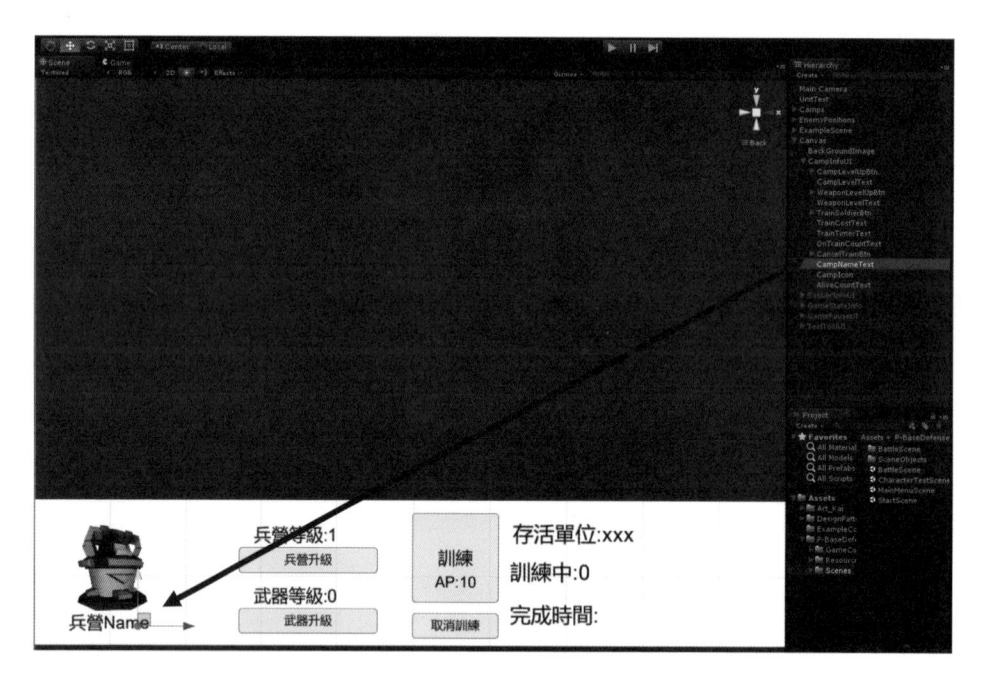

圖 17-14　顯示兵營名稱

遊戲運行時，它的物件參考需要被取得並且保存下來，因為當玩家點選到某一個兵營時，它會被用來呈現目前的兵營名稱。

那麼首先要做的是，在「執行狀態」下，如何在場景中找尋名稱為「CampNameText」的遊戲物件 GameObject？而目前它被存放在 Canvas→CampInfoUI 之下。

為了解決這個問題，Unity3D 的開發者通常會使用 GameObject.Find() 這個方法來搜尋，但會產生下列問題：

- 效能問題：GameObject.Find() 會走訪所有場景上的物件，尋找名稱相符的遊戲物件。如果場景上的物件不多，那還可以接受，但如果場景上的物件過多，而且「過度」呼叫 GameObject.Find() 的話，就很容易造成效能問題。

- 名稱重複：Unity3D 並不限制放在場景中的遊戲物件 GameObject 的名稱必須唯一，所以當有兩個名稱相樣的遊戲物件 GameObject 都在場景上時，很難預期 GameObject.Find() 會傳回其中的哪一個，這會造成不確定性，也容易產生程式錯誤(Bug)。

所以直接使用 GameObject.Find() 在「效能」與「正確性」上會有些問題。因此，在「P 級陣地」中使用的是另一種比較折衷的辦法：

1. 先用 GameObject.Find() 找尋 2D 畫布 Canvas 的遊戲物件，不過實作者還是要先確保場景中只能有一個名稱為 Canvas 的遊戲物件。這可以直接在 **Hierarchy** 視窗中，用搜尋的方式來確定。

2. 再利用 Canvas 遊戲物件中 Transform 元件的階層管理功能，去找尋其下符合名稱的遊戲物件。當然 Canvas 之下也有可能發生名稱重複的問題，因此，必須再結合「介面群組」功能，將搜尋範圍縮小，並且也在「搜尋工具」中加入「重複名稱警告」功能，讓整個物件的搜尋能夠更有效率及正確。

而上述這些操作都發生在「遊戲使用者介面(IUseInterface)」及其子類別之中。

17.3.3 遊戲使用者介面的實作

在「P 級陣地」中，每一個主要遊戲功能，都屬於 IGameSystem 的子類別，這些子類別負責實作「P 級陣地」中不同的遊戲需求及功能，而它們每一個都會利用組合的方式，成為 PBaseDefenseGame 類別的成員。

而對於介面的設計需求上，同樣也採用這種設計方式，將每一個介面規劃成由一個單獨的類別來負責，而這些類別都繼承自使用者介面(IUseInterface)：

Listing 17-6　遊戲使用者介面(IUserInterface.cs)

```csharp
public abstract class IUserInterface
{
    protected PBaseDefenseGame  m_PBDGame = null;
    protected GameObject m_RootUI = null;
    private bool m_bActive = true;
    public IUserInterface( PBaseDefenseGame PBDGame ) {
        m_PBDGame = PBDGame;
    }

    public bool IsVisible() {
        return m_bActive;
    }

    public virtual void Show() {
        m_RootUI.SetActive(true);
        m_bActive = true;
    }

    public virtual void Hide() {
        m_RootUI.SetActive(false);
        m_bActive = false;
    }

    public virtual void Initialize()
    {}
    public virtual void Release()
    {}
    public virtual void Update()
    {}
}
```

目前「P 級陣地」中使用的 4 個介面都是 IUseInterface 的子類別，並且使用組合的方式成為 PBaseDefenseGame 類別的成員：

Listing 17-7　遊戲中使用的四個使用者介面（PBaseDefenseGame.cs）

```csharp
public class PBaseDefenseGame
{
    ...
    // 介面
    private CampInfoUI m_CampInfoUI = null;         // 兵營介面
    private SoldierInfoUI m_SoldierInfoUI = null;   // 戰士資訊介面
    private GameStateInfoUI m_GameStateInfoUI = null; // 遊戲狀態介面
    private GamePauseUI m_GamePauseUI = null;       // 遊戲暫停介面
    ...
}
```

17-18

```
                    IUserInterface
                    +Show()
                    +Hide()
                    +IsVisible()
                    +...()
```

```
CampInfoUI    GamePauseUI    GameStateInfoUI    SoldierInfoUI
```

```
            PBaseDefenseGame
```

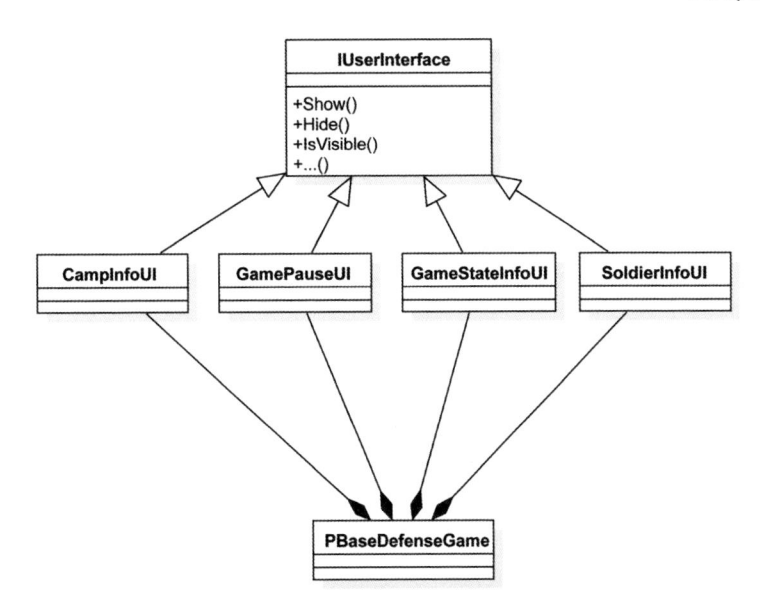

就如同遊戲系統(IGameSystem)那樣，對內可以透過 PBaseDefenseGame 類別的仲介者模式（*Mediator*）來通知其它系統或介面。對外也可以透過 PBaseDefenseGame 類別的外觀模式（*Façade*），讓客戶端可以存取及更新，與使用者介面相關的功能。

17.3.4 兵營介面的實作

建立「P 級陣地」使用者介面的基本架構之後，再回到稍早提到的問題：想要在場景物件中找到名稱為 CampNameText 的 Text 元件，並在上面顯示目前點選到的兵營名稱。

在套用新的使用者介面架構之後，對於場景中 2D 元件的取得及物件的保留，都可以在「兵營介面 CampInfoUI」類別下實作：

Listing 17-8　兵營介面 (CampInfo.cs)

```
public class CampInfoUI : IUserInterface
{
    ...
    // 介面元件
    ...
    private Text m_AliveCountTxt = null;
    private Text m_CampLvTxt = null;            // 兵營名稱
    private Text m_WeaponLvTxt = null;
    private Text m_TrainCostText = null;
    private Text m_TrainTimerText= null;
    private Text m_OnTrainCountTxt = null;
    private Text m_CampNameTxt = null;
```

```csharp
        private Image m_CampImage = null;

        public CampInfoUI( PBaseDefenseGame PBDGame ):base(PBDGame) {
            Initialize();
        }

        // 初始
        public override void Initialize() {
            m_RootUI = UITool.FindUIGameObject( "CampInfoUI" );

            // 顯示的訊息
            // 兵營名稱
            m_CampNameTxt = UITool.GetUIComponent<Text>(m_RootUI,
                                                "CampNameText");
            // 兵營圖
            m_CampImage = UITool.GetUIComponent<Image>(m_RootUI,
                                                "CampIcon");
            // 存活單位數
            m_AliveCountTxt = UITool.GetUIComponent<Text>(m_RootUI,
                                                "AliveCountText");
            // 等級
            m_CampLvTxt = UITool.GetUIComponent<Text>(m_RootUI,
                                                "CampLevelText");
            // 武器等級
            m_WeaponLvTxt = UITool.GetUIComponent<Text>(m_RootUI,
                                                "WeaponLevelText");
            // 訓練中的數量
            m_OnTrainCountTxt = UITool.GetUIComponent<Text>(m_RootUI,
                                                "OnTrainCountText");
            // 訓練花費
            m_TrainCostText = UITool.GetUIComponent<Text>(m_RootUI,
                                                "TrainCostText");
            // 訓練時間
            m_TrainTimerText = UITool.GetUIComponent<Text>(m_RootUI,
                                                "TrainTimerText");
            ...
            Hide();
        }

        // 顯示資訊
        public void ShowInfo(ICamp Camp) {
            //Debug.Log("顯示兵營資訊");
            Show ();
            m_Camp = Camp;

            // 名稱
            m_CampNameTxt.text = m_Camp.GetName();
            ...
        }
    }
```

Chapter 17　Unity3D 的介面設計
─ Composite 組合模式

在兵營介面中，分別宣告了許多用來保存 2D 介面元件的相關類別成員：

```
private Text m_AliveCountTxt = null;
private Text m_CampLvTxt = null;
private Text m_WeaponLvTxt = null;
private Text m_TrainCostText = null;
private Text m_TrainTimerText= null;
private Text m_OnTrainCountTxt = null;
private Text m_CampNameTxt = null;
private Image m_CampImage = null;
```

這些類別成員會在使用者介面的初始方法(`Initialize`)中，被指定記錄場景中的某一個 2D 元件。

在初始方法中，該類別會被指定要負責維護的介面是哪一個：

```
// 初始
public override void Initialize() {
    m_RootUI = UITool.FindUIGameObject( "CampInfoUI" );
```

UITool 是「P 級陣地」中跟 UI 有關的工具類別，其中 FindUIGameObject 方法，會在場景中尋找特定名稱的遊戲物件，而且只限定在 Canvas 畫布遊戲物件之下：

Listing 17-9　遊戲中使用的 UI 工具(UITool.cs)

```
public static class UITool
{
    private static GameObject m_CanvasObj = null; // 場景上的 2D 畫布物件

    // 找尋限定在 Canvas 畫布下的 UI 介面
    public static GameObject FindUIGameObject(string UIName) {
        if(m_CanvasObj == null)
            m_CanvasObj = UnityTool.FindGameObject( "Canvas" );
        if(m_CanvasObj ==null)
            return null;
        return UnityTool.FindChildGameObject( m_CanvasObj, UIName);
    }

    // 取得 UI 元件
    public static T GetUIComponent<T>(GameObject Container,
                                      string UIName)
                where T : UnityEngine.Component {
        // 找出子物件
```

17-21

```csharp
        GameObject ChildGameObject = 
                    UnityTool.FindChildGameObject( Container, UIName);
        if( ChildGameObject == null)
            return null;

        T tempObj = ChildGameObject.GetComponent<T>();
        if( tempObj == null)
        {
            Debug.LogWarning("元件["+UIName+"]不是["+ typeof(T) +"]");
            return null;
        }
        return tempObj;
    }
}
```

透過搜尋「只能出現在特定目標下的遊戲物件」，可減少名稱的重複性。而已經被搜尋過的 Canvas2D 畫布物件也被保存下來，避免重新搜尋而造成的效能損失。另一個工具類別 UnityTool，則是利用 Transform 類別的階層管理功能，來搜尋特定遊戲物件 GameObject 下的子物件：

```csharp
    public static class UnityTool
    {
        // 找到場景上的物件
        public static GameObject FindGameObject(string GameObjectName) {
            // 找出對應的GameObject
            GameObject pTmpGameObj = GameObject.Find(GameObjectName);
            if(pTmpGameObj==null)
            {
                Debug.LogWarning("場景中找不到GameObject["
                                    + GameObjectName + "]物件");
                return null;
            }
            return pTmpGameObj;
        }

        // 取得子物件
        public static GameObject FindChildGameObject(
                                        GameObject Container,
                                        string gameobjectName) {
            if (Container == null)
            {
                Debug.LogError(
```

```csharp
            "NGUICustomTools.GetChild:Container =null");
        return null;
    }

    Transform pGameObjectTF=null;

    // 是不是Container本身
    if(Container.name == gameobjectName)
        pGameObjectTF=Container.transform;
    else
    {
        // 找出所有子元件
        Transform[] allChildren = Container.transform.
                    GetComponentsInChildren<Transform>();
        foreach (Transform child in allChildren)
        {
            if (child.name == gameobjectName)
            {
                if(pGameObjectTF==null)
                    pGameObjectTF=child;
                else
                    Debug.LogWarning("Container["
                        + Container.name + "]下找出重複的元件名稱["
                        + gameobjectName + "]");
            }
        }
    }

    // 都沒有找到
    if(pGameObjectTF==null)
    {
        Debug.LogError("元件["+Container.name+"]找不到子元件["
                        + gameobjectName+ "]");
        return null;
    }
    return pGameObjectTF.gameObject;
}
}
```

在 UnityTool 工具類別中，FindChildGameObject 方法是用來搜尋某遊戲物件下的子物件。從程式碼中可以看到，先是走訪某個遊戲物件下的所有子元件，判斷目標物件是否存在，並於方法的最後回傳找到的遊戲物件。此外，程式碼中也對重複命名的問題加以防呆，發現有名稱相同的遊戲物件時，會提出警告要求開發人員注意。雖然實作上還是走訪了所有子物件一次，會有效率上的損失，但是「重複命名提示警語」這項功能，可減少重複命名所造成的錯誤。所以，筆者在選擇上會以避免重複命名為優先(筆者在多個遊戲引擎下都遇過這個問題，每每都花去大把時間除錯)。另外，由於介面元件的搜尋，只會在初始時執行一次而已，所以因搜尋物件而產生的效能損失，只會在前期發生，後期在遊戲執行狀態下，並不會一直使用搜尋介面元件的功能。

有了這兩項工具之後，兵營介面 CamInfoUI 就能取得所有跟兵營訊息有關的 2D 元件，並加以保留：

```
            // 兵營名稱
            m_CampNameTxt = UITool.GetUIComponent<Text>(m_RootUI,
                                                    "CampNameText");
            // 兵營圖
            m_CampImage = UITool.GetUIComponent<Image>(m_RootUI,
                                                    "CampIcon");
            // 存活單位數
            m_AliveCountTxt = UITool.GetUIComponent<Text>(m_RootUI,
                                                    "AliveCountText");
            // 等級
            m_CampLvTxt = UITool.GetUIComponent<Text>(m_RootUI,
                                                    "CampLevelText");
            // 武器等級
            m_WeaponLvTxt = UITool.GetUIComponent<Text>(m_RootUI,
                                                    "WeaponLevelText");
            // 訓練中的數量
            m_OnTrainCountTxt = UITool.GetUIComponent<Text>(m_RootUI,
                                                    "OnTrainCountText");
            // 訓練花費
            m_TrainCostText = UITool.GetUIComponent<Text>(m_RootUI,
                                                    "TrainCostText");
            // 訓練時間
            m_TrainTimerText = UITool.GetUIComponent<Text>(m_RootUI,
                                                    "TrainTimerText");
```

並且在遊戲功能需要時，利用這些物件參考來顯示訊息：

```
// 顯示資訊
public void ShowInfo(ICamp Camp) {
    Show ();
    m_Camp = Camp;

    // 名稱
    m_CampNameTxt.text = m_Camp.GetName();
    // 訓練花費
    m_TrainCostText.text = string.Format("AP:{0}" ,
                                        m_Camp.GetTrainCost());
    // 訓練中資訊
    ShowOnTrainInfo();
    // Icon
    IAssetFactory Factory = PBDFactory.GetAssetFactory();
    m_CampImage.sprite = Factory.LoadSprite(
                                        m_Camp.GetIconSpriteName());

    // 升級功能
    if( m_Camp.GetLevel() <= 0 )
        EnableLevelInfo(false);
    else
    {
        EnableLevelInfo(true);
        m_CampLvTxt.text = string.Format("等級:" +
                                        m_Camp.GetLevel());
        m_WeaponLvTxt.text = string.Format("武器等級:" +
                                        m_Camp.GetWeaponLevel());
    }
}
```

17-25

17.4 結論

利用本章介紹的方式來實作遊戲的使用者介面時，就筆者過去的開發經驗，可提出下列優缺點，與讀者分享：

- 優點：
  - ◎ 介面與功能分離：若每一個介面元件都只是單純的「顯示設定」及「版面安排」，上面並不綁定任何跟遊戲功能相關的腳本元件，那麼基本上就符合了「介面」與「功能」切分的要求。因此，就單純的介面而言，很容易就能移轉到其它專案下共用，尤其是專案之間共用的介面，例如：登入介面，公司版權頁…等。
  - ◎ 工作切分更容易：以往的介面設計，不太容易切分是由哪個單位來專職負責，程式設計師、企畫、美術都可能接觸到。當程式功能腳本從介面設計上移除後，就很容易讓程式設計師從使用者介面設計中脫離，完全交由美術或企劃組裝。
  - ◎ 介面更動不影響專案：只要維持元件的名稱不變，那麼介面的更動就不太容易影響到現有程式功能的運作，像是更改元件的大小、外狀、顯示的色彩、圖示…等，大多可以獨立設定。

- 缺點：
  - ◎ 元件名稱重複：對於元件搜尋沒有設定好策略及介面設計上沒有將層級切分好的話，就很容易發生元件名稱重複的問題。而預防的方式即是「P級陣地」中所示範的，在工具類別 UnityTool 中，加上「名稱重複警告」功能，用以提示介面設計或測試人員，有「重複命名」的問題發生。
  - ◎ 元件更名不易：當介面元件因為設計需要而進行更名時，會讓原本程式預期取得的元件無法再取得，嚴重時會導致遊戲功能不正確並造成程式的當機或 App 的閃退。因應的方法一樣是在工具類別 UnityTool 中，加上「無法取得警告」警語，來提示介面設計或測試人員，有「元件無法取得」的問題發生。

就整體來看，筆者認為，本章所介紹的使用者介面開發方式，優點大於缺點。而缺點部份也能使用「警告提示」來避免，因此將此方法帶到「P級陣地」中，做為玩家介面的實作方式。

第 18 章

兵營系統及兵營訊息顯示

18.1 兵營系統

在上一章介紹 Unity3D 使用者介面(User Interface)的設計方式時，提到了一個「兵營介面」，兵營介面在「P 級陣地」中，是用來顯示玩家目前點選到的兵營資訊：

圖 18-1 兵營介面

介面上顯示目前點選到的兵營基本資訊包含：名稱、等級、武器等級…等，另外還有 4 個功能按鈕，提供玩家作為對兵營下達命令的介面。而這些從介面下達的命令將會使用

18-1

命令模式（Command），讓玩家的動作與遊戲的功能產生連接並執行。這一部份將在下一章(第 19 章：兵營訓練單位)中有詳細的說明，在此之前，我們先來說明「P 級陣地」中「兵營系統」的運作方式。

18.2 兵營系統的組成

比起「角色系統」，「P 級陣地」中的「兵營系統」的設計較為簡單，它主要是由：兵營系統(CampSystem)、兵營(ICamp)及兵營介面(CampInfoUI)，組合而成：

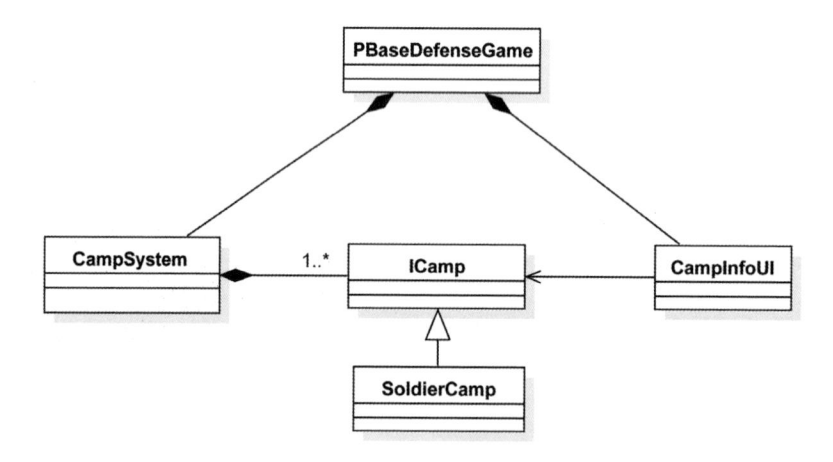

```
                    PBaseDefenseGame
                    /       |        \
                   /        |         \
        CampSystem ◆─1..*─ ICamp ◄──── CampInfoUI
                              △
                              |
                          SoldierCamp
```

- ICamp(兵營介面)：定義兵營的操作介面及資訊的提供。
- SoliderCamp(兵營)：實作兵營介面，並記錄目前等級、武器等級…等資訊。
- CampSystem(兵營系統)：初始及管理遊戲中玩家的所有兵營，並成為 PBaseDefenseGame 的遊戲子系統之一，方便與其它系統進行溝通及訊息的取得。
- CampInfoUI(兵營介面)：負責顯示玩家點選的兵營的相關資訊。

「兵營」負責作戰單位的訓練，而依照遊戲的需求設定，每個兵營只能訓練一種玩家角色，而且各兵營所需要的訓練時間及費用都不相同。不同兵營間的差異設定，可以區別出其中的不同，並且利用相關數值來調整遊戲平衡。

在兵營(ICamp)類別中，除了基本的 3D 模型成像及 2D 圖像顯示資訊外，也包含了其它差異數值：

Chapter 18 兵營系統及兵營訊息顯示

Listing 18-1 兵營介面 (`ICamp.cs`)

```csharp
public abstract class ICamp
{
    protected GameObject m_GameObject = null;
    protected string m_Name = "Null";           //名稱
    protected string m_IconSpriteName = "";
    protected ENUM_Soldier m_emSoldier = ENUM_Soldier.Null;

    // 訓練相關
    protected float m_CommandTimer = 0;     // 目前冷卻剩餘時間
    protected float m_TrainCoolDown = 0;    // 冷卻時間

    // 訓練花費
    protected ITrainCost m_TrainCost = null;

    // 主遊戲介面（必要時設定）
    protected PBaseDefenseGame m_PBDGame = null;

    public ICamp(GameObject GameObj, float TrainCoolDown,
                    string Name,string IconSprite) {
        m_GameObject = GameObj;
        m_TrainCoolDown = TrainCoolDown;
        m_CommandTimer = m_TrainCoolDown;
        m_Name = Name;
        m_IconSpriteName = IconSprite;
        m_TrainCost = new TrainCost();
    }

    public void SetPBaseDefenseGame(PBaseDefenseGame PBDGame) {
        m_PBDGame = PBDGame;
    }

    public ENUM_Soldier GetSoldierType() {
        return m_emSoldier;
    }

    // 等級
    public virtual int GetLevel() {
        return 0;
    }

    // 升級花費
    public virtual int GetLevelUpCost(){
        return 0;
    }

    // 升級
    public virtual void LevelUp(){}

    // 武器等級
```

```csharp
        public virtual ENUM_Weapon GetWeaponType() {
            return ENUM_Weapon.Null;
        }

        // 武器升級花費
        public virtual int GetWeaponLevelUpCost(){
            return 0;
        }

        // 武器升級
        public virtual void WeaponLevelUp(){}

        // 訓練 Timer
        public float GetTrainTimer() {
            return m_CommandTimer;
        }

        // 名稱
        public string GetName() {
            return m_Name;
        }

        // Icon 檔名
        public string GetIconSpriteName() {
            return m_IconSpriteName;
        }

        // 是否顯示
        public void SetVisible(bool bValue) {
            m_GameObject.SetActive(bValue);
        }

        // 取得訓練金額
        public abstract int GetTrainCost();

        // 訓練
        public abstract void Train();
    }
```

兵營(ICamp)目前只有一個子類別SoldierCamp：

Listing 18-2　Soldier 兵營(SoldierCamp.cs)

```csharp
    public class SoldierCamp : ICamp
    {
        const int MAX_LV = 3;
        ENUM_Weapon m_emWeapon = ENUM_Weapon.Gun;     // 武器等級
        Int m_Lv = 1;                                 // 兵營等級
        Vector3 m_Position;                           // 訓練完成後的集合點
```

18-4

Chapter 18　兵營系統及兵營訊息顯示

```csharp
// 設定兵營產出的單位
public SoldierCamp(  GameObject theGameObject,
                     ENUM_Soldier emSoldier,
                     string CampName,
                     string IconSprite ,
                     float TrainCoolDown,
                     Vector3 Position):base( theGameObject,
                                             TrainCoolDown,
                                             CampName,
                                             IconSprite ) {
    m_emSoldier = emSoldier;
    m_Position = Position;
}

// 等級
public override int GetLevel() {
    return m_Lv;
}

// 升級花費
public override int GetLevelUpCost() {
    if( m_Lv >= MAX_LV)
        return 0;
    return 100;
}

// 升級
public override void LevelUp() {
    m_Lv++;
    m_Lv = Mathf.Min( m_Lv , MAX_LV);
}

// 武器等級
public override ENUM_Weapon GetWeaponType() {
    return m_emWeapon;
}

// 武器升級花費
public override int GetWeaponLevelUpCost() {
    if( (m_emWeapon + 1) >= ENUM_Weapon.Max )
        return 0;
    return 100;
}

// 武器升級
public override void WeaponLevelUp() {
    m_emWeapon++;
    if( m_emWeapon >=ENUM_Weapon.Max)
      m_emWeapon--;
}

// 取得訓練金額
```

18-5

```
    public override int GetTrainCost() {
        return m_TrainCost.GetTrainCost(m_emSoldier,m_Lv,m_emWeapon);
    }
}
```

18.3 初始兵營系統

遊戲畫面中的兵營,是在 Unity3D 編輯模式下的戰鬥場景(Battle Scene):

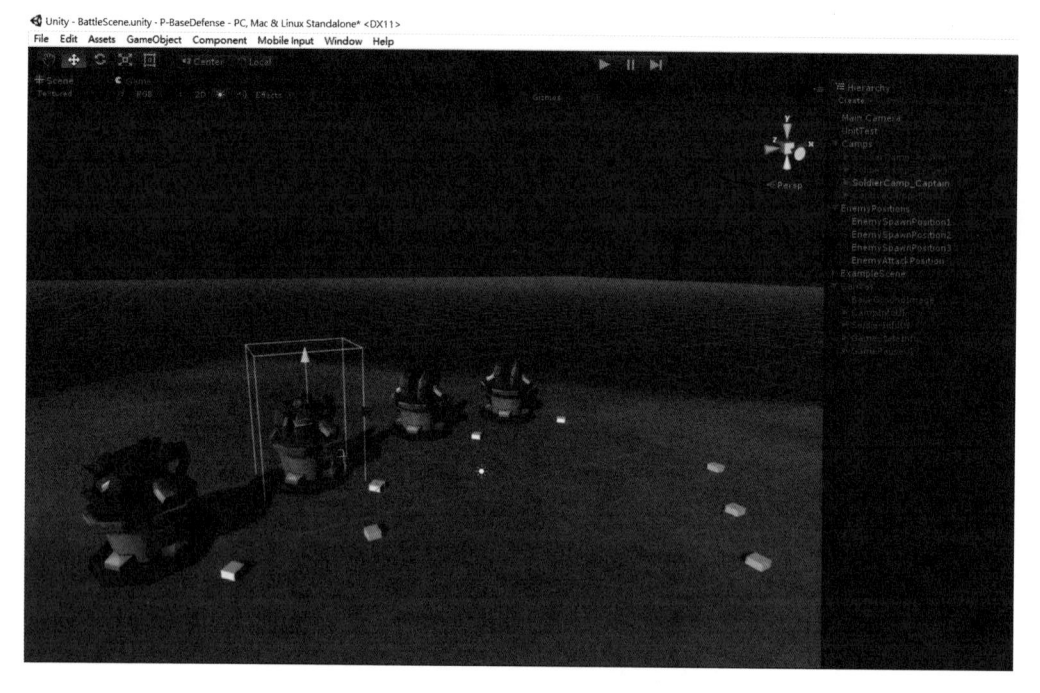

圖 18-2 編輯模式下的戰鬥場景

在 Unity3D 這類「所見即所得」的遊戲開發編輯器中,透過「場景設定」或所謂的「關卡設定」方式,讓企劃人員能方便地設計出想要呈現的遊戲效果及關卡難度。因此,在遊戲製作的分工上,程式人員可以提供方便的「數值系統工具/企劃工具」,讓企畫人員設定數值、視覺呈現、關卡佈置安排及畫面設定⋯等,程式人員也可以讓企劃人員直接使用 Unity3D 等工具來做設定。

「P 級陣地」兵營的 3D 視覺呈現,是在 Unity3D 編輯模式下,將設計好的兵營模型由企劃人員放在場景上。等到遊戲實際執行時,在程式碼中以「即時」的方式取得所需要

Chapter 18　兵營系統及兵營訊息顯示

的遊戲物件(GameObject),並依據需求建立系統功能。所以,「P級陣地」中「兵營系統(CampSystem)」的設計方式,是在戰鬥場景(Battle Scene)載入完成後,即時找出場景上的兵營遊戲物件(GameObject),並用它們跟程式碼中的兵營類別(ICamp)做連接。

在兵營系統(CampSystem)中包含了一個容器類別,用來管理執行時,產生的兵營類別(ICamp)物件:

Listing 18-3　兵營系統(CampSystem.cs)

```
public class CampSystem : IGameSystem
{
    private Dictionary<ENUM_Soldier, ICamp> m_SoldierCamps =
                            new Dictionary<ENUM_Soldier,ICamp>();

    public CampSystem(PBaseDefenseGame PBDGame):base(PBDGame) {
        Initialize();
    }

    // 初始兵營系統
    public override void Initialize() {
        // 加入三個兵營
        m_SoldierCamps.Add ( ENUM_Soldier.Rookie,
                    SoldierCampFactory( ENUM_Soldier.Rookie ));
        m_SoldierCamps.Add ( ENUM_Soldier.Sergeant,
                    SoldierCampFactory( ENUM_Soldier.Sergeant));
        m_SoldierCamps.Add ( ENUM_Soldier.Captain,
                    SoldierCampFactory( ENUM_Soldier.Captain ));
    }

    // 更新
    public override void Update()
    {}

    // 取得場景中的兵營
    private SoldierCamp SoldierCampFactory( ENUM_Soldier emSoldier ) {
        string GameObjectName = "SoldierCamp_";
        float CoolDown = 0;
        string CampName = "";
        string IconSprite = "";
        switch( emSoldier )
        {
            case ENUM_Soldier.Rookie:
                GameObjectName += "Rookie";
                CoolDown = 3;
                CampName = "菜鳥兵營";
                IconSprite = "RookieCamp";
                break;

            case ENUM_Soldier.Sergeant:
```

18-7

```
                    GameObjectName += "Sergeant";
                    CoolDown = 4;
                    CampName = "中士兵營";
                    IconSprite = "SergeantCamp";
                    break;

                case ENUM_Soldier.Captain:
                    GameObjectName += "Captain";
                    CoolDown = 5;
                    CampName = "上尉兵營";
                    IconSprite = "CaptainCamp";
                    break;

                default:
                    Debug.Log("沒有指定["+emSoldier+"]要取得的場景物件名稱");
                    break;
            }

            // 取得物件
            GameObject theGameObject = UnityTool.FindGameObject(
                                                    GameObjectName );

            // 取得集合點
            Vector3 TrainPoint = GetTrainPoint( GameObjectName );

            // 產生兵營
            SoldierCamp NewCamp = new SoldierCamp( theGameObject,
                                                  emSoldier,
                                                  CampName,
                                                  IconSprite,
                                                  CoolDown,
                                                  TrainPoint);
            NewCamp.SetPBaseDefenseGame( m_PBDGame );

            // 設定兵營使用的 Script
            AddCampScript( theGameObject , NewCamp);

            return NewCamp;
        }

        // 取得集合點
        private Vector3 GetTrainPoint(string GameObjectName ) {
            // 取得物件
            GameObject theCamp = UnityTool.FindGameObject(
                                                    GameObjectName );
            // 取得集合點
            GameObject theTrainPoint = UnityTool.FindChildGameObject(
                                                    theCamp, "TrainPoint" );
            theTrainPoint.SetActive(false);

            return theTrainPoint.transform.position;
```

Chapter 18　兵營系統及兵營訊息顯示

```
    }
    // 設定兵營使用的Script
    private void AddCampScript(GameObject theGameObject,ICamp Camp) {
        // 加入Script
        CampOnClick CampScript= theGameObject.AddComponent
                                                    <CampOnClick>();
        CampScript.theCamp = Camp;
    }
    ...
}
```

在兵營系統中,使用泛型容器 Dictionary 做為管理兵營的地方,並在初始方法 Initialize 中,將 3 個玩家陣營的兵營產生出來。在產生兵營方法(SoldierCamp Factory)中,會直接在目前的場景中,找出對應的兵營遊戲物件(GameObject)及集合點的位置,之後利用這兩個資訊來產生 SoldierCamp 類別物件:

```
        // 取得物件
        GameObject theGameObject = UnityTool.FindGameObject(
                                            GameObjectName );

        // 取得集合點
        Vector3 TrainPoint = GetTrainPoint( GameObjectName );

        // 產生兵營
        SoldierCamp NewCamp = new SoldierCamp( theGameObject,
                                               emSoldier,
                                               CampName,
                                               IconSprite,
                                               CoolDown,
                                               TrainPoint);
        NewCamp.SetPBaseDefenseGame( m_PBDGame );

        // 設定兵營使用的Script
        AddCampScript( GameObjectName, NewCamp);
```

在這一段程式碼的最後,會呼叫 AddCampScript 方法:

```
    // 設定兵營使用的Script
    private void AddCampScript(GameObject theGameObject,ICamp Camp) {
        // 加入Script
        CampOnClick CampScript = theGameObject.
```

18-9

```
                                        AddComponent<CampOnClick>();
        CampScript.theCamp = Camp;
    }
```

這段類別的私有成員方法,主要是將腳本類別 CampOnClick.cs,加入到兵營的遊戲物件中。該腳本類別是用來偵測玩家的「點擊畫面」動作,並通知 PBaseDefenseGame 顯示點擊到的兵營:

Listing 18-4　兵營點擊成功後通知顯示 (CampOnClick.cs)

```
public class CampOnClick : MonoBehaviour
{
    public ICamp theCamp = null;

    // Use this for initialization
    void Start ()
    {}

    // Update is called once per frame
    void Update ()
    {}

    public void OnClick() {
        // 顯示兵營資訊
        PBaseDefenseGame.Instance.ShowCampInfo( theCamp );
    }
}
```

腳本中的 OnClick 方法,會在 PBaseDefenseGame 的 InputProcess 方法中被呼叫,而 InputProcess 就是在 Game Loop 中扮演「判斷使用者輸入」的角色,它會在 Update 方法中不斷地被呼叫:

Listing 18-5　判斷兵營是否被點擊到 (PBaseDefenseGame.cs)

```
public class PBaseDefenseGame
{
    ...
    // 更新
    public void Update() {
        // 玩家輸入
        InputProcess();
        ...
    }

    // 玩家輸入
    private void InputProcess() {
```

Chapter 18　兵營系統及兵營訊息顯示

```
            // Mouse 左鍵
            if(Input.GetMouseButtonUp( 0 ) ==false)
                return ;

            //由攝影機產生一條射線
            Ray ray = Camera.main.ScreenPointToRay(Input.mousePosition);
            RaycastHit[] hits = Physics.RaycastAll(ray);

            // 走訪每一個被 Hit 到的 GameObject
            foreach (RaycastHit hit in hits)
            {
                // 是否有兵營點擊
                CampOnClick CampClickScript = hit.transform.gameObject.
                                        GetComponent<CampOnClick>();
                if( CampClickScript!=null )
                {
                    CampClickScript.OnClick();
                    return;
                }
                ...
            }
        }
    }
```

在每一次的輸入判斷中，確認玩家是否按下滑鼠左鍵之後，就利用 Unity3D 的碰撞偵測方式，取得場景中被點擊到的遊戲物件(GameObject)。如果該遊戲物件包含了腳本元件 CampOnClick 類別，那麼點到物件就是兵營，即可呼叫下列的 OnClick 方法：

```
        public void OnClick() {
            // 顯示兵營資訊
            PBaseDefenseGame.Instance.ShowCampInfo( theCamp );
        }
```

在 CampOnClick 類別的 OnClick 中，會利用 PBaseDefenseGame 的外觀介面方法 ShowCampInfo：

```
    public class PBaseDefenseGame
    {
        ...
        // 顯示兵營資訊
        public void ShowCampInfo( ICamp Camp ) {
            m_CampInfoUI.ShowInfo( Camp );
            m_SoldierInfoUI.Hide();
        }
        ...
```

18-11

}

在 ShowCampInfo 中，會再去呼叫兵營介面(CampInfoUI)，顯示目前點擊到的兵營。

回顧上一章提到的兵營介面(CampInfoUI)的顯示資訊(ShowInfo)方法，在該方法中，會將傳入的兵營物件顯示到介面上，如此就完成了兵營訊息的顯示功能：

Listing 18-6　兵營介面(CampInfoUI.cs)

```
public class CampInfoUI : IUserInterface
{
    ...
    // 顯示資訊
    public void ShowInfo(ICamp Camp) {
        //Debug.Log("顯示兵營資訊");
        Show ();
        m_Camp = Camp;

        // 名稱
        m_CampNameTxt.text = m_Camp.GetName();

        // 訓練花費
        m_TrainCostText.text = string.Format("AP:{0}",
                                            m_Camp.GetTrainCost());

        // 訓練中資訊
        ShowOnTrainInfo();

        // Icon
        IAssetFactory Factory = PBDFactory.GetAssetFactory();
        m_CampImage.sprite = Factory.LoadSprite(
                                    m_Camp.GetIconSpriteName());

        // 升級功能
        if( m_Camp.GetLevel() <= 0 )
            EnableLevelInfo(false);
        else
        {
            EnableLevelInfo(true);
            m_CampLvTxt.text = string.Format("等級:" +
                                            m_Camp.GetLevel());
            ShowWeaponLv();// 顯示武器等級
        }
    }
    ...
}
```

18.4 兵營資訊的顯示流程

下圖顯示兵營系統的建立流程，及判斷玩家點擊到兵營物件之後，將資訊顯示到兵營介面的整個流程：

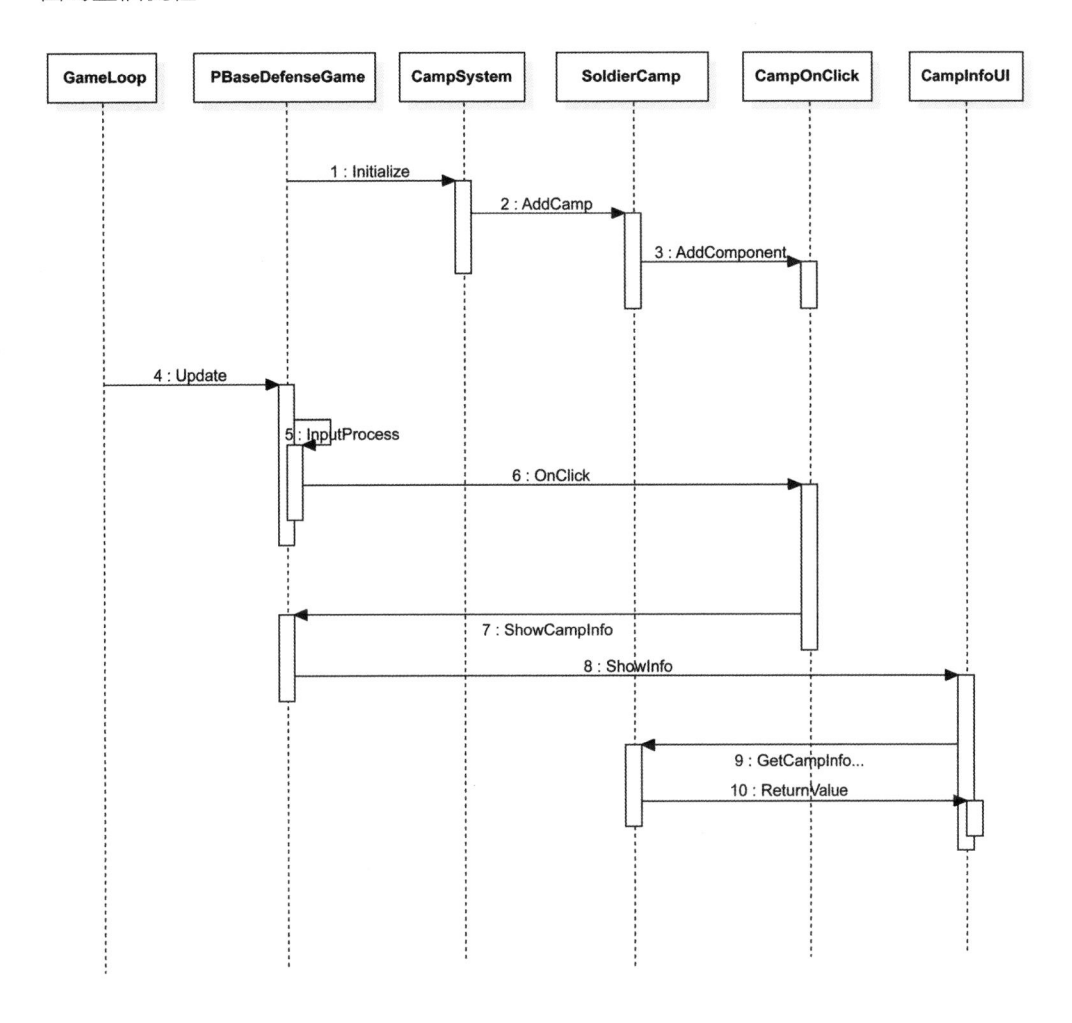

18-13

設計模式與遊戲開發
　的完美結合

第 19 章

兵營訓練單位
— *Command* 命令模式

19.1 兵營介面上的命令

上一章講解了「P 級陣地」中，兵營系統與兵營資訊顯示的方式及流程。而在兵營介面(CampInfoUI)上，除了顯示基本的訊息外，還有 4 個功能按鈕，讓玩家可以針對兵營做不同的操作，分別是：

圖 19-1 兵營介面

19-1

- 兵營升級：提升兵營等級，讓該兵營產生角色的等級(SoliderLv)提升，可用來增加防守優勢。

- 武器升級：每個兵營產生角色時，身上裝備的武器等級為「槍」，透過升級功能可以讓新產生的角色裝備長槍及火箭筒，加強角色的攻擊能力。

- 訓練：對兵營下達訓練角色，並且可以連續下達命令，兵營會記錄目前還沒訓練完成的數量。訓練成功後，介面會顯示準備訓練的作戰單位數。

- 取消訓練：因為每個兵營都可以下達多個訓練作戰單位，所以也提供取消訓練單位的功能，讓資源(生產能量)能重新分配給其它命令。

配合 Unity3D 的介面設計，可以在兵營介面中放置 4 個 UI 按鈕(Button)讓玩家選擇，如同在「第 17 章：Unity3D 的界面設計」中提到的：我們希望介面元件的回應能夠在程式當中進行設定，好讓 UI 元件能在編輯模式下，「不」跟任何一個遊戲系統做綁定。所以在「P 級陣地」的玩家介面上，按鈕按下後要執行哪一段功能，也會在每一個介面初始時決定。以兵營介面(CampInfoUI)為例，在介面初始方法(Initialize)中，除了將顯示資訊用的文字(Text)元件的參考記錄下來之外，也會針對畫面上的 4 個命令按鈕(Button)，設定它們被「按下」時，分別要呼叫的是哪一個方法：

Listing 19-1　兵營介面(CampInfoUI.cs)

```
public class CampInfoUI : IUserInterface
{
    ...
    // 初始
    public override void Initialize() {
        // 訓練時間
        m_TrainTimerText = UITool.GetUIComponent<Text>(
                                        m_RootUI, "TrainTimerText");

        // 玩家的互動
        // 升級
        m_LevelUpBtn = UITool.GetUIComponent<Button>(
                                        m_RootUI, "CampLevelUpBtn");
        m_LevelUpBtn.onClick.AddListener( ()=> OnLevelUpBtnClick() );

        // 武器升級
        m_WeaponLvUpBtn = UITool.GetUIComponent<Button>(
                                        m_RootUI, "WeaponLevelUpBtn");
        m_WeaponLvUpBtn.onClick.AddListener(()=>
                                        OnWeaponLevelUpBtnClick() );

        // 訓練
        m_TrainBtn = UITool.GetUIComponent<Button>(
```

```
                                        m_RootUI, "TrainSoldierBtn");
        m_TrainBtn.onClick.AddListener( ()=> OnTrainBtnClick() );

        // 取消訓練
        m_CancelBtn = UITool.GetUIComponent<Button>(
                                        m_RootUI, "CancelTrainBtn");
        m_CancelBtn.onClick.AddListener( ()=> OnCancelBtnClick() );

        ...
    }
    ...
}
```

透過 UITool 的 `GetUIComponent<T>`方法，可以取得玩家介面中的按鈕(Button)元件，之後在按鈕(Button)元件的 onClick 成員上增加「監聽函式」(Listener)。因為每一個按鈕(Button)元件對應的功能不同，所以需要針對每一個按鈕，設定不同的監聽函式，而監聽函式可以是類別中的某一個成員方法：

Listing 19-2　兵營介面(`CampInfoUI.cs`)

```
public class CampInfoUI : IUserInterface
{
    ...
    // 升級
    private void OnLevelUpBtnClick() {
        ...
    }

    // 武器升級
    private void OnWeaponLevelUpBtnClick() {
        ...
    }

    // 訓練
    private void OnTrainBtnClick() {
        ...
    }

    // 取消訓練
    private void OnCancelBtnClick() {
        ...
    }
    ...
}
```

透過即時取得玩家介面上的按鈕(Button)元件，再指定監聽函式的方式，就可以將介面上的按鈕跟「P 級陣地」的功能加以連結。

訓練作戰單位的命令

「P 級陣地」對兵營角色進行訓練時,要求提供「訓練時間」功能,也就是對兵營下命令時,不能馬上將角色產生並立即放入戰場中,而是要給定某長度的訓練時間,當訓練時間到達後,角色才能產生並放入戰場。又因為遊戲流暢度的要求,所以可以對兵營下達多個訓練命令,讓兵營在訓練完一個作戰單位之後,能緊接著生產下一個。因此在實作上,需要設計一個管理機制來管理這些「排隊」中的「訓練命令」,而這些訓練命令還可以透過「取消訓練」的指令,來減少排隊中的命令數量。

如果只是單純地想將玩家介面按鈕與功能的執行分開,那麼可以在每一個按鈕的監聽函式中,呼叫功能提供者的方法,這樣就能達成「命令」與「執行」分開的目標。但是如果還要加上能對這些命令「進行管理」,例如:新增、刪除、排程…等功能,則需要加入其它設計模式才能達成。而 GoF 提出的設計模式中,命令模式(Command)可以解決這樣的設計需求。

介面上顯示目前點選到的兵營基本資訊包含:名稱、等級、武器等級…等,另外還有 4 個功能按鈕,提供玩家作為對兵營下達命令的介面。而這些從介面下達的命令將會使用命令模式(Command),讓玩家的動作與遊戲的功能產生連接並執行。這一部份將在下一章(第 19 章:兵營訓練單位)中有詳細的說明,在此之前,我們先來說明「P 級陣地」中「兵營系統」的運作方式。

19.2 命令模式(*Command*)

在本節使用軟體開發作為範例說明設計模式之前,我們可以先舉個較為生活化的例子來說明命令模式(Command)。例如,在餐廳用餐就是命令模式(Command)的一種表現。當餐廳的前場人員在接受到客人的點餐之後,就會將餐點內容記載在點餐單(命令)上,這張點餐單(命令)就會跟著其他客人的點餐單(命令)一起排入廚房的待作列表(命令管理器)內。廚房內的廚師(功能提供者)依據先到先做的原則,將點餐單(命令)上的內容,將餐單一個個製作(執行)出來。當然,如果餐廳不計較的話,那麼等待很久的客人,也可以選擇不等了(取消命令),改去其它餐廳用餐。

19.2.1 命令模式（Command）的定義

GoF 對於命令模式（Command）的定義如下：

「將請求封裝成為物件，讓你可以將客戶端的不同請求參數化，並配合佇列、記錄、復原等方法來操作請求」

上述定義可以簡單分成兩個部份來看待：

- 請求的封裝
- 請求的操作

請求的封裝

所謂的請求，簡單來說就是某個客戶端元件，想要呼叫執行某樣功能，而這個某樣功能是被實作在某個類別之中。一般來說，如果想要使用某個類別的方法，通常最直接的方式就是透過直接呼叫該類別物件的方法，即可達成。但有時，呼叫一個功能的請求需要傳入許多參數，讓功能執行端能夠正確地按照客戶端的需求來執行。因此，常見的做法是使用參數列的方式，將這些呼叫時要參考的設定傳入方法之中。但是，當功能執行端提供過多的參數讓客戶端選擇時，就會發生參數列過多的情況。所以為了方便閱讀，通常會建議將這些參數列上的設定，以一個類別加以封裝 [7]，所以利用這樣的方式，將呼叫功能時所需的參數加以封裝，就是「請求的封裝」。如果以餐廳點餐的例子來看，請求的封裝就如同前場人員將客戶的點餐內容寫在點餐單上。

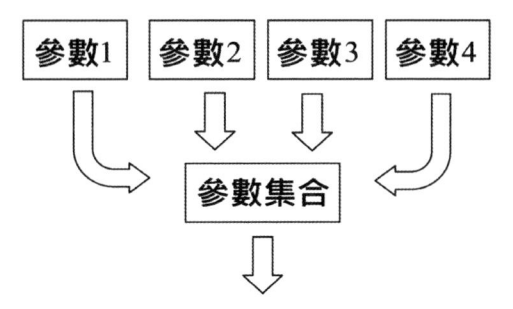

圖 19-2 參數封裝

在第 15 章介紹建造者模式（*Builder*）時，針對建立每個角色時所需要的設定參數，在「請求」SoliderBuilder 執行建造功能前，都先使用 SoldierBuildParam 類別物件，將所有參數都集中設定在其中，除了方便閱讀外，這樣的方式也可視為簡易的「請求的封裝」：

```
// 產生遊戲角色工廠
public class CharacterFactory : ICharacterFactory
{
    ...
    // 建立Soldier
    public override ISoldier CreateSoldier(...) {
        // 產生Soldier的參數
        SoldierBuildParam SoldierParam = new SoldierBuildParam();

        // 產生對應的Character
        switch( emSoldier)
        {
            case ENUM_Soldier.Rookie:
                SoldierParam.NewCharacter = new SoldierRookie();
                break;
            case ENUM_Soldier.Sergeant:
                SoldierParam.NewCharacter = new SoldierSergeant();
                break;
            case ENUM_Soldier.Captain:
                SoldierParam.NewCharacter = new SoldierCaptain();
                break;
            default:
                Debug.LogWarning(
                        "CreateSoldier:無法建立["+emSoldier+"]");
            return null;
        }

        if( SoldierParam.NewCharacter == null)
            return null;

        // 設定共用參數
        SoldierParam.emWeapon = emWeapon;
        SoldierParam.SpawnPosition = SpawnPosition;
        SoldierParam.Lv = Lv;
```

```
           //  產生對應的Builder及設定參數
           SoldierBuilder theSoldierBuilder = new SoldierBuilder();
           theSoldierBuilder.SetBuildParam( SoldierParam );

           //  產生
           m_BuilderDirector.Construct( theSoldierBuilder );
           return SoldierParam.NewCharacter  as ISoldier;
       }
```

如果將「封裝」的動作再進一步的話，也就是連同要呼叫的「功能執行端」也一起被封裝到類別中。這種情況通常發生在幾種時機：功能執行端(類別)不確定、有多個選擇之下或客戶端是一個通用元件不想與特定實作綁在一起。

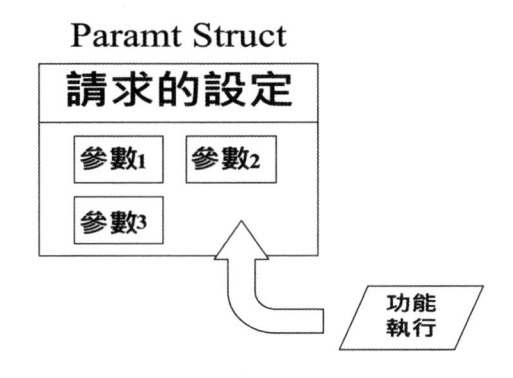

圖 19-3　連呼叫的對象也可以被封裝進去

請求的操作

當請求可以被封裝成一個物件時，那麼這個請求物件就可以被操作，例如：

- 儲存：可以將「請求物件」放入一個「資料結構」中進行排序、排隊、搬移、移除、暫緩執行…等操作。

- 記錄：當某一個請求物件被執行之後，可以先不刪除，將其移入「已執行」資料容器內。透過檢視「已執行」資料容器的內容，就可以知道系統過去執行命令的流程及軌跡。

- 復原：延續上一項記錄功能，若系統針對每項請求命令實作了「反向」操作時，可以將已執行的請求復原，這在大部份的文書、繪圖編輯軟體中是很常見的。

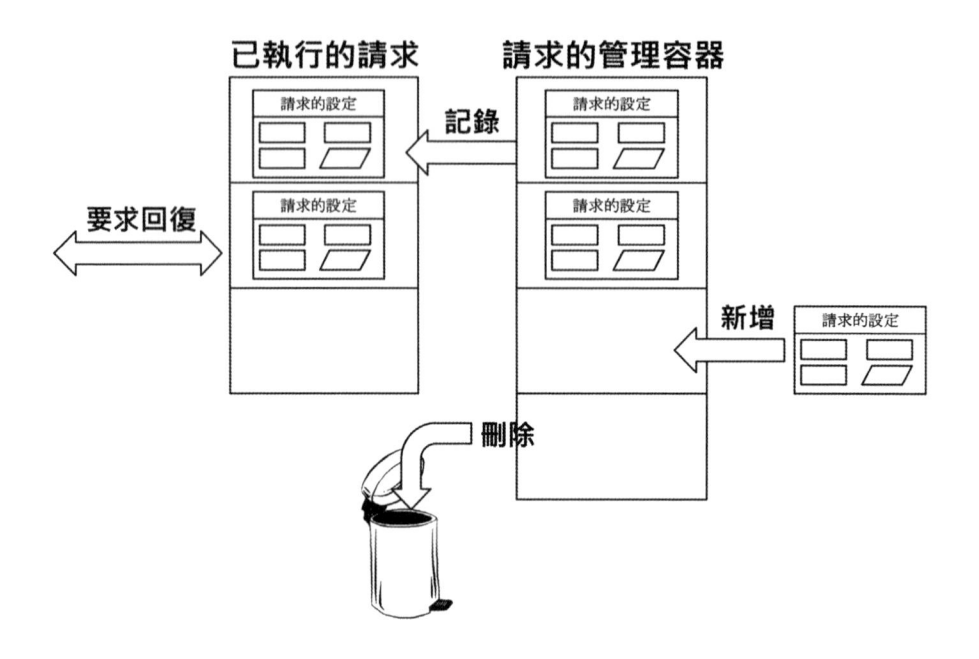

圖 19-4 請求被放入容器內時，可執行的操作

19.2.2 命令模式（Command）的說明

命令模式（Command）的結構如下：

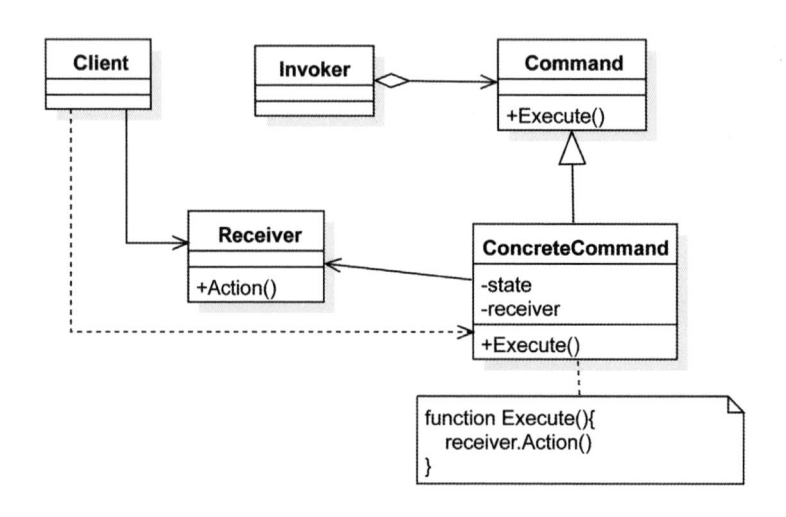

GoF 參與者的說明如下：

- Command(命令介面)

    ◎ 定義命令封裝後要具備的操作介面。

- ConcreteCommand(命令實作)

    ◎ 實作命令封裝及介面，會包含每一個命令的參數及 Receiver(功能執行者)。

- Receiver(功能執行者)

    ◎ 被封裝在 ConcreteCommand(命令實作)類別中，真正執行功能的類別物件。

- Client(客戶端/命令發起者)

    ◎ 產生命令的客戶端，可以視情況設定命令給 Receiver(功能執行者)。

- Invoker(命令管理者)

    ◎ 命令物件的管理容器，或是管理類別，並負責要求每個 Command(命令)執行其功能。

19.2.3 命令模式（Command）的實作範例

實作上，在套用命令模式（Command）前，功能執行的類別通常都已經在專案中實作好了。假設現存的系統中，已有兩個功能執行的類別 Receiver1 及 Receiver2：

Listing 19-3　兩個可以執行功能的類別(Command.cs)

```
// 負責執行命令1
public class Receiver1
{
    public Receiver1() {}
    public void Action(string Command) {
        Debug.Log ("Receiver1.Action:Command["+Command+"]");
    }
}

// 負責執行命令2
public class Receiver2
{
    public Receiver2() {}
    public void Action(int Param) {
        Debug.Log ("Receiver2.Action:Param["+Param.ToString()+"]");
    }
}
```

如果想要讓這兩個類別的「功能執行」能夠被「管理」，則需要將它們分別封裝進「命令類別」中。首先定義命令介面：

Listing 19-4　執行命令的介面 (Command.cs)

```csharp
public abstract class Command
{
    public abstract void Execute();
}
```

介面只定義了一個執行(Execute)方法，讓命令管理者(Invoker)能夠要求Receiver(功能執行者)執行命令。因為有兩個功能執行類別，所以分別實作兩個命令子類別來封裝它們：

Listing 19-5　將命令和 Receiver1 物件繫結起來 (Command.cs)

```csharp
public class ConcreteCommand1 : Command
{
    Receiver1 m_Receiver = null;
    String m_Command = "";

    public ConcreteCommand1( Receiver1 Receiver, string Command ) {
        m_Receiver = Receiver;
        m_Command = Command;
    }

    public override void Execute() {
        m_Receiver.Action(m_Command);
    }
}
```

Listing 19-6　將命令和 Receiver2 物件繫結起來 (Command.cs)

```csharp
public class ConcreteCommand2 : Command
{
    Receiver2 m_Receiver = null;
    int m_Param = 0;

    public ConcreteCommand2( Receiver2 Receiver, int Param ) {
        m_Receiver = Receiver;
        m_Param = Param;
    }

    public override void Execute() {
        m_Receiver.Action( m_Param );
    }
}
```

每個命令在建構時，都會指定「功能執行者」的物件參考及所需的參數。而傳入的物件參考及參數都會定義為命令類別的成員，封裝在類別之中。而每一個命令物件都可以加入 Invoker(命令管理者)之中：

Listing 19-7　命令管理者(`Command.cs`)

```
public class Invoker
{
    List<Command> m_Commands = new List<Command>();

    // 加入命令
    public void AddCommand( Command theCommand ) {
        m_Commands.Add( theCommand );
    }

    // 執行命令
    public void ExecuteCommand() {
        // 執行
        foreach(Command theCommand in m_Commands)
           theCommand.Execute();
        // 清空
        m_Commands.Clear();
    }
}
```

Invoker(命令管理者)中，使用的 List 泛型容器來暫存命令物件。並於執行命令(ExecuteCommand)方法被呼叫時，才一次執行所有命令，並清空所有已經被執行的命令，等待下一次的執行。

測試程式本身就是 Client(客戶端)，用來產生命令並加入 Invoker(命令管理者)：

Listing 19-8　測試命令模式

```
void UnitTest() {
    Invoker theInvoker = new Invoker();

    Command  theCommand = null;
    // 將命令與執行結合
    theCommand = new ConcreteCommand1( new Receiver1(),"你好");
    theInvoker.AddCommand( theCommand );
    theCommand = new ConcreteCommand2( new Receiver2(),999);
    theInvoker.AddCommand( theCommand );

    // 執行
    theInvoker.ExecuteCommand();
}
```

產生兩個命令之後,再將它們分別加入 Invoker(命令管理者)中,然後一次執行所有的命令,訊息視窗上可以看到下列訊息,表示命令都被正確執行:

執行結果

```
Receiver1.Action:Command[你好]
Receiver2.Action:Param[999]
```

上述範例看似頗為簡單,但也因為如此讓命令模式(*Command*)在實作上的彈性非常大,也出現許多變化的形式。所以在實作分析時,可以著重在「命令物件」的「操作行為」來加以分析:

- 如果希望讓「命令物件」能包含最多可能的執行方法數量,那麼就加強在命令類別群組的設計分析。以餐廳點餐的例子來看,就是要思考,是否將餐點與飲料的點餐單合併為一張。

- 如果希望能讓命令可以任意地執行及返回,那麼就需要著重在命令管理者(Invoker)的設計實作上。以餐廳點餐的例子來看,就是要思考,這些點餐單是要用人工管理還是要使用電腦系統來輔助。

- 此外,如果讓命令具備任意返回或不執行的功能,那麼系統對於命令的「反向操作」的定義也必須加以實作,或是將反向操作的執行參數,也一併封裝在命令類別中。

讀者可以試著分析任何一套文書編輯工具,或程式開發 IDE 工具中的「復原」及「取消復原」功能。可以假設這些工具都將使用者的動作或「功能請求」加以記錄(封裝),並在下達「復原」指令時,將原有的動作取消,而取消時的動作本身,必須參考到該動作執行了什麼行為而定。

19.3 使用命令模式(*Command*)來實作兵營訓練角色

將「玩家指令(請求)封裝」後再顯示給玩家看的遊戲還蠻多的。筆者最常想到的是早期的即時戰略遊戲(RTS:Real-time Strategy Game),每次下達兵營訓練士兵的命令或兵工廠下生產戰車的命令時,畫面上都排滿了等待被生產的單位圖示。而近期的城鎮經營

遊戲也常看到相同的呈現方式。所以「P 級陣地」也以類似的手法，將訓練命令實作在遊戲中。

19.3.1 訓練命令的實作

分析「P 級陣地」對於兵營命令的需求如下：

- 每個兵營都有自己的等級以及可訓練的兵種，必須依照不同兵營，下達不同的訓練命令。
- 有「訓練時間」的功能，所以每一個訓練命令都會先被暫存而不是馬上被執行。
- 可以對兵營下達多個訓練命令，所以會有多個命令同時存在必須被保存的需求。
- 「取消訓練」來減少訓練命令發出的數量。

依照上述的分析，對於「P 級陣地」中的訓練命令，我們可以規劃出下面幾個實作目標：1.可以將命令封裝成類別，讓每一個兵營能針對本身的屬性下達訓練命令；2.使用訓練命令管理者將所有命令加以暫存，並依照訓練時間的設定，執行每一個訓練命令；3.提供介面讓命令可以被新增及刪除。

所以我們在「P 級陣地」在兵營(ICamp)類別中增加了「命令管理容器」及操作介面，來完成命令模式（*Command*）的實作：

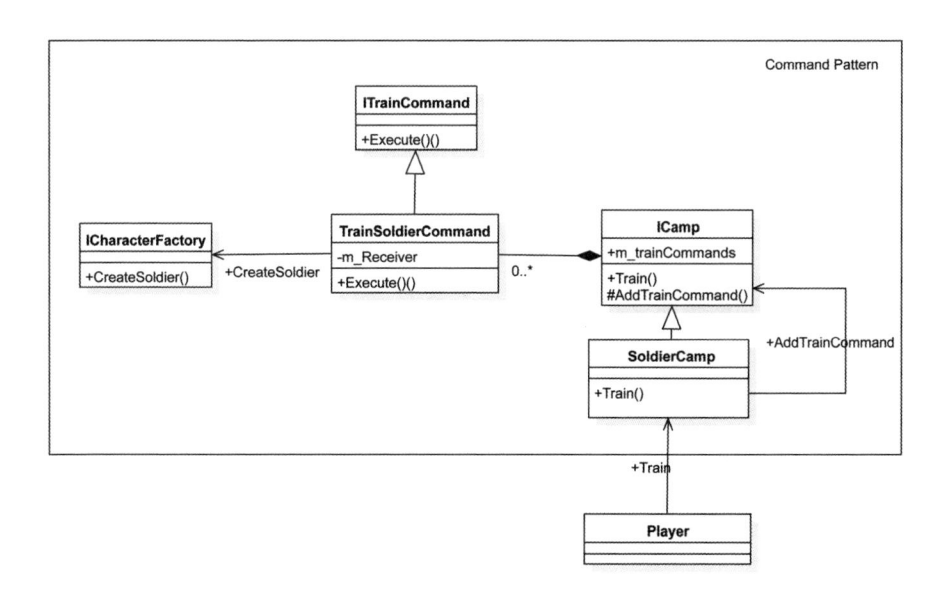

參與者的說明如下:

- ITrainCommand

    訓練命令介面,定義「P 級陣地」中訓練一個作戰單位應有的命令格式及執行方法。

- TrainSoldierCommand

    封裝訓練玩家角色的命令,將要訓練角色的參數定義為成員,並在執行時呼叫「功能執行類別」去執行指定的命令。

- ICharacterFactory

    角色工廠,實際產生角色單位的「功能執行類別」。

- ICamp

    兵營介面,包含「管理訓練作戰單位的命令」之功能,即擔任 Invoker(命令管理者)的角色。使用泛型來暫存所有的訓練命令,並且使用相關的操作方法來新增刪除訓練命令。

- SoldierCamp

    Soldier 兵營介面,負責玩家角色的作戰單位訓練。當要求訓練命令時,會產生命令物件,並依照目前兵營的狀態來設定命令物件的參數,最後使用 ICamp 類別提供的介面,將命令加入管理器內。

19.3.2 實作說明

因「P 級陣地」的遊戲設計需求中,只有「訓練角色」需要管理命令的功能,所以先定義了一個名為 ITrainCommand 的訓練命令介面:

Listing 19-9 執行訓練命令的介面(`ITrainCommand.cs`)

```
public abstract class ITrainCommand
{
    public abstract void Execute();
}
```

介面中只定義了一個操作方法:Execute 執行命令。後續從 ITrainCommand 延伸出一個子類別──TrainSoldierCommand,用來封裝訓練玩家陣營角色的命令:

Chapter 19 兵營訓練單位 — Command 命令模式

Listing 19-10　訓練 Soldier(TrainSoldierCommand.cs)

```
public class TrainSoldierCommand : ITrainCommand
{
    ENUM_Soldier m_emSoldier;      // 兵種
    ENUM_Weapon  m_emWeapon;       // 使用的武器
    int m_Lv;                      // 等級
    Vector3 m_Position;            // 出現位置

    // 訓練
    public TrainSoldierCommand( ENUM_Soldier emSoldier,
                                ENUM_Weapon emWeapon,
                                int Lv,
                                Vector3 Position) {
        m_emSoldier = emSoldier;
        m_emWeapon = emWeapon;
        m_Lv = Lv;
        m_Position = Position;
    }

    //  執行
    public override void Execute() {
        // 建立 Soldier
        ICharacterFactory Factory = PBDFactory.GetCharacterFactory();
        ISoldier Soldier = Factory.CreateSoldier( m_emSoldier,
                                                  m_emWeapon,
                                                  m_Lv ,
                                                  m_Position);
    }
}
```

Soldier 訓練命令類別(TrainSoldierCommand)中，將產生玩家角色時所需的參數設定為類別成員，並在命令被建立時就全部指定。而 TrainSoldierCommand 的「功能執行類別」就是角色工廠(ICharacterFactory)，這些參數在執行命令(Execute)方法中，被當成參數傳入角色工廠類別的方法中，執行產生角色的功能。

在也擔任「命令管理者」的兵營(ICamp)類別中，使用 List 泛型容器用以暫存訓練命令：

Listing 19-11　兵營介面(ICamp.cs)

```
public abstract class ICamp
{
    // 訓練命令
    protected List<ITrainCommand> m_TrainCommands =
                                    new List<ITrainCommand>();
    protected float m_CommandTimer = 0;         // 目前冷卻剩餘時間
```

19-15

```csharp
        protected float m_TrainCoolDown = 0;        // 冷卻時間
        ...

    // 新增訓練命令
    protected void AddTrainCommand( ITrainCommand Command ) {
        m_TrainCommands.Add( Command );
    }

    // 刪除訓練命令
    public void RemoveLastTrainCommand() {
        if( m_TrainCommands.Count == 0 )
            return ;
        // 移除最後一個
        m_TrainCommands.RemoveAt( m_TrainCommands.Count -1 );
    }

    // 目前訓練命令數量
    public int GetTrainCommandCount() {
        return m_TrainCommands.Count;
    }

    // 執行命令
    public void RunCommand() {
        // 沒有命令不執行
        if( m_TrainCommands.Count == 0 )
            return ;

        // 冷卻時間是否到了
        m_CommandTimer -= Time.deltaTime;
        if( m_CommandTimer > 0 )
            return ;
        m_CommandTimer = m_TrainCoolDown;

        // 執行第一個命令
        m_TrainCommands[0].Execute();

        // 移除
        m_TrainCommands.RemoveAt( 0 );

    }
        ...
}
```

除了新增的命令管理容器之外(m_TrainCommands)，也另外新增了4個與命令管理容器有關的操作方法給客戶端使用。在執行命令方法 RunCommand 中，會先判斷目前訓練的冷卻時間是否完成，如果完成了則執行命令管理容器(m_TrainCommands)的第一個命令，執行完成後就將命令從命令管理容器(m_TrainCommands)中移除。

Chapter 19 兵營訓練單位 — Command 命令模式

至於定期呼叫每一個兵營(ICamp)類別的 RunCommand 方法,則由兵營系統的定時更新(Update)來負責:

Listing 19-12　兵營系統(CampSystem.cs)

```
public class CampSystem : IGameSystem
{
    private Dictionary<ENUM_Soldier, ICamp> m_SoldierCamps =
                            new Dictionary<ENUM_Soldier,ICamp>();
    ...

    // 更新
    public override void Update() {
        // 兵營執行命令
        foreach( SoldierCamp Camp in m_SoldierCamps.Values )
            Camp.RunCommand();
    }
    ...
}
```

訓練命令的產生點,則是由 Soldier 兵營類別(SoldierCamp)來負責:

Listing 19-13　Soldier 兵營(SoldierCamp.cs)

```
public class SoldierCamp : ICamp
{
    const int MAX_LV = 3;
    ENUM_Weapon m_emWeapon = ENUM_Weapon.Gun;      // 武器等級
    int m_Lv = 1;                                  // 兵營等級
    Vector3 m_Position;                            // 訓練完成後的集合點
    ...

    // 訓練 Soldier
    public override void Train() {
        // 產生一個訓練命令
        TrainSoldierCommand NewCommand = new TrainSoldierCommand(
                        m_emSoldier, m_emWeapon, m_Lv, m_Position);
        AddTrainCommand( NewCommand );
    }
    ...
}
```

在訓練 Soldier 的 Train 方法中,直接產生一個訓練 Soldier 單位(TrainSoldierCommand)的命令物件,並以目前兵營記錄的狀態設定封裝命令的參數值,最後利用父類別定義的增加訓練命令 AddTrainCommand 方法,將命令加入父類別 ICamp 的命令管理器中,並等待系統的呼叫來執行命令。

19-17

設計模式與遊戲開發
的完美結合

最後,在兵營介面(CampInfoUI)上,將「訓練按鈕」及「取消訓練按鈕」的監聽函式,設定為呼叫 Soldier 兵營介面(SoldierCamp)裡頭對應的「訓練方法」及「取消訓練的方法」,來完成整個玩家透過介面下達訓練作戰單位的流程:

Listing 19-14　兵營介面(CampInfoUI.cs)

```
public class CampInfoUI : IUserInterface
{
    private ICamp m_Camp = null; // 顯示的兵營
    ….
    // 訓練
    private void OnTrainBtnClick() {
        int Cost = m_Camp.GetTrainCost();
        if( CheckRule( Cost > 0 ,"無法訓練" )==false )
            return ;
        
        // 是否足夠
        string Msg = string.Format("AP 不足無法訓練,需要{0}點 AP",Cost);
        if( CheckRule( m_PBDGame.CostAP(Cost), Msg ) ==false)
            return ;
        
        // 產生訓練命令
        m_Camp.Train();
        ShowInfo( m_Camp );
    }
    
    // 取消訓練
    private void OnCancelBtnClick() {
        // 取消訓練命令
        m_Camp.RemoveLastTrainCommand();
        ShowInfo( m_Camp );
    }
}
```

19.3.3 執行流程

各類別物件間的執行流程，可透過下面的循序圖來了解：

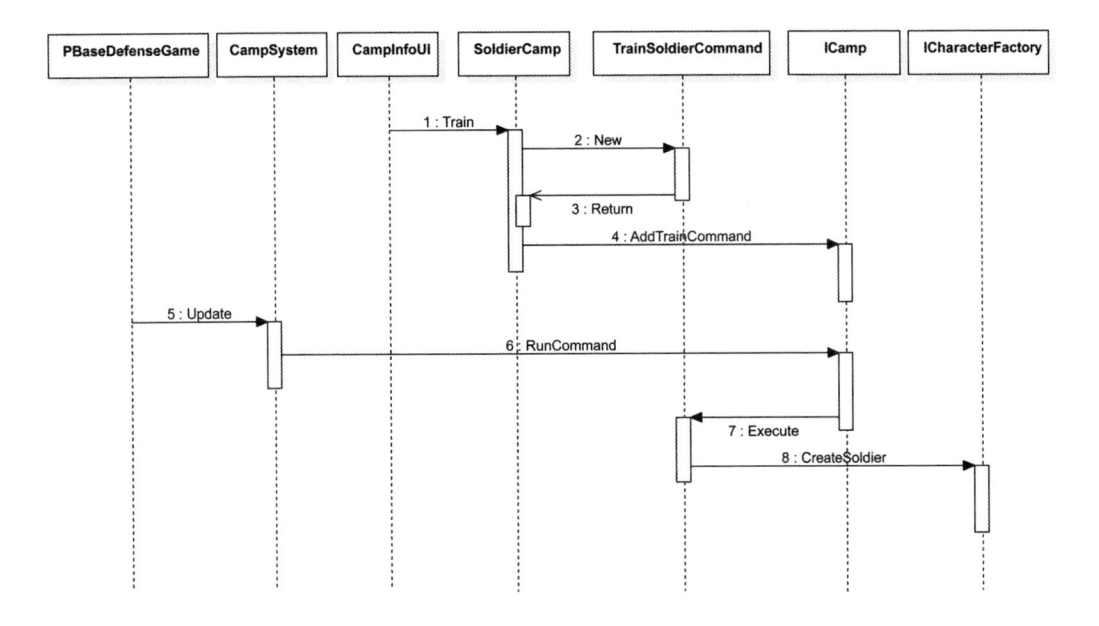

```
PBaseDefenseGame   CampSystem   CampInfoUI   SoldierCamp   TrainSoldierCommand   ICamp   ICharacterFactory

                                    1 : Train      →
                                                   2 : New      →
                                                   ← 3 : Return
                                                   4 : AddTrainCommand      →
            5 : Update  →
                        6 : RunCommand                                       →
                                                              7 : Execute  →
                                                              8 : CreateSoldier  →
```

19.3.4 實作命令模式（*Command*）時的注意事項

命令模式（*Command*）並不難理解與實作，但在實作上仍須多方考量：

命令模式實作上的選擇

「P 級陣地」的兵營介面上，除了跟訓練單位有關的兩個命令(訓練、取消訓練)之外，另外還有兩個跟升級有關的命令按鈕(兵營升級、武器升級)。但針對這兩個介面命令，「P 級陣地」並沒有套用命令模式（*Command*）來實作：

Listing 19-15　兵營介面(`CampInfoUI.cs`)

```csharp
public class CampInfoUI : IUserInterface
{
    private ICamp m_Camp = null; // 顯示的兵營
    ...
    // 升級
    private void OnLevelUpBtnClick() {
        int Cost = m_Camp.GetLevelUpCost();
        if( CheckRule( Cost > 0 , "已達最高等級")==false )
            return ;
```

```
        // 是否足夠
        string Msg = string.Format("AP 不足無法升級,需要{0}點 AP",Cost);
        if( CheckRule(  m_PBDGame.CostAP(Cost), Msg ) ==false)
        return ;

        // 升級
        m_Camp.LevelUp();
        ShowInfo( m_Camp );
    }

    // 武器升級
    private void OnWeaponLevelUpBtnClick() {
        int Cost = m_Camp.GetWeaponLevelUpCost();
        if( CheckRule( Cost > 0 ,"已達最高等級" )==false )
            return ;

        // 是否足夠
        string Msg = string.Format("AP 不足無法升級,需要{0}點 AP",Cost);
        if( CheckRule( m_PBDGame.CostAP(Cost), Msg ) ==false)
            return ;

        // 升級
        m_Camp.WeaponLevelUp();
        ShowInfo( m_Camp );
    }
    ...
}
```

呼叫 ICamp 介面中的方法,這些方法並沒有使用命令模式(*Command*)來封裝:

Listing 19-16 Soldier 兵營(SoldierCamp.cs)

```
public class SoldierCamp : ICamp
{
    ...
    // 升級
    public override void LevelUp() {
        m_Lv++;
        m_Lv = Mathf.Min( m_Lv , MAX_LV);
    }

    // 武器升級
    public override void WeaponLevelUp() {
        m_emWeapon++;
        if( m_emWeapon >=ENUM_Weapon.Max)
            m_emWeapon--;
    }
    ...
}
```

之所以不套用命令模式（*Command*）的主要原因在於：

- 類別過多：如果遊戲的每一個功能請求都套用命令模式（*Command*），那麼就可能會出現類別過多的問題。每一個命令都將產生一個類別來負責封裝，大量的類別會造成專案不容易維護。
- 請求物件並不需要被管理：指的是，兵營升級、武器升級這兩個命令，在執行上並沒有任何延遲或需要被暫存的需求，也就是當請求發出時，功能就要被立即執行。因此，在實作上，只要透過介面類別提供的方法(`ICamp.LevelUp`、`ICamp.WeaponLevelUp`)來執行即可，讓功能的實作類別(`SoldierCamp`)與客戶端(`CampInfoUI`)分離，就可以達成這些功能的設計目標了。

因此，在「P 級陣地」中，選擇實作命令模式（*Command*）的標準在於：

「當請求被物件化之後，對於請求物件是否有「管理」上的需求。如果有，則以命令模式（*Command*）實作之。」

需要實作大量的請求命令時

隨著實作遊戲的類型愈來愈多，讀者們可能會遇到需要使用大量請求命令的專案：像是需要與遊戲伺服器(Game Server)溝通的多人連線遊戲(MMO)。大部份在設計伺服器(Server)與客戶端(Client)的訊息溝通時，也會以請求命令的概念來設計，所以實作上也大多會使用命令模式（*Command*）來完成。

但是，一個中小型規模的多人連線遊戲，Server 與 Client 之間的請求命令可能多達數百至上千，若每一個請求命令都需產生類別的話，那麼就真的會發生「類別過多」的問題。為了避免這樣的問題發生，可以改用下列的方式來實作：

1. 使用「註冊回呼函式(Callback Function)」：一樣將所有的命令以管理容器組織起來，並針對每一個命令，註冊一個回呼函式(Callback Function)，並將「功能執行者」(`Receiver`)改為一個「函式/方法」，而非類別物件。最後，將多個相同功能的回呼函式(Callback Function)以一個類別封裝在一起。
2. 使用泛型程式設計：將命令介面(ICommand)以泛型方式來設計，將「功能執行者」(`Receiver`)定義為泛型類別，命令執行時呼叫泛型類別中的「固定方法」。但以這種方式實作時，限制會比較大：

    a. 必須限定每個命令可以封裝的參數數量，而且封裝參數的名稱比較不直覺，也就是將參數以 `Parm1`、`Param2` 的方式命名。

19-21

b. 因為固定呼叫「功能執行者」(Receiver)中的某一個方法，所以方法名稱會固定，比較不容易與實際功能聯想。

話雖如此，但如果系統中的每個命令都很單純時，使用泛型程式設計可以省去重複定義類別或回呼函式(Callback Function)的麻煩。

19.4 命令模式（*Command*）面對新的變化時

當「請求」可以被封裝物件化之後，那麼對於可產生「請求」的地點，靈活度就比較大：

企劃：「小程啊，是這樣子的，最近測試人員反應，他們在進行**極限值測試**時，總不是很方便。因為要將每個兵營的等級提升到最高級，需要花點時間。他們是想，我們能不能提供一個可以快速、馬上就能產生玩家角色的功能」

程式：「可以啊，那麼我另外提供一個測試介面，這個介面上可以指定要產的單位兵種、等級、武器等資訊，按下指令後，就可以馬上在戰場上產生角色」，於是小程新增了一個測試介面(TestToolUI)：

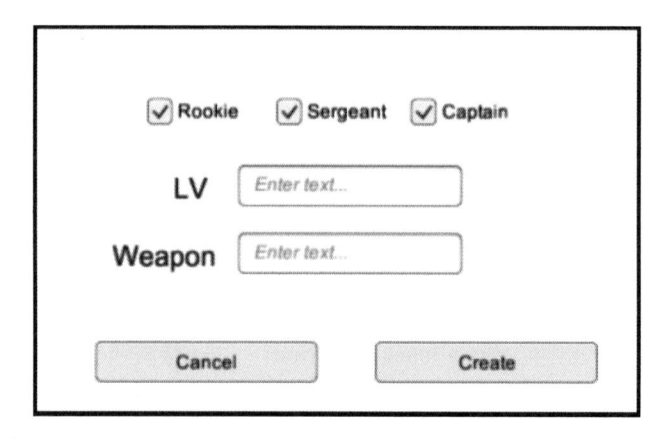

在介面的「產生單位按鈕 Create」的監聽測試中，取得介面的設定值之後，直接產生 Soldier 訓練命令，並且立即執行：

```
private void OnAddSoldier() {
    ENUM_Weapon emWeapon = GetWeaponType();        // 武器等級
    int Lv = GetLv();                              // 兵營等級
    Vector3 Position = GetPosition();       // 訓練完成後的集合點
    ENUM_Soldier emSoldier = GetSoldierType();     // 兵種
```

```
// 產生一個訓練命令
TrainSoldierCommand NewCommand = new TrainSoldierCommand(
                    emSoldier, emWeapon, Lv, Position);

// 馬上執行
NewCommand.Execute();
}
```

因為「P級陣地」已經將「訓練角色命令」物件化了。因此，只要將所需要的參數，在命令產生時都能正確設定的話，那麼，在任何功能需求點，都能快速產生訓練命令並執行。另外，因為不必指定命令功能執行的對象，所以當系統因需求改變而需要更換功能執行的類別時，不需要修改所有命令產生的地點，因為這一部份已經被命令類別 (ITrainCommand) 給隔離了。

19.5 結論

命令模式（Command）的優點是，將請求命令封裝為物件後，對於命令的執行，可加上額外的操作及參數化。但因為命令模式（Command）的應用廣泛，在分析時需要針對系統需求加以分析，以避免產生過多的命令類別。

其它應用方式

實作網路連型遊戲時，對於 Client/Server 間的封包傳遞，也大多會使用命令模式（Command）來實作。但對於封包命令的管理，可能不會實作復原操作，一般比較著重在執行及記錄上。而「記錄」則是網路連型遊戲的另一個重點，透過記錄，可以分析玩家與遊戲服務器之間的互動，可以了解玩家在操作遊戲時的行為，另外也有防駭預警的作用。

設計模式與**遊戲開發**
　的完美結合

第 20 章

關卡設計
— *Chain of Responsibility*
責任鏈模式

20.1 關卡設計

經過上一章的功能實作之後,現在可以透過兵營介面(CampInfoUI)來產生玩家角色,並迎戰來襲的敵方角色。在「第 14 章:遊戲角色的產生」時曾介紹,敵方角色也是從角色工廠(ICharacterFactory)中產生,但是,玩家角色是由玩家自行決定產生的時間,而這些要佔領玩家陣地的敵方角色,又是由誰負責下達產生的命令呢?在「P 級陣地」中,是由關卡系統(StageSystem)負責這些工作。

「P 級陣地」對於關卡功能的需求是這樣子的:

1. 每次關卡開始時,會同時出現 n 隻敵方角色,這 n 隻角色會不斷地往玩家陣地移動。
2. 敵方角色到達陣地中央 3 次以上時,遊戲結束,而玩家的最高闖關記錄為目前這一個關卡。
3. 從兵營訓練的玩家角色會守護陣地,如果將敵方角色全部被擊殺,代表通過這一關,遊戲進入下一關。
4. 每一個關卡都設有通關分數,若未達關卡設定的分數,則重複這一關。
5. 重複 1~4 的流程,直到玩家無法成功守護陣地(即滿足 2 的規則)為止。

設計模式與遊戲開發的完美結合

分析上述功能需求後,「P級陣地」的關卡系統(StageSystem)需要完成下列相關實作:

1. 指定每一關出現敵方陣營角色的數量及等級。
2. 每一關需設定通關條件,條件滿足後即開啟下一關。
3. 每一關也必須知道要開啟的下一關。
4. 如果陣地中央被佔領次數超過3次,遊戲結束。

關卡系統(StageSystem)實作時,將它列為遊戲系統(IGameSystem)之一,因此和其它子系統一樣繼承自 IGameSystem 介面並實作,另外也在 PBaseDefenseGame 類別中產生物件,做為類別成員之一:

Listing 20-1 關卡控制系統(StageSystem.cs)

```csharp
public class StageSystem : IGameSystem
{
    public const int MAX_HEART = 3;
    private int m_NowHeart = MAX_HEART;        // 目前玩家陣地情況

    private int m_NowStageLv = 1;              // 目前的關卡
    private int m_EnemyKilledCount= 0;         // 目前敵方單位陣亡數

    public StageSystem(PBaseDefenseGame PBDGame):base(PBDGame) {
        Initialize();
    }

    // 初始
    public override void Initialize() {
        // 設定關卡
        InitializeStageData();
        // 指定第一個關卡
        m_NowStageLv = 1;
    }

    // 釋放
    public override void Release () {
        base.Release ();
        m_SpawnPosition.Clear();
        m_SpawnPosition = null;
        m_NowHeart = MAX_HEART;
        m_EnemyKilledCount = 0;
    }

    // 更新
    public override void Update() {
        ...
```

```csharp
    }

    // 通知損失
    public void LoseHeart() {
        m_NowHeart--;
        m_PBDGame.ShowHeart( m_NowHeart );
    }

    // 增加目前擊殺數
    public void AddEnemyKilledCount(){
        m_EnemyKilledCount++;
    }

    // 設定目前擊殺數
    public void SetEnemyKilledCount( int KilledCount) {
        //Debug.Log("StageSysem.SetEnemyKilledCount:"+KilledCount);
        m_EnemyKilledCount= KilledCount;
    }

    // 取得目前擊殺數
    public int GetEnemyKilledCount() {
        return m_EnemyKilledCount;
    }
    ...
}
```

關卡系統(StargeSystem)成員包含了目前玩家陣營被攻擊的情況(m_NowHeart)、目前擊殺敵方陣營的角色數(m_EnemyKilledCount)及目前進行的關卡(m_NowStageLv)，並且提供相關的方法來操作相關成員。

如果在關卡系統(StargeSystem)的定期更新(Update)方法中，以成員 m_NowStage 做為關卡前進的依據，那麼可能會以下面的方式來實作：

Listing 20-2　關卡控制系統

```csharp
public class StageSystem : IGameSystem
{
    private int m_NowStageLv = 1;                        // 目前的關卡
    private List<Vector3> m_SpawnPosition = null;        // 出生點
    private Vector3 m_AttackPos = Vector3.zero;          // 攻擊點
    private bool m_bCreateStage = false;                 // 是否需要建立關卡

    // 定期更新
    public override void Update() {
        // 是否要開啟新關卡
        if(m_bCreateStage)
        {
            CreateStage();
```

```csharp
            m_bCreateStage =false;
        }

        // 是否要切換下一個關卡
        if(m_PBDGame.GetEnemyCount() ==  0 )
        {
            if( CheckNextStage() )
                m_NowStageLv++ ;
            m_bCreateStage = true;
        }
    }

    // 建立關卡
    private void CreateStage() {
        // 一次產生一個單位
        ICharacterFactory Factory = PBDFactory.GetCharacterFactory();
        Vector3 AttackPosition = GetAttackPosition();
        switch( m_NowStageLv )
        {
            case 1:
                Debug.Log("建立第1關");
                Factory.CreateEnemy( ENUM_Enemy.Elf ,ENUM_Weapon.Gun,
                                GetSpawnPosition(), AttackPosition);
                Factory.CreateEnemy( ENUM_Enemy.Elf ,ENUM_Weapon.Gun,
                                GetSpawnPosition(), AttackPosition);
                Factory.CreateEnemy( ENUM_Enemy.Elf ,ENUM_Weapon.Gun,
                                GetSpawnPosition(), AttackPosition);
                break;
            case 2:
                Debug.Log("建立第2關");
                Factory.CreateEnemy( ENUM_Enemy.Elf ,ENUM_Weapon.Gun,
                                GetSpawnPosition(), AttackPosition);
                Factory.CreateEnemy( ENUM_Enemy.Elf,ENUM_Weapon.Rifle,
                                GetSpawnPosition(), AttackPosition);
                Factory.CreateEnemy( ENUM_Enemy.Troll,ENUM_Weapon.Gun,
                                GetSpawnPosition(), AttackPosition);
                break;
            case 3:
                Debug.Log("建立第3關");
                Factory.CreateEnemy( ENUM_Enemy.Elf ,ENUM_Weapon.Gun,
                                GetSpawnPosition(), AttackPosition);
                Factory.CreateEnemy( ENUM_Enemy.Troll,ENUM_Weapon.Gun,
                                GetSpawnPosition(), AttackPosition);
                Factory.CreateEnemy( ENUM_Enemy.Troll,
                                ENUM_Weapon.Rifle,
                                GetSpawnPosition(),
                                AttackPosition);
                break;
        }
    }

    // 確認是否要切換到下一個關卡
```

```
private bool CheckNextStage() {
    switch( m_NowStageLv )
    {
        case 1:
            if( GetEnemyKilledCount() >=3)
                return true;
            break;
        case 2:
            if( GetEnemyKilledCount() >=6)
                return true;
            break;
        case 3:
            if( GetEnemyKilledCount() >=9)
                return true;
            break;
    }
    return false;
}

// 取得出生點
private Vector3 GetSpawnPosition() {
    if( m_SpawnPosition == null)
    {
        m_SpawnPosition = new List<Vector3>();
        for(int i=1;i<=3;++i)
        {
            string name = string.Format("EnemySpawnPosition{0}",i);
            GameObject tempObj = UnityTool.FindGameObject( name );
            if( tempObj==null )
                continue;
            tempObj.SetActive(false);
            m_SpawnPosition.Add( tempObj.transform.position );
        }
    }

    // 隨機傳回
    int index =
            UnityEngine.Random.Range(0,m_SpawnPosition.Count-1);
    return m_SpawnPosition[index];
}

// 取得攻擊點
private Vector3 GetAttackPosition() {
    if( m_AttackPos == Vector3.zero)
    {
        GameObject tempObj =  UnityTool.FindGameObject(
                                    "EnemyAttackPosition");
        if( tempObj==null)
            return Vector3.zero;
        tempObj.SetActive(false);
        m_AttackPos = tempObj.transform.position;
    }
    return m_AttackPos;
```

            }
        ...
    }

定期更新 Update 方法中,判斷目前是否需要產生新的關卡,需要的話就先呼叫建立關卡 CreateStage 方法。而關卡是否結束,則是直接判斷目前敵方陣營的角色數量,如果為 0,代表關卡結束可以進入下一個關卡。確認開始下一個關卡 CheckNextStage 方法中,會先判斷目前得分來判斷是否可以進入下一個關卡。

仔細分析兩個與關卡建立有關的方法:CreateStage、CheckNextStage,當中都依照目前關卡(m_NowStageLv)的值,來決定接下來要建立哪些敵方角色以及是否切換到下一個關卡。上述的程式碼只建立了 3 個關卡而已,但「P 級陣地」的目標是希望能設定數十個以上的關卡讓玩家挑戰,所以若以上述的寫法來設計的話,程式碼將變得非常冗長,而且彈性不足,無法讓企劃人員快速設定及調整,所以我們需要使用新的設計來重新寫過。

重構的目標是,希望能將關卡資料使用類別加以封裝。而封裝的資訊包含:1.要出場的敵方角色的設定、2.通關條件、3.下一關的記錄等。也就是讓每一關都是一個物件並加以管理。而關卡系統則是在這群物件中找尋「條件符合」的關卡,讓玩家進入挑戰。等到關卡完成後,再進入到下一個條件符合的關卡。

試著尋找 GoF 設計模式中可以使用的模式,責任鏈模式(*Chain of Responsibility*)可以提供重構時的依據。

20.2 責任鏈模式(*Chain of Responsibility*)

當有問題需要解決,而且可以解決問題的人還不只一個時,就有很多方式可以取得想要的答案。例如可以將問題同時丟給可以解決問題的人請他們都回答,但這個方式比較浪費資源,也會造成重複,也有可能回答的人有等級之分,不適合太簡單及太複雜的問題。另一個方式就是將可以回答問題的人,依照等級或專業一個個串接起來。責任鏈模式(*Chain of Responsibility*)就是提供了一個可以將這些回答問題的人,一個個連結起來的設計方法。

20.2.1 責任鏈模式（*Chain of Responsibility*）的定義

GoF 對責任鏈模式（*Chain of Responsibility*）的定義是：

「讓一群物件都有機會來處理一項請求，以減少請求發送者與接收者之間的耦合度。將所有的接收者物件串接起來，讓請求沿著串接傳遞，直到有一個物件可以處理為止」

以下，筆者先以現實生活的親身經歷，來說明責任鏈模式（*Chain of Responsibility*）在非軟體設計領域中的呈現：

有間非常大的電信公司，擁有非常多的部門，每個部門都負責不同的業務，也由於每個部門的業務都過於繁多，所以每個部門都有自己的客服單位。有一天，筆者一款上市營運中的遊戲，接到玩家的回報說，遊戲出現無法正常連線的問題。經查明之後發現，這些玩家的電腦無法將遊戲使用的網域名稱(Domain Name)轉換成 IP 位址(IP Address)，恰好，這個問題也發生在筆者家中使用的電腦上。所以我先利用指令，確認遊戲網域名稱轉換成 IP 位址時的情況，一查之後發現，轉換後的 IP 位址會不定時地在兩個 IP 之間切換，而我當時電腦的 DNS 伺服器(DNS:Domain Name Server)是設定為那一家電信公司提供的 DNS。但我當時服務的公司的 IT 部門人員皆已下班，無法取得公司 DNS 更新的情況，又急著要解決問題，所以當下的反應，就是想直接打去那家電信公司詢問：「為什麼由你們 DNS 返回的網址，會不定時在兩個 IP 之間切換」。

那麼我該詢問哪個單位呢？當下我也不很清楚，所以就直接拿起電話撥打該電信公司的「通用客服專線」。接通後，我將遇到的問題很清楚地說明一次。但很不幸，那位客服人員不好意思地說了聲抱歉，因為他們負責的是「電信業務」不是「網路業務」，所以「電信業務客服」就將我的電話轉給了「網路業務客服」。

「網路業務客服」人員接通後，我一樣將問題重新說明一次(所以很明顯地，他們的客服間為了快速移轉服務，不會將客戶遇到的問題一起移動，當然也可能是因為問題太複雜)，而網路業務客服人員，似乎是第一次遇到這樣的問題，於是讓我掛線等了一下。當網路業務客服人員重新接回時卻表示，他們部門也無法解決，所以再將我的電話移轉到「網路機房客服」。

同樣地，在與「網路機房客服」人員接通後，我再將問題重新說明一次。而這次的客服人員，總算可以了解我的問題，並且再詢問幾個問題之後，留下我的連絡方式並說明，待他們查明後會通知我。我在隔天早上收到了 Mail 通知，瞭解了問題發生的真正原因，進而解決了玩家無法正常連線的問題。

若套用責任鏈模式（*Chain of Responsibility*）來說明的話，可以這樣類比：「為什由你們的 DNS 返回的網址，會不定時在兩個 IP 之間切換」是這次事件中的「請求」，客戶(也就是我)就是「請求的發送者」，而那家電信公司的電信業務客服、網路業務客服、網路機房客服，都是「接收者物件」，他們之間使用電話分機的方式將彼此串連。當客戶的「請求」無法在第一個部門(電信業務客服)被解決時，客戶的「請求」就透過他們內部串連(分機)的方式，轉到下一個可能可以解決問題的部門，第二個部門無法解決時再轉往下一個，直到「網路機房客服」解決了問題為止。

對於客戶而言，當時對應的只有一個所謂的「客服人員」角色，而這個「客服人員」是屬於電信公司的哪一個部門並不重要，客戶(也就是我)還是使用跟一般「客服人員」的對話方式，而對方也使用標準「客服流程」來應答。而這也是定義中所說的：「減少請求發送者與接收者之間的耦合度」，「客服人員」都使用一般的應答方式(電話溝通)，不需要因為不同的部門，而有不同的溝通工具或互動方式。

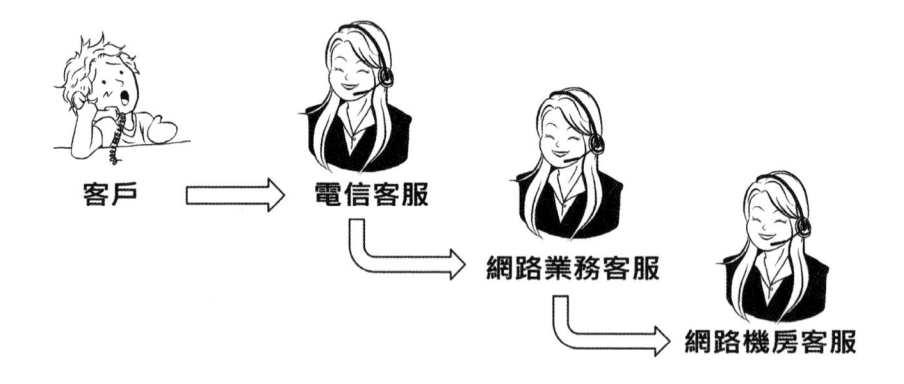

圖 20-1 種花電信客服示意圖

所以，從上述舉例中可以了解的是，責任鏈模式（*Chain of Responsibility*）描述的就是，將一群能夠解決問題的部門(物件)，使用電話分機通話後，一同來解決客戶(請求發送者)的模式。而當中還要讓客戶(請求發送者)減少介面轉換的負擔(減少耦合度)，也就是都是使用電話溝通，不必中途移轉去使用電腦或其它溝通工具。

因此，讓我們從現實的個案回到軟體的開發上，在套用責任鏈模式（*Chain of Responsibility*）解決問題時，只要將下列的幾個重點提列出來分別實作，即可達成模式的基本要求：

Chapter 20　關卡設計 — Chain of Responsibility 責任鏈模式

- 可以解決請求的接收者物件：這些類別物件能夠了解「請求」訊息的內容,並判斷本身能否解決。
- 接收者物件間的串接：利用一個串接機制,將每一個可能可以解決問題的接收者物件給串接起來。對於被串接的接收者物件來說,當本身無法解決這個問題時,就利用這個串接機制,讓請求能不斷地傳遞下去;或使用其它管理方式,讓接收者物件得以連結。
- 請求自動轉移傳遞：發出請求後,請求會自動往下轉移傳遞,過程之中,發送者不需特別轉換介面。

20.2.2 責任鏈模式（Chain of Responsibility）的說明

將責任鏈模式（Chain of Responsibility）的各項重點結構化之後,可用下圖來表示：

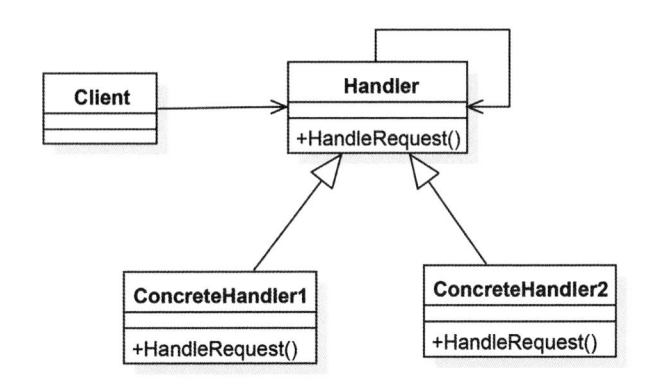

GoF 參與者的說明如下：

- `Handler`(請求接收者介面)

    ◎ 定義可以處理客戶端請求事項的介面；

    ◎ 可包含「可連接下一個同樣能處理請求」的物件參考。

- `ConcreteHandler1`、`ConcreteHandler2`(實作請求接收者介面)

    ◎ 實作請求處理介面,並判斷物件本身是否能處理這次的請求；

    ◎ 不能完成請求的話,交由後繼者(下一個)來處理。

- `Client`(請求發送者)

    ◎ 將請求發送給第一個接收者物件,並等待請求的回覆。

20-9

20.2.3 責任鏈模式（Chain of Responsibility）的實作範例

從 GoF 定義的基本架構實作來看，我們首先必須定義 Handler(請求接收者介面)：

Listing 20-3　處理訊息的介面 (ChainofResponsibility.cs)

```
public abstract class Handler
{
    protected Handler m_NextHandler = null;

    public Handler( Handler theNextHandler ) {
        m_NextHandler = theNextHandler;
    }

    public virtual void HandleRequest(int Cost) {
        if(m_NextHandler!=null)
            m_NextHandler.HandleRequest(Cost);
    }
}
```

類別的建構方法說明了，當物件被建立的時，就要提供一個可以連接到下一個請求接收者(Handler)的物件參考。而處理請求方法(HandleRequest)被宣告為虛擬函式，讓是否傳遞給後繼者的任務，交由子類別重新定義，父類別不針對傳入的參數作判斷，只是直接傳給下一個物件。

接下來，定義三個子類別來實作 Handler 介面，分別用來處理傳入參數(Cost)所需要的判斷實作：

Listing 20-4　實作訊息處理類別（ChainofResponsibility.cs）

```
// 處理所負責的訊息 1
public class ConcreteHandler1 : Handler
{
    private int m_CostCheck = 10;
    public ConcreteHandler1( Handler theNextHandler ) :
                                        base( theNextHandler )
    {}

    public override void HandleRequest(int Cost) {
        if( Cost <= m_CostCheck)
            Debug.Log("ConcreteHandler1.HandleRequest 核淮");
        else
            base.HandleRequest(Cost);
    }
}

// 處理所負責的訊息 2
```

```csharp
public class ConcreteHandler2 : Handler
{
    private int m_CostCheck = 20;

    public ConcreteHandler2( Handler theNextHandler ) :
                                            base( theNextHandler )
    { }

    public override void HandleRequest(int Cost) {
        if( Cost <= m_CostCheck)
            Debug.Log("ConcreteHandler2.HandleRequest 核准");
        else
            base.HandleRequest(Cost);
    }
}

// 處理所負責的訊息 3
public class ConcreteHandler3 : Handler
{
    public ConcreteHandler3( Handler theNextHandler ) :
                                            base( theNextHandler )
    { }

    public override void HandleRequest(int Cost) {
        Debug.Log("ConcreteHandler3.HandleRequest 核准");
    }
}
```

這個範例所要呈現的是，對於傳入參數 Cost 的「核准權限」確認，而這三個類別就是「可以解決請求的接收者物件」，使用父類別中的成員 m_NextHandler，來將它們串接起來。每一個類別負責一定金額的核准權限，如果傳入的 Cost 超過自已能夠核准的權限，就將請求傳給下一個物件，請下一個物件來核准，直到有某個物件完成核准為止。

測試程式中，先將三個子類別物件分別產生並串接，所以測試程式擔任的就是 Client 端，最後再將不同的 Cost 參數帶入：

Listing 20-5　測式責任鏈模式 (ChainofResponsibilityTest.cs)

```csharp
void UnitTest () {
    // 建立 Cost 驗證的連接方式
    ConcreteHandler3 theHandle3 = new ConcreteHandler3(null);
    ConcreteHandler2 theHandle2 = new ConcreteHandler2(theHandle3);
    ConcreteHandler1 theHandle1 = new ConcreteHandler1(theHandle2);

    // 確認
    theHandle1.HandleRequest(10);
    theHandle1.HandleRequest(15);
    theHandle1.HandleRequest(20);
```

```
            theHandle1.HandleRequest(30);
            theHandle1.HandleRequest(100);
        }
```

執行結果 顯示出每一樣金額負責核准的物件訊息

```
ConcreteHandler1.HandleRequest 核准
ConcreteHandler2.HandleRequest 核准
ConcreteHandler2.HandleRequest 核准
ConcreteHandler3.HandleRequest 核准
ConcreteHandler3.HandleRequest 核准
```

20.3 使用責任鏈模式（*Chain of Responsibility*）來實作關卡系統

遊戲中的關卡都是一關一關的串接，完成了這一關之後就進入下一關，所以在實作上使用責任鏈模式（*Chain of Responsibility*）來串接每一個關卡是非常合適的。但是對於每一個關卡的通關判斷規則，則要依照各遊戲的需求來設計，可能就不是如同前一節的範例那樣，可以使用一個數值來做為開啟下一個關卡的條件。

20.3.1 關卡系統的設計

對於「P級陣地」關卡系統(StageSystem)的修改需求上，關卡可能需要的資訊包含：1.要出場的敵方角色設定、2.通關條件、3.連接下一關卡物件的參考，封裝成一個「接收者類別」，並增加能夠判斷通關與否的方法，做為是否前進到下一關的判斷依據。

每個關卡物件都會判斷「目前的遊戲狀態」是否符合關卡的「通關條件」：

- 如果符合通關條件，則將關卡通關與否的判斷交由下一個關卡物件判斷，直到有一個關卡物件負責接下來的「關卡開啟」工作。

- 如果不符合，則將「目前關卡」維持在這一個關卡物件上，繼續讓現在的關卡物件負責「關卡開啟」工作。

Chapter 20　關卡設計 — Chain of Responsibility 責任鏈模式

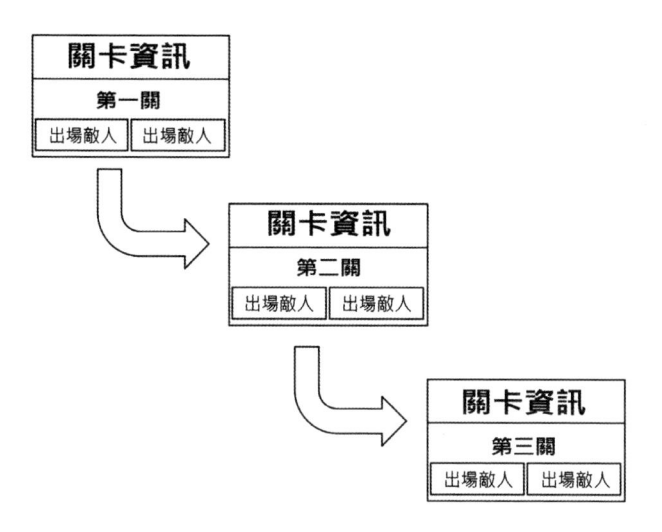

圖 20-2　關卡串接的圖解

套用責任鏈模式（*Chain of Responsibility*）後的關卡系統結構如下：

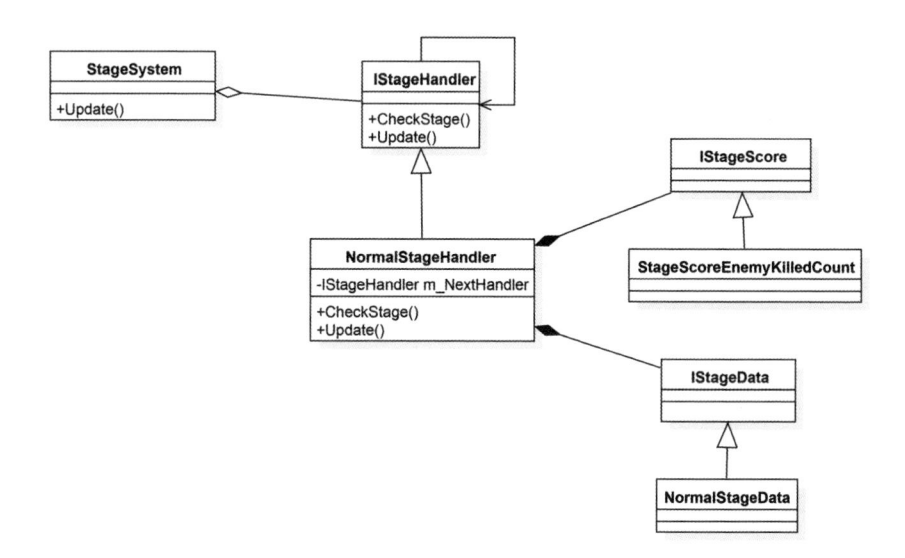

參與者的說明如下：

- IStageHandler

    定義可以處理「過關判斷」及「關卡開啟」的介面，也包含指向下一個關卡物件的參考。

20-13

- NormalStageHandler

  實作關卡介面,負責「一般」關卡的開啟及過關條件判斷。

- IStageScore

  定義判斷通關與否的操作介面。

- StageScoreEnemyKilledCount

  使用目前的「擊殺敵方角色數」,做為通關與否的判斷。

- IStageData

  定義關卡內容的操作介面,在「P級陣地」中,關卡內容指的是:

  ◎ 這一關會出現攻擊玩家陣營的敵方角色資料設定;

  ◎ 關卡開啟;

  ◎ 關卡是否結束的判斷。

- NormalStageData

  實作「一般」關卡內容,實際將敵方角色產出並放入戰場上攻擊玩家陣營,以及實作判斷關卡是否結束的方法。

此外,IStageScore 及 IStageData 這兩個類別也是應用策略模式(*Strategy*)的類別,讓關卡系統在「過關判斷」及「產生敵方單位」這兩個設計需求上,能更具靈活性,不限制只有一種玩法。

20.3.2 實作說明

關卡介面 IStageHandler 中定義了關卡操作的方法:

Listing 20-6 關卡介面(**IStageHandler.cs**)

```
public abstract class IStageHandler
{
    protected IStageData m_StatgeData = null;      // 關卡的內容(敵方角色)
    protected IstageScore m_StageScore = null;     // 關卡的分數(通關條件)
    protected IstageHandler m_NextHandler = null;  // 下一個關卡

    // 設定下一個關卡
    public IStageHandler SetNextHandler(IStageHandler NextHandler) {
```

Chapter 20　關卡設計 — Chain of Responsibility 責任鏈模式

```
        m_NextHandler = NextHandler;
        return m_NextHandler;
    }

    public abstract IStageHandler CheckStage();
    public abstract void Update();
    public abstract void Reset();
    public abstract bool IsFinished();
}
```

其中，CheckStage 用來判斷目前遊戲所處的關卡是那一個，所以會回傳一個 IStageHandler 參考給關卡系統(StageSystem)，目前「P級陣地」先實作了「一般關卡」的功能：

Listing 20-7　一般關卡(NormalStageHandler.cs)

```
public class NormalStageHandler : IStageHandler
{
    // 設定分數及關卡資料
    public NormalStageHandler( IStageScore StateScore,
                               IStageData StageData ) {
        m_StageScore = StateScore;
        m_StatgeData = StageData;
    }

    // 設定下一個關卡
    public IStageHandler SetNextHandler(IStageHandler NextHandler) {
        m_NextHandler = NextHandler;
        return m_NextHandler;
    }

    // 確認關卡
    public override IStageHandler CheckStage() {
        // 分數是否足夠
        if( m_StageScore.CheckScore()==false)
            return this;

        // 已經是最後一關了
        if(m_NextHandler==null)
            return this;

        // 確認下一個關卡
        return m_NextHandler.CheckStage();
    }

    public override void Update() {
        m_StatgeData.Update();
    }

    public override void Reset() {
```

20-15

```
            m_StatgeData.Reset();
        }

        public override bool IsFinished() {
            return m_StatgeData.IsFinished();
        }
    }
```

在關卡初始時(NormalStageHandler)，會將關卡所使用的「過關條件」及「關卡內容」設定給關卡物件，並且利用 SetNextHandler 來設定連接的下一個關卡。在確認關卡 CheckStage 方法中，判斷目前遊戲狀態是否符合關卡過關的條件判斷。如果已滿足，代表可前往下一個關卡，該方法最後會回傳遊戲目前可使用的關卡物件給關卡系統。

目前的關卡判定，是以「擊殺敵方角色數」為通關的條件判斷：

Listing 20-8　關卡分數確認(IStageScore.cs)

```
public abstract class IStageScore
{
    public abstract bool CheckScore();
}
```

Listing 20-9　關卡分數確認：敵人陣亡數(StageScoreEnemyKilledCount)

```
public class StageScoreEnemyKilledCount :   IStageScore
{
    private int m_EnemyKilledCount = 0;
    private StageSystem m_StageSystem = null;

    public StageScoreEnemyKilledCount(int KilledCount,
                                      StageSystem theStageSystem) {
        m_EnemyKilledCount = KilledCount;
        m_StageSystem = theStageSystem;
    }

    // 確認關卡分數是否達成
    public override bool CheckScore() {
        return ( m_StageSystem.GetEnemyKilledCount() >=
                                          m_EnemyKilledCount);
    }
}
```

此外，一般關卡(NormalStageHandler)類別內，有個「關卡內容(IStageData)」物件需要被定期更新：

20-16

Chapter 20　關卡設計 — Chain of Responsibility 責任鏈模式

```
public class NormalStageHandler : IStageHandler
{
    protected IStageData m_StatgeData  = null;// 關卡的內容(敵方角色)
    ...
    public override void Update() {
        m_StatgeData.Update();
    }
    ...
}
```

至於關卡內容(IStageData)類別主要負責的則是，將關卡的「內容」呈現給玩家：

Listing 20-10　關卡內容介面(IStageData.cs)

```
public abstract class IStageData
{
    public abstract void Update();
    public abstract bool IsFinished();
    public abstract void Reset();
}
```

什麼是「關卡內容」，一般指的就是玩家要挑戰的項目，這些項目可能是出現 3 支敵方角色，讓玩家擊退；也可能是出現三個道具讓玩家可以去搜尋取得；或是設計特殊任務關卡讓玩家去達成。而這些設定內容都會放進 IStageData 的子類別中，並且透過 Game Loop 更新機制，讓關卡內容可以順利產生給玩家挑戰。以下是目前實作的一般關卡內容(NormalStageData)：

Listing 20-11　一般關卡內容(NormalStageData.cs)

```
public class NormalStageData : IStageData
{
    private float m_CoolDown = 0;              // 產生角色的間隔時間
    private float m_MaxCoolDown = 0;
    private Vector3 m_SpawnPosition = Vector3.zero;  // 出生點
    private Vector3 m_AttackPosition = Vector3.zero; // 攻擊目標
    private bool m_AllEnemyBorn = false;
    // 關卡內要產生的敵人單位
    private List<StageData> m_StageData = new List<StageData>();

    //一般關卡要產生的敵人單位
    class StageData
    {
        public ENUM_Enemy emEnemy = ENUM_Enemy.Null;
        public ENUM_Weapon emWeapon = ENUM_Weapon.Null;
```

20-17

```csharp
        public bool bBorn = false;
        public StageData( ENUM_Enemy emEnemy, ENUM_Weapon emWeapon ) {
            this.emEnemy = emEnemy;
            this.emWeapon= emWeapon;
        }
    }

    // 設定多久產生一個敵方單位
    public NormalStageData( float CoolDown ,Vector3 SpawnPosition,
                            Vector3 AttackPosition) {
        m_MaxCoolDown = CoolDown;
        m_CoolDown = m_MaxCoolDown;
        m_SpawnPosition = SpawnPosition;
        m_AttackPosition = AttackPosition;
    }

    // 增加關卡的敵方單位
    public void AddStageData( ENUM_Enemy emEnemy,
                              ENUM_Weapon emWeapon,int Count) {
        for(int i=0;i<Count;++i)
            m_StageData.Add ( new StageData(emEnemy, emWeapon));
    }

    // 重置
    public override void Reset() {
        foreach( StageData pData in m_StageData)
            pData.bBorn = false;
        m_AllEnemyBorn = false;
    }

    // 更新
    public override void Update() {
        if( m_StageData.Count == 0)
            return ;

        // 是否可以產生
        m_CoolDown -= Time.deltaTime;
        if( m_CoolDown > 0)
            return ;
        m_CoolDown = m_MaxCoolDown;

        // 取得上場的角色
        StageData theNewEnemy = GetEnemy();
        if(theNewEnemy == null)
            return;

        // 一次產生一個單位
        ICharacterFactory Factory = PBDFactory.GetCharacterFactory();
        Factory.CreateEnemy(theNewEnemy.emEnemy,
                            theNewEnemy.emWeapon,
                            m_SpawnPosition, m_AttackPosition);
    }
```

```csharp
    // 取得還沒產生的關卡
    private StageData GetEnemy() {
        foreach( StageData pData in m_StageData)
        {
            if(pData.bBorn == false)
            {
                pData.bBorn = true;
                return pData;
            }
        }
        m_AllEnemyBorn = true;
        return null;
    }

    // 是否完成
    public override bool IsFinished() {
        return m_AllEnemyBorn;
    }
}
```

以目前實作的一般關卡內容(NormalStageData)來看，類別內定義了數個與派送敵方角色上場有關的設定參數：

```csharp
    private float m_CoolDown = 0;              // 產生角色的間隔時間
    private float m_MaxCoolDown = 0;
    private Vector3 m_SpawnPosition = Vector3.zero;   // 出生點
    private Vector3 m_AttackPosition = Vector3.zero;  // 攻擊目標
    private bool m_AllEnemyBorn = false;
    // 關卡內要產生的敵人單位
    private List<StageData> m_StageData = new List<StageData>();
```

而要上場的角色資料，則是利用 AddStageData 方法來設定。

```csharp
    // 增加關卡的敵方單位
    public void AddStageData( ENUM_Enemy emEnemy,
                              ENUM_Weapon emWeapon,int Count) {
        for(int i=0;i<Count;++i)
            m_StageData.Add ( new StageData(emEnemy, emWeapon));
    }
```

此外，還有一些其它資訊會在更新方法(Update)中被使用到：

```csharp
    // 更新
    public override void Update() {
```

```csharp
        if( m_StageData.Count == 0)
            return ;

        // 是否可以產生
        m_CoolDown -= Time.deltaTime;
        if( m_CoolDown > 0)
            return ;
        m_CoolDown = m_MaxCoolDown;

        // 取得上場的角色
        StageData theNewEnemy = GetEnemy();
        if(theNewEnemy == null)
            return;

        // 一次產生一個單位
        ICharacterFactory Factory = 
                            PBDFactory.GetCharacterFactory();
        Factory.CreateEnemy( theNewEnemy.emEnemy,
                             theNewEnemy.emWeapon,
                             m_SpawnPosition, m_AttackPosition);
    }
```

當敵方角色可產生時，就透過呼叫角色工廠(CharacterFactory)的方法，將物件產出並放入戰場中。

關卡系統(StageSystem)也配合新的關卡類別進行修正，如下：

Listing 20-12　關卡控制系統(StageSystem.cs)

```csharp
public class StageSystem : IGameSystem
{
    public const int MAX_HEART = 3;
    private int m_NowHeart = MAX_HEART;         // 目前玩家陣地情況
    private int m_EnemyKilledCount = 0;         // 目前敵方單位陣亡數
    private int m_NowStageLv= 1;                // 目前的關卡
    private IStageHandler m_NowStageHandler = null;
    private IStageHandler m_RootStageHandler = null;
    private List<Vector3> m_SpawnPosition = null;   // 出生點
    private Vector3 m_AttackPos = Vector3.zero;     // 攻擊點
    private bool m_bCreateStage = false;            // 是否需要建立關卡

    public StageSystem(PBaseDefenseGame PBDGame):base(PBDGame) {
        Initialize();
```

```csharp
}

//
public override void Initialize() {
    // 設定關卡
    InitializeStageData();
    // 指定第一個關卡
    m_NowStageHandler = m_RootStageHandler;
    m_NowStageLv = 1;
}

//
public override void Release () {
    base.Release ();
    m_SpawnPosition.Clear();
    m_SpawnPosition = null;
    m_NowHeart = MAX_HEART;
    m_EnemyKilledCount = 0;
    m_AttackPos = Vector3.zero;
}

// 更新
public override void Update() {
    // 更新目前的關卡
    m_NowStageHandler.Update();

    // 是否要切換下一個關卡
    if(m_PBDGame.GetEnemyCount() ==  0 )
    {
        // 是否結束
        if( m_NowStageHandler.IsFinished()==false)
            return ;

        // 取得下一關
        IStageHandler NewStageData=m_NowStageHandler.CheckStage();

        // 是否為舊的關卡
        if( m_NowStageHandler == NewStageData)
            m_NowStageHandler.Reset();
        else
            m_NowStageHandler = NewStageData;

        // 通知進入下一關
        NotiyfNewStage();
    }
}

// 通知損失
public void LoseHeart() {
    m_NowHeart--;
    m_PBDGame.ShowHeart( m_NowHeart );
}
```

```
// 增加目前擊殺數
public void AddEnemyKilledCount() {
    m_EnemyKilledCount++;
}

// 設定目前擊殺數
public void SetEnemyKilledCount( int KilledCount) {
    m_EnemyKilledCount = KilledCount;
}

// 取得目前擊殺數
public int GetEnemyKilledCount() {
    return m_EnemyKilledCount;
}

// 通知新的關卡
private void NotiyfNewStage() {
    m_PBDGame.ShowGameMsg("新的關卡");
    m_NowStageLv++;

    //   顯示
    m_PBDGame.ShowNowStageLv(m_NowStageLv);

    // 通知 Soldier 升級
    m_PBDGame.UpateSoldier();

    // 事件
    m_PBDGame.NotifyGameEvent( ENUM_GameEvent.NewStage , null );
}

// 初始所有關卡
private void InitializeStageData() {
    if( m_RootStageHandler!=null)
        return ;

    // 參考點
    Vector3 AttackPosition = GetAttackPosition();

    NormalStageData StageData = null; // 關卡要產生的 Enemy
    IStageScore StageScore = null; // 關卡過關資訊
    IStageHandler NewStage = null;

    // 第1關
    StageData = new NormalStageData( 3f, GetSpawnPosition(),
                                    AttackPosition );
    StageData.AddStageData( ENUM_Enemy.Elf, ENUM_Weapon.Gun, 3);
    StageScore = new StageScoreEnemyKilledCount(3, this);
    NewStage = new NormalStageHandler(StageScore, StageData );

    // 設定為起始關卡
```

```csharp
        m_RootStageHandler = NewStage;

        // 第2關
        StageData = new NormalStageData( 3f, GetSpawnPosition(),
                                AttackPosition);
        StageData.AddStageData( ENUM_Enemy.Elf, ENUM_Weapon.Rifle,3);
        StageScore = new StageScoreEnemyKilledCount(6, this);
        NewStage = NewStage.SetNextHandler(
                new NormalStageHandler( StageScore, StageData) );

        ...

        // 第10關
        StageData = new NormalStageData( 3f, GetSpawnPosition(),
                                AttackPosition);
        StageData.AddStageData( ENUM_Enemy.Elf,
                            ENUM_Weapon.Rocket,3);
        StageData.AddStageData( ENUM_Enemy.Troll,
                            ENUM_Weapon.Rocket,3);
        StageData.AddStageData( ENUM_Enemy.Ogre,
                            ENUM_Weapon.Rocket,3);
        StageScore = new StageScoreEnemyKilledCount(30, this);
        NewStage = NewStage.SetNextHandler(
                new NormalStageHandler( StageScore, StageData) );

    }

    // 取得出生點
    private Vector3 GetSpawnPosition() {
        if( m_SpawnPosition == null)
        {
            m_SpawnPosition = new List<Vector3>();

            for(int i=1;i<=3;++i)
            {
                string name = string.Format("EnemySpawnPosition{0}",i);
                GameObject tempObj = UnityTool.FindGameObject( name );
                if( tempObj==null)
                    continue;
                tempObj.SetActive(false);
                m_SpawnPosition.Add( tempObj.transform.position );
            }
        }

        // 隨機傳回
        int index=UnityEngine.Random.Range(0,m_SpawnPosition.Count-1);
        return m_SpawnPosition[index];
    }

    // 取得攻擊點
    private Vector3 GetAttackPosition() {
        if( m_AttackPos == Vector3.zero)
```

```
        {
            GameObject tempObj = UnityTool.FindGameObject(
                                        "EnemyAttackPosition");
            if( tempObj==null)
                return Vector3.zero;
            tempObj.SetActive(false);
            m_AttackPos = tempObj.transform.position;
        }
        return m_AttackPos;
    }
}
```

修正的關鍵點在於：

1. 定期更新(Update)方法中，將切換關卡的判斷，交由一群關卡物件串接起來的串列來負責，所以需要切換關卡時，詢問關卡物件串列，就可以取得目前可以進行的關卡：

```
// 更新
public override void Update() {
    // 更新目前的關卡
    m_NowStageData.Update();

    // 是否要切換下一個關卡
    if(m_PBDGame.GetEnemyCount() == 0 )
    {
        IStageHandler NewStageData =
                        m_NowStageData.CheckStage();

        // 是否結束
        if( NewStageData.IsFinished()==false)
            return ;

        // 是否為舊的關卡
        if( m_NowStageData == NewStageData)
            m_NowStageData.Reset();
        else
            m_NowStageData = NewStageData;

        // 通知進入下一關
        NotiyfNewStage();
    }
```

20-24

Chapter 20　關卡設計 ─ Chain of Responsibility 責任鏈模式

}

2. 在初始關卡系統時，將所有關卡的資料一次設定完成，包含：關卡要出現的敵方角色等級、數量、武器等級、過關的判斷分數及連接的下一關：

```
// 初始所有關卡
private void InitializeStageData() {
    if( m_RootStageData!=null)
        return ;

    // 參考點
    Vector3 AttackPosition = GetAttackPosition();

    NormalStageData StageData = null; // 關卡要產生的Enemy
    StageScoreEnemyKilledCount StageScore = null; // 關卡過關資訊
    NormalStageHandler NormalStage = null;

    // 第1關
    StageData = new NormalStageData(3f, GetSpawnPosition(),
                                    AttackPosition );
    StageData.AddStageData( ENUM_Enemy.Elf, ENUM_Weapon.Gun, 3);
    StageScore  = new StageScoreEnemyKilledCount(3, this);
    NormalStage = new NormalStageHandler(StageScore, StageData );

    // 設定為起始關卡
    m_RootStageData = NormalStage;

    // 第2關
    StageData = new NormalStageData(3f, GetSpawnPosition(),
                                    AttackPosition);
    StageData.AddStageData(ENUM_Enemy.Elf,ENUM_Weapon.Rifle,3);
    StageScore  = new StageScoreEnemyKilledCount(6, this);
    NormalStage = NormalStage.SetNextHandler(
            new NormalStageHandler( StageScore, StageData) )
            as NormalStageHandler;

    ...
}
```

20-25

正如同在「第 16 章：遊戲數值管理功能」提到的，將數值集中在角色數值工廠(IAttrFactory)中，有助於企劃進行設定及調整。不過，更好的方式則是使用「企劃設定工具」，讓企劃人員在使用工具程式設定之後，輸出成設定文件，再由關卡系統(StageSystem)讀入。

20.3.3 使用責任鏈模式（Chain of Responsibility）的優點

將舊方法中的 CreateStage、CheckNextStage 兩個方法的內容，使用關卡物件來替代，這樣一來，原本可能出現的冗長式寫法就獲得了改善。並且將關卡內容(IStageData)、過關條件(IStageScore)類別化，可使得「P 級陣地」中關卡的型態，可以有多種型式的組合。而關卡的設計資料將來也可以搭配「企劃工具」來設定，增加關卡設計人員的調整靈活度。

20.3.4 實作責任鏈模式（Chain of Responsibility）時的注意事項

實作責任鏈模式（Chain of Responsibility）並非一成不變的，實務上，常常可依照實際的需求，來微調實作方式：

不用從頭判斷起

在 20.2.3 節的範例中，針對每一次的 Score 進行判斷時，測試程式碼都要求從接收者串列中的第一個物件開始判斷起。但「P 級陣地」在每次判斷關卡推進時，並沒有從第一個關卡開始，而是從目前的關卡物件(m_NowStageHandle)開始往下判斷。存在這種實作上的差異，其原因在於設計需求上的不同，因為「P 級陣地」的設計需求是一關一關往下推進的，並不會有回頭的情況發生。所以在判斷上，可以直接從目前的關卡物件繼續往下，不必再從第一關判斷起。但如果遊戲的關卡設計存在「退回上一關卡」的需求時，那麼就必須改寫成「從第 1 關卡開始判斷」的實作方式。

使用泛型容器來管理關卡物件

在責任鏈模式（Chain of Responsibility）中的 Handle 類別，通常都會定義一個參考指向下一個可以接收的物件。但如果接收物件間的關係像是「P 級陣地」中的關卡物件，那麼還可以有另一種設計方式——也就是將所有關卡物件以泛型容器來管理，例如：

```
// 關卡控制系統
public class StageSystem : IGameSystem
```

```
{
    private List<IStageHandler > m_StageHandlers;
    private int m_NowStageLv = 1;              // 目前的關卡
    ...
}
```

因為關卡的順序是一關接著一關,沒有其它樹狀分支的情況,所以在轉換為下一個關卡時,只要取得 List<IStageHandler> 中的下一個成員即可達成。

20.4 責任鏈模式(*Chain of Responsibility*)面對變化時

當「P級陣地」套用責任鏈模式(*Chain of Responsibility*)並將關卡相關的「資料」及「操作方法」類別化之後,只要透過繼承類別的方式就可以使關卡型態多樣化,例如:某天的專案會議上…

- 企劃:「測試了這一陣子後,我發現玩家對於相同內容的關卡型態,可能會覺得無聊,不知大家有沒有什麼好意見」

- 美術:「我認為可以增加 Boss 關卡,Boss 關卡可能與其它關卡不一樣,關卡內只會出現一隻大 Boss,雖然 Boss 的移動速度較慢,但攻擊力強、生命力高,而且只要一攻擊成功,玩家就會立即結束遊戲」

- 企劃:「這個提案不錯,但是…小程…你那邊好調整嗎?」

小程這時想了一下…已經套用了責任鏈模式(*Chain of Responsibility*)的關卡系統中的各類別的實作情況…

- 程式:「我可以試著以增加關卡類型及扣除陣營生命力的方式來調整看看,可能給我一些時間試看看」

- 企劃:「好的,如果沒有問題的話,通知一下我們,之後就列入工作事項,美術那邊也會給出 Boss 角色的需求」

小程回到電腦前,開啟專案研究了一下,發現需要將先前判定敵方角色佔領玩家陣地成功後,原本要扣除的固定生命值 1,改由關卡元件來決定要扣除多少生命力,所以關卡介面中要新增一個取得損失生命力的方法:

Listing 20-13　關卡介面

```
public abstract class IStageHandler
{
    protected IStageHandler m_NextHandler = null;  // 下一個關卡
    protected IStageData m_StatgeData = null;
    protected IstageScore m_StageScore = null;     // 關卡的分數

    // 設定下一個關卡
    public IStageHandler SetNextHandler(IStageHandler NextHandler) {
        m_NextHandler = NextHandler;
        return m_NextHandler;
    }

    public abstract IStageHandler CheckStage();
    public abstract void Update();
    public abstract void Reset();
    public abstract bool IsFinished();
    public abstract int  LoseHeart();
}
```

然後,在原有一般關卡類別(NormalStageHandler)的類別設定中,重新實作新增的方法:

Listing 20-14　一般關卡

```
public class NormalStageHandler : IStageHandler
{
    ...
    // 損失的生命值
    public override int  LoseHeart() {
        return 1;
    }
}
```

在原本的關卡系統(StageSystem)中,扣除陣營生命力的地方,也需要修正為:

Listing 20-15　關卡控制系統

```
public class StageSystem : IGameSystem
{
    // 通知損失
    public void LoseHeart() {
```

Chapter 20　關卡設計 — Chain of Responsibility 責任鏈模式

```
            m_NowHeart -= m_NowStageHandler.LoseHeart();
            m_PBDGame.ShowHeart( m_NowHeart );
    }
    ...
}
```

將這些都修正好後，就可以著手進行 Boss 關卡的實作。因為 Boss 關卡與一般關卡的差異在於：在 Boss 關卡中，只要有敵方色佔領到玩家陣營之後，就會損失所有的陣營生命力，所以只要讓 Boss 關卡在取得「損失的生命值」時，回傳最大陣營生命力(MAX_HEART)就可以了。那麼只要新增一個 BossStageHandler 類別，其它的設定及操作就與一般關卡無異，所以讓它繼承自一般關卡(NormalStageHandler)，再重新實作 LoseHeart()方法即可：

```
// Boss關卡
public class BossStageHandler : NormalStageHandler
{
    public BossStageHandler(IStageScore StateScore,
                            IStageData  StageData )
                              :base(StateScore,StageData)
    {}

    // 損失的生命值
    public override int  LoseHeart() {
        return StageSystem.MAX_HEART;
    }
}
```

最後，在關卡設定時，將 Boss 關卡安插在一般關卡之間就可以了：

```
        // 第5關
        StageData = new NormalStageData(3f, GetSpawnPosition(),
                                AttackPosition);
        StageData.AddStageData( ENUM_Enemy.Ogre,
                          ENUM_Weapon.Rocket,3);
        StageScore = new StageScoreEnemyKilledCount(13, this);
        NewStage = NewStage.SetNextHandler(
                new BossStageHandler( StageScore, StageData) );
```

20-29

20.5 結論

責任鏈模式（*Chain of Responsibility*）讓一群訊息接收者能夠一起被串連起來管理，讓訊息判斷上能有一致的操作介面，不必因為不同的接收者而必須執行「類別轉換操作」。並且讓所有的訊息接收者都有機會可以判斷是否提供服務或將需求移往下一個訊息接收者。而且在後續的系統維護上，也可以輕易地增加接收者類別。

與其它模式(Pattern)的合作

在通關判斷上，可以配合策略模式（*Strategy*），讓通關的規則具有其它的變化型式，而不只是單純地擊退所有進攻的敵方角色。

Part VI

輔助系統

Observer 觀察者模式、
Memento 備忘錄模式、*Visitor* 訪問者模式

經過前面章節的介紹，專案目前已俱備「P 級陣地」要求的遊戲基本功能，而且也有了一個簡單的雛形：

- 角色系統：設計了兩個陣營的屬性及武器，並且加上了 AI 功能，讓兩個陣營的角色能夠自動防護陣營或攻擊對手。
- UI 介面：讓玩家可以操控兵營，訓練作戰單位來防護陣地。
- 關卡系統：讓敵方陣營可依據目前的遊戲系統，決定要產生哪些兵種來攻擊玩家陣營。

接下來，我們將替「P 級陣地」增加一些與遊戲玩法不太相關的系統，這些系統會讓「P 級陣地」更完整，包含：成就系統、存檔功能、遊戲即時資訊等，下一章先介紹成就系統(AchievementSystem)。

設計模式與遊戲開發
　的完美結合

第 21 章

成就系統
— *Observer* 觀察者模式

21.1 成就系統

成就系統(AchievementSystem)，是早期單機遊戲就出現的一個系統，例如：收集到多少顆星星就能開啟特定關卡、全裝備收集完成就能額外獲得另一組套裝…等。這些收集的項目並不會影響遊戲主線的進行，也不與遊戲主要的玩法相關。但增加這些成就項目，有助於遊戲的可玩性，並提升玩家對遊戲的挑戰及目標的追求。

成就系統(AchievementSystem)中的項目，都會和遊戲本身有關，並且在玩家遊玩的過程中，就能順便收集，或是反覆進行某項動作就能達成。一般可以先將成就項目分門別類，像是屬於總數類的可能有：累積擊殺敵方角色達 100 次、訓練我單位達 100 支…等；也有的是目標達成的項目，例如：完成訓練一支等級 3 的玩家角色、成功打倒一隻 Boss…等。所以，在實作成就系統前，需要企劃單位先將需要的成就事件條列出來，並在專案完成到某個段落之後，才開始加入實作。

實作上，會先定義「遊戲事件」，例如：敵方角色陣亡、玩家角色陣亡、玩家角色升級…等。當遊戲進行過程中，有任何「遊戲事件」被觸發時，系統就要通知對應的「成就項目」，進行累積或條件判斷，達成的話，則完成「成就項目」並通知玩家或直接給予獎勵：

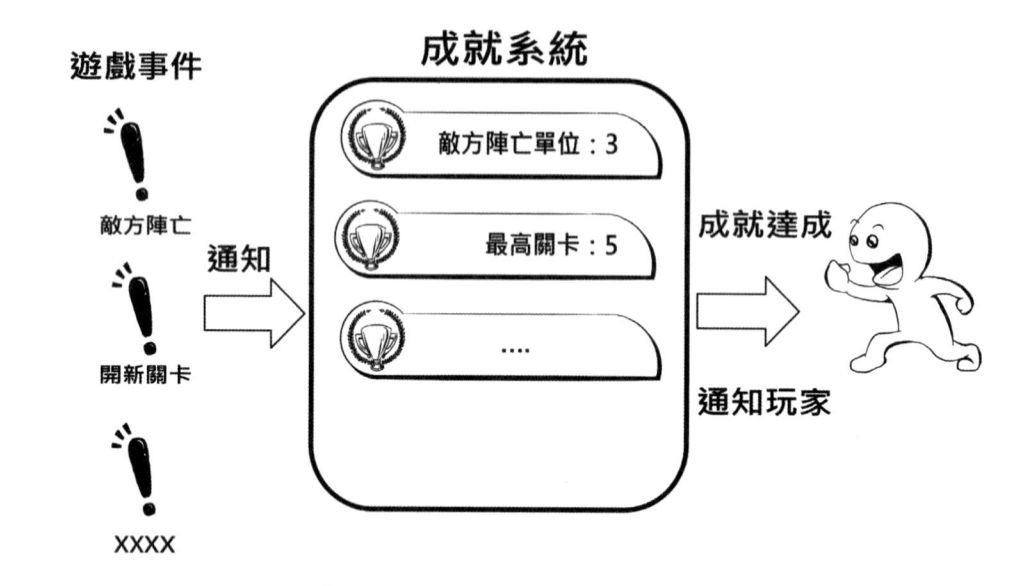

圖 21-1 成就系統與玩家獎勵

一個簡單的設計方式是，我們可以將通知成就系統的程式碼中加入在「成就事件觸發」的方法之中，例如擊殺敵方角色，實作時就可以加在敵方角色陣亡的地方：

Listing 21-1 Enemy 角色介面

```
public abstract class IEnemy : ICharacter
{
    // 被武器攻擊
    public override void UnderAttack( ICharacter Attacker) {
        // 計算傷害值
        m_Attribute.CalDmgValue( Attacker );

        DoPlayHitSound();// 音效
        DoShowHitEffect();// 特效

        // 是否陣亡
        if( m_Attribute.GetNowHP() <= 0 )
        {
            Killed();

            // 通知成就系統
            AchievementSystem.NotifyGameEvent(
                            ENUM_GameEvent.EnemyKilled,
                            this, null);
        }
```

            }
    }

事件觸發後，呼叫成就系統(AchievementSystem)中的 NotifyGameEvent 方法，並將觸發的遊戲事件及觸發時的敵方角色傳入。上述範例中，將「遊戲事件」使用列舉(ENUM)的方式定義，並將事件從參數列傳入，而不是針對每一項遊戲事件，定義特定的呼叫方法，這樣做可以避免成就系統定義過多的介面方法。而成就系統的 NotifyGameEvent 方法，可依據參數傳入的「遊戲事件」參數，來決定後續的處理流程：

Listing 21-2　成就系統

```
public class AchievementSystem
{
    // 記錄的成就項目
    private int m_EnemyKilledCount = 0;
    private int m_SoldierKilledCount = 0;
    private int m_StageLv =  0;
    private bool m_KillOgreEquipRocket=false;

    // 通知遊戲事件發生
    public void NotifyGameEvent( ENUM_GameEvent emGameEvent,
                                 System.Object Param1,
                                 System.Object Param2) {
        // 依遊戲事件
        switch( emGameEvent )
        {
            case ENUM_GameEvent.EnemyKilled:          // 敵方單位陣亡
                Notify_EnemyKilled(Param1 as IEnemy );
                break;
            case ENUM_GameEvent.SoldierKilled:        // 玩家單位陣亡
                Notify_SoldierKilled( Param1 as ISoldier );
                break;
            case ENUM_GameEvent.SoldierUpgate:        // 玩家單位升級
                Notify_SoldierUpgate( Param1 as ISoldier );
                break;
            case ENUM_GameEvent.NewStage:             // 新關卡
                Notify_NewStage((int)Param1);
                break;
        }
    }
    ...
}
```

因為「遊戲事件」非常多，所以在 NotifyGameEvent 方法中，先判斷 emGameEvent 的參數值，再分別呼叫對應的私有成員方法，而每個私有成員方法，再依照企劃的需求，累積計數值或判斷單次成就是否達成。

21-3

Listing 21-3 成就系統

```
public class AchievementSystem
{
    ...
    // 敵方單位陣亡
    private void Notify_EnemyKilled(IEnemy theEnemy ) {
        // 陣亡數增加
        m_EnemyKilledCount++;

        // 擊倒裝備 Rocket 的 Ogre
        if( theEnemy.GetEnemyType() == ENUM_Enemy.Ogre &&
            theEnemy.GetWeapon().GetWeaponType() ==
                                            ENUM_Weapon.Rocket)
            m_KillOgreEquipRocket = true;
    }

    // 玩家單位陣亡
    private void Notify_SoldierKilled( ISoldier theSoldier) {
        ...
    }

    // 玩家單位升級
    private void Notify_SoldierUpgate( ISoldier theSoldier) {
        ...
    }

    // 新關卡
    private void Notify_NewStage( int StageLv) {
        ...
    }
}
```

如果讓成就系統(AchievementSystem)負責每一個遊戲事件的方法，並針對每一個各別的遊戲事件，去進行「成就項目的累積或判斷」，會讓成就系統的擴充，被限制在每個遊戲事件處理方法中。當往後需要針對某一個遊戲事件增加成就項目時，就必須透過修改原有「遊戲事件處理方法」中的程式碼才能達成。例如，想再增加一個成就項目「殺死裝備武器為 Rocket 以上的敵人數」，那麼就只能修改 Notify_EnemyKilled 方法，在當中追加程式碼來達成修改目標。

此外，「遊戲事件」發生時可能不是只有成就系統會被影響，其它系統也可能需要追蹤相關的遊戲事件。所以如果都是在「遊戲事件」的觸發點進行每個系統呼叫的話，那麼觸發點的程式碼將會變得非常複雜：

Chapter 21　成就系統
─ Observer 觀察者模式

```
// Enemy角色介面
public abstract class IEnemy : ICharacter
{
    // 被武器攻擊
    public override void UnderAttack( ICharacter Attacker) {
        ...
        // 是否陣亡
        if( m_Attribute.GetNowHP() <= 0 )
        {
            Killed();

            // 通知成就系統
            AchievementSystem.NotifyGameEvent(
                                ENUM_GameEvent.EnemyKilled,
                                this, null);
            // 通知B系統
            ...
            // 通知C系統
            ...
            // 通知D系統
            ...
        }
    }
}
```

所以要將「遊戲事件」與「成就系統」分開，讓成就系統僅關注於某些遊戲事件的發生；而遊戲事件的發生，也不是只提供給成就系統使用。這樣的設計才是適當的設計。

要如何完成這樣的設計呢？如果能將「遊戲事件的產生與通知」獨立成為一個系統，並且讓其它系統能透過「訂閱」或「關注」的方式，來追蹤遊戲事件系統發生的事。也就是，當遊戲事件系統發生事件時，會負責去通知所有「訂閱」了遊戲事件的系統，此時被通知的系統，再依據自己的系統邏輯自行決定後續的處理動作。如果能依照上述流程來進行設計，就是一個極為適當的設計。而上述的流程，其實就是觀察者模式（*Observer*）所要表達的內容。

21-5

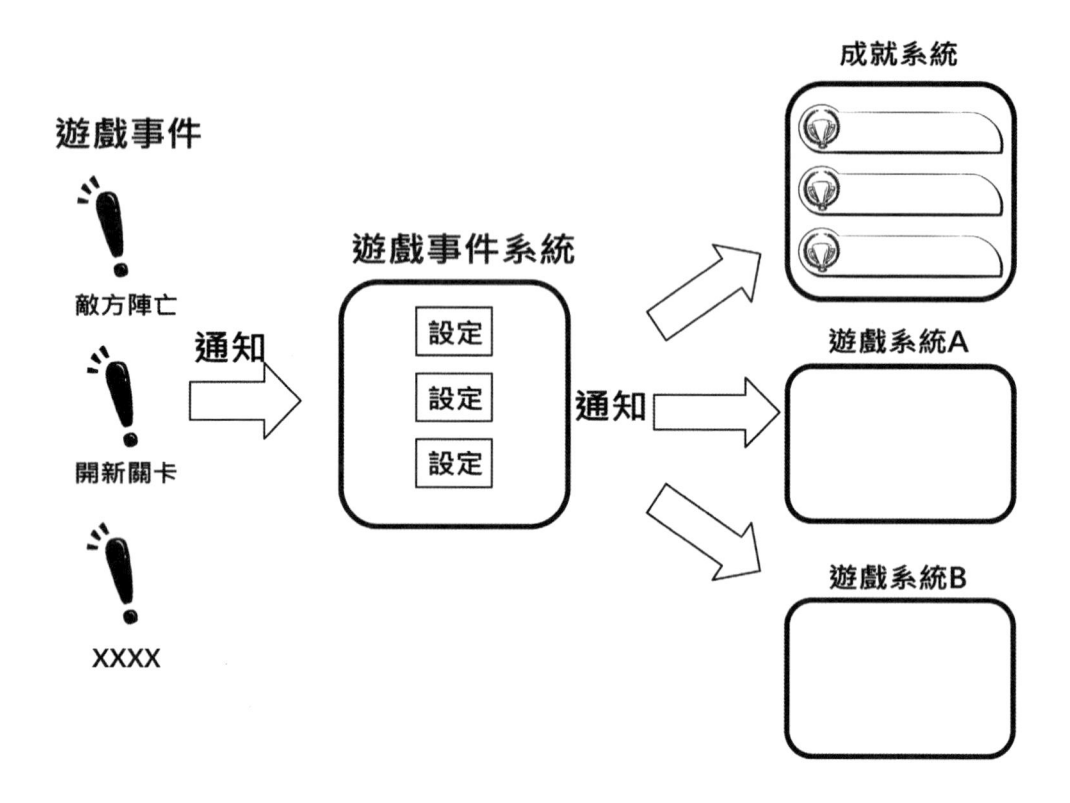

圖 21-2　由事件去觸發其它相關的系統

21.2 觀察者模式（*Observer*）

觀察者模式（*Observer*）與命令模式（*Command*）是蠻相似的模式，兩者都是希望「事件發生」與「功能執行」之間不要有太多的依賴，不過還是可以依照系統的使用需求，分析出應該套用哪個模式。命令模式（*Command*）已經在第 19 章中詳細說明過了，而接下來將說明觀察者模式（*Observer*）。另外，在 21.3.4 節中也將說明，如何因系統的需要在這兩個模式中，選擇合適的模式進行實作。

21.2.1 觀察者模式（Observer）的定義

GoF 對觀察者模式（Observer）的定義為：

「在物件之間定義一個一對多的連接方法，當一個物件變換狀態時，其它關連的物件都會自動收到通知」

社群網站就是最佳的觀察者模式（Observer）實作範例。當我們在社群網站上，與另一個用戶成為好友、加入一個粉絲團、或關注另一位用戶的狀態，那麼當這些好友、粉絲團、用戶有任何的新的動態、或狀態改動時，就會在我們動態頁面上「主動」看到這些對象更新的情況，而不必到每一位好友或粉絲團中查看：

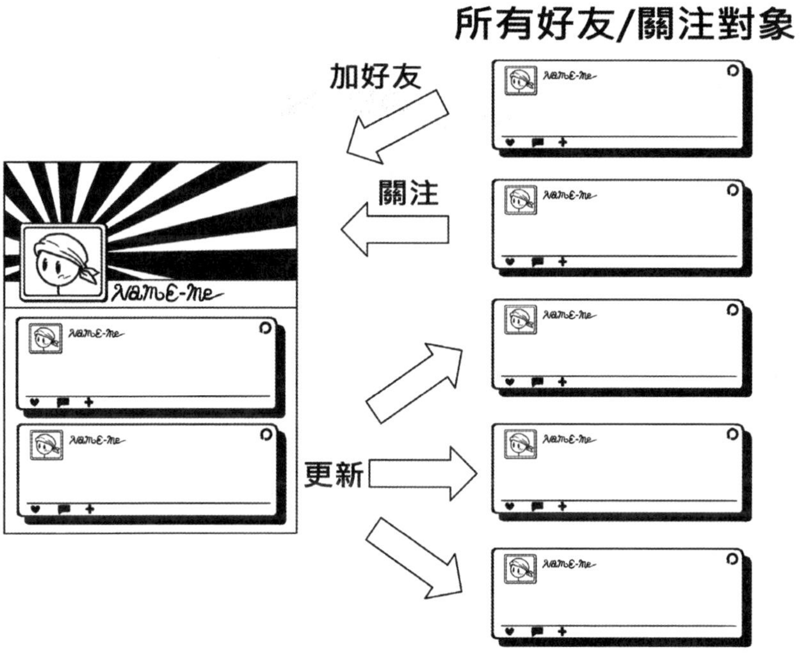

圖 21-3 社群網站上的關注對象的更新

在早期社群網站還沒廣泛流行之前，說明觀察者模式（Observer）常以「報社-訂戶」來做說明：多位訂戶向報社「訂閱(Subscribe)」了一份報紙，而報社針對昨天的新聞整理

編輯之後,在今天一早進行「發佈(Publish)」的動作,接著送報生會主動依照訂閱的資訊,將每份報紙送到訂戶手上。

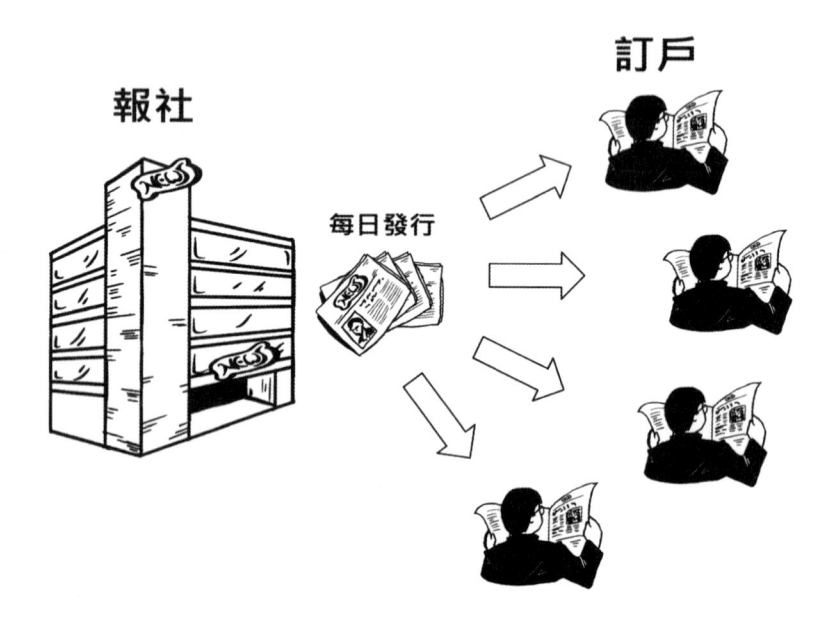

圖 21-4　向報社訂閱後,報紙每日會送達指定的客戶手上

在上面的案例中,都存在「主題目標」與其它「訂閱者/關注者」之間的關係(一對多),當主題有變化時,就會透過之前建立的「關係」,將更動態的訊息傳送給「訂閱者/關注者」。所以,實作上可分為下列重點:

1. 主題者、訂閱者的角色;

2. 如何建立訂閱者與主題者的關係;

3. 主題者發布訊息時,如何通知所有訂閱者。

21.2.2 觀察者模式（Observer）的說明

GoF 定義的觀察者模式（Observer）類別結構圖如下：

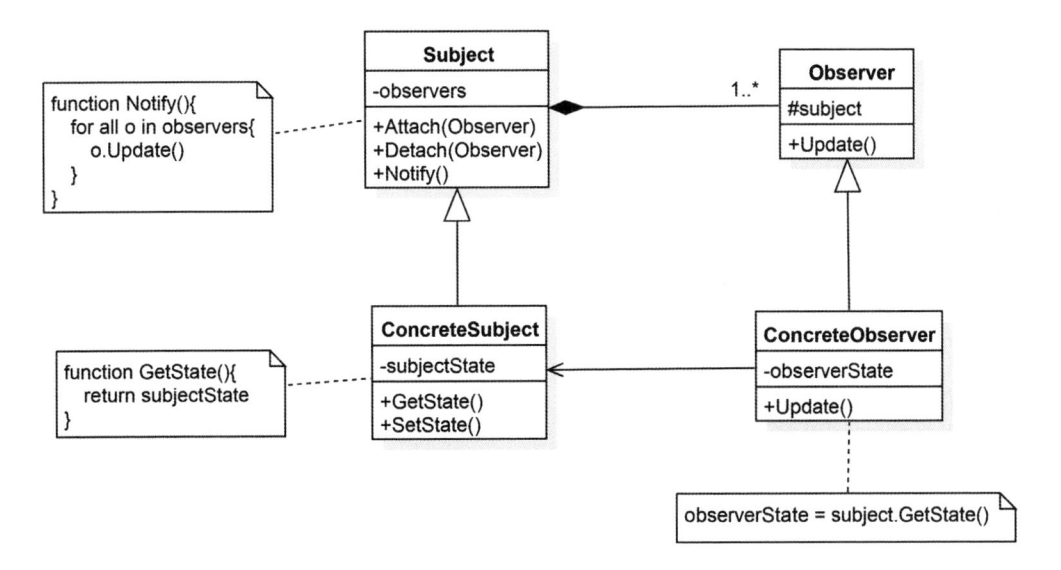

```
function Notify(){
    for all o in observers{
        o.Update()
    }
}
```

```
function GetState(){
    return subjectState
}
```

observerState = subject.GetState()

GoF 參與者的說明如下：

- Subject(主題介面)

    ◎ 定義主題的介面。

    ◎ 讓觀察者透過介面方法，來訂閱、解除訂閱主題。這些觀察者在主題內部可使用泛型容器加以管理。

    ◎ 在主題更新時，通知所有觀察者。

- ConcreteSubject(主題實作)

    ◎ 實作主題介面。

    ◎ 設定主題的內容及更新，當主題變化時，使用父類別的通知方法，告知所有的觀察者。

- Observer(觀察者介面)

    ◎ 定義觀察者的介面。

    ◎ 提供更新通知方法，讓主題可以通知更新。

- ConcreteObserver(觀察者實作)
    ◎ 實作觀察者介面。
    ◎ 針對主題的更新，依需求向主題取得更新狀態。

21.2.3 觀察者模式（Observer）的實作範例

實作觀察者模式（Observer），首先定義 Subject(主題介面)：

Listing 21-4　主題介面 (Observer.cs)

```csharp
public abstract class Subject
{
    List<Observer> m_Observers = new List<Observer>();

    // 加入觀察者
    public void Attach(Observer theObserver) {
        m_Observers.Add( theObserver );
    }

    // 移除觀察者
    public void Detach(Observer theObserver) {
        m_Observers.Remove( theObserver );
    }

    // 通知所有觀察者
    public void Notify() {
        foreach( Observer theObserver  in m_Observers)
            theObserver.Update();
    }
}
```

在類別定義中，使用了一個 C#的 List 泛型容器(m_Observers)來管理所有的 Observer(觀察者)，並實作了三個與 Observer(觀察者)相關的方法。當某一個 Observer(觀察者)，對 Subject(主題)有興趣時，就利用 Attach 方法將自己加入主題的管理器中，透過這樣的方式，Observer(觀察者)就能主動跟 Subject(主題)建立關係。而當 Subject(主題)更動而需要通知 Observer(觀察者)時，只要走訪 m_Observers，就能通知每一個在容器內的 Observer(觀察者)，現在有 Subject(主題)發生了更動。

以下程式範例實作了一個主題：

21-10

Listing 21-5 主題實作 (Observer.cs)

```csharp
public class ConcreteSubject : Subject
{
    string m_SubjectState;

    public void SetState(string State) {
        m_SubjectState = State;
        Notify();
    }

    public string GetState() {
        return m_SubjectState;
    }
}
```

使用一個字串 m_SubjectState 來表示主題的狀態，並提供方法(SetState)讓客戶端可以設定主題，而當主題一更動時，即呼叫父類別的通知(Notify)方法，來通知所有的 Observer(觀察者)。

Observer(觀察者)的介面定義如下：

Listing 21-6 觀察者介面 (Observer.cs)

```csharp
public abstract class Observer
{
    public abstract void Update();
}
```

介面內定義了一個更新(Update)方法，讓主題通知更新時來呼叫。範例內分別有兩個子類別實作了觀察者介面：

Listing 21-7 實作兩個 Observer (Observer.cs)

```csharp
//實作的 Observer1
public class ConcreteObserver1 : Observer
{
    string m_ObjectState;

    ConcreteSubject m_Subject = null;

    public ConcreteObserver1( ConcreteSubject theSubject) {
        m_Subject = theSubject;
    }

    // 通知 Subject 更新
    public override void Update () {
        Debug.Log ("ConcreteObserver1.Update");
```

21-11

```csharp
            // 取得 Subject 狀態
            m_ObjectState = m_Subject.GetState();
        }

        public void ShowState() {
            Debug.Log ("ConcreteObserver1:Subject 目前的主題:"+
                                                   m_ObjectState);
        }
    }

    // 實作的 Observer2
    public class ConcreteObserver2 : Observer
    {
        ConcreteSubject m_Subject = null;

        public ConcreteObserver2( ConcreteSubject theSubject) {
            m_Subject = theSubject;
        }

        // 通知 Subject 更新
        public override void Update () {
            Debug.Log ("ConcreteObserver2.Update");
            // 取得 Subject 狀態
            Debug.Log ("ConcreteObserver2:Subject 目前的主題:"+
                                          m_Subject.GetState());
        }
    }
```

兩個類別在接收到通知之後的處理方式不太一樣：ConcreteObserver1 類別先將訊息存下後，等待必要時刻(ShowState)才提示；而 ConcreteObserver2 類別則是在收到主題的更新後，馬上將更新的訊息顯示出來。而兩個類別相同的地方在於，建構時都必須提供 Subject(主題)的物件參考，讓 Observer(觀察者)能夠保存下來，這樣做的主要原因是，因為上面範例實作的觀察者模式（*Observer*）屬於「拉(poll)」模式，所以觀察者類別必須自己去向 Subject(主題)取得資訊。稍後會再說明實作觀察者模式（*Observer*）的推(push)與拉(poll)兩種模式時，有何差異。

在測試程式碼中，建立了主題(theSubject)之後，再分別將兩個觀察者(Observer)加入主題中，表示有兩個觀察者對主題有興趣：

Listing 21-8　測試觀察者模式 (ObserverTest.cs)

```csharp
    void UnitTest () {
        // 主題
        ConcreteSubject theSubject = new ConcreteSubject();

        // 加入觀察者
```

```
            ConcreteObserver1 theObserver1 =
                          new ConcreteObserver1(theSubject);
            theSubject.Attach( theObserver1 );
            theSubject.Attach( new ConcreteObserver2(theSubject) );

            // 設定 Subject
            theSubject.SetState("Subject 狀態 1");

            // 顯示
            theObserver1.ShowState();
        }
```

測試程式碼的後半段,對主題(`theSubject`)進行設定(`SetState`):"Subject 狀態 1",訊息欄上即可看到兩個觀察者被通知有更新發生:

執行結果

```
ConcreteObserver1.Update

ConcreteObserver2.Update
```

`ConcreteObserver2` 在收到通知後會立即將訊息顯示出來:

```
ConcreteObserver2:Subject 目前的主題:Subject 狀態 1
```

而 `ConcreteObserver1` 則是在呼叫 `ShowState` 方法時,才將保留下來的主題狀態顯示出來:

```
ConcreteObserver1:Subject 目前的主題:Subject 狀態 1
```

訊息的推與拉

主題(`Subject`)改變時,改變的內容要如何讓觀察者(`Observer`)得知,運作方式可分為推(Push) 訊息與拉(Poll) 訊息兩種模式:

- 推訊息:主題(`Subject`)將更動的內容主動「推」給觀察者(`Observer`)。一般會在呼叫觀察者(`Observer`)的通知(`Update`)方法時,同時將更新的內容當成參數傳給觀察者(`Observer`)。像是傳統的報社、雜誌社的模式,每一次的發行都會將所有的內容一次發送給訂閱者,所有的訂閱者接到的訊息都是一致的,然後訂閱者再從中取得需要的訊息來做處理:

- ◎ 優點：所有的內容都一次傳送給觀察者(Observer)，省去觀察者(Observer)再向主題(Subject)查詢的動作，主題(Subject)類別也不需要定義太多的查詢方式供觀察者(Observer)查詢。
- ◎ 缺點：如果推送的內容過多，容易使觀察者(Observer)常常收到不必要的資訊或造成查詢上的困難，不當的訊息設定也可能造成系統效能降低。

■ 拉訊息：主題(Subject)內容更動時，只是先通知觀察者(Observer)目前內容有更動，而觀察者(Observer)則是依照系統需求，再向主題(Subject)查詢(拉)所需的資訊。

- ◎ 優點：主題(Subject)只通知目前內容有更新，再由觀察者(Observer)自己去取得所需的資訊，因為觀察者(Observer)自己比較知道需要哪些資訊，所以比較不會取得不必要的資訊。
- ◎ 缺點：因為觀察者(Observer)需要向主題(Subject)查詢更新內容，所以主題(Subject)必須提供查詢方式，這樣一來，就容易造成主題(Subject)類別的介面方法過多。

而在實作設計上，必須依系統所需要的最佳情況來判斷，是要使用「推訊息」還是「拉訊息」的方式。

21.3 使用觀察者模式（*Observer*）來實作成就系統

重構成就系統，可按著下面的步驟來進行：

1. 實作遊戲事件系統(GameEventSystem)；
2. 完成各個遊戲事件的主題及其觀察者；
3. 實作成就系統(AchievementSystem)及訂閱遊戲事件；
4. 重構遊戲事件觸發點。

21.3.1 成就系統的新架構

對於解決「P級陣地」成就系統(AchievementSystem)的需求,首先應該完成的是遊戲事件系統(GameEventSystem)。在遊戲事件系統(GameEventSystem)中,會將每個遊戲事件當成主題(Subject),讓其它系統可針對有興趣的遊戲事件進行「訂閱(Subscribe)」。當遊戲事件被觸發(Publish)時,遊戲事件系統(GameEventSystem)會去通知所有的系統,再讓各別系統針對所需要的訊息進行查詢。

而成就系統(AchievementSystem)將是遊戲事件系統(GameEventSystem)的一個訂閱者/觀察者。它將針對成就項目所需要的遊戲事件,進行訂閱的動作,等到遊戲事件系統(GameEventSystem)發佈遊戲事件時,成就系統(AchievementSystem)再去取得所需的資訊來累積成就項目或判斷成就項目是否達成。

下圖顯示了「P級陣地」中的遊戲事件系統(GameEventSystem):

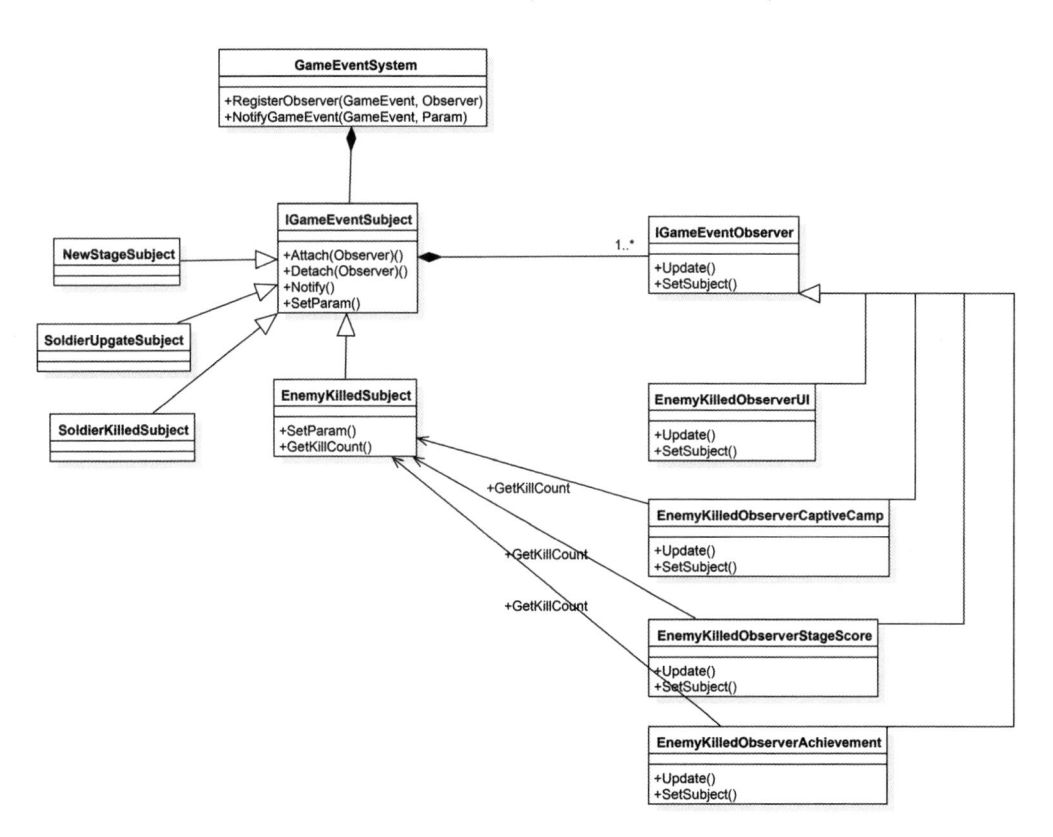

參與者的說明如下：

- `GameEventSystem`

  遊戲事件系統，用來管理遊戲當中發生的事件。針對每一個遊戲事件產生一個「遊戲事件主題(Subject)」，並提供介面方法讓其它系統能訂閱指定的遊戲事件。

- `IGameEventSubject`

  遊戲事件主題介面，負責定義「P 級陣地」中「遊戲事件」內容的介面，並延伸出下列的遊戲事件主題：

  ◎ `EnemyKilledSubject`：敵方角色陣亡。

  ◎ `SoldierKilledSubject`：玩家角色陣亡。

  ◎ `SoldierUpgateSubject`：玩家角色升級。

  ◎ `NewStageSubject`：新關卡。

- `IGameEventObserver`

  遊戲事件觀察者介面，負責「P 級陣地」中遊戲事件觸發時被通知的操作介面。

- `EnemyKilledObserver` 觀察者們

  訂閱「敵方角色陣亡」主題(`EnemyKilledSubject`)，的觀察者類別，共有：

  ◎ `EnemyKilledObserverUI`：將敵方角色陣亡資訊顯示在介面上。

  ◎ `EnemyKilledObserverStageScore`：將敵方角色陣亡資訊提供給關卡系統(`Stage System`)。

  ◎ `EnemyKilledObserverAchievement`：將敵方角色提供給成就系統(`AchievementSystem`)。

同一個遊戲事件可以提供給不同的系統一起訂閱，並能同時接收到更新資訊。

21.3.2 實作說明

接下來，按著結構圖上及實作流程來完成成就系統的重構：

Chapter 21 成就系統 — Observer 觀察者模式

實作遊戲事件系統

遊戲事件系統(GameEventSystem)用來管理遊戲當中發生的事件,並針對每一個遊戲事件,產生一個「遊戲事件主題(Subject)」:

Listing 21-9　遊戲事件系統的實作(`GameEventSystem.cs`)

```csharp
// 遊戲事件
public enum ENUM_GameEvent
{
    Null            = 0,
    EnemyKilled     = 1,    // 敵方單位陣亡
    SoldierKilled   = 2,    // 玩家單位陣亡
    SoldierUpgate   = 3,    // 玩家單位升級
    NewStage        = 4,    // 新關卡
}

// 遊戲事件系統
public class GameEventSystem : IGameSystem
{
    private Dictionary< ENUM_GameEvent, IGameEventSubject> m_GameEvents
                = new Dictionary< ENUM_GameEvent, IGameEventSubject>();

    public GameEventSystem(PBaseDefenseGame PBDGame):base(PBDGame) {
        Initialize();
    }

    // 釋放
    public override void Release() {
        m_GameEvents.Clear();
    }

    // 替某一主題註冊一個觀察者
    public void RegisterObserver(ENUM_GameEvent emGameEvnet,
                                 IGameEventObserver Observer) {
        // 取得事件
        IGameEventSubject Subject = GetGameEventSubject( emGameEvnet );
        if( Subject!=null)
        {
            Subject.Attach( Observer );
            Observer.SetSubject( Subject );
        }
    }

    // 註冊一個事件
    private IGameEventSubject GetGameEventSubject(
                                    ENUM_GameEvent emGameEvnet ) {
        // 是否已經存在
        if( m_GameEvents.ContainsKey( emGameEvnet ))
            return m_GameEvents[emGameEvnet];
```

21-17

```csharp
        // 產生對應的 GameEvent
        IGameEventSubject pSujbect= null;
        switch( emGameEvnet )
        {
            case ENUM_GameEvent.EnemyKilled:
                pSujbect = new EnemyKilledSubject();
                break;
            case ENUM_GameEvent.SoldierKilled:
                pSujbect = new SoldierKilledSubject();
                break;
            case ENUM_GameEvent.SoldierUpgate:
                pSujbect = new SoldierUpgateSubject();
                break;
            case ENUM_GameEvent.NewStage:
                pSujbect = new NewStageSubject();
                break;
            default:
                Debug.LogWarning("還沒有針對["+ emGameEvnet +
                                "]指定要產生的 Subject 類別");
                return null;
        }

        // 加入後並回傳
        m_GameEvents.Add (emGameEvnet, pSujbect );
        return pSujbect;
    }

    // 通知一個 GameEvent 更新
    public void NotifySubject( ENUM_GameEvent emGameEvnet,
                            System.Object Param) {
        // 是否存在
        if( m_GameEvents.ContainsKey( emGameEvnet )==false)
            return ;
        //Debug.Log("SubjectAddCount["+emGameEvnet+"]");
        m_GameEvents[emGameEvnet].SetParam( Param );
    }
}
```

類別中使用了 Dictionary 泛型容器來管理所有的遊戲事件主題，私有方法 GetGameEventSubject 負責管理這個 Dictionary 泛型容器。新增時，針對每一個遊戲事件產生對應的主題(Subject)後加入容器內，並且保證一個遊戲事件只存在一個主題物件。

註冊觀察者(RegisterObserver)方法提供其它系統可以向遊戲事件系統(Game EventSystem)訂閱主題，呼叫時傳入指定的遊戲事件及觀察者類別物件。當某遊戲事件觸發時，透過通知主題更新(NotifySubject)方法，就能通知所有訂閱該遊戲事件主題的觀察者類別。

遊戲事件主題(IGameEventSubject)，負責定義「P 級陣地」中「遊戲事件」內容的介面：

Listing 21-10　遊戲事件主題(IGameEventSubject.cs)

```csharp
public abstract class IGameEventSubject
{
    private List<IGameEventObserver> m_Observers =
                        new List<IGameEventObserver>(); // 觀測者
    private System.Object m_Param = null;      // 發生事件時附加的參數

    // 加入
    public void Attach(IGameEventObserver theObserver) {
        m_Observers.Add( theObserver );
    }

    // 取消
    public void Detach(IGameEventObserver theObserver) {
        m_Observers.Remove( theObserver );
    }

    // 通知
    public void Notify() {
        foreach( IGameEventObserver theObserver in m_Observers)
            theObserver.Update();
    }

    // 設定參數
    public virtual void SetParam( System.Object Param ) {
        m_Param = Param;
    }
}
```

類別內定義了一個 List 泛型容器 m_Observers，用來管理訂閱主題的觀察者(Observer)們，類別提供了基本的新增、取消及通知方法來管理訂閱者，並提供設定參數(SetParam)方法，來設定每一個遊戲事件所需提供的內容。

21-19

完成各個遊戲事件主題及其觀察者

以下是四個「P級陣地」定義的遊戲事件主題：

① 敵人角色陣亡

敵人角色陣亡時會發出通知，並將陣亡的敵人角色 IEnemy 使用 SetParam 方法傳入，傳入後再增加內部的計數器，提供觀察者查詢：

Listing 21-11　敵人單位陣亡 (EnemyKilledSubject.cs)

```csharp
public class EnemyKilledSubject : IGameEventSubject
{
    private int m_KilledCount = 0;
    private IEnemy m_Enemy = null;

    public EnemyKilledSubject()
    {}

    // 取得對象
    public IEnemy GetEnemy() {
        return m_Enemy;
    }

    // 目前敵人單位陣亡數
    public int GetKilledCount() {
        return m_KilledCount;
    }

    // 通知敵人單位陣亡
    public override void SetParam( System.Object Param ) {
        base.SetParam( Param );
        m_Enemy = Param as IEnemy;
        m_KilledCount ++;

        // 通知
        Notify();
    }
}
```

② 玩家角色陣亡

玩家角色陣亡時會發出通知，並將陣亡的玩家角色 ISoldier 使用 SetParam 方法傳入，傳入後再增加內部的計數器，提供觀察者查詢：

Listing 21-12 Soldier 單位陣亡(SoldierKilledSubject.cs)

```csharp
public class SoldierKilledSubject : IGameEventSubject
{
    private int m_KilledCount = 0;
    private ISoldier m_Soldier = null;

    public SoldierKilledSubject()
    {}

    // 取得對象
    public ISoldier GetSoldier() {
        return m_Soldier;
    }

    // 目前我方單位陣亡數
    public int GetKilledCount() {
        return m_KilledCount;
    }

    // 通知我方單位陣亡
    public override void SetParam( System.Object Param ) {
        base.SetParam( Param);
        m_Soldier = Param as ISoldier;
        m_KilledCount ++;

        // 通知
        Notify();
    }
}
```

③ 玩家角色升級

玩家角色升級時會發出通知，升級的玩家角色 ISoldier 會使用 SetParam 方法傳入，傳入後再增加內部的計數器，提供觀察者查詢：

Listing 21-13　Soldier 升級 (SoldierUpgateSubject.cs)

```
public class SoldierUpgateSubject : IGameEventSubject
{
    private int m_UpgateCount = 0;
    private ISoldier m_Soldier = null;

    public SoldierUpgateSubject()
    {}

    // 目前升級次數
    public int GetUpgateCount() {
        return m_UpgateCount;
    }

    // 通知 Soldier 單位升級
    public override void SetParam( System.Object Param ) {
        base.SetParam( Param);
        m_Soldier = Param as ISoldier;
        m_UpgateCount++;

        // 通知
        Notify();
    }

    public ISoldier GetSoldier()   {
        return m_Soldier;
    }
}
```

④ 進入新關卡

玩家完成一個新關卡往下一個關卡推進時會收到通知，目前的關卡編號會使用 SetParam 方法傳入，傳入後再儲存至內部成員中，提供觀察者查詢：

Listing 21-14　新的關卡 (NewStageSubject.cs)

```
public class NewStageSubject : IGameEventSubject
{
    private int m_StageCount = 1;

    public NewStageSubject()
    {}
```

```csharp
    // 目前關卡數
    public int GetStageCount() {
        return m_StageCount;
    }

    // 通知
    public override void SetParam( System.Object Param ) {
        base.SetParam( Param);
        m_StageCount = (int)Param;

        // 通知
        Notify();
    }
}
```

上面的四個主題分別都有對應的訂閱者:

① 「敵方角色陣亡」主題的觀察者

「敵方角色陣亡」主題的觀察者共有三個,而這些觀察者最後都會將資訊回傳給註冊它們的系統之中:

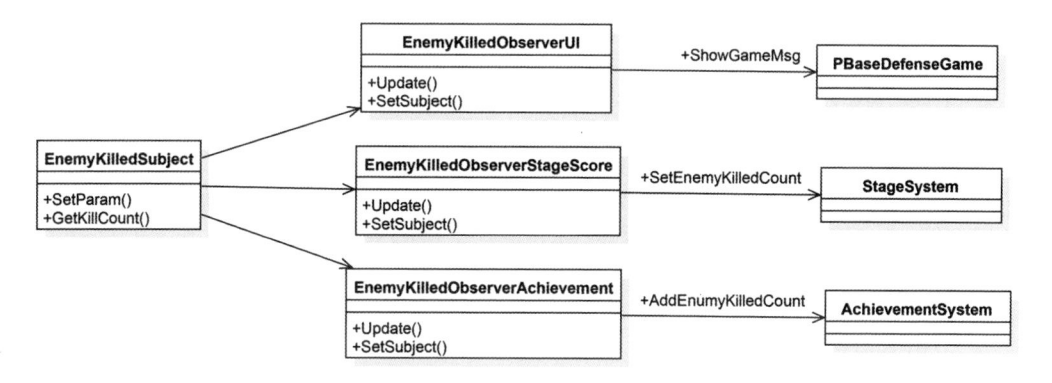

Listing 21-15 實作 Enemey 陣亡事件的觀察者

```csharp
// UI 觀測 Enemey 陣亡事件(EnemyKilledObserverUI.cs)
public class EnemyKilledObserverUI : IGameEventObserver
{
    private EnemyKilledSubject m_Subject = null;
    private PBaseDefenseGame m_PBDGame = null;

    public EnemyKilledObserverUI(PBaseDefenseGame PBDGame ) {
        m_PBDGame = PBDGame;
    }
```

```csharp
    // 設定觀察的主題
    public override void SetSubject( IGameEventSubject Subject ) {
        m_Subject = Subject as EnemyKilledSubject;
    }

    // 通知 Subject 被更新
    public override void Update() {
        m_PBDGame.ShowGameMsg("敵方單位陣亡");
    }
}

// 成就觀測 Enemey 陣亡事件(EnemyKilledObserverAchievement.cs)
public class EnemyKilledObserverAchievement : IGameEventObserver
{
    private EnemyKilledSubject m_Subject = null;
    private AchievementSystem m_AchievementSystem = null;

    public EnemyKilledObserverAchievement(
                        AchievementSystem theAchievementSystem) {
        m_AchievementSystem = theAchievementSystem;
    }

    // 設定觀察的主題
    public override void SetSubject( IGameEventSubject Subject ) {
        m_Subject = Subject as EnemyKilledSubject;
    }

    // 通知 Subject 被更新
    public override void Update() {
        m_AchievementSystem.AddEnemyKilledCount();
    }
}

// 關卡分數觀測 Enemey 陣亡事件(EnemyKilledObserverStageScore.cs)
public class EnemyKilledObserverStageScore : IGameEventObserver
{
    private EnemyKilledSubject m_Subject = null;
    private StageSystem  m_StageSystem = null;

    public EnemyKilledObserverStageScore(StageSystem theStageSystem) {
        m_StageSystem = theStageSystem;
    }

    // 設定觀察的主題
    public override void SetSubject( IGameEventSubject Subject ) {
        m_Subject = Subject as EnemyKilledSubject;
    }

    // 通知 Subject 被更新
    public override void Update() {
        m_StageSystem.SetEnemyKilledCount(
```

```
            m_Subject.GetKilledCount());
    }
}
```

而原本關卡系統對於敵方陣亡次數的取得，也因為新增了遊戲事件系統(GameEvent System)，而改由觀察者 EnemyKilledObserverStageScore 進行設定。

② 「玩家角色陣亡」主題的觀察者

「玩家角色陣亡」主題的觀察者，最後會將訊息反饋給成就系統(AchievementSystem)及玩家角色資訊介面：

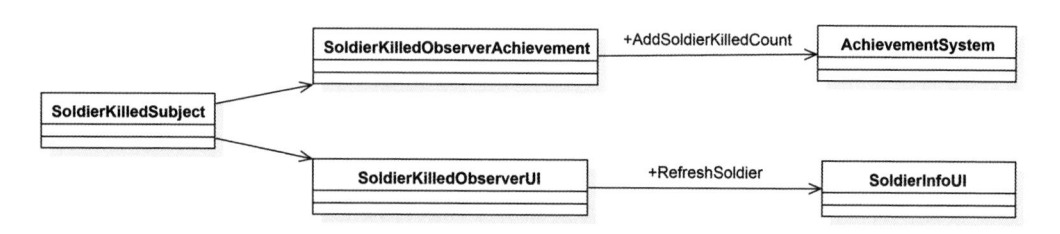

```
                    ┌─────────────────────────────┐  +AddSoldierKilledCount  ┌──────────────────┐
                    │ SoldierKilledObserverAchievement │ ──────────────────────→ │ AchievementSystem │
                    └─────────────────────────────┘                          └──────────────────┘
┌────────────────┐ ╱
│ SoldierKilledSubject │
└────────────────┘ ╲
                    ┌─────────────────────────────┐  +RefreshSoldier         ┌──────────────────┐
                    │ SoldierKilledObserverUI         │ ──────────────────────→ │ SoldierInfoUI     │
                    └─────────────────────────────┘                          └──────────────────┘
```

Listing 21-16　實作 Soldier 陣亡事件的觀察者

```csharp
// 成就觀測 Soldier 陣亡事件(SoldierKilledObserverAchievement.cs)
public class SoldierKilledObserverAchievement : IGameEventObserver
{
    private SoldierKilledSubject m_Subject = null;
    private AchievementSystem m_AchievementSystem = null;

    public SoldierKilledObserverAchievement(
                        AchievementSystem theAchievementSystem) {
        m_AchievementSystem = theAchievementSystem;
    }

    // 設定觀察的主題
    public override void SetSubject( IGameEventSubject Subject ) {
        m_Subject = Subject as SoldierKilledSubject;
    }

    // 通知 Subject 被更新
    public override void Update() {
        m_AchievementSystem.AddSoldierKilledCount();
    }
}

// UI 觀測 Soldier 陣亡事件(SoldierKilledObserverUI.cs)
public class SoldierKilledObserverUI : IGameEventObserver
{
    private SoldierKilledSubject m_Subject = null; // 主題
```

21-25

```csharp
        private SoldierInfoUI m_InfoUI = null;     // 要通知的介面

        public SoldierKilledObserverUI( SoldierInfoUI InfoUI ) {
            m_InfoUI = InfoUI;
        }

        // 設定觀察的主題
        public override void SetSubject( IGameEventSubject Subject ) {
            m_Subject = Subject as SoldierKilledSubject;
        }

        // 通知 Subject 被更新
        public override void Update() {
            // 通知介面更新
            m_InfoUI.RefreshSoldier( m_Subject.GetSoldier() );
        }
    }
```

③ 「玩家角色升級」主題的觀察者

「玩家角色升級」主題的觀察者，也會通知玩家角色資訊介面：

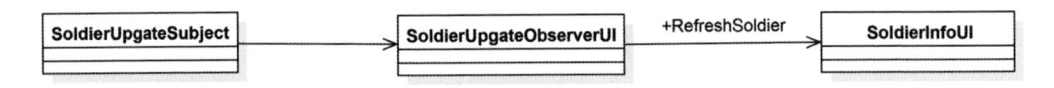

| SoldierUpgateSubject | → | SoldierUpgateObserverUI | +RefreshSoldier | SoldierInfoUI |

Listing 21-17 實作 UI 觀測 Soldier 升級事件 (`SoldierUpgateObserverUI.cs`)

```csharp
public class SoldierUpgateObserverUI : IGameEventObserver
{
    private SoldierUpgateSubject m_Subject = null; // 主題
    private SoldierInfoUI m_InfoUI = null;     // 要通知的介面

    public SoldierUpgateObserverUI( SoldierInfoUI InfoUI ) {
        m_InfoUI = InfoUI;
    }

    // 設定觀察的主題
    public override void SetSubject( IGameEventSubject Subject ) {
        m_Subject = Subject as SoldierUpgateSubject;
    }

    // 通知 Subject 被更新
    public override void Update() {
        // 通知介面更新
        m_InfoUI.RefreshSoldier( m_Subject.GetSoldier() );
    }
}
```

Chapter 21 成就系統 — Observer 觀察者模式

④ 「進入新關卡」主題的觀察者

「進入新關卡主題」的觀察者，最後也是通知成就系統(AchievementSystem)：

```
NewStageSubject → NewStageObserverAchievement  +SetNowStageLevel → AchievementSystem
```

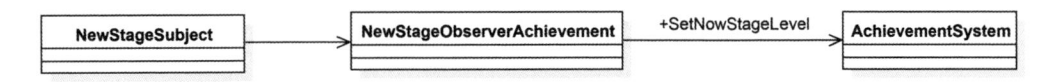

Listing 21-18 成就觀測新關卡(`NewStageObserverAchievement.cs`)

```
public class NewStageObserverAchievement : IGameEventObserver
{
    private NewStageSubject m_Subject = null;
    private AchievementSystem m_AchievementSystem = null;

    public NewStageObserverAchievement(
                        AchievementSystem theAchievementSystem) {
        m_AchievementSystem = theAchievementSystem;
    }

    // 設定觀察的主題
    public override void SetSubject( IGameEventSubject Subject ) {
        m_Subject = Subject as NewStageSubject;
    }

    // 通知 Subject 被更新
    public override void Update() {
        m_AchievementSystem.SetNowStageLevel(
                                    m_Subject.GetStageCount());
    }
}
```

到了這個階段，遊戲事件系統(GameEventSystem)算是建構完成，讓我們再回到本章開始時討論的成就系統(AchievementSystem)。配合遊戲事件系統(GameEventSystem)的訂閱機制，新的成就系統(AchievementSystem)被重構為：只記錄相關的成就事項，並提供相關的介面方法，讓與成就事項相關的觀察者們(Observer)使用，其結構圖如下：

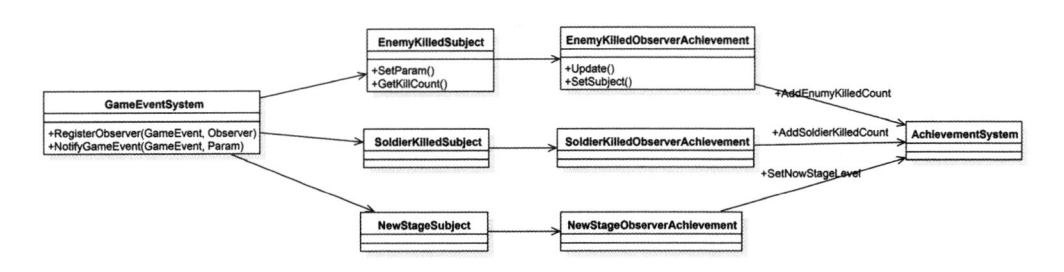

21-27

實作成就系統及訂閱遊戲事件

上圖中,有許多的觀察者們(Observer),這些觀察者們(Observer)在成就系統(AchievementSystem)初始時,就會被加入到遊戲事件系統(GameEventSystem)中,而重構後的類別也較為簡單清楚:

Listing 21-19　成就系統(AchievementSystem.cs)

```
public class AchievementSystem : IGameSystem
{
    // 記錄的成就項目
    private int m_EnemyKilledCount = 0;
    private int m_SoldierKilledCount = 0;
    private int m_StageLv =  0;

    public AchievementSystem(PBaseDefenseGame PBDGame):base(PBDGame) {
        Initialize();
    }

    //
    public override void Initialize () {
        base.Initialize ();

        // 註冊相關觀測者
        m_PBDGame.RegisterGameEvent( ENUM_GameEvent.EnemyKilled,
                    new EnemyKilledObserverAchievement(this));
        m_PBDGame.RegisterGameEvent( ENUM_GameEvent.SoldierKilled,
                    new SoldierKilledObserverAchievement(this));
        m_PBDGame.RegisterGameEvent( ENUM_GameEvent.NewStage,
                    new NewStageObserverAchievement(this));
    }

    // 增加 Enemy 陣亡數
    public void AddEnemyKilledCount() {
        m_EnemyKilledCount++;
    }

    // 增加 Soldier 陣亡數
    public void AddSoldierKilledCount() {
        m_SoldierKilledCount++;
    }

    // 目前關卡
    public void SetNowStageLevel( int NowStageLevel ) {
        m_StageLv = NowStageLevel;
    }
}
```

Chapter 21　成就系統 — Observer 觀察者模式

重構遊戲事件觸發點

對於重構完的遊戲事件系統(GameEventSystem)及成就系統(AchievementSystem)來說，當遊戲事件觸發時，只要呼叫遊戲系統(GameEventSystem)中的訊息通知(NotifySubject)方法，就能透過其中的觀察者模式（*Observer*）將訊息廣播給所有的相關系統：

Listing 21-20　管理創建出來的角色(`CharacterSystem.cs`)

```csharp
public class CharacterSystem : IGameSystem
{
    // 移除角色
    public void RemoveCharacter() {
        // 移除可以刪除的角色
        RemoveCharacter( m_Soldiers, m_Enemys,
                         ENUM_GameEvent.SoldierKilled );
        RemoveCharacter( m_Enemys, m_Soldiers,
                         ENUM_GameEvent.EnemyKilled);
    }

    // 移除角色
    public void RemoveCharacter( List<ICharacter> Characters,
                                 List<ICharacter> Opponents,
                                 ENUM_GameEvent emEvent) {
        // 分別取得可以移除及存活的角色
        List<ICharacter> CanRemoves = new List<ICharacter>();
        foreach( ICharacter Character in Characters)
        {
            // 是否陣亡
            if( Character.IsKilled() == false)
                continue;
            //  是否確認過陣亡事件
            if( Character.CheckKilledEvent()==false)
                m_PBDGame.NotifyGameEvent( emEvent,Character );
            // 是否可以移除
            if( Character.CanRemove())
                CanRemoves.Add (Character);
        }
        ...
    }
}
```

因應遊戲事件系統(GameEventSystem)的完成，相關的遊戲事件也從原有的呼叫點，重構到合適的地點進行呼叫。透過下面的循序圖，就能了解類別物件之間的互動情況：

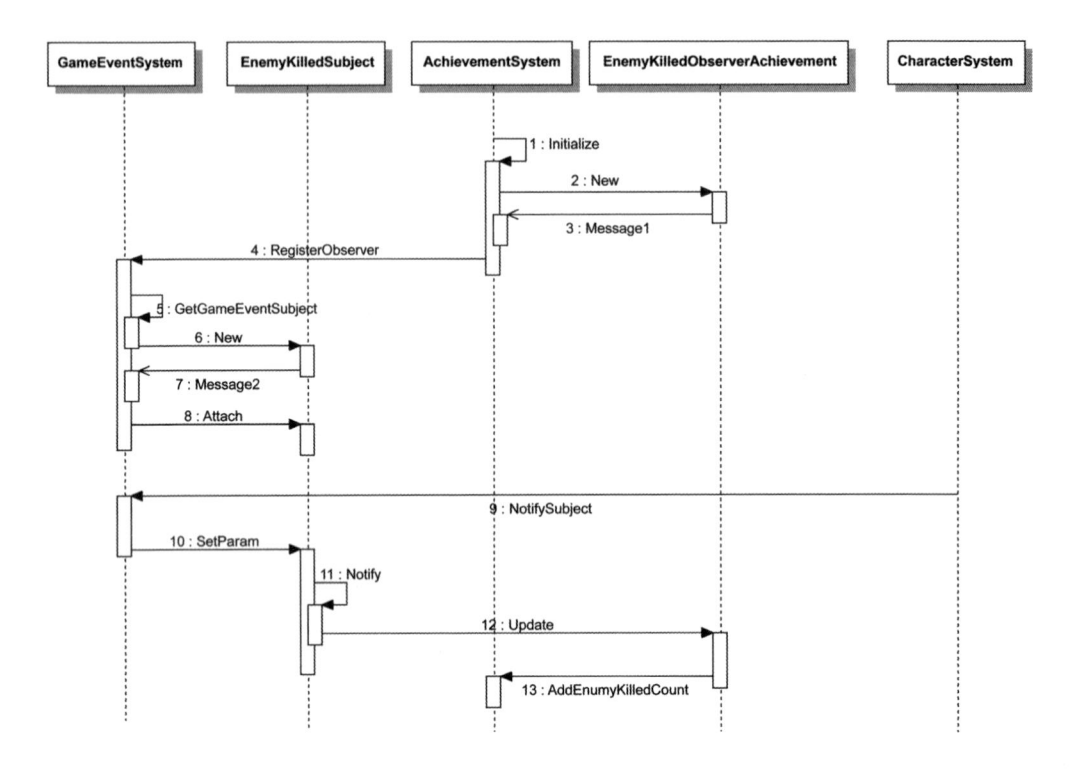

[Sequence diagram with participants: GameEventSystem, EnemyKilledSubject, AchievementSystem, EnemyKilledObserverAchievement, CharacterSystem]

1 : Initialize
2 : New
3 : Message1
4 : RegisterObserver
5 : GetGameEventSubject
6 : New
7 : Message2
8 : Attach
9 : NotifySubject
10 : SetParam
11 : Notify
12 : Update
13 : AddEnumyKilledCount

21.3.3 使用觀察者模式（*Observer*）的優點

成就系統(`AchievementSystem`)以「遊戲事件」為基礎，記錄每個遊戲事件發生的次數及時間點，作為成就項目的判斷依據。但是當同一個遊戲事件被觸發後，可能不只有一個成就系統會被觸發，系統中也可能存在著其它系統需要使用同一個遊戲事件。因此，加入了以觀察者模式（*Observer*）為基礎的遊戲事件系統(`GameEventSystem`)，有效地解除了「遊戲事件的發生」與有關的「系統功能呼叫」之間的綁定。讓遊戲事件發生時，不必理會後續的處理工作，而是交由遊戲事件主題(`Subject`)去負責呼叫觀察者/訂閱者，此外，也能同時呼叫多個系統同時處理這個事件引發的後續動作。

21.3.4 實作觀察者模式（*Observer*）的注意事項

雙向與單向訊息通知

社群網頁上的「粉絲團」比較像是觀察者模式（*Observer*）：當粉絲團上發佈了一則新的動態後，所有訂閱的用戶都可以看到新增的動態。而使用者與使用者之間則是同時扮

演「主題(Subject)」與「觀察者(Observer)」的角色，除了同時收到其他好友的動態訊息，當自己有任何的動態新增時，也會同時廣播給好友們(觀察者)。

類別過多的問題

「遊戲事件」、「遊戲事件主題(IGameEventSubject)」會隨著專案的開發，不斷地增加，相對的，這些主題的觀察者的數量也會隨之上升。從目前的「P級陣地」內容來看，已經產生了 7 個遊戲事件觀察者類別(IGameEventObserver)，所以不難想像中大型專案可能會產生非常多的觀察者類別(IGameEventObserver)。當然，在某些情況下類別過多反而是個缺點。因此，如果想要減少類別的產生，那麼可以考慮向遊戲的主題註冊時，不要使用「類別物件」而是使用「回呼函式」，之後再將功能相似的「回呼函式」以同一個類別來管理，就能減少過多類別的問題。而這一部份的解決方式跟「第 19 章：兵營訓練單位」解決大量請求命令時的想法是一樣的，讀者可以回顧相關的內容。

比較命令模式（*Command*）與觀察者模式（*Observer*）

這兩個模式都是著重在，將「發生」與「執行」這兩個動作解耦的模式。當觀察者模式（*Observer*）中的主題只存在一個觀察者時，就非常像是命令模式（*Command*）的基本架構，但還是有一些差異可以分辨出兩個模式應用的時機：

- 命令模式（*Command*）：該模式的另一個重點是「命令的管理」，應用的系統對於發出的命令有新增、刪除、記錄、排序、回復…的需求。
- 觀察者模式（*Observer*）：對於「觀察者/訂閱者」可進行管理，意思是觀察者可以在系統執行階段決定訂閱或退訂等動作，讓「執行者(觀察者/訂閱者)」可以被管理。

所以，兩者在應用上還是有明確的目標。當然，如果有需要將兩個模式整合應用並非不可能，像是讓命令模式（*Command*）的執行者可以動態新增、移除；或是讓觀察者模式（*Observer*）的「每一次發佈」都可以被管理…等。而這也是本書所要呈現的重點——模式之間的交互合作，會產生出更大的效果。

21.4 當有新的變化時

企劃：「小程，我們想要在遊戲過程中，增加兵營升級的誘因，讓玩家認為高級單位有高生命值的好處，所以…」

程式：「所以…想要加什麼系統嗎？」

企劃：「可以記錄目前連續成功擊退敵人的數量嗎？就是 Combo」

程式：「可以再定義清楚一些嗎？」

企劃：「就是玩家角色在沒有陣亡的情況下，連續擊退敵方角色的數量，但如果有我方單位陣亡的話，那麼就重計」

程式：「嗯…複雜了點，我試看看」

小程分析，這一項記錄連續擊退(Combo Count)的功能，需要同時接收「玩家角色陣亡事件」及「敵方角色陣亡事件」，若是新增一個遊戲事件觀察者(IGameEventObserver)，而這個觀察者可以同時訂閱兩個遊戲事件主題，內部再加上主題判斷的話，應該是可行的：

Listing 21-21　我方連續擊退事件

```
public class ComboObserver : IGameEventObserver
{
    private SoldierKilledSubject m_SoldierKilledSubject = null;
    private EnemyKilledSubject m_EnemyKilledSubject = null;
    private PBaseDefenseGame m_PBDGame = null;

    private int m_EnemyComboCount =0;
    private int m_SoldierKilledCount = 0;
    private int m_EnemyKilledCount = 0;

    public ComboObserver(PBaseDefenseGame  PBDGame) {
        m_PBDGame = PBDGame;
    }

    // 設定觀察的主題
    public override void SetSubject( IGameEventSubject theSubject ) {
        if( theSubject is SoldierKilledSubject )
            m_SoldierKilledSubject=theSubject as SoldierKilledSubject;
        if( theSubject is EnemyKilledSubject)
            m_EnemyKilledSubject = theSubject as EnemyKilledSubject;
    }

    // 通知 Subject 被更新
```

```csharp
    public override void Update() {
        int NowSoldierKilledCount=
                        m_SoldierKilledSubject.GetKilledCount();
        int NowEnemyKilledCount =
                        m_EnemyKilledSubject.GetKilledCount();

        // 玩家單位陣亡,重置計數器
        if( NowSoldierKilledCount > m_SoldierKilledCount)
            m_EnemyComboCount = 0;
        // 增加計數器
        if( NowEnemyKilledCount > m_EnemyKilledCount)
            m_EnemyComboCount ++;

        m_SoldierKilledCount = NowSoldierKilledCount;
        m_EnemyKilledCount = NowEnemyKilledCount;

        // 通知
        m_PBDGame.ShowGameMsg("連續擊退敵人數:"
                            + m_EnemyComboCount.ToString());
    }
}
```

因為要訂閱兩個遊戲事件主題，所以 SetSubject 方法會被呼叫兩次，每次呼叫時都先判斷是由哪個主題呼叫的，然後分別記錄在類別的成員之中。而這兩個主題物件也會在更新(Update)方法中，做為後續判斷連續擊退時，取得計數的來源。

最後，再將 ComboObserver 於系統開始時訂閱這兩個主題：

```csharp
public class PBaseDefenseGame
{
    ...
    // 註冊遊戲事件系統
    private void ResigerGameEvent() {
        // 事件註冊
        m_GameEventSystem.RegisterObserver(
                        ENUM_GameEvent.EnemyKilled,
                        new EnemyKilledObserverUI(this));
        // Combo
        ComboObserver theComboObserver = new ComboObserver(this);
        m_GameEventSystem.RegisterObserver(
                ENUM_GameEvent.EnemyKilled,theComboObserver);
        m_GameEventSystem.RegisterObserver(
                ENUM_GameEvent.SoldierKilled,theComboObserver);
    }
```

```
        ...
   }
```

這一次的功能新增,是利用現有遊戲事件主題來達成,所以只新增了一個 ComboObserver 類別來完成功能。並且只修改了 PBaseDefenseGame.cs 來增加必要的訂閱主題功能,對於系統的修改程度來說,並不算大。由此可證明應用觀察者模式（Observer）有助於系統的開發及維護。

21.5 結論

觀察者模式（Observer）的設計原理是,先設定一個主題(Subject),讓這個主題發佈時可同時通知關心這個主題的觀察者/訂閱者,並且主題不必理會觀察者/訂閱者接下來會執行那些動作。觀察者模式（Observer）的主要功能及優點,就是將「主題發生」與「功能執行」這兩個動作解除綁定,而且對於「執行者(觀察者/訂閱者)」來說,還是可以動態決定是否要執行後續的功能。

觀察者模式（Observer）的缺點是可能造成過多的觀察者類別。不過利用註冊「回呼函式」來取代「註冊類別物件」可有效減少類別的產生。

其它應用方式

- 在遊戲場景中,設計者通常會擺放一些所謂的「事件觸發點」,這些事件觸發點會在玩家角色進入時,觸發對應的遊戲功能,像是突然會出現一群怪物 NPC 來攻擊玩家角色,或是進入劇情模式演出一段遊戲故事劇情…等。而且遊戲通常不會限制一個事件觸發點只能執行一個動作,所以實作時可以將每一個事件觸發點當成一個「主題」,而每一個要執行的功能,都成為「觀察者」,當事件被觸動發佈時,所有的觀察者都能立即反應。

第 22 章

存檔功能
─ *Memento* 備忘錄模式

22.1 儲存成就記錄

在上一章中,「P 級陣地」增加了成就系統來強化玩家對遊戲成績的追求,但以目前專案玩成的實作功能,除非不關掉遊戲,否則這些成就分數就會在玩家關掉遊戲的同時也一併消失。所以現在需要的是一個「儲存成就記錄」的功能,讓這些記錄能夠被保存下來,不會因為關閉遊戲而消失。

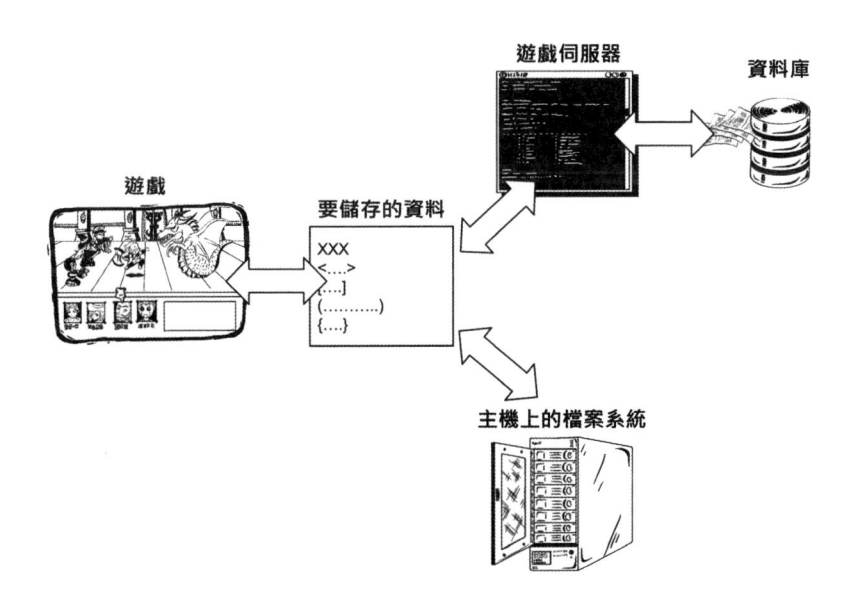

圖 22-1 玩家資料存檔的示意圖

資料保存的方式有很多種，以單機遊戲而言，大多是以檔案的方式儲存在玩家的電腦中。若是連線型遊戲，則玩家的資料大多是儲存在遊戲伺服器(Game Server)的資料庫系統(Database)中，不過有時也會將少數的設定資訊利用檔案系統儲存在玩家的電腦上。

在 Unity3D 開發工具中，提供了多種的資訊儲存方式：

- `PlayerPrefs` 類別：Unity3D 引擎提供的類別，使用 Key-Value 的型式將資訊存放在檔案系統中，不需自行指定檔案路徑及名稱，適合儲存簡單的資料。

- 自行儲存檔案：使用 C# 中的 `System.IO.File` 類別，自行開啟檔案及儲存資料到檔案中，需自行定義儲存資料的格式及檔案路徑和名稱，適合儲存複雜的資料。

- 使用 XML 格式存檔：使用 C# 中的 `System.Xml` 下的類別，以 XML 格式存檔，原理同上一個方式，只是存檔的內容會以 XML 格式來表現，適合儲存複雜的資料。

「P 級陣地」中的成就項目並不複雜，全都可以使用 Key-Value 方式儲存，所以「P 級陣地」將使用 `PlayerPrefs` 類別實作保存記錄的功能。

Unity3D 的 `PlayerPrefs` 類別提供了眾多的儲存及讀取方法：

- `SetFloat`：儲存為浮點數。
- `SetInt`：儲存為整數。
- `SetString`：儲存為字串。
- `GetFloat`：取得浮點數。
- `GetInt`：取得整數。
- `GetString`：取得字串。

上列方法都為靜態方法，而呼叫時只需要提供 "Key" 及 Value 值即可，儲存方式如下：

```
PlayerPrefs.SetInt("Key1" ,IntValue);
```

讀出方式如下：

```
int iValue= PlayerPrefs.GetInt("Key1" ,0);
```

GetInt 的第 2 個參數為預設值，當無法取得「以 Key 值儲存的資料」時，會以預設值回傳給呼叫者。

因為目前的成就項目全部都記錄在成就系統(AchievementSystem)之中，所以採取簡單實作的方式，就是直接在成就系統(AchievementSystem)內，實作成就記錄的儲存及取回：

```
// 成就系統
public class AchievementSystem : IGameSystem
{
    // 記錄的成就項目
    private int m_EnemyKilledCount = 0;
    private int m_SoldierKilledCount = 0;
    private int m_StageLv = 0;

    ...
    // 儲存記錄
    public void SaveData(){
        PlayerPrefs.SetInt("EnemyKilledCount",
                                    m_EnemyKilledCount);
        PlayerPrefs.SetInt("SoldierKilledCount",
                                    m_SoldierKilledCount);
        PlayerPrefs.SetInt("StageLv", m_StageLv);
    }

    // 取回記錄
    public void LoadData(){
        m_EnemyKilledCount = PlayerPrefs.GetInt(
                                    "EnemyKilledCount",0);
        m_SoldierKilledCount = PlayerPrefs.GetInt(
                                    "SoldierKilledCount",0);
        m_StageLv = PlayerPrefs.GetInt("StageLv",0);
    }
    ...
}
```

直接將資料存檔功能實作在遊戲功能類別中,一般來說是不太理想的方式,違反單一職責原則(SRP)。也就是說,各遊戲功能類別應該專心處理與遊戲相關的功能,至於「記錄保存」的功能,應該由其它的專責類別來實作才是。因為每個平台上資料保存的方式迥異,也會因專案的需求而採取不同的方式,所以這一部份不該由遊戲功能類別自已去實作。

如果每個遊戲功能類別都有記錄保存的需求,但又沒有專責的記錄保存類別,那麼,可想而知的是,每個遊戲功能類別都實作自已的記錄保存功能,這樣就會造成功能重複實作、記錄儲存格式不統一或是存檔名稱重複的問題。

所以應該要有一個專責的類別來「負責記錄保存」,這個類別會去取得各個系統想要儲存的記錄後,再一併作資料保存的動作。雖然「P級陣地」中只有成就系統(Achievement System)有記錄保存的需求,但我們還是要實作另一個類別來專門負責記錄的保存:

```
// 成就系統
public class AchievementSystem
{
    // 記錄的成就項目
    private int m_EnemyKilledCount = 0;
    private int m_SoldierKilledCount = 0;
    private int m_StageLv = 0;

    // 記錄的成就項目
    public int GetEnemyKilledCount(){
        return m_EnemyKilledCount;
    }
    public int GetSoldierKilledCount(){
        return m_SoldierKilledCount;
    }
    public int GetStageLv(){
        return m_StageLv;
    }
    public void SetEnemyKilledCount(int iValue){
        m_EnemyKilledCount = iValue;
    }
    public void SetSoldierKilledCount(int iValue){
        m_SoldierKilledCount = iValue;
    }
```

```csharp
        public void SetStageLv(int iValue){
            m_StageLv = iValue;
        }
        // 儲存記錄
        public void SaveData(){
            AchievementSaveData.SaveData(this);
        }

        // 取回記錄
        public void LoadData(){
            AchievementSaveData.LoadData(this);
        }
    }

    // 成就記錄存檔
    public static class AchievementSaveData
    {
        // 存檔
        public static void SaveData( AchievementSystem theSystem ){
            PlayerPrefs.SetInt("EnemyKilledCount",
                                    theSystem.GetEnemyKilledCount());
            PlayerPrefs.SetInt("SoldierKilledCount",
                                    theSystem.GetSoldierKilledCount());
            PlayerPrefs.SetInt("StageLv", theSystem.GetStageLv());
        }

        // 取回
        public static void LoadData( AchievementSystem theSystem ){
            int tempValue = 0;
            tempValue = PlayerPrefs.GetInt("EnemyKilledCount",0);
            theSystem.SetEnemyKilledCount(tempValue);

            tempValue = PlayerPrefs.GetInt("SoldierKilledCount",0);
            theSystem.SetSoldierKilledCount(tempValue);

            tempValue = PlayerPrefs.GetInt("StageLv",0);
            theSystem.SetStageLv(tempValue);
        }
    }
```

新的做法實作了一個 `AchievementSaveData` 類別，它是專門負責成就的記錄保存。由於 `AchievementSaveData` 類別存檔時還是必須取得及設定成就系統(`AchievementSystem`)的相關資訊，所以成就系統就必須宣告對應的資訊取得方法。當然如果使用 C#實作的話，可以利用 getter 及 setter 的語法，少寫一些程式碼，但不論是採用哪種方式，這種實作方式最主要的缺點是：成就系統(`AchievementSystem`)必須將「內部成員資料」全部對外公開。

對外公開成員資料是有風險的，如果從介面分割原則(ISP)的角度來看，除非必要，否則類別應該盡量減少對外顯示內部資料結構，以減少客戶端有機會破壞內部成員記錄，而對外公佈過多的操作方法，也容易增加與其它系統的耦合度。

所以，對於這個版本的存檔功能而言，修改目標除了「將記錄保存交由專案類別負責」之外，也必須同時「減少不必要的成員存取方法」。在 GoF 的設計模式中的備忘錄模式（*Memento*）提供了我們修改時的參考範本。

22.2 備忘錄模式（*Memento*）

本章將使用備忘錄模式（*Memento*）來保存遊戲資料，而遊戲可以因為保存了遊戲的資料，而重新設計系統中的某些功能。備忘錄模式（*Memento*）是用來記錄物件狀態的設計模式，所以如果將系統內某一個時間內的物件狀態全都保留下來，那麼就等於實作了「系統快照」(Snapshot)或系統保存的功能，提供使用者可以返回某一個「快照」時的系統狀態。

22.2.1 備忘錄模式（*Memento*）的定義

GoF 對備忘錄模式（*Memento*）的定義是：

「在不違反封裝的原則下，取得一個物件的內部狀態並保留在外部，讓該物件可以在日後恢復到原先保留的狀態。」

如果以「遊戲存檔」的功能來解釋備忘錄模式（*Memento*）的定義，就能更明白一些，也就是：在不增加各遊戲系統類別成員的「存取」方法的前提之下，存檔功能要能夠取得各遊戲系統內部需要保存的資訊，然後在遊戲重新開始時，再將記錄讀回，並重新設定給各遊戲系統。

Chapter 22 存檔功能
— Memento 備忘錄模式

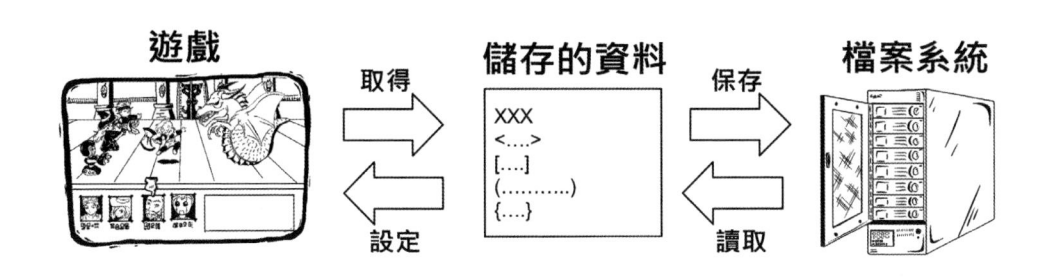

圖 22-2 遊戲存檔示意圖

那麼，怎麼讓現有的遊戲系統「不違反封裝的原則」，還能提供內部的詳細資訊呢？其實如果從另一個方向來思考，那麼就是由遊戲系統本身「主動提供內部資訊」給存檔功能，而且也「主動」向存檔功能取得與自己(系統)有關的資訊。

這跟原本由遊戲本身提供一大堆「存取內部成員」的方法，有什麼不同？最大的不同在於：遊戲系統提供存取內部成員方法，是讓遊戲系統處於「被動」狀態。遊戲系統本身不能判斷提供這些存取方法後，會不會有什麼後遺症，而備忘錄模式（Memento）則是將遊戲系統由「被動」改為「主動提供」，意思是，由遊戲系統自己決定要提供什麼資訊及記錄給存檔功能，也由遊戲系統決定要從存檔功能中，取回什麼樣的資料及記錄還原給內部成員。而這些資訊記錄的設定及取得的實作地點都在「遊戲系統類別內」，不會發生在遊戲系統類別以外的地方，如此就可確保類別的「封裝的原則」不被破壞。

22.2.2 備忘錄模式（Memento）的說明

備忘錄模式（Memento）的概念，是讓有記錄保存需求的類別，自行產生要保存的資料，外界完全不用了解這些記錄被產生的過程及來源。另外，也讓類別自己從之前的保存資料中找回資訊，自行重設類別的狀態。

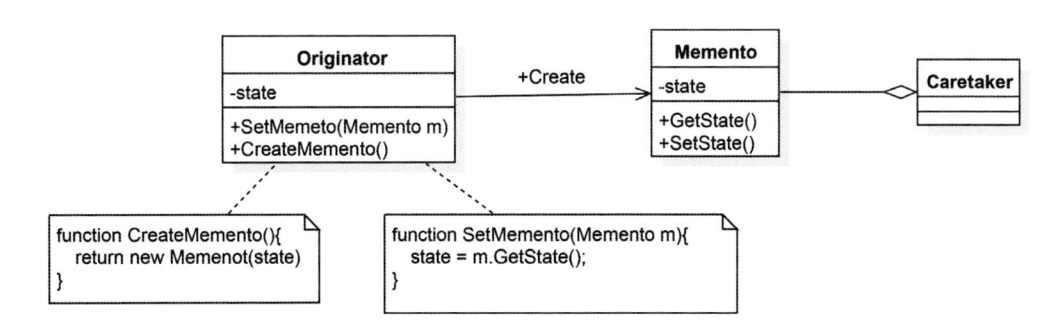

22-7

基本的備忘錄模式（*Memento*）結構如上圖。

GoF 參與者的說明如下：

- Originator(記錄擁有者)
    ◎ 擁有記錄的類別，內部有成員或記錄需要被儲存。
    ◎ 會自動將要保存的記錄產生出來，不必提供存取內部狀態的方法。
    ◎ 會自動將資料從之前的保存記錄中取回，並回復之前的狀態。
- Memento(記錄保存者)
    ◎ 負責保存 Originator(記錄擁有者)的內部資訊。
    ◎ 無法取得 Originator(記錄擁有者)的資訊，必須由 Originator(記錄擁有者)主動設定及取用。
- Caretaker(管理記錄保存者)
    ◎ 管理 Originator(記錄擁有者)產生出來的 Memento(記錄保存者)。
    ◎ 可以增加物件管理容器，來保存多個 Memento(記錄保存者)。

22.2.3 備忘錄模式（*Memento*）的實作範例

Originator(記錄擁有者)指的是系統中擁有需要保存資訊的類別：

Listing 22-1　需要儲存內容資訊(Memento.cs)

```
public class Originator
{
    string m_State; // 狀態,需要被保存

    public void SetInfo(string State) {
        m_State = State;
    }

    public void ShowInfo() {
        Debug.Log("Originator State:"+m_State);
    }

    // 產生要儲存的記錄
    public Memento CreateMemento() {
        Memento newMemento = new Memento();
        newMemento.SetState( m_State );
        return newMemento;
```

```
    }

    // 設定要回復的記錄
    public void SetMemento( Memento m) {
        m_State = m.GetState();
    }
}
```

Originator(記錄擁有者)類別內擁有一個需要被保存的成員：m_State，而這個成員將由 Originator(記錄擁有者)在 CreateMemento 方法中，自行產生 Memento(記錄保存者)物件，並將儲存資料(m_State)設定給 Memento 物件，最後傳出給客戶端。而客戶端也可以將之前保留的 Memento(記錄保存者)物件，透過 Originator(記錄擁有者)的類別方法：SetMemento，將記錄傳入類別內，讓 Originator(記錄擁有者)可以回復到之前記錄的狀態。

而 Memento(記錄保存者)類別的定義並不複雜，原則上是定義需要被儲存保留的成員，並針對這些成員設定存取方法：

Listing 22-2 存放 Originator 物件的內部狀態(Memento.cs)

```
public class Memento
{
    string m_State;
    public string GetState() {
        return m_State;
    }

    public void SetState(string State) {
        m_State = State;
    }
}
```

如果單純只是記錄需要保存的記錄，那麼也可以直接使用 C#語法的 getter 及 setter 語法來實作，讓程式碼更簡潔。

在測試程式碼中，先將 Originator(記錄擁有者)的狀態設定為"Step1"之後，利用 CreateMemento 方法將內部狀態保留下來。隨後設定為"Step2"，但假設此時發生設定錯誤了，那麼沒有關係，只要將之前保留的狀態，利用 SetMemento 方法再設定回去就可以了：

Listing 22-3 測試備忘錄模式(MementoTest.cs)

```
void UnitTest () {
    Originator theOriginator = new Originator();
```

```
        // 設定資訊
        theOriginator.SetInfo( "Step1" );
        theOriginator.ShowInfo();

        // 儲存狀態
        Memento theMemnto = theOriginator.CreateMemento();

        // 設定新的資訊
        theOriginator.SetInfo( "Step2" );
        theOriginator.ShowInfo();

        // 復原
        theOriginator.SetMemento( theMemnto );
        theOriginator.ShowInfo();
    }
```

執行結果

```
Originator State:Info:Step1

Originator State:Info:Step2

Originator State:Info:Step1
```

除了測試程式保留下來的Memento(記錄保存者)物件，如果再搭配Caretaker(管理記錄保存者)類別的協助，就可以具備同時保留多個記錄物件的功能，讓系統可以決定Originator(記錄擁有者)要回復到哪個版本：

Listing 22-4　保管所有的Memento(Memento.cs)

```
public class Caretaker
{
    Dictionary<string, Memento> m_Memntos =
                        new Dictionary<string, Memento>();
    // 增加
    public void AddMemento(string Version , Memento theMemento) {
        if(m_Memntos.ContainsKey(Version)==false)
            m_Memntos.Add(Version, theMemento);
        else
            m_Memntos[Version]=theMemento;
    }

    // 取回
    public Memento GetMemento(string Version) {
        if(m_Memntos.ContainsKey(Version)==false)
            return null;
        return m_Memntos[Version];
    }
}
```

```
}
```

Caretaker(管理記錄保存者)類別使用Dictionary泛型容器來保存多個Memento(記錄保存者)物件,讓測試程式可以決定要回復到哪一個版本:

Listing 22-5 測試管理記錄保存者(`MementoTest.cs`)

```csharp
void UnitTest2 () {
    Originator theOriginator = new Originator();
    Caretaker theCaretaker = new Caretaker();

    // 設定資訊
    theOriginator.SetInfo( "Version1" );
    theOriginator.ShowInfo();
    // 保存
    theCaretaker.AddMemento("1",theOriginator.CreateMemento());

    // 設定資訊
    theOriginator.SetInfo( "Version2" );
    theOriginator.ShowInfo();
    // 保存
    theCaretaker.AddMemento("2",theOriginator.CreateMemento());

    // 設定資訊
    theOriginator.SetInfo( "Version3" );
    theOriginator.ShowInfo();
    // 保存
    theCaretaker.AddMemento("3",theOriginator.CreateMemento());

    // 退回到第2版,
    theOriginator.SetMemento( theCaretaker.GetMemento("2"));
    theOriginator.ShowInfo();

    // 退回到第1版,
    theOriginator.SetMemento( theCaretaker.GetMemento("1"));
    theOriginator.ShowInfo();
}
```

執行結果

```
Originator State:Version1

Originator State:Version2

Originator State:Version3

Originator State:Version2

Originator State:Version1
```

22.3 使用備忘錄模式（*Memento*）實作成就記錄的保存

如果遊戲是實作在「儲存成本」比較高或「儲存空間」比較小的環境下，那麼就會限制玩家可以儲存資訊筆數或內容。例如，在網路連線遊戲中，玩家的資料儲存在伺服器端的資料庫系統中，因為「儲存成本」比較高，所以網路連線遊戲通常會限制每一個玩家可以設定多少個角色(所以為什麼會有，需要花錢才能多用一隻角色的遊戲設計)。而如果是移動型遊戲機，一般來說，內部使用的「儲存空間」比較小，所以通常每款遊戲只能儲存三份記錄。最沒有限制的，通常就是個人電腦主機上的單機遊戲了，因為相關的限制比較不明顯，通常不會限制可以存檔的數量。

22.3.1 成就記錄保存的功能設計

對於「P級陣地」的成就系統(AchievementSystem)而言，只需要保留每一項成就項目的最佳記錄，並不需要保留多個版本，因此在套用備忘錄模式（*Memento*）時，省去了 Caretaker(管理記錄)保存者的實作：

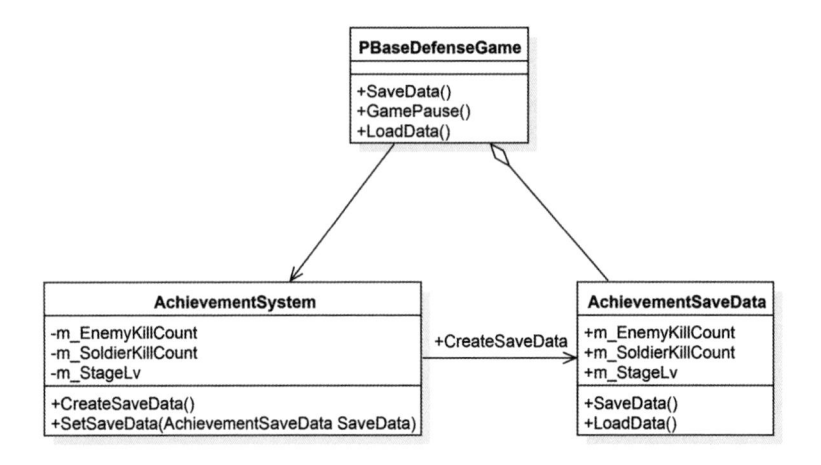

```
                    ┌─────────────────────┐
                    │  PBaseDefenseGame   │
                    ├─────────────────────┤
                    │ +SaveData()         │
                    │ +GamePause()        │
                    │ +LoadData()         │
                    └─────────────────────┘
                       ↙              ↘
┌──────────────────────────────────────┐        ┌──────────────────────┐
│         AchievementSystem            │        │ AchievementSaveData  │
├──────────────────────────────────────┤        ├──────────────────────┤
│ -m_EnemyKillCount                    │        │ +m_EnemyKillCount    │
│ -m_SoldierKillCount                  │+CreateSaveData +m_SoldierKillCount │
│ -m_StageLv                           │───────→│ +m_StageLv           │
├──────────────────────────────────────┤        ├──────────────────────┤
│ +CreateSaveData()                    │        │ +SaveData()          │
│ +SetSaveData(AchievementSaveData SaveData) │  │ +LoadData()          │
└──────────────────────────────────────┘        └──────────────────────┘
```

參與者的說明如下：

- AchievementSystem

    成就系統，擁有多項成就記錄需要被儲存，所以提供 CreateSaveData 方法讓外界取得「存檔記錄」，並利用 SetSaveData 方法，將「之前儲存的成就記錄」回存。

- `AchievementSaveData`

    記錄成就系統中需要被存檔的成就項目，並實作 Unity3D 中的資料保存功能。

- `PBaseDefenseGame`

    配合遊戲開啟及關閉，適時地呼叫成就系統的 `CreateSaveData`、`SetSaveData` 方法，來達成成就記錄的保存及取回。

22.3.2 實作說明

在套用備忘錄模式（*Memento*）之後，將成就系統(AchievementSystem)要儲存的項目，定義在成就存檔功能(AchievementSaveData)之中，並增加對應的存取方法，讓成就系統可以在產生存檔資訊時加以設定：

Listing 22-6　成就記錄存檔(`AchievementSaveData.cs`)

```
public class AchievementSaveData
{
    // 成就要存檔的資訊
    public int EnemyKilledCount        {get;set;}
    public int SoldierKilledCount      {get;set;}
    public int StageLv                 {get;set;}

    public AchievementSaveData()
    {}

    public void SaveData() {
        PlayerPrefs.SetInt("EnemyKilledCount",
                                          EnemyKilledCount);
        PlayerPrefs.SetInt("SoldierKilledCount",SoldierKilledCount);
        PlayerPrefs.SetInt("StageLv", StageLv);
    }

    public void LoadData() {
        EnemyKilledCount = PlayerPrefs.GetInt("EnemyKilledCount",0);
        SoldierKilledCount =
                        PlayerPrefs.GetInt("SoldierKilledCount",0);
        StageLv = PlayerPrefs.GetInt("StageLv",0);
    }
}
```

類別內也使用 Unity3D 的 `PlayerPrefs` 類別來實作記錄的儲存及取回功能。

至於原本在成就系統(AchievementSystem)中增加的存取方法都被移除了，並增加產生成就記錄存檔及回復的方法：

Listing 22-7　成就系統 (AchievementSystem.cs)

```csharp
public class AchievementSystem : IGameSystem
{
    private AchievementSaveData m_LastSaveData=null; //最後一次的存檔資訊

    // 記錄的成就項目
    private int m_EnemyKilledCount = 0;
    private int m_SoldierKilledCount = 0;
    private int m_StageLv =  0;

    ...
    // 產生存檔
    public AchievementSaveData CreateSaveData() {
        AchievementSaveData SaveData = new AchievementSaveData();

        // 設定新的高分者
        SaveData.EnemyKilledCount = Mathf.Max (m_EnemyKilledCount,
                              m_LastSaveData.EnemyKilledCount);
        SaveData.SoldierKilledCount = Mathf.Max (m_SoldierKilledCount,
                             m_LastSaveData.SoldierKilledCount);
        SaveData.StageLv = Mathf.Max (m_StageLv,
                                          m_LastSaveData.StageLv);
        return SaveData;
    }

    // 設定舊的存檔
    public void SetSaveData( AchievementSaveData SaveData) {
        m_LastSaveData = SaveData;
    }
}
```

因為不必實作保存多個存檔的版本，並為了配合遊戲系統的運作，所以將成就系統與成就記錄存檔的串接實作，放在 PBaseDefenseGame 中：

Listing 22-8　成就記錄串接 (PBaseDefenseGame.cs)

```csharp
public class PBaseDefenseGame
{
    ...
    // 存檔
    private void SaveData() {
        AchievementSaveData SaveData =
                        m_AchievementSystem.CreateSaveData();
        SaveData.SaveData();
    }

    // 取回存檔
    private AchievementSaveData LoadData() {
        AchievementSaveData OldData = new AchievementSaveData();
```

```
            OldData.LoadData();
            m_AchievementSystem.SetSaveData( OldData );
            return OldData;
        }
    }
```

除了要保留成就記錄外，也需要顯示介面才能顯示這些記錄，而「P級陣地」選擇了在暫停介面(GamePauseUI)上顯示這些訊息：

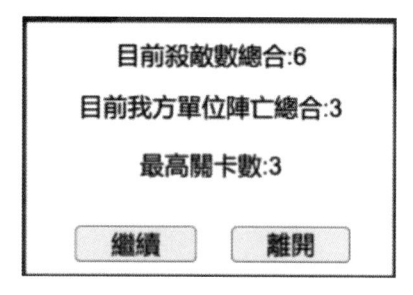

圖 22-3　暫停介面

Listing 22-9　遊戲暫停介面(`GamePauseUI.cs`)

```
public class GamePauseUI : IUserInterface
{
    private Text m_EnemyKilledCountText = null;
    private Text m_SoldierKilledCountText = null;
    private Text m_StageLvCountText = null;
    ...

    // 顯示暫停
    public void ShowGamePause(  AchievementSaveData SaveData ) {
        m_EnemyKilledCountText.text = string.Format(
                                    "目前殺敵數總合:{0}",
                                    SaveData.EnemyKilledCount);
        m_SoldierKilledCountText.text = string.Format(
                                    "目前我方單位陣亡總合:{0}",
                                    SaveData.SoldierKilledCount);
        m_StageLvCountText.text = string.Format("最高關卡數:{0}",
                                              SaveData.StageLv);
        Show();
    }
    ...
}
```

22.3.3 使用備忘錄模式（*Memento*）的優點

在套用備忘錄模式（*Memento*）之後，記錄成就的功能就從成就系統(AchievementSystem)中獨立出來了，讓專責的AchievementSaveData類別負責存檔的工作，至於AchievementSaveData類別該怎麼實作存檔功能，成就系統也不必知道。並且成

就系統本身也保有封裝性，不必對外開放過多的存取函式來取得類別內部的狀態，資訊的設定及回存也都在成就系統內完成。

22.3.4 實作備忘錄模式（*Memento*）的注意事項

當每個遊戲系統都有存檔的需求時，負責保存記錄 AchievementSaveData 類別就會過於龐大，此時可以讓各系統的存檔資訊以結構化方式編排，或是內部再以子類別的方式加以規劃。另外也可以配合序列化工具，先將要存檔的資訊轉換成 XML 或 JSON 格式，然後再使用存檔工具來保存那些已轉換好的格式資料，這樣也能減少針對每一項存檔資訊讀寫的實作。

22.4 當有新的變化時

一般複雜的單機遊戲都提供了存檔功能，而且可以存檔的數量可能不只一份，如果「P級陣地」改變遊戲方式，或是想提供多人共同遊玩時，那麼就必須加入多份存檔的功能，此時系統可以增加 Caretaker(管理記錄保存者)類別，來維護多個版本的記錄存檔(可以參考 22.2.3 的實作說明)。

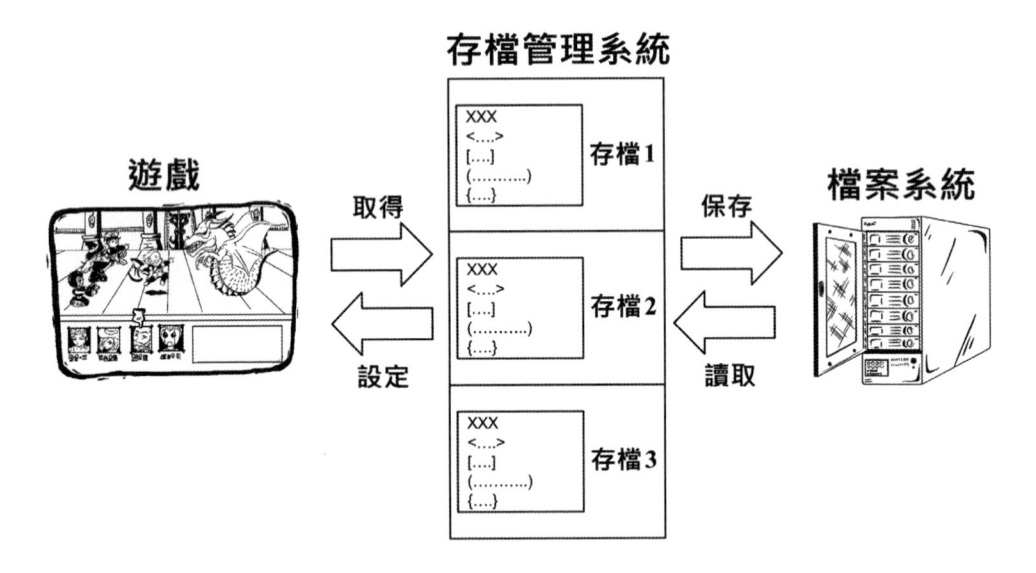

圖 22-4　多人共玩一個遊戲的存檔示意圖

另外，如果後續「P級陣地」中不只有一個系統需要存檔功能時，那麼可以增加一個「遊戲存檔系統(GameDataSaver)」，將原有的 `AchievementSaveData` 類別宣告為該類別的成員，再加入其它系統的存檔類別，統一交由遊戲存檔(GameDataSaver)系統負責實作。而此時的遊戲存檔系統(GameDataSaver)也可以扮演 Caretaker(管理記錄保存者)的角色，維護多個版本的存檔功能。

22.5 總結與討論

套用備忘錄模式（*Memento*）提供了一個，不破壞原有類別封裝性的「物件狀態保存」方案，並讓物件狀態保存可以存在多個版本，並且還可選擇要回復到哪個版本。

與其它模式(Pattern)的合作

如果備忘錄模式（*Memento*）搭配命令模式（*Command*），來做為命令執行前的系統狀態保存，就能讓命令在執行回復動作時，能夠回復到命令執行前的狀態。

其它應用方式

- 遊戲伺服器常需要針對執行效能進行分析及追蹤，所以要定期的讓各系統產生日誌(Log)，回報各遊戲系統目前的執行情況，像是記憶體使用、執行時佔用的時間、資料存取的頻率…等。要讓系統日誌功能更有彈性的話，可以使用備忘錄模式（*Memento*）讓各遊戲系統產生要定期回報的資訊，並將資訊內容的產出交給各遊戲系統，而日誌系統只負責儲存記錄。

設計模式與遊戲開發
　的完美結合

第 23 章

角色資訊查詢 — *Visitor* 訪問者模式

23.1 角色資訊的提供

「角色」是遊戲的重點，在「P 級陣地」中也是同樣的。遊戲內提供了六種角色，分屬於不同的陣營，各有不同的造型及特色，再加上「角色數值」的設計，讓每支角色在戰場中的能力都不一樣。所以遊戲要提供一個使用者介面，讓玩家可以了解每一個角色的狀態。

角色資訊介面

「P 級陣地」遊戲中的主角就是雙方陣營的角色，玩家角色是透過玩家對兵營下達訓練指令後，不斷地產出新單位進入戰場；而敵方角色則是由關卡系統(Stage System)產生。玩家一般是透過觀察戰場上各角色的數量，來決定接下來要訓練什麼單位上場，所以如果能提供雙方角色的資訊做為參考，就能讓玩家下達更正確的訓練指令來防守玩家的陣地。

玩家陣營角色資訊介面(`SoldierInfoUI`)，是用來顯示目前在戰場上，單一個玩家陣營角色的資訊：

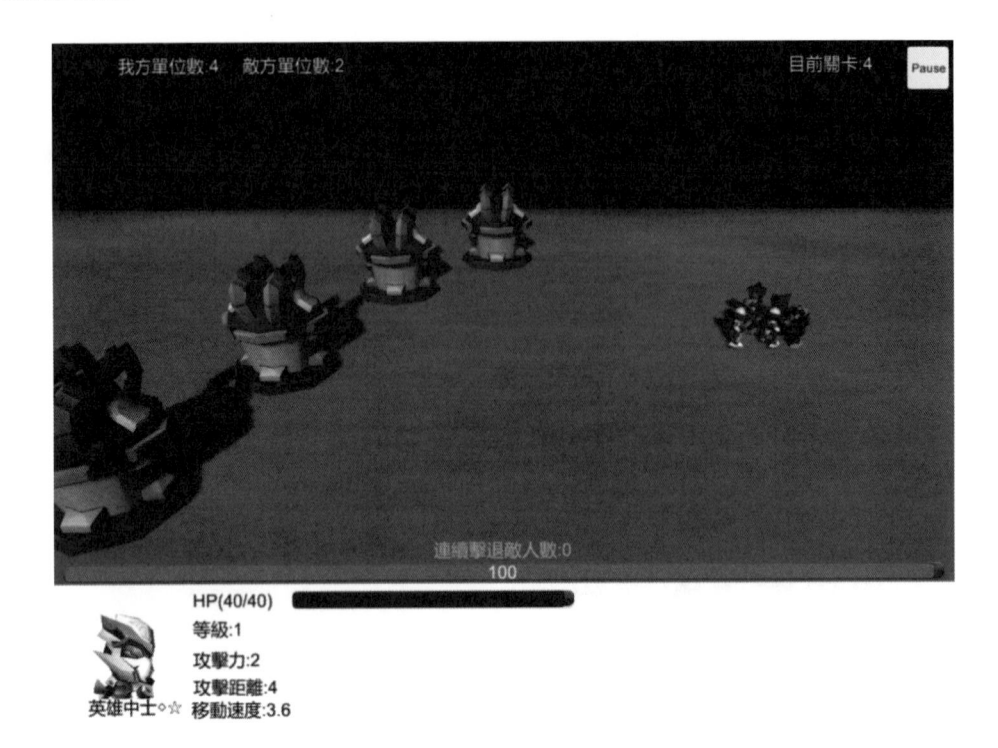

圖 23-1 角色資訊介面

玩家只要點選戰場中的玩家角色，系統就會將該角色的資訊顯示在介面上，就跟「第19章：兵營訓練單位」的「利用增加點擊判斷腳本，在兵營物件上完成顯示兵營資訊」的運作原理是相同的。玩家角色在建立的過程中，有個步驟會替角色加上點選判斷的腳本元件(AddOnClicpScript)：

Listing 23-1　利用 Builder 介面來建構物件(CharacterBuilderSystem.cs)

```
public class CharacterBuilderSystem : IGameSystem
{
    ...
    // 建立
    public void Construct(ICharacterBuilder theBuilder)
    {
        // 利用 Builder 產生各部份加入 Product 中
        theBuilder.LoadAsset( ++m_GameObjectID );
        theBuilder.AddOnClickScript();
        theBuilder.AddWeapon();
        theBuilder.SetCharacterAttr();
        theBuilder.AddAI();

        // 加入管理器內
```

```
            theBuilder.AddCharacterSystem( m_PBDGame );
    }
    ...
}
```

在角色建立系統(CharacterBuilderSyste)中,插入了一個 AddOnClickScript 步驟,用來加入玩家點擊判斷的腳本元件。因為角色建立系統(CharacterBuilder Syste)實作了建造者模式(*Builder*),所以只需要在建立流程中加入此一步驟即可。但目前只有玩家角色需要被判斷是否被玩家點選到,所以只有玩家角色的建造者(SoldierBuilder)重新實作了這個方法:

Listing 23-2 Soldier 各部位的建立(SoldierBuilder.cs)

```
public class SoldierBuilder : ICharacterBuilder
{
    ...
    // 加入 OnClickScript
    public override void AddOnClickScript()
    {
        SoldierOnClick Script = m_BuildParam.NewCharacter.
               GetGameObject().AddComponent<SoldierOnClick>();
        Script.Solder = m_BuildParam.NewCharacter as ISoldier;
    }
    ...
}
```

被加入的腳本元件是:SoldierOnClick,用來負責判斷玩家陣營的角色是否被點選:

Listing 23-3 角色是否被點選到(SoldierOnClick.cs)

```
public class SoldierOnClick : MonoBehaviour
{
    public ISoldier Solder = null;

    // Use this for initialization
    void Start () {}

    // Update is called once per frame
    void Update () {}

    public void OnClick()
    {
        // 通知顯示色角資訊
        PBaseDefenseGame.Instance.ShowSoldierInfo( Solder );
    }
}
```

23-3

設計模式與遊戲開發的完美結合

腳本元件中宣告的 OnClick 方法，會在系統判斷「點選到某一個角色」時被呼叫。而該點選判斷跟兵營的點選判斷是一樣的，也是實作在 PBaseDefenseGame 類別，用來負責判斷玩家輸入行為的方法中(InputProcess)：

Listing 23-4　實作角色點擊判斷(PBaseDefenseGame.cs)

```csharp
public class PBaseDefenseGame
{
    ...
    // 玩家輸入
    private void InputProcess()
    {
        //  Mouse 左鍵
        if(Input.GetMouseButtonUp( 0 ) ==false)
            return ;

        //由攝影機產生一條射線
        Ray ray = Camera.main.ScreenPointToRay(Input.mousePosition);
        RaycastHit[] hits = Physics.RaycastAll(ray);

        // 走訪每一個被 Hit 到的 GameObject
        foreach (RaycastHit hit in hits)
        {
            // 是否有兵營點擊
            CampOnClick CampClickScript = hit.transform.gameObject.
                                GetComponent<CampOnClick>();
            if( CampClickScript!=null )
            {
                CampClickScript.OnClick();
                return;
            }

            // 是否有角色點擊
            SoldierOnClick SoldierClickScript = hit.transform.
                    gameObject.GetComponent<SoldierOnClick>();
            if( SoldierClickScript!=null )
            {
                SoldierClickScript.OnClick();
                return ;
            }
        }
    }
    ...
}
```

如果判斷被點選的 GameObject 包含的 SoldierOnClick 腳本元件是玩家陣營單位，就透過呼叫腳本元件中的 OnClick 方法，將玩家陣營角色的資訊，顯示在玩家陣營角色資訊介面(SoldierInfoUI)上：

23-4

Listing 23-5 `Soldier` 介面(`SoldierInfoUI.cs`)

```csharp
public class SoldierInfoUI : IUserInterface
{
    private ISoldier m_Soldier = null; // 顯示的Soldier

    // 介面元件
    private Image  m_Icon = null;
    private Text   m_NameTxt = null;
    private Text   m_HPTxt = null;
    private Text   m_LvTxt = null;
    private Text   m_AtkTxt = null;
    private Text   m_AtkRangeTxt = null;
    private Text   m_SpeedTxt = null;
    private Slider m_HPSlider = null;

    public SoldierInfoUI( PBaseDefenseGame PBDGame ):base(PBDGame)
    {
        Initialize();
    }

    // 初始
    public override void Initialize()
    {
        m_RootUI = UITool.FindUIGameObject( "SoldierInfoUI" );

        // 圖像
        m_Icon = UITool.GetUIComponent<Image>(m_RootUI,
                                                "SoldierIcon");
        // 名稱
        m_NameTxt = UITool.GetUIComponent<Text>(m_RootUI,
                                                "SoldierNameText");
        // HP
        m_HPTxt = UITool.GetUIComponent<Text>(m_RootUI,
                                                "SoldierHPText");
        // 等級
        m_LvTxt = UITool.GetUIComponent<Text>(m_RootUI,
                                                "SoldierLvText");
        // Atk
        m_AtkTxt = UITool.GetUIComponent<Text>(m_RootUI,
                                                "SoldierAtkText");
        // Atk 距離
        m_AtkRangeTxt = UITool.GetUIComponent<Text>(m_RootUI,
                                                "SoldierAtkRangeText");
        // Speed
        m_SpeedTxt = UITool.GetUIComponent<Text>(m_RootUI,
                                                "SoldierSpeedText");
        // HP 圖示
        m_HPSlider = UITool.GetUIComponent<Slider>(m_RootUI,
                                                "SoldierSlider");

        // 註冊遊戲事件
```

```csharp
        m_PBDGame.RegisterGameEvent( ENUM_GameEvent.SoldierKilled,
                        new SoldierKilledObserverUI( this ));
        m_PBDGame.RegisterGameEvent( ENUM_GameEvent.SoldierUpgate,
                        new SoldierUpgateObserverUI( this ));

        Hide();
    }

    // Hide
    public override void Hide ()
    {
        base.Hide ();
        m_Soldier = null;
    }

    // 顯示資訊
    public void ShowInfo(ISoldier Soldier)
    {
        //Debug.Log("顯示Soldier資訊");
        m_Soldier = Soldier;
        if( m_Soldier == null || m_Soldier.IsKilled())
        {
            Hide ();
            return ;
        }
        Show ();

        // 顯示Soldier資訊
        // Icon
        IAssetFactory Factory = PBDFactory.GetAssetFactory();
        m_Icon.sprite = Factory.LoadSprite(
                            m_Soldier.GetIconSpriteName());
        // 名稱
        m_NameTxt.text =  m_Soldier.GetName();
        // 等級
        m_LvTxt.text =string.Format("等級:{0}",
                    m_Soldier.GetSoldierValue().GetSoldierLv());
        // Atk
        m_AtkTxt.text = string.Format( "攻擊力:{0}",
                        m_Soldier.GetWeapon().GetAtkValue());
        // Atk 距離
        m_AtkRangeTxt.text = string.Format( "攻擊距離:{0}",
                        m_Soldier.GetWeapon().GetAtkRange());
        // Speed
        m_SpeedTxt.text = string.Format("移動速度:{0}",
                    m_Soldier.GetSoldierValue().GetMoveSpeed());;

        // 更新HP資訊
        RefreshHPInfo();
    }
```

```csharp
        // 更新
        public void RefreshSoldier( ISoldier Soldier  )
        {
            if( Soldier==null)
            {
                m_Soldier=null;
                Hide ();
            }
            if( m_Soldier != Soldier)
                return ;
            ShowInfo( Soldier );
        }

        // 更新HP資訊
        private void RefreshHPInfo()
        {
            int NowHP = m_Soldier.GetSoldierValue().GetNowHP();
            int MaxHP = m_Soldier.GetSoldierValue().GetMaxHP();

            m_HPTxt.text = string.Format("HP({0}/{1})", NowHP, MaxHP);
            // HP圖示
            m_HPSlider.maxValue = MaxHP;
            m_HPSlider.minValue = 0;
            m_HPSlider.value = NowHP;
        }

        // 更新
        public override void Update ()
        {
            base.Update ();
            if(m_Soldier==null)
                return ;
            // 是否死亡
            if(m_Soldier.IsKilled())
            {
                m_Soldier = null;
                Hide ();
                return ;
            }

            // 更新HP資訊
            RefreshHPInfo();
        }
    }
```

跟實作其它介面一樣，先取得介面上的顯示元件後，透過 ShowInfo 方法將點選到的角色的資訊顯示出來。另外，類別中也定義了幾個提供給其他系統使用的方法。

角色數量的統計

目前雙方角色在戰場上的數量,是另一項玩家下決策時的參考依據,尤其對於攻防類型的遊戲來說,當雙方進入交戰狀態時,角色會交錯站位、重疊顯示,不容易看出目前雙方角色的數量。因此,「P級陣地」決定在介面上,增加一個「顯示敵我雙方數量」的資訊,並且在兵營介面(CampInfoUI)上,也顯示由該兵營產生的角色目前還有多少存活於戰場上:

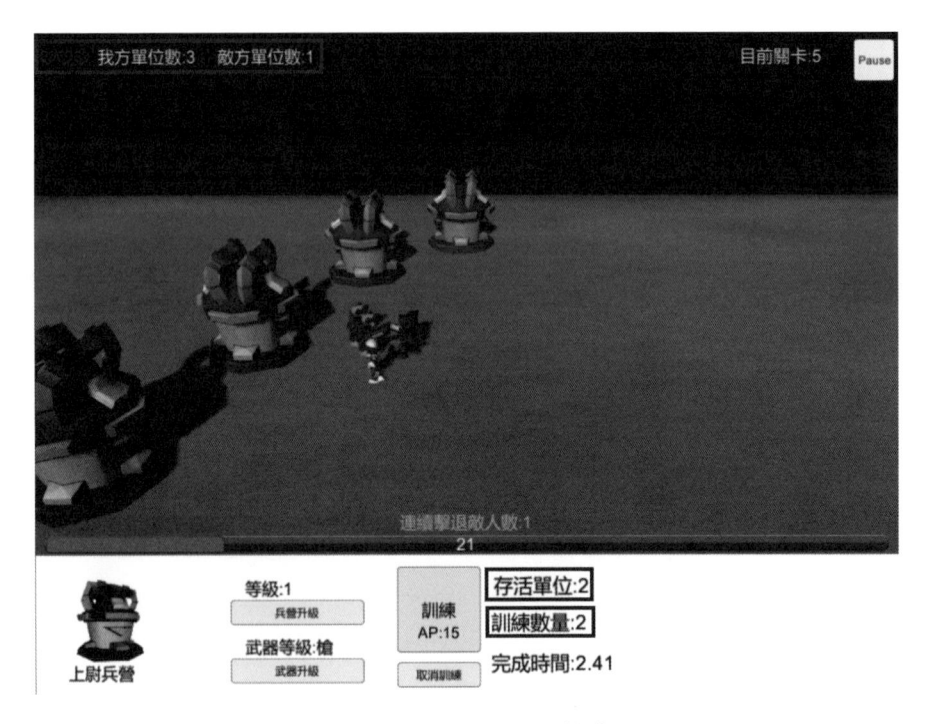

圖 23-2 角色資訊介面兵營介面

在目前的「P級陣地」角色系統(CharacterSystem)中,已經將雙方角色分別使用不同的泛型容器進行管理:

Listing 23-6　管理創建出來的角色(CharacterSystem.cs)

```
public class CharacterSystem : IGameSystem
{
    private List<ICharacter> m_Soldiers = new List<ICharacter>();
    private List<ICharacter> m_Enemys = new List<ICharacter>();
    ...
}
```

Chapter 23　角色資訊查詢
— Visitor 訪問者模式

所以，如果要滿足第一個需求：將雙方陣營的角色數量顯示出來，那麼簡單的實作方式就是，增加角色系統(CharacterSystem)的操作方法，讓外界可以取得這兩個容器的數量：

```
public class CharacterSystem : IGameSystem
{
    ...
    // 取得Soldier數量
    public int GetSoldierCount()
    {
        return m_Soldiers.Count;
    }

    // 取得Enemy數量
    public int GetEnemyCount()
    {
        return m_Enemys.Count;
    }
    ...
}
```

因為 PBaseDefenseGame 本身套用了多個設計模式，其中外觀模式（*Façade*）及仲介者模式（*Mediator*）分別做為各遊戲系統對外及對內的溝通介面，所以在 PBaseDefenseGame 類別中，也必須增加對應的方法，讓有需要的客戶端或其它遊戲系統來存取：

```
public class PBaseDefenseGame
{
    ...
    // 目前Soldier數量
    public int GetSoldierCount()
    {
        if( m_CharacterSystem !=null)
            return m_CharacterSystem.GetSoldierCount();
        return 0;
    }

    // 目前敵人數量
    public int GetEnemyCount()
    {
```

23-9

```
            if( m_CharacterSystem !=null)
                return m_CharacterSystem.GetEnemyCount();
            return 0;
        }
        ...
    }
```

這樣就完成了第一項需求：取得雙方陣營的角色數量。那麼針對第二項需求：兵營產生的角色目前還有多少存活在戰場上，也可使用相同的步驟來完成。首先在角色系統(CharacterSystem)中增加方法：

```
    public class CharacterSystem : IGameSystem
    {
        ...
        // 取得各Soldier單位數量
        public int GetSoldierCount(ENUM_Soldier emSolider)
        {
            int Count =0;
            foreach(ISoldier pSoldier in m_Soldiers)
            {
                if(pSoldier == null)
                    continue;

                if( pSoldier.GetSoldierType() == emSolider)
                    Count++;
            }
            return Count;
        }
        ...
    }
```

然後在 PBaseDefenseGame 增加對應的方法：

```
    public class PBaseDefenseGame
    {
        ...
        // 目前Soldier數量
        public int GetSoldierCount( ENUM_Soldier emSoldier)
        {
            if( m_CharacterSystem !=null)
```

```
            return m_CharacterSystem.GetSoldierCount(emSoldier);
        return 0;
    }
    ...
}
```

如此,介面就可以透過這些方法來取得所需要的資訊。但是,在完成這兩項需求的同時,讀者應該會發現,每加入一個與角色相關的功能需求時,就必須增加角色系統(CharacterSystem)的方法,連帶也必須一併修改 PBaseDefenseGame 的介面。

然而。隨著系統功能的增加,必須讓兩個類別修改介面的實作方式,有些缺點。除了必須更動原本類別的介面設計外,也增加了兩個類別的介面複雜度,使得後續的維護更為困難。假如現在系統又增加了第三個需求,要求統計目前場上敵方陣營不同角色的數量時,就勢必得追加角色系統(CharacterSystem)的方法及修改 PBaseDefenseGame 類別介面。

所以,針對角色系統中「管理雙方的角色物件」,應該要提出一套更好的解決方式,將這種「針對每一個角色進行走訪或判斷」的功能一致化,不隨著不同需求的增加而修改介面。

GoF 的訪問者模式(*Visitor*)提供了解決方案,讓針對一群物件走訪或判斷的功能,都能套用「同一組介面」方法來完成,過程中只會新增該功能本身的實作檔,對於原有的介面並不會產生任何的更動。

23.2 訪問者模式(*Visitor*)

筆者當初在學會訪問者模式(*Visitor*)之後,第一個聯想到的是 C++ *STL* 當中的 Function Object 應用:

Listing 23-7 計算某類型物件的數量及加總(C++程式碼)

```cpp
template <typename T>
class Accumulater
{
  private:
    int * m_Count;
    T   * m_Total;
  public:
    Accumulater(int *count,T * total)
    {
```

```
            m_Count=count;
            m_Total=total;
        }

        void operator()(T i)
        {
            (*m_Count)++;
            (*m_Total)+=i;
        }
    };

    // 測試程式碼
    void main()
    {
        // 產生資料
        vector<int> Data;
        for(int i=0;i<10;++i)
            Data.push_back(i+1);

        // 利用 function object 計算加總及個數
        int Total=0;
        int Count=0;
        Accumulater<int> Sum(&Count,&Total);

        // 走訪並加總
        for_each(Data.begin(),Data.end(),Sum);

        //顯示
        cout << "Count:" << Count << " Total:" << Total <<endl;
    }
```

重新定義一個具有計算功能(Accumulater<T>)類別的 function operator，然後利用 for_each 走訪整個 vector<int>容器，STL 會自動呼叫 Accumulater<int>類別的 function operator，並對容器內的每一個物件進行操作。上面的應用方式符合訪問者模式（*Visitor*）的定義。雖然上面的範例還要求 T 類別還需要定義其它的 operator 才能正確通過編譯(compile)。但是就上面的範例來看，訪問者模式（*Visitor*）也已經「內化到」程式語言(包含函式庫)之中。所以接下來，我們將呈現在 C#中實作訪問者模式（*Visitor*）的方式。

23.2.1 訪問者模式（*Visitor*）的定義

GoF 對於訪問者模式（*Visitor*）的定義是：

「定義一個能夠實行在一個物件結構中對於所有元素的操作。訪問者讓你可以定義一個新的操作，而不必更動到被操作元素的類別介面」

Chapter 23 角色資訊查詢 — Visitor 訪問者模式

筆者認為上述定義的重點在於：定義一個新的操作，而不必更動到被操作元素的類別介面，這完全符合「開放封閉原則」(OCP)的要求，利用新增的方法來增加功能，而不是修改現有的程式碼來完成。下面透過實際例子來說明：

首先，我們回顧一下「第 9 章：角色與武器的實作」介紹橋接模式（*Bridge*）時所提到的範例：一個繪圖引擎所使用到的 `IShape` 類別群組，但此處我們另外再增加一些方法：

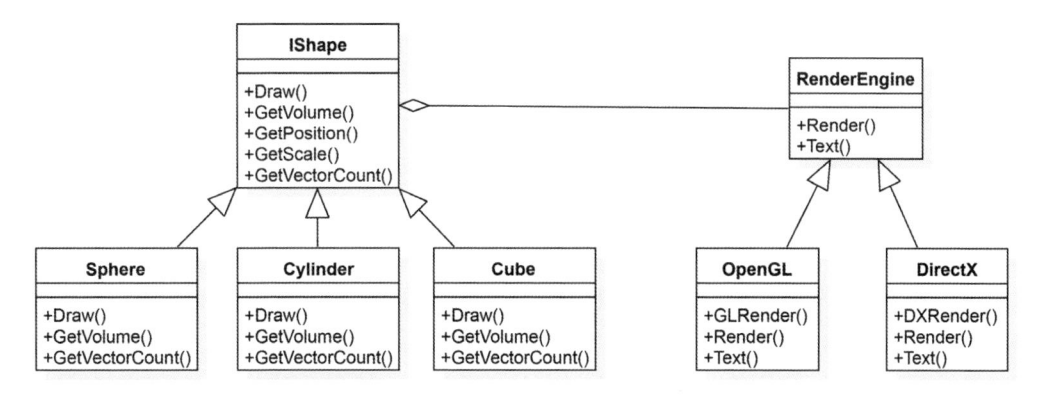

```
            IShape
            +Draw()
            +GetVolume()                    RenderEngine
            +GetPosition()
            +GetScale()                     +Render()
            +GetVectorCount()               +Text()

  Sphere          Cylinder        Cube        OpenGL          DirectX
  +Draw()         +Draw()         +Draw()     +GLRender()     +DXRender()
  +GetVolume()    +GetVolume()    +GetVolume() +Render()      +Render()
  +GetVectorCount() +GetVectorCount() +GetVectorCount() +Text() +Text()
```

Listing 23-8 繪圖引擎的實作

```
public abstract class RenderEngine
{
    public abstract void Render(string ObjName);
    public abstract void Text(string Text);
}

// DirectX 引擎
public class DirectX : RenderEngine
{
    public override void Render(string ObjName)    {
        DXRender(ObjName);
    }

    public override void Text(string Text)    {
        DXRender(Text);
    }

    public void DXRender(string ObjName)    {
        Debug.Log ("DXRender:"+ObjName);
    }
}

// OpenGL 引擎
public class OpenGL : RenderEngine
{
    public override void Render(string ObjName) {
```

23-13

```csharp
            GLRender(ObjName);
        }

        public override void Text(string Text) {
            GLRender(Text);
        }

        public void GLRender(string ObjName) {
            Debug.Log ("OpenGL:"+ObjName);
        }
    }

    // 形狀
    public abstract class Ishape
    {
        protected RenderEngine m_RenderEngine = null;     // 使用的繪圖引擎
        protected Vector3 m_Position = Vector3.zero;       // 顯示位置
        protected Vector3 m_Scale = Vector3.zero;          // 大小(縮放)

        public void SetRenderEngine( RenderEngine theRenderEngine ) {
            m_RenderEngine = theRenderEngine;
        }

        public Vector3 GetPosition() {
            return m_Position;
        }

        public Vector3 GetScale() {
            return m_Scale;
        }

        public abstract void Draw();                  // 繪出
        public abstract float GetVolume();            // 取得體積
        public abstract int GetVectorCount();         // 取得頂點數
    }

    // 圓球
    public class Sphere : IShape
    {
        ...
        public Sphere(RenderEngine theRenderEngine) {
            base.SetRenderEngine( theRenderEngine );
        }

        public override void Draw() {
            m_RenderEngine.Render("Sphere");
        }

        public override float GetVolume() {
            return ...;
        }
```

```csharp
        public override int GetVectorCount() {
            return ...;
        }
    }

    // 方塊
    public class Cube : IShape
    {
        ...
        public Cube(RenderEngine theRenderEngine) {
            base.SetRenderEngine( theRenderEngine );
        }

        public override void Draw() {
            m_RenderEngine.Render("Cube");
        }

        public override float GetVolume() {
            return ...;
        }

        public override int GetVectorCount() {
            return ...;
        }
    }

    // 圖柱體
    public class Cylinder : IShape
    {
        ...
        public Cylinder(RenderEngine theRenderEngine) {
            base.SetRenderEngine( theRenderEngine );
        }

        public override void Draw() {
            m_RenderEngine.Render("Cylinder");
        }

        public override float GetVolume() {
            return ...;
        }

        public override int GetVectorCount() {
            return ...;
        }
    }
```

跟 9.2.3 節使用的 IShape 類別一樣，此處的 IShape 類別也擁有一個 RenderEngine 的物件，用來在特定 3D 引擎下繪出形狀，另外還增加了一些 Shape 類別的方法，做為

本章範例來使用。同樣也存在 3 個子類別,所以基本上可以使用一個管理器類別來管理所有產生的形狀:

```
// 形狀容器
public class ShapeContainer
{
    List<IShape> m_Shapes = new List<IShape>();

    public ShapeContainer(){}

    // 新增
    public void AddShape(IShape theShape) {
        m_Shapes.Add ( theShape );
    }
}
```

有了管理器之後,就可以將所有產生的形狀都加入管理器內:

```
public void CreateShape()   {
    DirectX theDirectX = new DirectX();
    // 加入形狀
    ShapeContainer theShapeContainer = new ShapeContainer();
    theShapeContainer.AddShape( new Cube(theDirectX) );
    theShapeContainer.AddShape( new Cylinder(theDirectX) );
    theShapeContainer.AddShape( new Sphere(theDirectX) );
}
```

接下來,如果想要將容器內所有的形狀都繪製出來,就要增加形狀容器類別的方法:

```
// 形狀容器
public class ShapeContainer
{
    ...
    // 繪出
    public void DrawAllShape() {
        foreach(IShape theShape in m_Shapes)
            theShape.Draw();
    }
}
```

23-16

Chapter 23 角色資訊查詢 — Visitor 訪問者模式

到目前為止，形狀容器類別新增的方法 DrawAllShape 符合定義中的前半段：「定義一個能夠實行在一個物件結構中對於所有元素的操作」，DrawAllShape 方法走訪了所有容器內的元素：IShape 類別物件，並實行了 Draw 方法。

但是這個方法並不符合後半段的定義：「不必更動到被操作元素的類別介面」，雖然定義指的是不更動 IShape 的介面，但我們要將它擴大引申為「同時也不能更動到管理類別」。因為如果按目前的實作方式，那麼所有新增在 IShape 類別中的方法，一定會連帶更動到 ShapeContainer 形狀容器類別，或者要存取 IShape 方法就一定得透過 ShapeContainer 形狀容器類別。例如，現在要追加實作計算所有形狀使用的頂點數：

```
// 形狀容器
public class ShapeContainer
{
    ...
    // 取得所有頂點數
    public int GetAllVectorCount() {
        int Count = 0;
        foreach(IShape theShape in m_Shapes)
            Count += theShape.GetVectorCount();
        return Count;
    }
}
```

這樣一來，又更動了 ShapeContainer 形狀容器類別的介面。而隨著後續專案的更新或是功能強化，將會不斷增加 ShapeContainer 類別的方法，所以這並不是很好的方式。套用訪問者模式（*Visitor*）是比較好的選擇，修正的步驟大致如下：

1. 在 ShapeContainer 形狀容器類別中增加一個共用方法，這個方法專門用來走訪所有容器內的形狀。

2. 呼叫這個共用方法時，要帶入一個繼承自 Visitor 訪問者介面的物件，而 Visitor 訪問者介面內會提供不同的方法，這些方法會被不同的元素呼叫。

3. 在 IShape 中新增一個 RunVisitor 抽象方法，讓子類別實作。而呼叫這個方法時，會將一個 Visitor 訪問者介面物件傳入，讓 IShape 的子類別，可以依情況呼叫 *Visitor* 類別中特定的方法。

4. ShapeContainer 新增的共用方法中，會走訪每一個 IShape 物件，並呼叫 IShape 新增的 RunVisitor 方法,並將 Visitor 訪問者當成參數傳入。

23-17

23.2.2 訪問者模式（Visitor）的說明

在經過上述 4 個步驟的修改後，類別結構會如下圖所示：

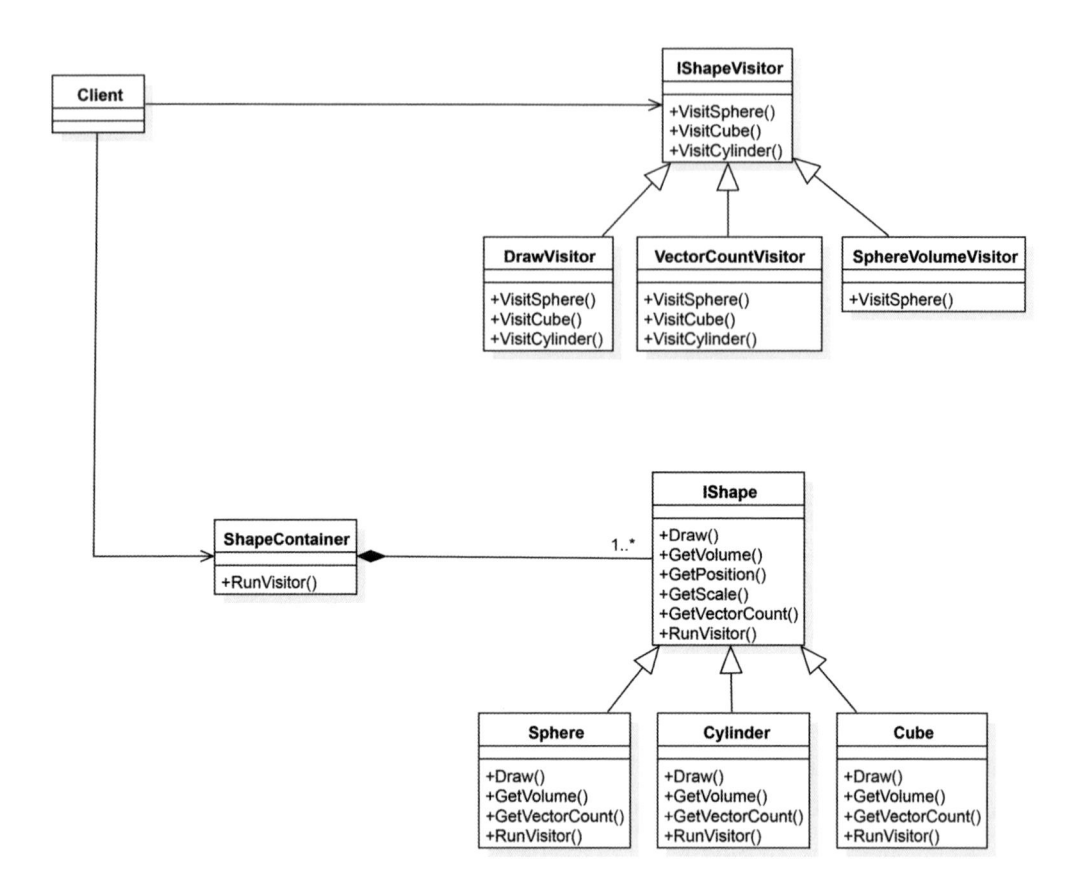

參與者的說明如下：

- IShape(形狀介面)
    ◎ 定義形狀的介面操作。
    ◎ 包含了 RunVisitor 方法，來執行 IShapeVisitor 訪問者中的方法。
- Sphere、Cylinder、Cube(各式形狀)
    ◎ 三個實作形狀介面的子類別
    ◎ 重新實作 RunVisitor 的方法，並依據不同的子類別來呼叫 IShapeVisitor 訪問者中的特定方法。

Chapter 23 　角色資訊查詢 — Visitor 訪問者模式

- ShapeContainer(形狀容器)
  - ◎ 包含所有產生的 IShape 物件。
- IShapeVisitor(形狀訪問者)
  - ◎ 定義形狀訪問者的操作介面。
  - ◎ 定義讓每個不同形狀可呼叫的方法。
- DrawVisitor、VectorCountVisitor、SphereVolumeVisitor(多個訪問者)
  - ◎ 實作 IShapeVisitor 形狀訪問者介面的子類別。
  - ◎ 實作與形狀類別功能有關的地方。
  - ◎ 可以只要重新實作特定的方法，建立只針對某個形狀子類別的操作功能。

23.2.3 訪問者模式（Visitor）的實作範例

首先，定義形狀訪問者(IShapeVisitor)介面：

Listing 23-9　定義訪問者介面(ShapeVisitor.cs)

```
public abstract class IShapeVisitor
{
    // Sphere 類別呼叫用
    public virtual void VisitSphere(Sphere theSphere)
    {}
    // Cube 類別呼叫用
    public virtual void VisitCube(Cube theCube)
    {}
    // Cylinder 類別呼叫用
    public virtual void VisitCylinder(Cylinder theCylinder)
    {}
}
```

介面中針對現有的三個形狀子類別，定義了對應呼叫的方法。但比較特別的是，在這裡都定義為虛擬函式(virtual funciton)而不是抽象函式(abstract function)，原因在於，這樣可以讓每一個子類別決定要重新實作的方法，讓每一個子類別可以更精確地實作該類別所負責的功能。

將原本在形狀容器(ShapeContainer)類別定義的操作移除，然後增加一個可接受形狀訪問者(IShapeVisitor)物件的方法：

23-19

Listing 23-10　形狀容器 (ShapeVisitor.cs)

```csharp
public class ShapeContainer
{
    List<IShape> m_Shapes = new List<IShape>();

    public ShapeContainer(){}
    // 新增
    public void AddShape(IShape theShape) {
        m_Shapes.Add ( theShape );
    }

    // 共用的訪問者介面
    public void RunVisitor(IShapeVisitor theVisitor) {
        foreach(IShape theShape in m_Shapes)
            theShape.RunVisitor( theVisitor );
    }
}
```

在 RunVisitor 方法中，走訪了每一個 List 容器內的 IShape 物件，並呼叫每一個物件的 RunVisitor 方法，該方法是定義在 IShape 類別介面中：

Listing 23-11　形狀的定義 (ShapeVisitor.cs)

```csharp
public abstract class IShape
{
    protected RenderEngine m_RenderEngine = null;    // 使用的繪圖引擎
    protected Vector3 m_Position = Vector3.zero;     // 顯示位置
    protected Vector3 m_Scale = Vector3.zero;        // 大小(縮放)

    public void SetRenderEngine( RenderEngine theRenderEngine ) {
        m_RenderEngine = theRenderEngine;
    }

    public Vector3 GetPosition() {
        return m_Position;
    }

    public Vector3 GetScale() {
        return m_Scale;
    }

    public abstract void Draw();                     // 繪出
    public abstract float GetVolume();               // 取得體積
    public abstract int  GetVectorCount();           // 取得頂點數
    public abstract void RunVisitor(IShapeVisitor theVisitor);
}
```

IShape 類別介面中的 RunVisitor 是個抽象方法(abstract function)，必須由各個子類別重新實作：

Listing 23-12　各形狀的重新實作(`ShapeVisitor.cs`)

```csharp
// 圓球
public class Sphere : IShape
{
    ...
    public override void RunVisitor(IShapeVisitor theVisitor) {
        theVisitor.VisitSphere(this);
    }
}

// 方塊
public class Cube : IShape
{
    ...
    public override void RunVisitor(IShapeVisitor theVisitor) {
        theVisitor.VisitCube(this);
    }
}

// 圓柱體
public class Cylinder : IShape
{
    ...
    public override void RunVisitor(IShapeVisitor theVisitor) {
        theVisitor.VisitCylinder(this);
    }
}
```

每一個形狀子類別在重新實作的 RunVisitor 方法中，直接呼叫由參數傳入的 IShapeVisitor(形狀訪問者)物件的方法，呼叫的方法分別對應了自己所屬的子類別，並將自己物件(this)的參考傳入呼叫的方法中。

經過上列的修改後，形狀容器(ShapeContainer)類別算是完成了訪問者模式（**Visitor**）。而定義中的前半段：「定義一個能夠實行在一個物件結構中對於所有元素的操作」，是由 ShapeContainer 類別的 RunVistor 方法及 IShape 類別中的方法來達成，而定義的後半段：「訪問者讓你可以定義一個新的操作，而不必更動到被操作元素的類別介面」，則可以透過接下來的範例來做說明。

一樣是利用修改好的 ShapeContainer 類別，如果想要讓容器內所有的 IShape 物件執行繪圖功能，只要定義一個繼承自 IShapeVisitor 的子類別 DrawVisitor，並且重新實作所有的方法，在這些方法中呼叫每一個傳入物件的 Draw 函式就可以達成：

Listing 23-13　繪圖功能的 Visitor (ShapeVisitor.cs)

```
public class DrawVisitor : IShapeVisitor
{
    // Sphere 類別呼叫用
    public override void VisitSphere(Sphere theSphere) {
        theSphere.Draw();
    }

    // Cube 類別呼叫用
    public override void VisitCube(Cube theCube) {
        theCube.Draw();
    }

    // Cylinder 類別呼叫用
    public override void VisitCylinder(Cylinder theCylinder) {
        theCylinder.Draw();
    }
}
```

是的，只增加一個類別來負責實作呼叫每一個傳入物件的 Draw 方法就可以達成目標，完全不必再更動到其它的類別介面。透過下面的測試範例，可以完整看到使用的流程：

Listing 23-14　測試繪圖功能的 Visitor (ShapeVisitorTest.cs)

```
void UnitTest ()
{
    DirectX theDirectX = new DirectX();

    // 加入形狀
    ShapeContainer theShapeContainer = new ShapeContainer();
    theShapeContainer.AddShape( new Cube(theDirectX) );
    theShapeContainer.AddShape( new Cylinder(theDirectX) );
    theShapeContainer.AddShape( new Sphere(theDirectX) );

    // 繪圖
    theShapeContainer.RunVisitor(new DrawVisitor());
}
```

再繼續實作原範例中要求的「計算頂點數」功能，這項功能由新的 IShapeVisitor 子類別 VectorCountVisitor 來完成：

Listing 23-15　計數頂點數的 Visitor (ShapeVisitor.cs)

```
public class VectorCountVisitor : IShapeVisitor
{
    public int Count = 0;
```

```csharp
    // Sphere 類別呼叫用
    public override void VisitSphere(Sphere theSphere) {
        Count += theSphere.GetVectorCount();
    }

    // Cube 類別呼叫用
    public override void VisitCube(Cube theCube) {
        Count += theCube.GetVectorCount();
    }

    // Cylinder 類別呼叫用
    public override void VisitCylinder(Cylinder theCylinder) {
        Count += theCylinder.GetVectorCount();
    }
}
```

類別內定義了一個成員,用來計算目前累計的頂點數,執行時跟繪圖功能的範例一樣,不需要改動到其它的類別介面就可以完成要求的功能:

Listing 23-16 測試計數頂點數的 Visitor (ShapeVisitorTest.cs)

```csharp
void UnitTest ()
{
    DirectX theDirectX = new DirectX();

    // 加入形狀
    ShapeContainer theShapeContainer = new ShapeContainer();
    theShapeContainer.AddShape( new Cube(theDirectX) );
    theShapeContainer.AddShape( new Cylinder(theDirectX) );
    theShapeContainer.AddShape( new Sphere(theDirectX) );

    // 繪圖
    theShapeContainer.RunVisitor(new DrawVisitor());

    // 頂點數
    VectorCountVisitor theVectorCount = new VectorCountVisitor();
    theShapeContainer.RunVisitor( theVectorCount );
    Debug.Log("頂點數:"+ theVectorCount.Count );
}
```

最後,再實作一個只針對圓形(Sphere)計算的體積加總功能:

Listing 23-17 計算圓形體積的 Visitor (ShapeVisitor.cs)

```csharp
public class SphereVolumeVisitor : IShapeVisitor
{
    public float Volume;

    // Sphere 類別呼叫用
```

```csharp
        public override void VisitSphere(Sphere theSphere) {
            Volume += theSphere.GetVolume();
        }
    }
```

因為只針對圓形(Sphere)，所以類別內只重新實作了 VisitSphere 方法來進行加總動作：

Listing 23-18 測試計算圓形體積的 Visitor (ShapeVisitorTest.cs)

```csharp
void UnitTest ()
{
    DirectX theDirectX = new DirectX();

    // 加入形狀
    ShapeContainer theShapeContainer = new ShapeContainer();
    theShapeContainer.AddShape( new Cube(theDirectX) );
    theShapeContainer.AddShape( new Cylinder(theDirectX) );
    theShapeContainer.AddShape( new Sphere(theDirectX) );

    ...

    // 圓體積
    SphereVolumeVisitor theSphereVolume =
                                new SphereVolumeVisitor();
    theShapeContainer.RunVisitor( theSphereVolume );
    Debug.Log("圓體積:"+ theSphereVolume.Volume );
}
```

跟執行計算頂點的訪問者一樣，先產生 SphereVolumeVisitor 物件，再呼叫形狀容器(ShapeContainer)的 RunVisitor 訪問者方法，最後輸出計算結果。

上面三項功能實作時，只新增了負責實作的類別，並未更動到原有的類別介面，達成了訪問者模式（*Visitor*）定義後半段的要求：「訪問者讓你可以定義一個新的操作，而不必更動到被操作元素的類別介面」。

執行繪出訪問者的循序圖

以下是執行繪圖訪問者時的循序圖，每一個形狀子類別都先透過呼叫訪問者中的對應方法，再來執行每一個類別中被重新實作後的方法：

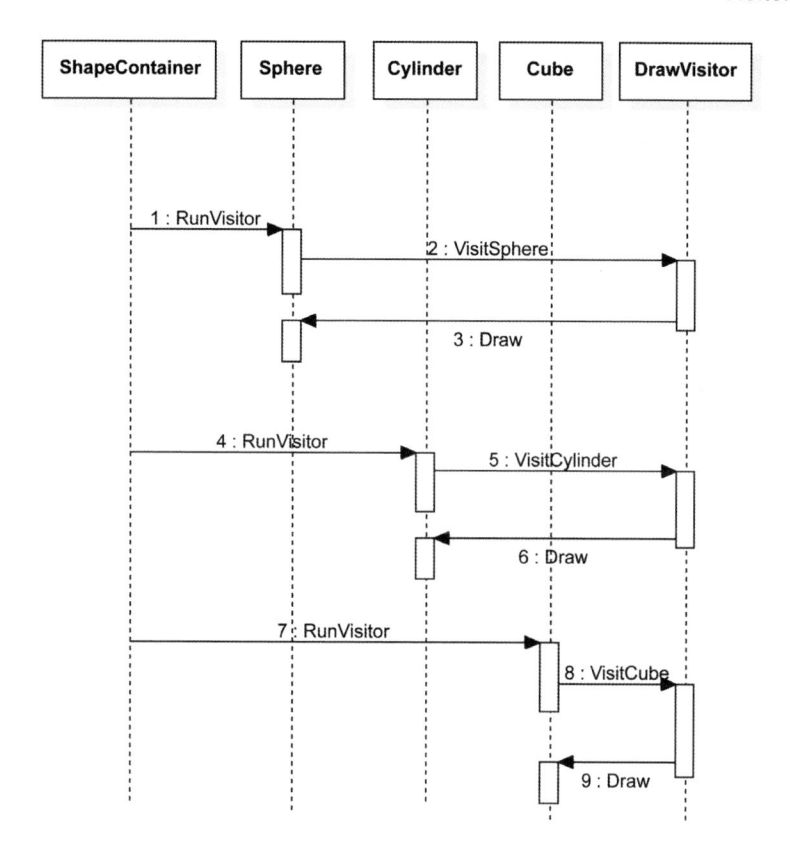

23.3 使用訪問者模式（*Visitor*）實作角色資訊查詢

筆者在每一款遊戲的實作中，都會出現管理某一類物件的需求，除了基本的新增、刪除、取得等操作之外，走訪容器並執行功能是另一個最常要做的事。也就是因為常常需要走訪管理容器，所以程式碼中很常看到 `for_each` 走訪某個管理容器的程式碼，而在每個功能的實作上，差別僅在於會影響到多少的現有類別而已。

所以在還沒使用訪問者模式（*Visitor*）之前，專案就會很像本章最前面的範例那樣，必須連續更動好幾個類別才能取得新增的功能，或者是在管理容器類別中加入單例模式（*Singleton*），讓客戶端能快速取得，並立即使用新增的功能。但若善用訪問者模式（*Visitor*）則可以讓專案更具有穩定性，尤其是在新增功能且不想影響現有功能實作的情況時，特別方便。

23-25

23.3.1 角色資訊查詢的實作設計

回到「P級陣地」中,分析「雙方角色數量的統計」這個需求。如果只考慮單項功能的實作,那麼舊有的方式就已經完成了。但為了後續開發過程可能會增加的查詢需求,所以我們將「P級陣地」套用訪問者模式(*Visitor*),讓往後針對所有角色進行走訪,並執行特定功能的需求,都能透過同一個介面方法來完成。

按照前一節提示的修改步驟,「P級陣地」的角色系統(Character System)在套用訪問者模式(*Visitor*)後的結構如下:

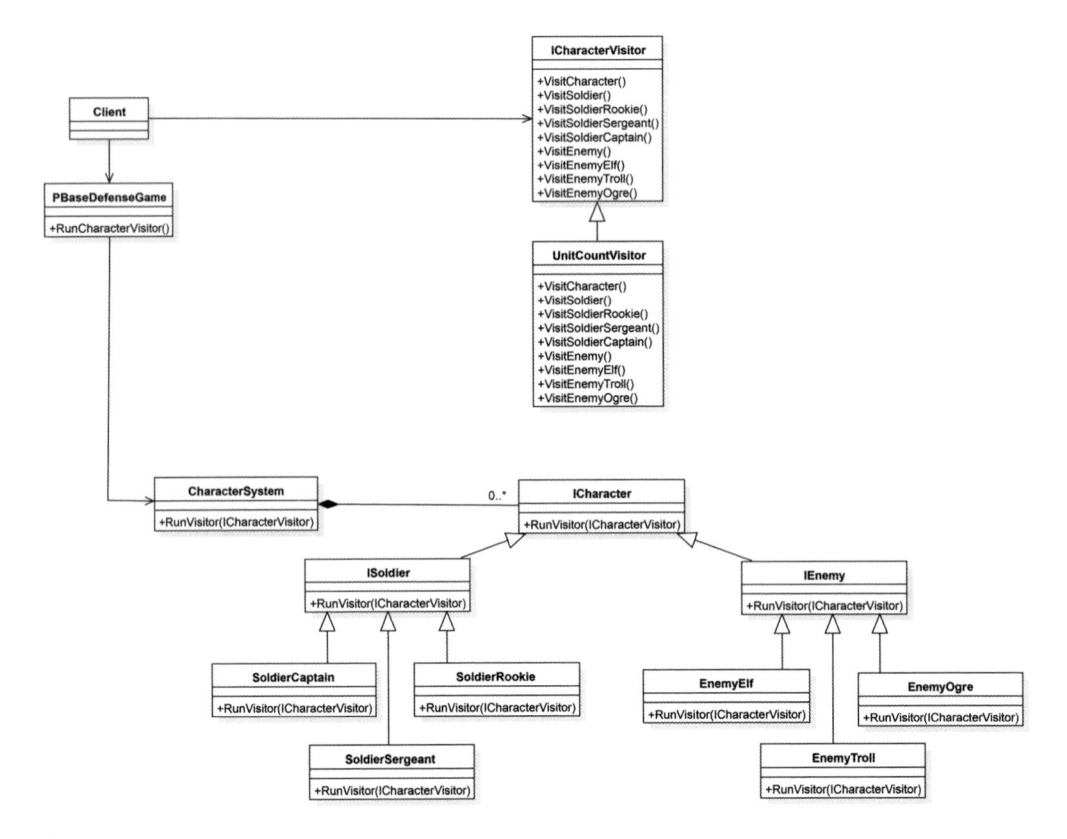

參與者的說明如下:

- ICharacterVisitor

    角色訪問者介面,針對「P級陣地」的雙方陣營角色類別,宣告了對應的呼叫方法。

- `UnitCountVisitor`

    統計雙方陣營角色數量的訪問者。

- `CharacterSystem`

    角色系統，定義了一個共用的方法 `RunVisitor` 來執行角色訪問者。

- `ICharacter`

    角色類別，增加了一個讓角色訪問者(ICharacterVisitor)可以執行的方法：`RunVisitor`。該方法是個抽象函式(abstruct function)，必須由子類別重新實作。

- `ISoldier`、`SoldierCaption`、…、`IEnemy`、`EnemyElf`、…

    雙方陣營的角色類別，當中都會重新實作 `RunVisitor` 方法，並依類別本身的特色，呼叫角色訪問者(ICharacterVisitor)中對應的方法。

- `PBaseDefenseGame`

    因為角色系統(CharacterSystem)是遊戲的子系統，需透過 PBaseDefenseGame 的方法 `RunCharacterVisitor` 來傳遞訊息。

- `Client`

    「P級陣地」中，所有需要執行角色走訪功能的地方。

23.3.2 實作說明

先定義角色訪問者的介面：

Listing 23-19　定義角色 Visitor 介面 (ICharacterVisitor.cs)

```
public abstract class ICharacterVisitor
{
    public virtual void VisitCharacter(ICharacter Character)
    {}

    public virtual void VisitSoldier(ISoldier Soldier) {
        VisitCharacter( Soldier );
    }

    public virtual void VisitSoldierRookie(SoldierRookie Rookie) {
        VisitSoldier( Rookie );
```

23-27

```csharp
    }
    public virtual void VisitSoldierSergeant(SoldierSergeant Sergeant){
        VisitSoldier( Sergeant );
    }
    public virtual void VisitSoldierCaptain(SoldierCaptain Captain) {
        VisitSoldier( Captain );
    }
    public virtual void VisitSoldierCaptive(SoldierCaptive Captive) {
        VisitSoldier( Captive );
    }
    public virtual void VisitEnemy(IEnemy Enemy) {
        VisitCharacter( Enemy );
    }
    public virtual void VisitEnemyElf(EnemyElf Elf) {
        VisitEnemy( Elf );
    }
    public virtual void VisitEnemyTroll(EnemyTroll Troll) {
        VisitEnemy( Troll );
    }
    public virtual void VisitEnemyOgre(EnemyOgre Ogre) {
        VisitEnemy( Ogre );
    }
}
```

類別中針對「P 級陣地」的每一個角色類別(ICharacter)，都定義了一個對應的虛擬方法(Virtual Function)，比較特別的是，在每一個方法之中，都會呼叫父類別的方法，會這樣實作的原因是：可以讓每一個最底層的子類別角色物件在進行訪問時，也都可以一併執行到父類別的訪問方法，讓每一層的類別都可以被訪問到。

在角色介面(ICharacter)增加讓角色訪問者(ICharacterVisitor)可以執行的方法：

Listing 23-20 角色介面(ICharacter.cs)

```csharp
public abstract class ICharacter
{
    ...
    // 執行 Visitor
    public virtual void RunVisitor(ICharacterVisitor Visitor) {
        Visitor.VisitCharacter(this);
    }
```

Chapter 23 角色資訊查詢 — Visitor 訪問者模式

在角色系統(CharacterSystem)中,移除原有角色數量統計的方法,然後加上一個能讓所有戰場上的角色來執行的角色訪問者(ICharacterVisitor)方法:

Listing 23-21 管理創建出來的角色(CharacterSystem.cs)

```
public class CharacterSystem : IGameSystem
{
    private List<ICharacter> m_Soldiers = new List<ICharacter>();
    private List<ICharacter> m_Enemys = new List<ICharacter>();
    ...
    // 執行 Visitor
    public void RunVisitor(ICharacterVisitor Visitor) {
        foreach( ICharacter Character in m_Soldiers)
            Character.RunVisitor( Visitor);
        foreach( ICharacter Character in m_Enemys)
            Character.RunVisitor( Visitor);
    }
}
```

因為角色系統(CharacterSystem)屬於遊戲子系統(IGameSystem),所以必須透過 PBaseDefenseGame 做為溝通的管道,因此在 PBaseDefenseGame 類別中也增加執行角色系統訪問者的方法,並一併刪除之前角色數量統計所使用的方法:

```
public class PBaseDefenseGame
{
    ...
    // 遊戲系統
    private CharacterSystem m_CharacterSystem = null; // 角色管理系統
    ...

    // 執行角色系統的Visitor
    public void RunCharacterVisitor(ICharacterVisitor Visitor) {
        m_CharacterSystem.RunVisitor( Visitor );
    }
}
```

新增了相關角色訪問者(ICharacterVisitor)所需執行的方法之後,就可以開始實作角色計數功能的訪問者了:

23-29

Listing 23-22　各單位計數訪問者 (`UnitCountVisitor.cs`)

```csharp
public class UnitCountVisitor : ICharacterVisitor
{
    // 所有單位的計數器
    public int CharacterCount = 0;
    public int SoldierCount = 0;
    public int SoldierRookieCount = 0;
    public int SoldierSergeantCount = 0;
    public int SoldierCaptainCount = 0;
    public int SoldierCaptiveCount = 0;
    public int EnemyCount = 0;
    public int EnemyElfCount = 0;
    public int EnemyTrollCount = 0;
    public int EnemyOgreCount = 0;

    public override void VisitCharacter(ICharacter Character) {
        base.VisitCharacter(Character);
        CharacterCount++;
    }

    public override void VisitSoldier(ISoldier Soldier) {
        base.VisitSoldier(Soldier);
        SoldierCount++;
    }

    public override void VisitSoldierRookie(SoldierRookie Rookie) {
        base.VisitSoldierRookie(Rookie);
        SoldierRookieCount++;
    }

    public override void VisitSoldierSergeant(SoldierSergeant Sergeant)
    {
        base.VisitSoldierSergeant(Sergeant);
        SoldierSergeantCount++;
    }

    public override void VisitSoldierCaptain(SoldierCaptain Captain) {
        base.VisitSoldierCaptain(Captain);
        SoldierCaptainCount++;
    }

    public override void VisitSoldierCaptive(SoldierCaptive Captive) {
        base.VisitSoldierCaptive(Captive);
        SoldierCaptiveCount++;
    }

    public override void VisitEnemy(IEnemy Enemy) {
        base.VisitEnemy(Enemy);
        EnemyCount++;
    }
```

```csharp
public override void VisitEnemyElf(EnemyElf Elf) {
    base.VisitEnemyElf(Elf);
    EnemyElfCount++;
}

public override void VisitEnemyTroll(EnemyTroll Troll) {
    base.VisitEnemyTroll(Troll);
    EnemyTrollCount++;
}

public override void VisitEnemyOgre(EnemyOgre Ogre) {
    base.VisitEnemyOgre(Ogre);
    EnemyOgreCount++;
}

public void Reset() {
    CharacterCount = 0;
    SoldierCount = 0;
    SoldierRookieCount = 0;
    SoldierSergeantCount = 0;
    SoldierCaptainCount = 0;
    SoldierCaptiveCount = 0;
    EnemyCount = 0;
    EnemyElfCount = 0;
    EnemyTrollCount = 0;
    EnemyOgreCount = 0;
}

// 取得 Solder 兵種的數量
public int GetUnitCount( ENUM_Soldier emSoldier) {
    switch( emSoldier)
    {
        case ENUM_Soldier.Null:
            return SoldierCount;
        case ENUM_Soldier.Rookie:
            return SoldierRookieCount;
        case ENUM_Soldier.Sergeant:
            return SoldierSergeantCount;
        case ENUM_Soldier.Captain:
            return SoldierCaptainCount;
        case ENUM_Soldier.Captive:
            return SoldierCaptiveCount;
        default:
            Debug.LogWarning("GetUnitCount:沒有[" + emSoldier
                                + "]可以對應的計算方式");
            break;
    }
    return 0;
}

// 取得 Enemy 兵種的數量
public int GetUnitCount( ENUM_Enemy emEnemy) {
```

```
            switch( emEnemy)
            {
                case ENUM_Enemy.Null:
                    return EnemyCount;
                case ENUM_Enemy.Elf:
                    return EnemyElfCount;
                case ENUM_Enemy.Troll:
                    return EnemyTrollCount;
                case ENUM_Enemy.Ogre:
                    return EnemyOgreCount;
                default:
                    Debug.LogWarning("GetUnitCount:沒有[" + emEnemy
                                    + "]可以對映的計算方式");
                    break;
            }
            return 0;
        }
    }
```

角色單位計數訪問者(UnitCountVisitor)重新實作了每一個虛擬函式，每一個的函式在被呼叫時，都會增加該單位的計數器。由於之前的設計會呼叫父類別的方法，所以包含父類別層級的：ICharacter、ISoldier、IEnemy 也都可以藉由對應的成員，來取得目前場地內所有類別角色的數量及雙方陣營單位的存活數量。最後，提供了方便的存取方法 GetUnitCount，使得可依參數傳回指定類別的計數值。

在遊戲狀態資訊(GameStateInfoUI)介面上，提供顯示雙方陣營角色的數量：

Listing 23-23　遊戲狀態資訊(GameStateInfoUI.cs)

```
    public class GameStateInfoUI : IUserInterface
    {
        ...
        // 雙方角色計數
        private UnitCountVisitor m_UnitCountVisitor =
                                            new UnitCountVisitor();

        //
        public override void Update () {
            base.Update ();

            // 執行角色計算Visitor
            m_UnitCountVisitor.Reset();
            m_PBDGame.RunCharacterVisitor(m_UnitCountVisitor);


            // 雙方數量
            m_SoldierCountText.text = string.Format("我方單位數:{0}",
                    m_UnitCountVisitor.GetUnitCount( ENUM_Soldier.Null ));
```

```
            m_EnemyCountText.text = string.Format("敵方單位數:{0}",
                    m_UnitCountVisitor.GetUnitCount( ENUM_Enemy.Null ));
            ...
        }
    }
```

實作上，只需要產生角色訪問者的物件，然後透過 PBaseDefenseGame 定義的介面，就能讓角色系統(CharacterSystem)所管理的所有角色物件，都能夠被傳送到角色計數訪問者(UnitCountVisitor)中，進行角色數量的加總計數。

另外還一個有使用到計數功能的則是兵營介面(CampInfoUI)：

Listing 23-24 兵營介面(CampInfoUI.cs)

```
public class CampInfoUI : IUserInterface
{
    ...
    private UnitCountVisitor m_UnitCountVisitor =
                            new UnitCountVisitor(); // 存活單位計數
    ...

    // 訓練中的資訊
    private void ShowOnTrainInfo() {
        ...
        // 存活單位
        m_UnitCountVisitor.Reset();
        m_PBDGame.RunCharacterVisitor( m_UnitCountVisitor );
        int UnitCount = m_UnitCountVisitor.GetUnitCount(
                                        m_Camp.GetSoldierType());
        m_AliveCountTxt.text = string.Format("存活單位:{0}",UnitCount );
    }
}
```

同樣地，我們可以利用下面的循序圖來了解各物件之間互動的情形：

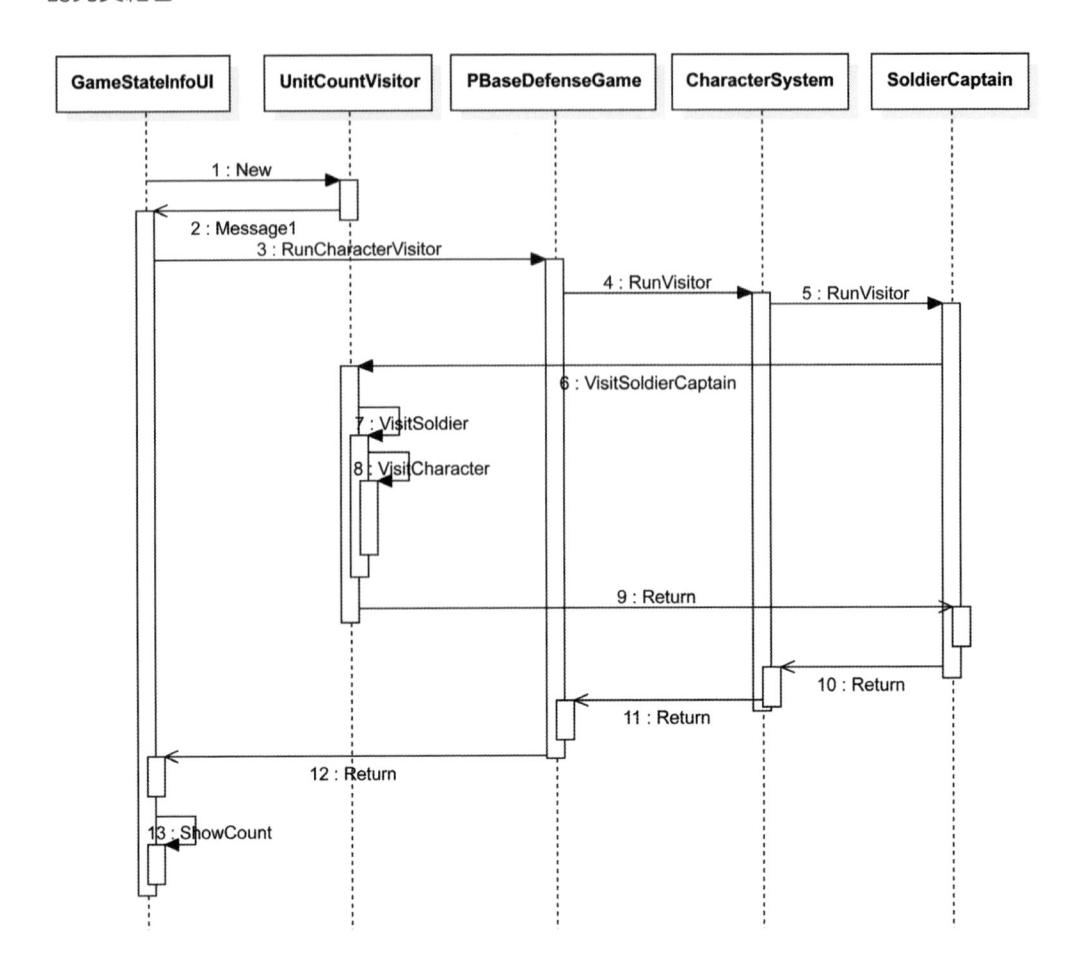

[Sequence diagram: GameStateInfoUI → UnitCountVisitor: 1:New; 2:Message1; GameStateInfoUI → PBaseDefenseGame: 3:RunCharacterVisitor; PBaseDefenseGame → CharacterSystem: 4:RunVisitor; CharacterSystem → SoldierCaptain: 5:RunVisitor; 6:VisitSoldierCaptain; 7:VisitSoldier; 8:VisitCharacter; 9:Return; 10:Return; 11:Return; 12:Return; 13:ShowCount]

23.3.3 使用訪問者模式（Visitor）的優點

使用的角色訪問者(ICharacterVisitor)讓走訪每一個角色物件並執行特定功能，變得容易許多。在不必更動任何類別介面的情況下，新增的功能只需要實作新的角色訪問者(ICharacterVisitor)子類別即可達成，大幅增加了系統的穩定性，也減少了不必要的類別介面修改。

23.3.4 實作訪問者模式（Visitor）時的注意事項

訪問者模式（Visitor）的優點正如上面所談的，但在實作訪問者模式（Visitor）時，還有一些需要注意的考量。

當有新的角色類別新增時

訪問者模式（*Visitor*）的缺點之一是，當角色類別(ICharacter)群組新增子類別時，那麼角色訪問者(ICharacterVisitor)必須連帶地新增一個對應呼叫的方法，而這個新增的動作會引起所有子類別做相同的更動，並且需要對每一個子類別進行檢查，以確定是否需要重新實作新增的方法。

被訪問類別的封裝性變差

在「P級陣地」中，被訪問的類別就是角色類別(ICharacter)群組。在套用訪問者模式（*Visitor*）的情況下，被訪問的類別必須盡可能提供所有可能的操作及資訊，這樣才能在實作新的訪問者(Visitor)時，不會因為缺少需要的方法，而連帶修改角色類別(ICharacter)介面。但是過度的開放角色類別(ICharacter)的方法及資訊，不僅會破壞類別的封裝性，也會增加其它系統與角色類別(ICharacter)的耦合。

23.4 當有新的變化時

在「P級陣地」的某次專案會議上，有人提議到…

測試：「大家有沒有覺得，如果在玩家每次過關時，系統能給予什麼獎勵的話，是不是可以增加玩家想過關的誘因」

企劃：「你是說類似什麼樣的獎勵？」

測試：「像是以前街機的射擊遊戲，不是都會過了一關，就會補滿大炸彈，我們可以思考要不要增加類似的過關獎勵，或是給予存活單位增加什麼功能，做為過關時的獎勵，一來可強化守護優勢，二來可增加玩家遊戲時的策略選擇」

企劃：「嗯…是個不錯的構想，可以試試看給予存活角色增加一個勳章的方式，就像獲得特殊榮譽那樣，存活的愈多次累計愈多，而勳章累計數可以對應到一個角色的加乘數值，用來強化攻守能力。至於數值的設定，就交給我們企劃來煩惱，不過是否能實作出來，以及所需要的時間，還是請小程評估一下」

程式：「應該不難實作…」

小程腦裡轉了一下，想了想目前專案的架構：

- 第一：應該是更改一下 ISoldier 的介面，讓它增加一些與勳章有關的方法。
- 第二：增加勳章的觸發點可以加在新關卡產生的當下，所以可利用已經套用觀察者模式（*Observer*）的遊戲事件系統(GameEventSystem)，新增一個過關主題(NewStageSubject)的觀察者，就可以辦到。
- 第三：至於怎麼讓存活在戰場上的 ISoldier 都可以增加勳章，應該是讓角色系統(CharacterSystem)走訪所有在戰場上的 ISoldier 物件，通知他們都可以增加一個勳章數，這恰好可以利用最近完成的訪問者模式（*Visitor*）來達成。

程式：「以目前的專案構架要實作沒太大問題，可以很容易地串連相關功能。不過玩家角色獲得勳章可對應到一個角色加乘數值，然後用來強化攻守能力，這一部份，我們系統還沒有加入這樣的機制，這一部份是不是…」

企劃：「是的是的，這一部份我們企劃還在規劃中，等完成後，會再加入遊戲需求之中，所以可以先將流程都串接好，等數值加乘功能都設計好了，再加上去嗎？」

程式：「好的」

於是小程在之後的實作時間中，先完成了 ISoldier 介面的修正，增加與勳章有關的成員及方法：

```
// Soldier角色介面
public abstract class ISoldier : ICharacter
{
    protected int m_MedalCount = 0;              // 勳章數
    protected const int MAX_MEDAL = 3;           // 最多勳章數

    ...
    // 增加勳章
    public virtual void AddMedal() {
        if( m_MedalCount >= MAX_MEDAL)
            return ;

        // 增加勳章
```

```csharp
            m_MedalCount++;

            // 取得對映的勳章加乘值
            // TODO: 等待企劃完成規劃
        }
        ...
} // ISoldier.cs
```

然後，增加了一個 ISoldier 角色勳章的訪問者：

```csharp
// 增加Solder勳章訪問者
public class SoldierAddMedalVisitor : ICharacterVisitor
{
    PBaseDefenseGame m_PBDGame = null;

    public SoldierAddMedalVisitor( PBaseDefenseGame PBDGame) {
        m_PBDGame = PBDGame;
    }

    public override void VisitSoldier(ISoldier Soldier) {
        base.VisitSoldier( Soldier);
        Soldier.AddMedal();

        // 遊戲事件
        m_PBDGame.NotifyGameEvent( ENUM_GameEvent.SoldierUpgate,
                                   Soldier);
    }
} // SoldierAddMedalVisitor.cs
```

新增的訪問者類別只重新實作了 VisitSoldier 方法，這是因為只有 ISoldier 類別的物件才會進行增加勳章的操作，最後也通知了遊戲事件系統(GameEventSystem)，有玩家陣營單位要升級。

之後，再新增一個過關主題(NewStageSubject)的觀察者，用來串接「過關事件」與「ISoldier 角色增加勳章」的關聯：

```csharp
// 訂閱新關卡-增加Solder勳章
public class NewStageObserverSoldierAddMedal : IGameEventObserver
{
    private NewStageSubject m_Subject = null;
```

```csharp
        private PBaseDefenseGame m_PBDGame = null;

        public NewStageObserverSoldierAddMedal(
                                        PBaseDefenseGame PBDGame) {
            m_PBDGame = PBDGame;
        }

        // 設定觀察的主題
        public override void SetSubject( IGameEventSubject Subject ) {
            m_Subject = Subject as NewStageSubject;
        }

        // 通知Subject被更新
        public override void Update() {
            // 增加勳章
            SoldierAddMedalVisitor theAddMedalVisitor =
                            new SoldierAddMedalVisitor(m_PBDGame);
            m_PBDGame.RunCharacterVisitor( theAddMedalVisitor );
        }
} // NewStageObserverSoldierAddMedal.cs
```

當收到過關通知(Update)時，產生 ISoldier 角色勳章訪問者的物件，之後透過 PBaseDefenseGame 的方法，讓角色系統(CharacterSystem)訪問者走訪所有的角色物件。

最後，在角色系統(CharacterSystem)中，向遊戲事件系統註冊新的觀察者，完成串接：

```csharp
    // 管理創建出來的角色
    public class CharacterSystem : IGameSystem
    {
        ...
        public CharacterSystem(PBaseDefenseGame PBDGame):base(PBDGame) {
            Initialize();

            // 註冊事件
            m_PBDGame.RegisterGameEvent( ENUM_GameEvent.NewStage ,
                    new NewStageObserverSoldierAddMedal(m_PBDGame));
        }
        ...
} // CharacterSystem.cs
```

Chapter 23 ― 角色資訊查詢
― Visitor 訪問者模式

透過小程這次對新增需求的實作過程,我們可以了解到,除了因為原本需求沒有勳章功能所做的更動外,後續針對新增功能的部份,都是使用新增類別的方式來完成的:

- 配合第 21 章已套用觀察者模式（*Observer*）來實作的遊戲事件系統(GameEvent System),利用新增觀察者類別的方式,就可以讓特定遊戲事件發生後,可以串接新功能,
- 加上本章所說明的訪問者模式（*Visitor*）,利用新增訪問者類別的方式,就可以完成走訪所有角色物件,並執行特定功能的實作需求。

至於因應「註冊遊戲事件」而更動的角色系統(CharacterSystem)則是必要的更動,並不會影響系統穩定性,必要時,更可獨立出一個專為遊戲事件註冊的靜態類別,專門用來集中處理所有的註冊事件。

23.5 結論

套用訪問者模式（*Visitor*）後的系統,可以利用新增訪問者類別的方式,來達成走訪所有物件並實行特定功能的操作,過程中不需要更動到任何其它的類別。但是新增被訪問者類別時,卻會造成系統大量的修改,這是必須注意的,而被訪問者物件需要開放足夠的操作方法及資訊則是訪問者模式（*Visitor*）的另一個缺點。

其它應用方式

- 在一般的遊戲中,除了角色系統之外,其它系統也常需要使用「走訪所有物件」的功能,像是:角色的道具包、目前已收集的卡片、可以使用的寵物…等,針對裝載這些物件的「管理容器」類別,常常會需要更動類別介面來滿足遊戲新增的需求,此時就可以選擇使用訪問者模式（*Visitor*）來減少「管理容器」類別的更動。

23-39

設計模式與遊戲開發
　的完美結合

Part VII

調整與最佳化

Decorator 裝飾模式、

Adapter 轉換器模式、

Proxy 代理模式

在本篇的三個章節中,我們將介紹三個可用於「不同類別整合」的模式。這三個設計模式都屬於結構模式(Structural Patterns),此外會將它們放在一起介紹,是因為筆者認為它們都是如何將「一個具有新功能的類別,加入到現在類別群組結構中,且不會破壞原有架構及介面」的解決模式。這三個模式分別為:

- *Decorator* 裝飾模式
- *Adapter* 轉接器模式
- *Proxy* 代理模式

設計模式與遊戲開發
的完美結合

由於這三個模式要解決的問題非常類似，因此初學者在第一次分別接觸這些模式時，常會出現「這個問題好像也可以用另一個模式來解決？」或「這樣解決跟另一個模式有什麼不一樣嗎？」之類的疑問。因此，筆者建議讀者利用圖解的方式來分辨這三個模式，這樣就能夠清楚了解到這三個模式在使用上的差異。

圖解的分辨說明如下：在現有的系統中存在 A 跟 B 兩個類別，並存在 B 繼承 A 的關係。現在有一個新增功能要加入到這個系統中，而這個新功能以 C 類別來實作，那麼這個 C 類別要如何加入到原有的系統之中：

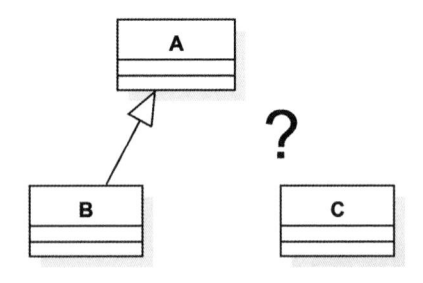

而本篇介紹的三個模式都是用來說明，如何將類別 C 加入到原有的類別架構中，但加入的方式有些不同，如下圖解：

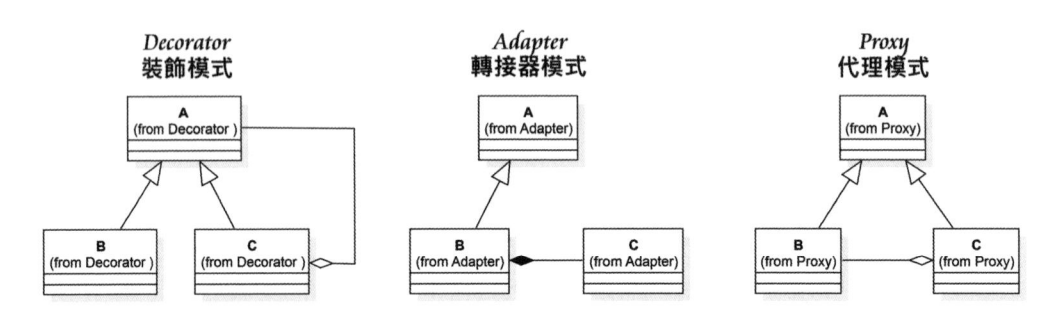

讀者可以先將上圖的結構大略思考一下，或記下本頁所在，當後面章節的解說遇到有任何疑問時，都可以回到本頁來做比較，只要能分辨出類別 C 要如何與類別 A、B 之間建立關聯，就可以了解三種模式之間的差異。

第 24 章

字首字尾
─ *Decorator* 裝飾模式

24.1 字首字尾系統

在上一章中提到，在某一次的專案會議上，提出要以「增加 ISoldier 角色勳章」作為過關獎勵，而勳章數又會對應到某一個角色數值(CharacterAttr)，並將這個數值加乘到角色原有的數值上，來強化角色的能力，增加防守優勢。

對於當中提到的「角色數值加乘」規則，現在有了更明確的功能需求：

- 能動態增加玩家角色的角色數值(CharacterAttr)。
- 增加的數值分為兩部份：
  - ◎ 字首：當兵營訓練完一個角色進入戰場時，會出現給這個新角色一個角色數值加乘的機會，而新增的角色數值名稱，需置於現有數值名稱的前方。
  - ◎ 字尾：當玩家通過一個關卡之後，讓所有仍在場上存活的 ISoldier 角色，增加一個勳章數，最多累計三個，而每個勳章數都會對映到一個角色數值做為加乘值，而新增的勳章數值名稱，需置於現有數值名稱的後方。
- 完成的數值名稱，需顯示在角色資訊介面上，讓玩家能立即了解目前角色的能力值。

需求中提及的字首、字尾的概念，很早就出現在電玩遊戲之中(讀者也可以比對兩張遊戲截圖 24-1,24-3 來了解)，像是暗黑破壞神(Diablo)、魔獸世界(World of Warcraft) …等，都大量使用了字首、字尾系統來多樣化他們的遊戲道具系統。除了系統性的分配數值系

設計模式與遊戲開發
的完美結合

統外，遊戲企畫人員可利用交叉組合的方式，自動產生大量的道具，而這些加乘數值也會反應在道具的名稱上，讓玩家可以辨識，例如：

遊戲的裝備道具中有兩雙鞋：勇士鞋(速度+5)跟戰士靴(速度+7)，兩雙鞋本身就帶有增加「移動速度」的角色數值。今天如果希望再額外多設定三、四雙道具鞋，而之間的差異可能只是想要多增加「閃避」的效果，那麼可以先設計一系列有閃避數值的字首，例如：輕巧(+1%)、靈活(+2%)、迅捷(+3%)、閃耀(+4%)，當產生道具鞋時，就隨機加上這些字首及其所代表的閃避數值，而產生下列這些可能的組合：

1. 輕巧勇士鞋(閃避+1%, 速度+5)
2. 靈活勇士鞋(閃避+2%, 速度+5)

    ……

8. 閃耀戰士靴(閃避+4%, 速度+7)

如此就能組合出 8 種變化，再加上原本沒有數值的兩雙，道具系統一共可動態產生的鞋種就達 10 雙。而之後不論是增加鞋道具或是字首，在交互組合之後，都能獲得倍數以上的道具種類。所以對於遊戲設計而言，「字首字尾系統」是一種很常被使用的設計工具。

在「P 級陣地」中，字首字尾功能只使用於玩家角色，用意在於：

- 透過字首的加乘數值，玩家得以利用訓練新作戰單位的方式，產生數值較好的角色，另一方面也給玩家有一種抽轉蛋的驚喜感；
- 字尾則是做為獎勵玩家過關之用，也連帶增加了玩家在遊戲策略上的選擇。

以上簡單說明了在遊戲設計層面為什麼要增加這兩項功能。回頭來看看該如何以程式實作出這些功能呢？我們要思考的是如何讓「角色數值(CharacterAttr)」做出「加乘」的效果，而且還要能表現出「字首」與「字尾」的文字呈現效果。

在現有的角色資訊介面(SoldierInfoUI)中，角色下方顯示的角色名稱是如何設定的呢？在原本的設計中，是透過角色類別 ICharacter 的取得名稱方法 GetName 回傳類別成員 m_Name 的字串，來代表要顯示的角色名稱：

Chapter 24 字首字尾 — Decorator 裝飾模式

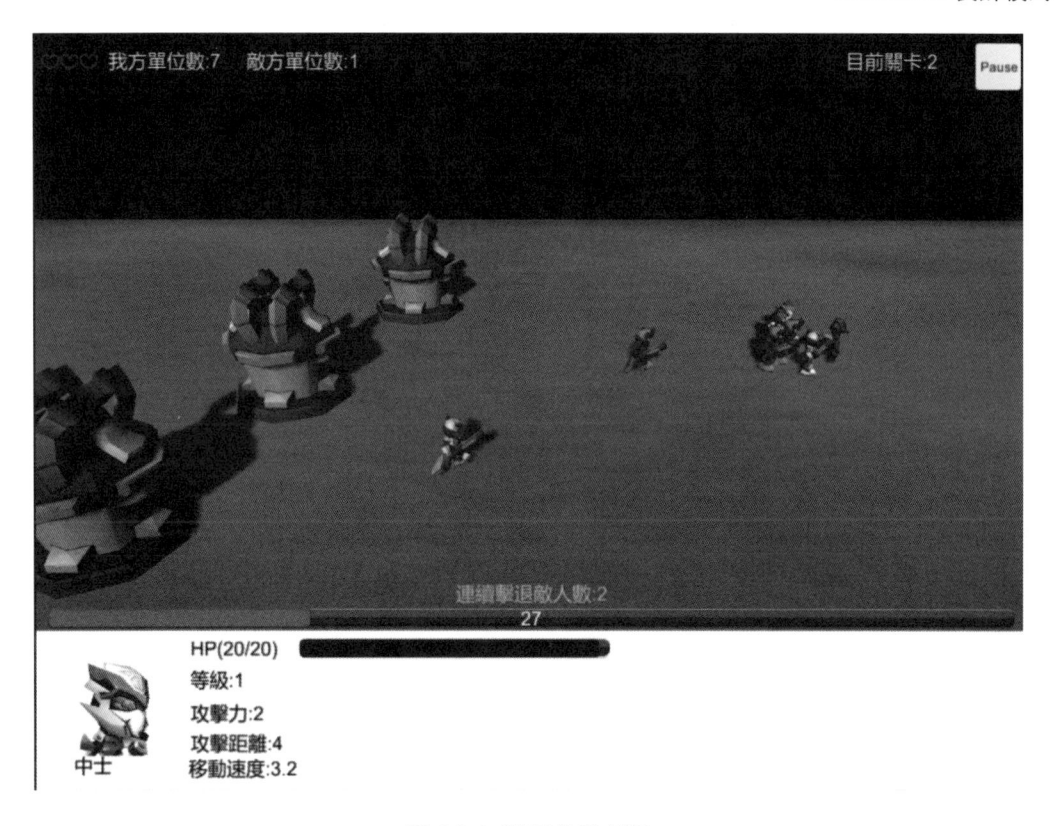

圖 24-1 顯示角色名稱

角色類別(ICharacter)內部,對於 m_Name 的設定則是發生在 ICharacter 在設定角色數值(SetCharacterAttr)時,同時取得並設定的:

Listing 24-1　角色介面(ICharacter.cs)

```
public abstract class ICharacter
{
    ...
    protected string m_Name = "";              // 名稱
    protected ICharacterAttr m_Attribute = null;// 數值
    ...
    // 設定角色數值
    public virtual void SetCharacterAttr( ICharacterAttr CharacterAttr){
        // 設定
        m_Attribute = CharacterAttr;
        m_Attribute.InitAttr ();

        // 設定移動速度
        m_NavAgent.speed = m_Attribute.GetMoveSpeed();
```

24-3

```csharp
        //Debug.Log ("設定移動速度:"+m_NavAgent.speed);

        // 名稱
        m_Name = m_Attribute.GetAttrName();
    }

    // 取得角色名稱
    public string GetCharacterName(){
        return m_Name;
    }
    ...
}
```

而在現有的角色數值類別(ICharacterAttr)中,取得屬性名稱(GetAttrName)方法是如何回傳屬性名稱的呢?是向基本數值類別(BaseAttr)取得的:

Listing 24-2　角色數值介面(ICharacterAttr.cs)

```csharp
public abstract class ICharacterAttr
{
    protected BaseAttr m_BaseAttr= null;      // 基本角色數值
    ...
    // 取得數值名稱
    public virtual string GetAttrName() {
        return m_BaseAttr.GetAttrName();
    }
    ...
}
```

基本數值類別(BaseAttr)是在「第 16 章:遊戲數值管理功能」說明享元模式(*Flyweight*)時新增的一個類別,該類別用來代表「P 級陣地」中可以被企劃設定的角色數值,成員包含了遊戲角色所使用的數值:

Listing 24-3　可以被共用的基本角色數值介面(BaseAttr.cs)

```csharp
public class BaseAttr
{
    private int      m_MaxHP;        // 最高 HP 值
    private float    m_MoveSpeed;    // 目前移動速度
    private string   m_AttrName;     // 數值的名稱

    public BaseAttr(int MaxHP,float MoveSpeed, string AttrName) {
        m_MaxHP = MaxHP;
        m_MoveSpeed = MoveSpeed;
        m_AttrName = AttrName;
    }
```

```csharp
    public int GetMaxHP() {
        return m_MaxHP;
    }

    public float GetMoveSpeed() {
        return m_MoveSpeed;
    }

    public string GetAttrName() {
        return m_AttrName;
    }
}
```

所以就目前的系統架構來看,如果要增加字首、字尾功能的話,可以先多增加幾組基本數值(BaseAttr)物件來代表字首字尾加乘值,然後在角色數值系統中,加入兩個固定的欄位來代表字首及字尾加乘值:

```csharp
// 角色數值介面
public abstract class ICharacterAttr
{
    protected BaseAttr m_BaseAttr= null;        // 基本角色數值
    protected BaseAttr m_PrefixAttr = null;     // 字首
    protected BaseAttr m_SuffixAttr = null;     // 字尾

    ...
    // 設定字首
    public void SetPrefixAttr(BaseAttr PrefixAttr) {
        m_PrefixAttr = PrefixAttr;
    }

    // 設定字尾
    public void SetSuffixAttr(BaseAttr SuffixAttr) {
        m_SuffixAttr = SuffixAttr;
    }

    // 最大HP
    public int GetMaxHP() {
        // 字首
        int MaxHP = 0;
        if( m_PrefixAttr != null)
            MaxHP += m_PrefixAttr.GetMaxHP();
```

```csharp
        MaxHP += m_BaseAttr.GetMaxHP();

        // 字尾
        if( m_SuffixAttr != null )
            MaxHP += m_SuffixAttr.GetMaxHP();

        return MaxHP;
    }

    // 移動速度
    public float GetMoveSpeed() {
        // 字首
        float MoveSpeed = 0;
        if( m_PrefixAttr != null )
            MoveSpeed += m_PrefixAttr.GetMoveSpeed();

        MoveSpeed += m_BaseAttr.GetMoveSpeed();

        // 字尾
        if( m_SuffixAttr != null )
            MoveSpeed += m_SuffixAttr.GetMoveSpeed();

        return MoveSpeed;
    }

    // 取得數值名稱
    public string GetAttrName() {
        // 字首
        string AttrName = "";
        if( m_PrefixAttr != null )
            AttrName += m_PrefixAttr.GetAttrName();

        AttrName += m_BaseAttr.GetAttrName();

        // 字尾
        if( m_SuffixAttr != null )
            AttrName += m_SuffixAttr.GetAttrName();

        return AttrName;
    }
```

```
    ...
}
```

雖然上面的修改方式，只會更動角色數值介面(ICharacterAttr)，增加兩個各自代表字首(m_PrefixAttr)跟字尾(m_SuffixAttr)的基本數值類別(BaseAttr)成員。並且在取得各屬性數值時，先後判斷字首或字尾是否被設定，如果已被設定的話，則加上從物件中取得的角色數值，而且也能完成「字首+原本屬性+字尾」的組合要求。但這看似簡單，卻是一種缺乏靈活度的解決方案。

如果後續還想調整組合的方式，變為：「字首+字尾+原本屬性」，或是想要再增加其它像是：品質、附魔、鑲嵌…等等額外的加乘功能時，就變得很麻煩，因為每次的增加或修改都會更動到角色數值介面(ICharacterAttr)，讓類別的成員變得更多。此外，因為不是每個角色都會使用到所有的加乘效果，所以宣告的變數成員可能從來都沒有被這個物件使用過，這會造成記憶體的浪費。而每一個相關的計算公式，也會因為增加的附加屬性愈多而愈加複雜。

所以，實作時可能要思考是，是否有比較靈活的方式來呈現這種數值累加，讓這些角色數值物件之間，建立某種關聯，當加乘效果存在時，就讓代表它們的數值物件相互連接，之後再從這個連接之間，取得所需的數值：

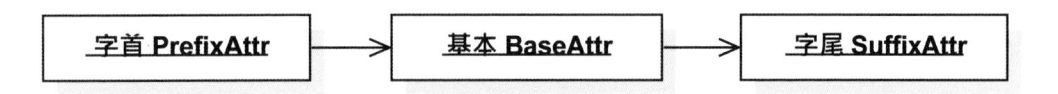

| 字首 PrefixAttr | → | 基本 BaseAttr | → | 字尾 SuffixAttr |

查閱 GoF 的設計模式，尋找當中哪個模式可以讓物件之間建立連結並且可以產生額外的加乘效果，那麼裝飾模式（*Decorator*）可以符合上述的要求。

24.2 裝飾模式（*Decorator*）

首先，讓我們先來理解 GoF 的裝飾模式（*Decorator*）及其實作方式。

24.2.1 裝飾模式（*Decorator*）的定義

GoF 對於裝飾模式（*Decorator*）的定義是：

「動態地附加額外的責任給一個物件。裝飾模式提供了一個靈活的選擇，讓子類別可以用來擴展功能」。

我們同樣以第 9 章介紹的「3D 繪畫工具」做為範例來說明。新版本的 3D 繪畫工具需要增加一個新功能，就是能夠在某個形狀外圍增加一個「外框」做為標示或編輯提示之用：

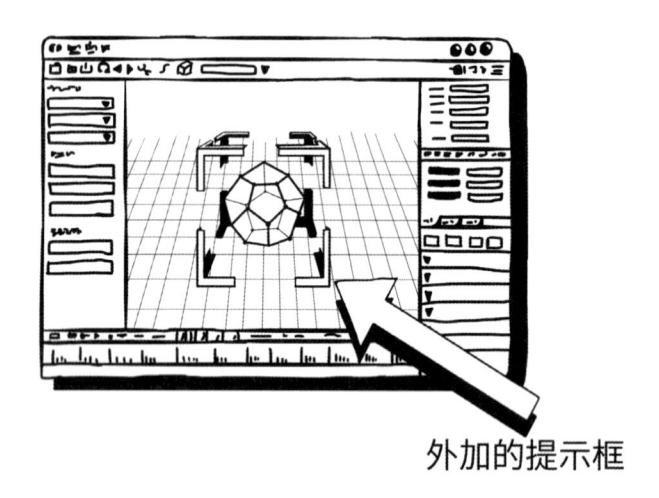

外加的提示框

圖 24-2　繪圖工具中，針對某個形狀加外框做為提示

因此，我們在系統中增加了一個稱為「額外功能」(IAdditional)的類別群組，做為往後類似功能的群組。因為這個外框(Border)也會使用成像系統，所以實作時跟原有的形狀(IShape)群組相似，同樣也使用到 RenderEnger：

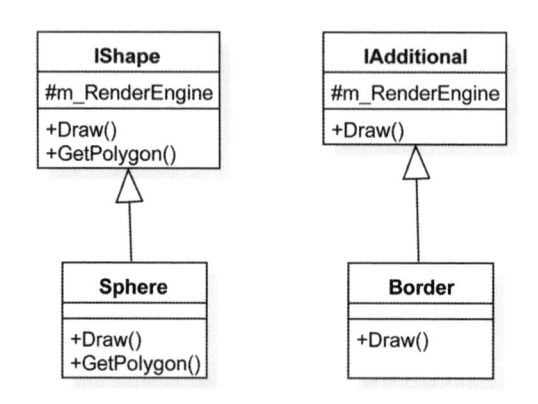

```
IShape
#m_RenderEngine
+Draw()
+GetPolygon()
```

```
IAdditional
#m_RenderEngine
+Draw()
```

```
Sphere
+Draw()
+GetPolygon()
```

```
Border
+Draw()
```

有幾種方式可以讓圓形(Sphere)加上外框功能，其中一種是，在支援多重繼承的程式語言中，除了讓圓形(Sphere)繼承形狀(IShape)之外，同時也讓圓形(Sphere)繼承外框(Border)功能：

24-8

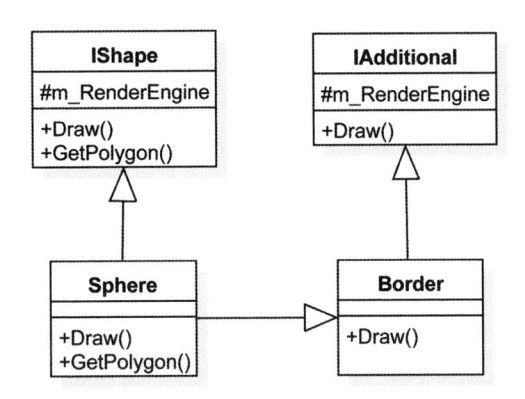

```
      IShape                    IAdditional
#m_RenderEngine              #m_RenderEngine
+Draw()                      +Draw()
+GetPolygon()
```

```
      Sphere                     Border
+Draw()                      +Draw()
+GetPolygon()
```

但這種解決方案並不好,第一個原因當然是因為 C#沒有多重繼承的功能,而第二個原因則是,因為 C#沒有多重繼承的功能,如果一定想要靠繼承方式來達成目標,那麼就只能靠著改變繼承順序,讓形狀(IShape)類別先去繼承外框(Border)類別來取得想要的外框功能,但這樣一來,由於繼承時會將父類別的功能全都一併包含進來,因此這樣做會增加複雜度。在第 1 章中,我們針對了「少用繼承多用組合」的設計做過說明,讀者可以回顧一下,就能了解繼承與組合的差異所在。

所以,改用組合的方式看起來似乎會好一些,也就是在圓形(Sphere)或形狀(IShape)中加入一個外框成員:

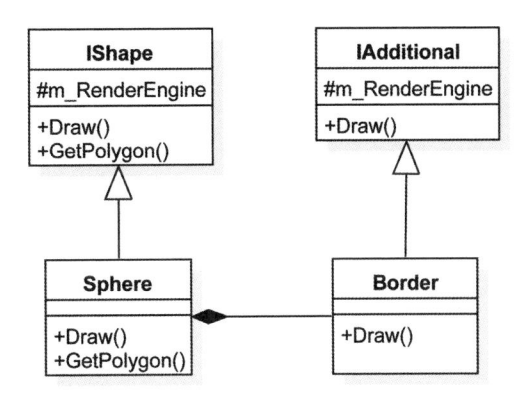

```
      IShape                    IAdditional
#m_RenderEngine              #m_RenderEngine
+Draw()                      +Draw()
+GetPolygon()
```

```
      Sphere                     Border
+Draw()                      +Draw()
+GetPolygon()
```

這種方式雖然相對於使用繼承的方式要好得多,但是缺少靈活性。因為增加的成員是固定在類別之中,而且隨著功能的增加就勢必得再增加成員,而增加成員的同時也代表了必須增加類別的介面方法。若新增的功能是專案開發後期才出現的需求,那麼,冒然地更動介面就很容易造成系統的不穩定。

所以，如果想要在「專案開發後期」替形狀類別加上額外功能，在不更動現有類別的前提下，可以採用新增一個「形狀子類別」的方式來完成，只不過，這個新的形狀子類別(IShapeDecorator)本身並不是真的代表任何一種「形狀」，但它是專門用來負責「將其它功能加入現有的形狀之上」：

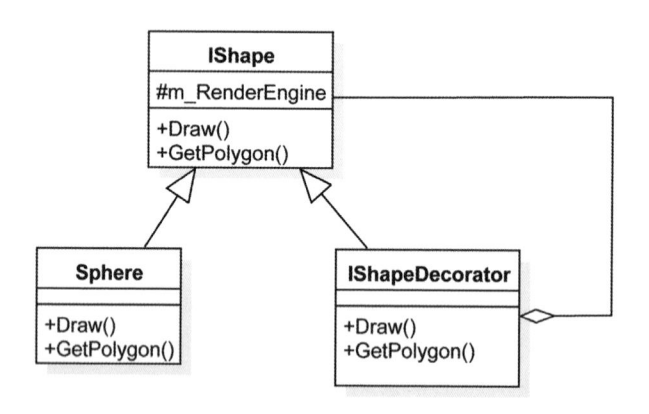

新增的子類別(IShapeDecorator)中，會有一個參考成員用來記錄其它形狀類別(IShape)，也就是透過這個參考，新增的子類別(IShapeDecorator)就能夠將額外增加的功能，加到指向的物件之上。而新增的子類別(IShapeDecorator)，就稱為「形狀裝飾者」，被記錄下來的物件則稱之為「被裝飾者」。

形狀裝飾者(IShapeDecorator)只負責執行「將額外功能加上的動作」，真正包含額外功能的類別，其實是形狀裝飾者(IShapeDecorator)的子類別：

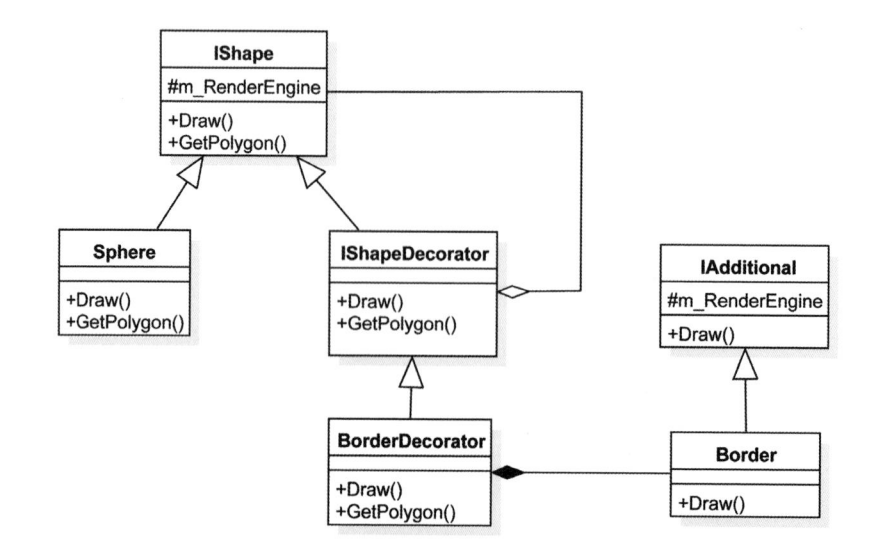

外框裝飾者(BorderDecoator)是形狀裝飾者(IShapeDecorator)的子類別，它將負責執行增加外框的繪製動作。一樣使用組合的方式，將外框(Border)功能加入到類別(BorderDecoator)中，當外框裝飾者(BorderDecoator)被呼叫時，它可以利用父類別(IShapeDecorator)中的被裝飾者參考，要求被裝飾者參考先被繪製出來，然後再呼叫外框(Border)功能，讓形狀能顯示外框。

而這也是定義中提到的「提供了一個靈活的選擇，讓子類別可以用來擴展功能」。也就是說，當有新的子類別加入類別群組時，新增加的類別不一定要完全符合「類別封裝時的抽象定義」(即形狀裝飾者及其子類別不是「形狀」)，而是可以更靈活地選擇成為「另一種功能」，而這個功能可以用來協助原有類別的功能擴展(在形狀上增加外框)。

24.2.2 裝飾模式（*Decorator*）的說明

對於參與裝飾模式（*Decorator*）的四大成員，我們可以就上一小節提到的形狀裝飾者(IShapeDecorator)來加以說明：

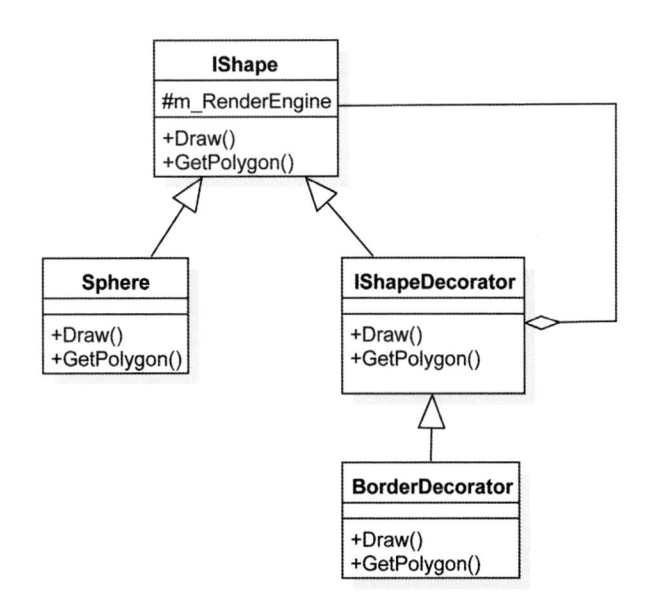

參與者的說明如下：

- IShape(形狀介面)

    ◎ 定義形狀的介面及方法。

- Sphere(形狀的實作：圓形)

◎ 實作系統中所需要的形狀。
- `IShapeDecorator`(形狀裝飾者介面)
    ◎ 定義可用來裝飾型態的介面。
    ◎ 增加一個指向被裝飾物件的參考成員。
    ◎ 需要呼叫被裝飾物件的方法時,可利用參考成員來完成。
- `BorderDecorator`(形狀裝飾者的實作:外框裝飾者)
    ◎ 實作形狀裝飾者。
    ◎ 在呼叫「被裝飾者的方法」的之後或之前,都可以執行本身提供的附加裝飾功能,來達到裝飾的效果。

雖然在此我們使用的是「3D 繪圖工具」來說明裝飾模式(*Decorator*),但與 GoF 使用的結構圖(如下圖)差異不大,讀者可以自行替換思考:

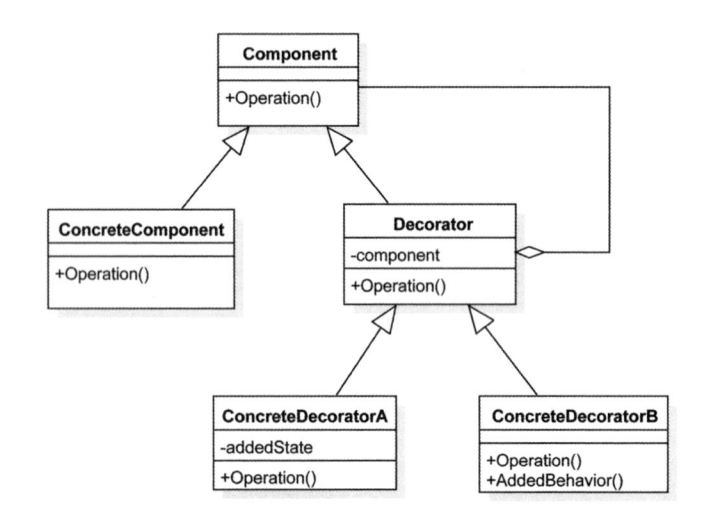

24.2.3 裝飾模式(*Decorator*)的實作範例

形狀介面(IShape)及圓形(Sphere)的實作跟第 9 章的實作,並無太大差異:

Listing 24-4　實作形狀介面與圖形類別(ShapeDecorator.cs)

```
//形狀
public abstract class IShape
{
```

```
    protected RenderEngine m_RenderEngine = null;

    public void SetRenderEngine( RenderEngine theRenderEngine ) {
        m_RenderEngine = theRenderEngine;
    }

    public abstract void Draw();
    public abstract string GetPolygon();
}

// 圓球
public class Sphere : IShape
{
    public override void Draw() {
        m_RenderEngine.Render("Sphere");
    }

    public override string GetPolygon() {
        return "Sphere 多邊形";
    }
}
```

利用新增形狀(IShape)子類別的方式來擴展功能,但這個新增的子類別是一個裝飾者,用來替形狀(IShape)元件增加額外的功能,並且裝飾者本身並不一定符合「形狀」所封裝的抽象定義:

Listing 24-5　形狀裝飾者介面 (`ShapeDecorator.cs`)

```
public abstract class IShapeDecorator : IShape
{
    IShape m_Component;
    public IShapeDecorator(IShape theComponent) {
        m_Component = theComponent;
    }

    public override void Draw() {
        m_Component.Draw();
    }
    public override string GetPolygon() {
        return m_Component.GetPolygon();
    }
}
```

類別內多了一個指向形狀(IShape)的物件參考(m_Component),而所有必須重新定義的抽象方法,都是直接呼叫這個參考(m_Component)指向物件(也就是被裝飾者)的方法。所以形狀裝飾者(IShapeDecorator)本身並不做任何繪製形狀的功能,所以可以解釋為:這個類別並不一定滿足「形狀」所封裝的抽象定義。

接下來，定義能替形狀增加功能的額外功能類別(IAdditional)：

Listing 24-6　實作能附加額外功能的類別(ShapeDecorator.cs)

```csharp
public abstract class IAdditional
{
    protected RenderEngine m_RenderEngine = null;

    public void SetRenderEngine( RenderEngine theRenderEngine ) {
        m_RenderEngine = theRenderEngine;
    }

    public abstract void DrawOnShape(IShape theShpe);
}

// 外框
public class Border : IAdditional
{
    public override void DrawOnShape(IShape theShpe) {
        m_RenderEngine.Render("Draw Border On "+ theShpe.GetPolygon());
    }
}
```

額外功能(IAdditional)基本上也需要有繪圖的功能，所以同樣必須在類別中包含了一個繪圖引擎的參考(m_RenderEngine)。而介面方法 DrawOnShape 可以讓額外功能以形狀(IShape)為目標進行繪製，之後再實作一個在形狀(IShape)上繪出一個外框的子類別：Border。

有了可以在形狀(IShape)上繪製外框的類別(Border)後，就可以利用形狀裝飾者(IShapeDecorator)的子類別外框裝飾者(BorderDecorator)來進行整合：

Listing 24-7　外框裝飾者(ShapeDecorator.cs)

```csharp
public class BorderDecorator : IShapeDecorator
{
    // 外框功能
    Border m_Border = new Border();

    public BorderDecorator(IShape theComponent):base(theComponent)
    {}

    public virtual void SetRenderEngine( RenderEngine theRenderEngine ){
        base.SetRenderEngine(theRenderEngine);
        m_Border.SetRenderEngine(theRenderEngine);
    }

    public override void Draw() {
```

24-14

```
        // 被裝飾者的功能
        base.Draw();
        // 外框功能
        m_Border.DrawOnShape( this );
    }
}
```

外框裝飾者(`BorderDecorator`)使用組合的方式,將外框(`Border`)功能加入其中做為額外增加的功能。所以在重新定義的繪製(`Draw`)方法中,先呼叫了被裝飾者的原本功能(即在畫面上繪製形狀),之後將增加的外框繪製在形狀之上。

由測試程式碼,就能看出它們之間的組裝方式:

Listing 24-8　測試形狀裝飾者(`DecoratorTest.cs`)

```
void UnitTest_Shape() {
    OpenGL theOpenGL = new OpenGL();

    // 圓形
    Sphere theSphere = new Sphere();
    theSphere.SetRenderEngine( theOpenGL );

    //在圖形加外框
    BorderDecorator theSphereWithBorder =
                        new BorderDecorator( theSphere );
    theSphereWithBorder.SetRenderEngine( theOpenGL );
    theSphereWithBorder.Draw();
}
```

執行後的訊息正確地反應出,外框裝飾者(`BorderDecorator`)除了將原本的圓形繪製出來之外,也在其上增加了外框:

執行結果

```
OpenGL:Sphere
OpenGL:Draw Border On Sphere 多邊形
```

請注意,由於裝飾模式(*Decorator*)具有透通性(Transparency),所以可以一直不斷地包覆下去。例如還可以實作出更多的額外功能:顯示頂點、顯示法向量、顯示多邊形線…等。一個包覆一個的最終結果就是,可以繪製出一個,有外框且在其頂點上會顯示法向量,又能同時顯示多邊形線的形狀。

此外，由於在實作的過程中並沒有因為增加功能的關係，而去更動形狀(IShape)類別的介面，所以對於現有單純只使用形狀(IShape)類別物件的客戶端影響不大。對於處於開發後期或維護時期的專案來說，想要在現有的類別上追加新功能，裝飾模式（Decorator）是一個不錯的選項。

24.3 使用裝飾模式（Decorator）來實作字首字尾的功能

正如同上面提到的，對於處於開發後期或維護時期的專案來說，更動原有設計或實作是比較不好的修改方式，除非更動或新增的部分會造成系統的改頭換面，例如新增的部分可能成為一個基礎系統，否則通常不該對專案做大幅調整。但有時候又因為不能進行大幅修正，所以新功能就只能東加一些、西加一些，最後同樣也會讓整個專案變得很「雜亂」。GoF 中的幾個設計模式很適合在這種場合下來應用，裝飾模式（Decorator）就是其中之一。以下我們使用它來完成「P 級陣地」新增的字首字尾功能。

24.3.1 字首字尾功能的架構設計

了解「P 級陣地」對於字首字尾功能的需求後，我們可以應用裝飾模式（Decorator）的「動態地附加額外的責任/功能給一個物件」原理，把字首字尾當作是「一層層包覆在原有角色基本數值(BaseAttr)的額外功能」來解釋。那麼，我們就可以設計出下列結構來達成字首字尾功能的要求：

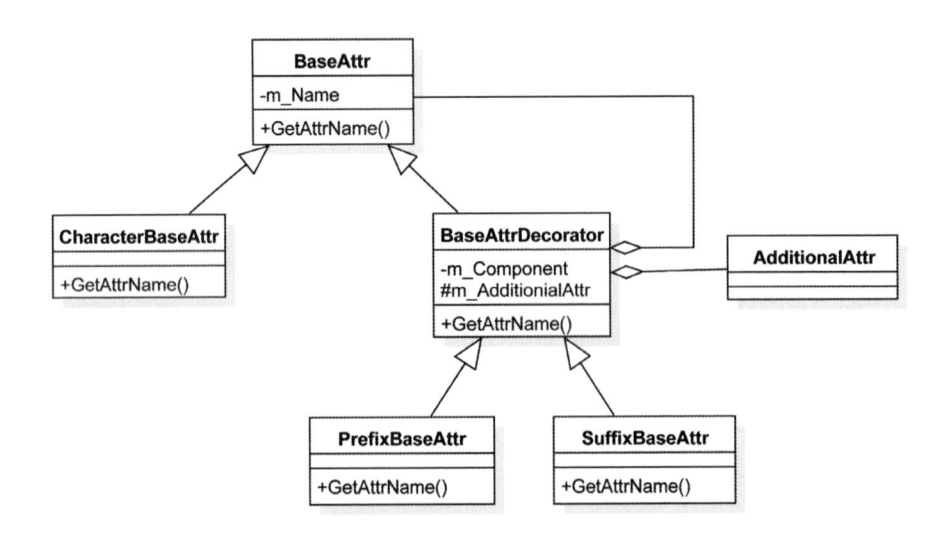

參與者的說明如下：

- `BaseAttr`

    定義基本數值介面。

- `CharacterBaseAttr`

    實作角色基本數值。

- `BaseAttrDecorator`

    定義基本數值裝飾者介面，類別中有一個參考成員，用來指向被裝飾的基本數值物件。

- `AdditionalAttr`

    加乘用的數值，且有別於角色基本數值的設定及用途。

- `PrefixBaseAttr`

    字首裝飾者，會將本身的數值增加在被裝飾的基本數值之前，可以達成數值名稱顯示在前的效果。

- `SuffixBaseAttr`

    字尾裝飾者，會將本身的數值增加在被裝飾的基本數值之後，可以達成數值名稱顯示在後的效果。

24.3.2 實作說明

基本數值類別(BaseAttr)是在第 16 章說明享元模式（*Flyweight*）時新增的一個類別，其定義如下：

```
// 可以被共用的基本角色數值介面
public class BaseAttr
{
    private int     m_MaxHP;         // 最高HP值
    private float   m_MoveSpeed;     // 目前移動速度
    private string  m_AttrName;      // 數值的名稱

    public BaseAttr(int MaxHP,float MoveSpeed, string AttrName) {
```

```
            m_MaxHP = MaxHP;
            m_MoveSpeed = MoveSpeed;
            m_AttrName = AttrName;
        }

        public int GetMaxHP() {
            return m_MaxHP;
        }

        public float GetMoveSpeed() {
            return m_MoveSpeed;
        }

        public string GetAttrName() {
            return m_AttrName;
        }
    }
```

因應裝飾模式（*Decorator*）的實作，所以我們將之提升為抽象類別：

Listing 24-9　可以被共用的基本角色數值介面 (`BaseAttr.cs`)

```
public abstract class BaseAttr
{
    public abstract int    GetMaxHP();
    public abstract float  GetMoveSpeed();
    public abstract string GetAttrName();
}
```

並將原有的實作部份移到一個新的子類別，也就是角色基本數值類別(CharacterBaseAttr)之中：

Listing 24-10　實作可以被共用的基本角色數值 (`BaseAttr.cs`)

```
public class CharacterBaseAttr : BaseAttr
{
    private int     m_MaxHP;        // 最高 HP 值
    private float   m_MoveSpeed;    // 目前移動速度
    private string  m_AttrName;     // 數值的名稱

    public CharacterBaseAttr(int MaxHP, float MoveSpeed,
                             string AttrName) {
        m_MaxHP = MaxHP;
        m_MoveSpeed = MoveSpeed;
```

```csharp
            m_AttrName = AttrName;
        }

        public override int GetMaxHP() {
            return m_MaxHP;
        }

        public override float GetMoveSpeed() {
            return m_MoveSpeed;
        }

        public override string GetAttrName() {
            return m_AttrName;
        }
    }
```

因著前面的類別分割,所以連帶也必須更動「敵方角色基本數值類別(Enemy BaseAttr)」,使之改為由繼承自角色基本數值類別(CharacterBaseAttr):

Listing 24-11　敵方角色的基本數值(BaseAttr.cs)

```csharp
    public class EnemyBaseAttr : CharacterBaseAttr
    {
        public int    m_InitCritRate;      // 爆擊率
        public EnemyBaseAttr(int MaxHP,float MoveSpeed, string AttrName,
                             int CritRate):base(MaxHP,MoveSpeed,AttrName){
            m_InitCritRate =CritRate;
        }

        public virtual int GetInitCritRate() {
            return m_InitCritRate;
        }
    }
```

這樣更動的結果並未造成其它遊戲系統(IGameSystem)有太多需要修正的地方,只有數值工廠(AttrFactory)在產生角色基本數值物件時必須更動:

Listing 24-12　實作產生遊戲用數值(AttrFactory.cs)

```csharp
    public class AttrFactory : IAttrFactory
    {
        private Dictionary<int,BaseAttr>   m_SoldierAttrDB = null;
        ...

        // 建立所有 Soldier 的數值
        private void InitSoldierAttr() {
            m_SoldierAttrDB = new Dictionary<int,BaseAttr>();    // 基本數值

            // 生命力,移動速度,數值名稱
```

```csharp
        m_SoldierAttrDB.Add(1,new CharacterBaseAttr(10, 3.0f, "新兵"));
        m_SoldierAttrDB.Add(2,new CharacterBaseAttr(20, 3.2f, "中士"));
        m_SoldierAttrDB.Add(3,new CharacterBaseAttr(30, 3.4f, "上尉"));
    }
    ...
}
```

完成了原有類別因著要套用裝飾模式（*Decorator*）而作的調整後，接下來我們可以來實作基本數值裝飾者(BaseAttrDecorator)，它應該繼承自基本數值(BaseAttr)類別，並在其中加入一個參考用來指向將來要被裝飾的物件：

Listing 24-13 基本角色數值裝飾者(`BaseAttrDecorator.cs`)

```csharp
public abstract class BaseAttrDecorator : BaseAttr
{
    protected BaseAttr          m_Component;           // 被裝飾對像
    protected AdditionalAttr    m_AdditionialAttr;     // 代表額外加乘的數值

    // 設定裝飾的目標
    public void SetComponent(BaseAttr theComponent) {
        m_Component = theComponent;
    }

    // 設定額外使用的值
    public void SetAdditionalAttr (AdditionalAttr theAdditionalAttr) {
        m_AdditionialAttr = theAdditionalAttr;
    }

    public override int GetMaxHP() {
        return m_Component.GetMaxHP();
    }

    public override float GetMoveSpeed() {
        return m_Component.GetMoveSpeed();
    }

    public override string GetAttrName() {
        return m_Component.GetAttrName();
    }
}
```

我們新增了一個用來設定裝飾目標的方法：SetComponent，用來指定被裝飾的目標。另外，成員當中也增加了一個加乘數值類別(AdditionalAttr)型態的物件參考 m_AdditionialAttr，這個成員將做為後續字首字尾加乘角色數值的依據。至於加乘數值類別(AdditionalAttr)則是另一組有別於基本數值(BaseAttr)的數值類別：

Listing 24-14　用於加乘用的數值 (BaseAttrDecorator.cs)

```
public class AdditionalAttr
{
    private int    m_Strength;    // 力量
    private int    m_Agility;     // 敏捷
    private string m_Name;        // 數值的名稱

    public AdditionalAttr(int Strength,int Agility, string Name) {
        m_Strength = Strength;
        m_Agility = Agility;
        m_Name = Name;
    }

    public int GetStrength() {
        return m_Strength;
    }

    public int GetAgility() {
        return m_Agility;
    }

    public string GetName() {
        return m_Name;
    }
}
```

在加乘數值類別中，包含的是力量(Strength)及敏捷(Agility)等數值。

一般來說，如果遊戲設定了多種職業想讓玩家體驗的話，多會採用「轉換計算」的數值系統，這樣能夠讓裝備系統設計起來相對方便，因為這樣做可以讓同一裝備在不同職業身上有不同的效果。假設某個遊戲設計的裝備系統的數值是使用力量、敏捷等數值，而角色使用的是生命力、移動速度、攻擊力、閃避率等。所謂的「轉換計算數值系統」就是，當角色穿上裝備之後，會將裝備上的力量屬性經公式計算後轉換成生命力、攻擊力，然後加乘給角色；敏捷經過計算會轉換成移動速度及閃避率加乘給角色。同時又會因為職業的不同，而使得轉換公式的參數有些不同，這樣一來同一件裝備在不同職業上就有不同的效果了。

在「P級陣地」中，字首字尾的加乘採用的是簡單的「轉換計算數值」方式，而這一部份的計算公式都放在字首裝飾者(PrefixBaseAttr)與字尾裝飾者(SuffixBaseAttr)類別的實作中：

Listing 24-15　字首與字尾裝飾者的實作 (BaseAttrDecorator.cs)

```
// 字首
```

```csharp
public class PrefixBaseAttr : BaseAttrDecorator
{
    public PrefixBaseAttr()
    {}

    public override int GetMaxHP() {
        return m_AdditionialAttr.GetStrength() +
                                    m_Component.GetMaxHP();
    }

    public override float GetMoveSpeed() {
        return m_AdditionialAttr.GetAgility()*0.2f +
                                    m_Component.GetMoveSpeed();
    }

    public override string GetAttrName() {
        return m_AdditionialAttr.GetName() +
                    m_Component.GetAttrName();  // 後加上屬性名稱
    }
}

// 字尾
public class SuffixBaseAttr : BaseAttrDecorator
{
    public SuffixBaseAttr()
    {}

    public override int GetMaxHP() {
        return m_Component.GetMaxHP() +
                                m_AdditionialAttr.GetStrength();
    }

    public override float GetMoveSpeed() {
        return m_Component.GetMoveSpeed() +
                                m_AdditionialAttr.GetAgility()*0.2f;
    }

    public override string GetAttrName() {
        return m_Component.GetAttrName() +   // 先加上屬性名稱
                                m_AdditionialAttr.GetName();
    }
}
```

最大生命力(MaxHP)的加乘會直接加上加乘數值中的力量(Strength)，而移動速度(MoveSpeed)則是加上敏捷(Agility)做一乘積之後的值。另外，這兩個類別也因應字首字尾的特性，在取得名稱的先後上有些差異，尤其是在取得名稱 GetAttrName 的方法中，前後位置的不同會造成數值名稱出現的位置也會不同，進而達成「字首」、「字尾」想要表現的顯示效果。

因為加乘數值(AdditionalAttr)是一個新定義的數值類別，所以同樣必須將它加入到數值工廠(IAttrFactory)之中，也使用享元模式（*Flyweight*）的方式來管理，使其成為數值系統的一環：

Listing 24-16 數值工廠內加入新的字首字尾數值

```csharp
// 產生遊戲用數值介面
public abstract class IAttrFactory
{
    ...
    // 取得加乘用的數值
    public abstract AdditionalAttr GetAdditionalAttr( int AttrID );
    ...
} // IAttrFactory.cs

// 實作產生遊戲用數值
public class AttrFactory : IAttrFactory
{
    ...
    private Dictionary<int,AdditionalAttr>  m_AdditionalAttrDB=null;
    ...
    public AttrFactory() {
        ...
        InitAdditionalAttr();
    }
    ...
    // 建立加乘用的數值
    private void InitAdditionalAttr() {
        m_AdditionalAttrDB = new Dictionary<int,AdditionalAttr>();

        // 字首產生時隨機產生
        m_AdditionalAttrDB.Add(11, new AdditionalAttr( 3, 0, "勇士"));
        m_AdditionalAttrDB.Add(12, new AdditionalAttr( 5, 0, "猛將"));
        m_AdditionalAttrDB.Add(13, new AdditionalAttr(10, 0, "英雄"));

        // 字尾存活下來即增加
        m_AdditionalAttrDB.Add(21, new AdditionalAttr( 5, 1, "◇"));
        m_AdditionalAttrDB.Add(22, new AdditionalAttr( 5, 1, "☆"));
        m_AdditionalAttrDB.Add(23, new AdditionalAttr( 5, 1, "★"));
    }
    ...
    // 取得加乘用的數值
    public override AdditionalAttr GetAdditionalAttr( int AttrID ) {
        if( m_AdditionalAttrDB.ContainsKey( AttrID )==false)
        {
            Debug.LogWarning("GetAdditionalAttr:AttrID[" + AttrID +
                                                 "]數值不存在");
            return null;
        }
```

24-23

```csharp
            // 直接回傳加乘用的數值
            return m_AdditionalAttrDB[AttrID];
        }
} // AttrFactory.cs
```

有了加乘數值物件及字首字尾的功能後，準備套用裝飾模式（*Decorator*）的所有類別都已就位，剩下的工作就是將這些部份加以組裝。因為這一部份基本上還是與角色數值有關，並且也具備產出數值的概念，所以「P級陣地」將組裝的實作，放在「數值工廠(IAttrFactory)」之中。

首先，將要產生的類別以列舉的方式加以定義，之後再增加一個可取得有字首字尾的 Soldier 數值(SoldierAttr)方法：

Listing 24-17　產生字首字尾物件(IAttrFactory.cs)

```csharp
// 裝飾類型
public enum ENUM_AttrDecorator
{
    Prefix,
    Suffix,
}

// 產生遊戲用數值介面
public abstract class IAttrFactory
{
    ...
    // 取得 Soldier 的數值:有字首字尾的加乘
    public abstract SoldierAttr GetEliteSoldierAttr(
                                    ENUM_AttrDecorator emType,
                                    int AttrID,
                                    SoldierAttr theSoldierAttr);
    ...
}
```

最後，在數值工廠的實作類別中重新實作新增加的方法：

Listing 24-18　實作產生遊戲用數值(AttrFactory.cs)

```csharp
public class AttrFactory : IAttrFactory
{
    ...
    // 取得加乘過的 Soldier 角色數值
    public override SoldierAttr GetEliteSoldierAttr(
                                    ENUM_AttrDecorator emType,
                                    int AttrID,
                                    SoldierAttr theSoldierAttr) {
```

```csharp
        // 1.取得加乘效果的數值
        AdditionalAttr theAdditionalAttr =
                                    GetAdditionalAttr( AttrID );
        if( theAdditionalAttr == null)
        {
            Debug.LogWarning("GetEliteSoldierAttr:加乘數值[" + AttrID +
                                                    "]不存在");
            return theSoldierAttr;
        }

        // 2.產生裝飾者
        BaseAttrDecorator theAttrDecorator = null;
        switch( emType)
        {
            case ENUM_AttrDecorator.Prefix:
                theAttrDecorator = new PrefixBaseAttr();
                break;
            case ENUM_AttrDecorator.Suffix:
                theAttrDecorator = new SuffixBaseAttr();
                break;
        }
        if(theAttrDecorator==null)
        {
            Debug.LogWarning("GetEliteSoldierAttr:無法針對[" + emType +
                                                    "]產生裝飾者");
            return theSoldierAttr;
        }

        // 3.設定裝飾對象及加乘數值
        theAttrDecorator.SetComponent( theSoldierAttr.GetBaseAttr());
        theAttrDecorator.SetAdditionalAttr( theAdditionalAttr );

        // 4.設定新的數值後回傳
        theSoldierAttr.SetBaseAttr( theAttrDecorator );

        // 5.回傳
        return theSoldierAttr;
    }
    ...
}
```

實作時包含五項先後動作：1.先取得加乘用的數值物件，2.依照客戶端的指示，產生所需要的字首或字尾數值裝飾物件，3.將裝飾對象及加乘數值設定給新產生的物件，4.將新的物件來替代 Soldier 數值物件中的角色數值物件，5.回傳給客戶端。

最後，按照之前所提的遊戲功能需求，將功能實作完成。首先是字首的功能需求：當兵營訓練完一個角色進入戰場時，會出現給這個新角色一個角色數值加乘的機會。這一部

份將實作在訓練 Soldier 的命令之中，也就是把實作的程式碼加入在，當兵營訓練時間完成，通知執行訓練命令(TrainSoldierCommand)實際產生 Soldier 物件之後：

Listing 24-19 訓練 Soldier 命令(TrainSoldierCommand.cs)

```
public class TrainSoldierCommand : ITrainCommand
{
    ENUM_Soldier   m_emSoldier;    // 兵種
    ENUM_Weapon    m_emWeapon;     // 使用的武器
    int            m_Lv;           // 等級
    Vector3        m_Position;     // 出現位置

    // 訓練
    public TrainSoldierCommand( ENUM_Soldier emSoldier,
                                ENUM_Weapon emWeapon,
                                int Lv, Vector3 Position) {
        m_emSoldier = emSoldier;
        m_emWeapon = emWeapon;
        m_Lv = Lv;
        m_Position = Position;
    }

    // 執行
    public override void Execute() {
        // 建立 Soldier
        ICharacterFactory Factory = PBDFactory.GetCharacterFactory();
        ISoldier Soldier = Factory.CreateSoldier( m_emSoldier,
                                                  m_emWeapon, m_Lv,
                                                  m_Position);
        // 依機率產生前綴能力
        int Rate = UnityEngine.Random.Range(0,100);
        int AttrID = 0;
        if( Rate > 90)
            AttrID = 13;
        else if( Rate > 80)
            AttrID = 12;
        else if( Rate > 60)
            AttrID = 11;
        else
            return ;

        // 加上字首能力
        IAttrFactory AttrFactory = PBDFactory.GetAttrFactory();
        SoldierAttr PreAttr = AttrFactory.GetEliteSoldierAttr(
                              ENUM_AttrDecorator.Prefix, AttrID,
                                    Soldier.GetSoldierValue());
        Soldier.SetCharacterAttr(PreAttr);
    }
}
```

先依照簡單的機率判斷，來決定要給新產生的 Soldier 物件哪一個字首加乘，之後向角色數值工廠(AttrFactory)取得加乘用的字首數值，設定給新產生的角色。

至於字尾的功能需求：「當玩家通過一個關卡之後，讓所有仍在場上存活的 ISoldier 角色增加一個勳章數」，這一部份的實作則是放在上一章未完成的「增加 Solder 勳章方法」中：

Listing 24-20 Soldier 角色介面(ISoldier.cs)

```
public abstract class ISoldier : ICharacter
{
    protected int m_MedalCount = 0;              // 勳章數
    protected const int MAX_MEDAL = 3;           // 最多勳章數
    protected const int  MEDAL_VALUE_ID = 20;    // 勳章數值起始值
    ...

    // 增加勳章
    public virtual void AddMedal() {
        if( m_MedalCount >= MAX_MEDAL)
            return ;

        // 增加勳章
        m_MedalCount++;

        // 取得對映的勳章加乘值
        int AttrID =  m_MedalCount + MEDAL_VALUE_ID;
        IAttrFactory theAttrFactory = PBDFactory.GetAttrFactory();

        // 加上字尾能力
        SoldierAttr SufAttr =  theAttrFactory.GetEliteSoldierAttr(
                                ENUM_AttrDecorator.Suffix, AttrID,
                                m_Attribute as SoldierAttr);
        SetCharacterAttr(SufAttr);
    }
    ...
}
```

同樣地，將勳章等級換算成加乘能力數值，之後向角色數值工廠(AttrFactory)取得加乘用的字尾數值，重新設定給角色。

完成相關的實作後，玩家在遊戲過程中就有機會看到包含字首字尾的作戰單位出現在戰場上：

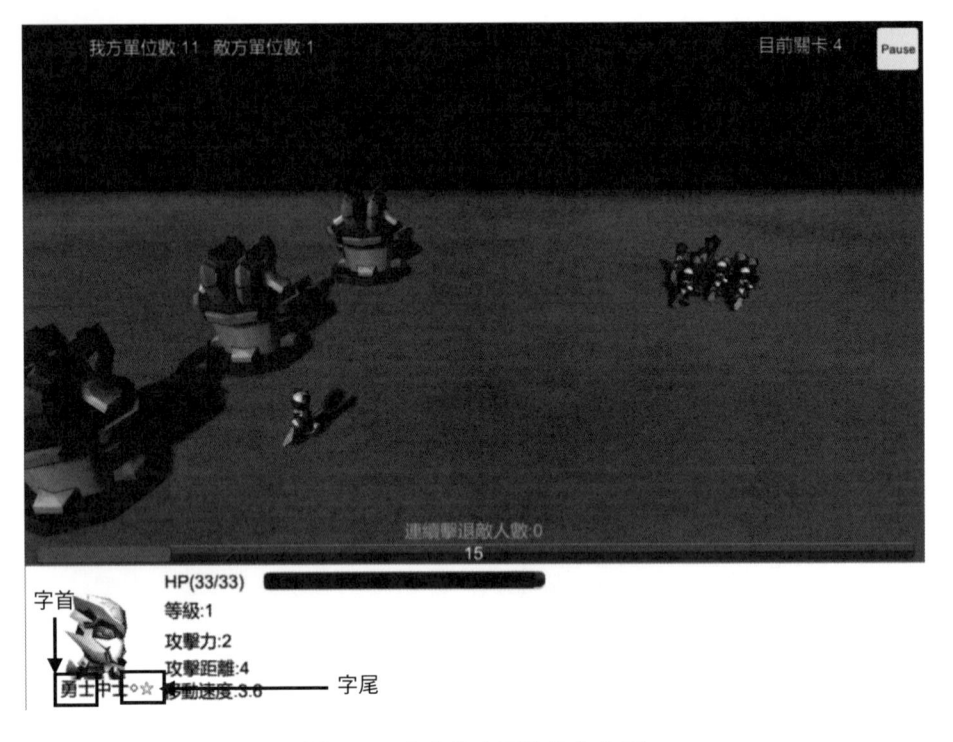

圖 24-3 有字首字尾的角色名稱

24.3.3 使用裝飾模式（Decorator）的優點

使用裝飾模式（Decorator）的方式來新增功能，可避免更動已經實作的程式碼，增加系統的穩定性，另外也變得更靈活。善用裝飾模式（Decorator）的透通性(Transparency)，更可以方便地組裝及加入想要的加乘效果。

24.3.4 實作裝飾模式（Decorator）時的注意事項

裝飾模式（Decorator）就如同它的命名，它是用來裝飾的，所以適用於已經有個裝飾的目標。所以這些裝飾應該是出現在「目標早已存在，而裝飾需求之後才出現」的場合中，不該被濫用。過多的裝飾堆疊在一起，難免也會眼花撩亂。

裝飾模式（Decorator）適合專案後期增加系統功能時使用

對於專案進入後期或是專案已上市的維護周期來說，使用裝飾模式（Decorator）來增加現有系統的附加功能確實是較穩定的方式。但若是專案在早期就已規劃要實作字首字尾

功能,那麼可以將這種「附加於物件上的功能」列於早期的開發設計之中,否則過度地套疊附加功能,會造成除錯上的困難,也會讓後續維護者不容易看懂原始設計者最初的組裝順序。

早期規劃時可以將附加功能加入設計之中

如果系統已預期某項功能會以大量的附加元件來擴展功能的話,那麼或許可以採用 Unity3D 引擎中的「遊戲物件(GameObject)」及「元件(Component)」的設計方式:遊戲物件(GameObject)只是一個能在 3 維空間表示位置的類別,但這個類別可以利用不斷地往上增加元件(Component)的方式,來強化其功能。除了具備動態新增、刪除元件的靈活性外,透過 Unity3D 介面查看元件(Component)列表中的類別,也能輕易看出這個遊戲物件(GameObject)具備了什麼樣的功能,提高了系統的維護性及減少除錯的困難度。

> **提示** Unity3D 引擎採用的是 ECS(Entity Component System)設計模式,這是一種被大量使用在遊戲引擎開發上的一種模式。利用在主體(Entity)附加許多元件(Component)的方式,來增加主體(Entity)的功能,而元件(Component)在執行模式或編輯模式下,都能被輕易的增加及刪除。

24.4 當有新的變化時

「P級陣地」應用了裝飾模式(*Decorator*)來增加角色數值系統的可變性。當有任何數值加乘功能想應用時,都可以利用產生一個基本數值裝飾者(BaseAttrDecorator)的子類別來完成。例如,後續的遊戲需求中,又想設計一個「直接強化系統」,讓玩家可以直接強化戰場中的某一個角色,也就是玩家可以先選擇三個強化數值,然後下達「強化」指令,將這三個強化數值加到某個單位上。這樣的新需求,實作時可以先完成下面這個 StrengthenBaseAttr 類別:

Listing 24-21　直接強化(`BaseAttrDecorator.cs`)

```
public class StrengthenBaseAttr : BaseAttrDecorator
{
    protected List<AdditionalAttr> m_AdditionialAttrs;  // 多個強化的數值

    public StrengthenBaseAttr()
    {}

    public override int GetMaxHP() {
```

```csharp
        int MaxHP = m_Component.GetMaxHP();
        foreach(AdditionalAttr theAttr in m_AdditionialAttrs)
            MaxHP += theAttr.GetStrength();
        return MaxHP;
    }
    public override float GetMoveSpeed() {
        float MoveSpeed = m_Component.GetMoveSpeed();
        foreach(AdditionalAttr theAttr in m_AdditionialAttrs)
            MoveSpeed += theAttr.GetAgility()*0.2f;
        return MoveSpeed;
    }
    public override string GetAttrName() {
        return "直接強化" + m_Component.GetAttrName();
    }
} //
```

完成之後,只要再配合玩家介面設計與命令模式(*Command*),就能將強化功能加到被點選的玩家角色之上。

24.5 結論

對於專案後期的系統功能強化,使用裝飾模式(*Decorator*)的優點在於,可以不必更動太多現有的實作類別,就能完成功能強化。另外,「靈活度」及「透通性」是該模式的另一項優點,適合應用在系統功能是採用疊加不同小功能來完成實作的開發方式。但過多的裝飾類別容易造成系統維護的困難度,而功能間的交互堆疊,也會讓程式人員在除錯時增加不少困擾。

其它應用方式

- 網路連線型遊戲中的封包加密解密,也是許多介紹設計模式書中會提到的範例。透過額外附加的「訊息加密裝飾者」,就可以讓原本傳遞的訊息增加安全性,而且可以實作不同的加密方式來層層包覆,而修改的過程中,都不會影響到原有的封包傳送架構。

- 介面特效,有時候遊戲介面中會特別提示玩家,某個事件發生了或是提醒玩家有個獎勵可以領取,對於這類需求,可以在原有的介面元件上增加一個「介面特效裝飾者」,而這樣的實作方式會比較靈活,修改上也較為方便。

第 25 章

俘兵
─ *Adapter* 轉換器模式

25.1 遊戲的寵物系統

「寵物系統」一直是吸引玩家進入遊戲的重點系統。想像在打怪衝關的過程中，旁邊伴隨著一隻寵物協同一起作戰探險，除了跟隨著玩家的簡單行為外，有些遊戲也會設計一些輔助功能給寵物，例如幫忙攻擊對象、執行一些協助玩家角色的動作，像是撿寶、補血、提示訊息…之類的動作。

就筆者參與過的專案來說，寵物系統的需求多半會在遊戲開發的中後時期才出現，因為這通常是因應市場變化而增加的新需求。當然，近幾年開發的遊戲只要內容合適，就會提早在遊戲企劃的初期就決定加入寵物系統。所以對於一早就有計劃要實作寵物系統的遊戲來說，會在一開始就於設計內加入與寵物相關的系統架構及類別，像是：

- 負責控制寵物的角色類別。
- 戰鬥時要使用的 AI 狀態類別。
- 工廠類別提供對應的寵物工廠方法。
- 寵物專用的角色數值。
- 3D 成像規則…等。

若在專案中後期才決定要加入寵物系統，系統新增及修改的相關工作同樣也是免不了的，至於是否要大量更動原設計，就要看原有架構是否設計得夠靈活。

當然，上述不管是初始或中後期才加入，都是針對專門設計一個寵物系統而言。所以美

25-1

術需要產生專案的 3D 模型，程式需要撰寫新的寵物相關功能的類別。但還有另一種比較複雜的情況是，寵物系統也能將敵人(或所謂的怪物)收為己用。簡單的說，就是被玩家打敗過的敵人會就被收錄/記錄下來，之後玩家在通關打怪時，就可以將之召喚出來成為寵物，一起幫助玩家通關。會有這樣設計想法不外乎是因為：

- 提供玩家收集的樂趣，但不只是收集，收集之後還能夠被使用。
- 當打敗的對手可以被重新召喚成為自己的手下時，玩家會有另一種成就感。其實在大型多人線上遊戲(MMORPG)的設計中，讓其他玩家看到自己身邊帶一隻非常難以打倒的 Boss，會有一種炫耀的滿足感。所以這樣的寵物系統設計，在大型多人線上遊戲(MMORPG)之中，多半都會列為重點系統之一。
- 當發現原本的寵物設定不足或上市後發現寵物系統為主要收入來源時，為了快速增加寵物數量以確保持續的營收收入，直接使用敵人的設定來當成寵物，是最直覺的想法。

綜合上述的情況，會發現功能需求多半是想將已經設計好的「敵人/怪物」轉換成「寵物」或「玩家可操控的單位」，但同時也希望保有敵人/怪物的原始設定，而不是重新設計一組新的設定資料。而這些設定資料指的是：角色數值、攻擊方式、攻擊能力…等。簡單來說，就是寵物在原本的敵人狀態下，所呈現的外型或使用的招式，當牠被玩家收服後，玩家也會希望成為寵物的牠，也同樣能做出相同的攻擊方式以及發出同樣絢麗的招式。

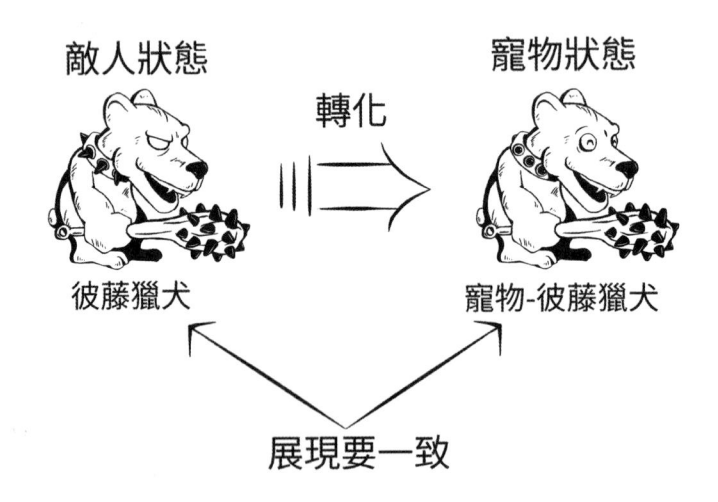

圖 25-1 寵物系統圖解

Chapter 25 俘兵 — Adapter 轉換器模式

俘兵系統

目前「P級陣地」專案算是進入了開發的後期,所有的系統及介面大多已經設計完成,系統架構也都實作完成,但此時專案增加了下列需求,主是要想讓遊戲更具趣味性:

- 當玩家擊倒對手達一定數量時,地圖上會出現一個特殊兵營──「俘兵兵營」,這個兵營可以訓練出敵方的角色。
- 俘兵的角色數值及攻擊方式不改變。
- 由「俘兵兵營」訓練出的單位會替玩家效力,一同守護玩家陣營。
- 「俘兵兵營」不提供升級功能,所以只能訓練同一等級且使用同種武器的作戰單位。

由上列的說明可以得知,新的需求是希望玩家能夠訓練出,原本應該是敵方陣營的作戰單位,而且訓練出來的敵方作戰單位要能保有原本的設定數值及攻擊力,訓練完成進入到戰場上時,也要能幫忙防護玩家陣營。所以類似這樣的需求,就像是章節一開始所提到的,「P級陣地」想要敵方角色直接改為玩家單位來使用。

「P級陣地」面對這樣的需求時,應該如何進行調整才能滿足這一項需求呢?就「P級陣地」目前的系統架構來看,或許可以增加一個「俘兵角色」類別,而這個類別必須具備兩邊陣營的部份行為。例如:1.俘兵角色生成時,必須套用敵方陣營的數值(EnemyAttr),所以不會有等級上的優勢,也不能升級;2.AI行為則必須採用玩家陣營的AI行為──防護陣營而非攻擊陣營;3.顯示上則是使用敵方陣營的角色模型:

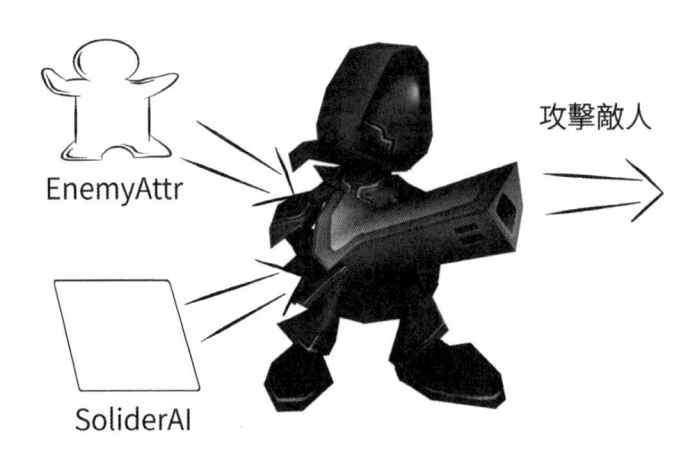

圖 25-2 遊戲範例俘兵示意圖

25-3

之後，還需要新增一個「俘兵角色建造者(SoldierCaptiveBuilder)」，讓已經套用建造者模式（*Builder*）的角色建構者系統(CharacterBuilderSystem)，可產生「俘兵角色」物件。而這個新增的「俘兵角色建造者(SoldierCaptiveBuilder)」內部，就會按照需求由目前雙方陣營的功能中拼裝出來：

Listing 25-1　俘兵功能的實作

```
// 建立俘兵時所需的參數
public class SoldierCaptiveBuildParam : ICharacterBuildParam
{
    public SoldierCaptiveBuildParam()
    {}
}

// 俘兵各部位的建立
public class SoldierCaptiveBuilder : ICharacterBuilder
{
    private SoldierCaptiveBuildParam m_BuildParam = null;

    public override void SetBuildParam( ICharacterBuildParam theParam ){
        m_BuildParam = theParam as SoldierCaptiveBuildParam;
    }

    // 載入 Asset 中的角色模型 (Enemy)
    public override void LoadAsset( int GameObjectID ) {
        IAssetFactory AssetFactory = PBDFactory.GetAssetFactory();
        GameObject EnemyGameObject = AssetFactory.LoadEnemy(
                    m_BuildParam.NewCharacter.GetAssetName() );
        EnemyGameObject.transform.position =
                                    m_BuildParam.SpawnPosition;
        EnemyGameObject.gameObject.name = string.Format("Enemy[{0}]",
                                                    GameObjectID);
        m_BuildParam.NewCharacter.SetGameObject( EnemyGameObject );
    }

    // 加入 OnClickScript (Soldier)
    public override void AddOnClickScript() {
        SoldierOnClick Script = m_BuildParam.NewCharacter.
                GetGameObject().AddComponent<SoldierOnClick>();
        Script.Solder = m_BuildParam.NewCharacter as ISoldier;
    }

    // 加入武器
    public override void AddWeapon() {
        IWeaponFactory WeaponFactory = PBDFactory.GetWeaponFactory();
        IWeapon Weapon = WeaponFactory.CreateWeapon(
                                    m_BuildParam.emWeapon );

        // 設定給角色
```

```
            m_BuildParam.NewCharacter.SetWeapon( Weapon );
        }

        // 設定角色能力(Enemy)
        public override void SetCharacterAttr() {
            // 取得 Enemy 的數值
            IAttrFactory theAttrFactory = PBDFactory.GetAttrFactory();
            int AttrID = m_BuildParam.NewCharacter.GetAttrID();
            EnemyAttr theEnemyAttr = theAttrFactory.GetEnemyAttr( AttrID );

            // 設定數值的計算策略
            theEnemyAttr.SetAttStrategy( new EnemyAttrStrategy() );

            // 設定給角色
            m_BuildParam.NewCharacter.SetCharacterAttr( theEnemyAttr );
        }

        // 加入 AI(Soldier)
        public override void AddAI() {
            SoldierAI theAI = new SoldierAI( m_BuildParam.NewCharacter );
            m_BuildParam.NewCharacter.SetAI( theAI );
        }

        // 加入管理器(Soldier)
        public override void AddCharacterSystem( PBaseDefenseGame PBDGame ){
            PBDGame.AddSoldier( m_BuildParam.NewCharacter as ISoldier );
        }
    }
```

但是，這樣的設計方式並不好，因為就像俘兵角色建造者(SoldierCaptiveBuilder)的程式碼所顯示的，功能都來自雙方陣營中，不同的部分所拼裝出來的，不像是個完整封裝的類別。而且大部份的功能可能還使用了「複製貼上」的方式來處理。如果不想產生過多重複的程式碼，那麼針對現有的建造者(SoldierBuilder、EnemyBuilder)就必須再進行重構，讓程式碼可以共用來解決複製貼上的問題，但這樣一來又必須更動到兩個原有的類別。

如果想要達成具有「完整性」概念的封裝類別，那麼連帶數值系統及 AI 系統，也都必須新增與「俘兵」相關的對應類別，修改的工程就更為龐大了。

所以，應該是思考的是，有沒有更簡單的方式讓敵方類別直接就能「假裝」成玩家類別，然後加入玩家類別群組中。但是骨子裡還是使用敵方的數值、3D 模式、攻擊方式，當然 AI 功能在這過程中，可能要進行替換，但概念上會比較像是只換了一個「AI 策略」。

25-5

在 GoF 的設計模式中，是否有合適的模式可以讓「P 級陣地」進行這樣的修改呢？是否有某種模式，能夠將一個類別(敵方陣營)透過一個轉換，就可直接被當成是另外一個類別(玩家陣營)來使用呢？答案是有的，轉接器模式（Adapter）正是用來解決這種情況，其功用也正如其名，適合用來進行「轉接」兩個類別。

25.2 轉接器模式（Adapter）

轉接器模式（Adapter）如同字面上的意思，能將「介面」完全不符合的東西，轉換成符合的狀態。換句話說，被轉換的類別一定跟原有類別的「介面不合」，這一點可以用來辨識與另外兩個相似模式之間的差異。

25.2.1 轉接器模式（Adapter）的定義

GoF 對於轉接器模式（Adapter）的定義是：

「將一個類別的介面轉換成為客戶端期待的類別介面。轉接器模式讓原本介面不相容的類別能一起合作」

解釋轉接器模式（Adapter），最常舉的例子就是一般生活中很容易遇到的「插頭轉接器」：

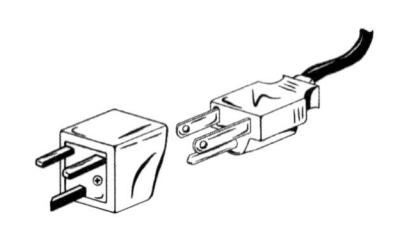

圖 25-3　插頭轉接器

出國遊玩，尤其是到歐洲國家或中國大陸地區，想到攜帶的 3C 產品需要充電時，就必須考慮充電插頭是否能插入當地國家的插座中。如果不行，最簡單的方式就是買一個能夠轉接到當地插座使用的「轉接器」。一般家中也會常遇到的情況是，買的電器用品附帶的插頭是三頭的，但是牆上的插座卻是兩孔的，如果不想折斷三頭插頭上的接地線，那麼同樣也必須到電器行買一個「轉接器」來進行轉換。

套用相同的概念，軟體設計上的「轉接器」做的也是同樣的轉換工作，當出現一個不符合客戶端介面的情況時，在不想破壞介面的前提下(像是不想折斷三頭插頭上的接地線)，就必須設計一個轉接器來進行轉換，將原本不符合的介面，轉換到客戶端預期的介面上，所以概念上是非常簡單的。

25.2.2 轉接器模式（Adapter）的說明

轉接器模式（Adapter）的類別結構如下：

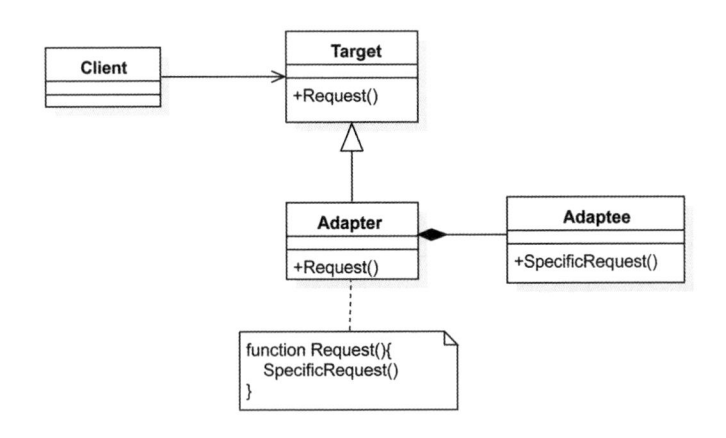

```
         Client ──────▶  Target
                         +Request()
                            △
                            │
                         Adapter ◆──── Adaptee
                         +Request()    +SpecificRequest()
                            ┆
                  function Request(){
                     SpecificRequest();
                  }
```

GoF 參與者的說明如下：

- Client(客戶端)

    ◎ 客戶端預期使用的是 Target 目標介面的物件。

- Target(目標介面)

    ◎ 定義提供給客戶端使用的介面。

- Adaptee(被轉換類別)

    ◎ 與客戶端預期介面不同的類別。

- Adapter(轉接器)

    ◎ 繼承自 Target 目標介面，讓客戶端可以操作；

    ◎ 包含 Adaptee 被轉換類別，可以設為參考或組合；

    ◎ 實作 Target 的介面方法 Request 時，應呼叫適當的 Adaptee 的方法來完成實作。

25.2.3 轉接器模式（*Adapter*）的實作範例

轉接器模式（*Adapter*）的實作不難理解，首先是要定義一個 Client 預期使用的類別介面：

Listing 25-2 應用領域(Client)所需的介面(AdapterTest.cs)

```
public abstract class Target
{
    public abstract void Request();
}
```

另外，就是一個已經實作完整的類別，它可能是一個第三方函式庫或專案內一個已經設計完整的功能類別，而目前可能無法更動或修改這個已經實作完成的類別，這個類別就是需要被轉換的類別：

Listing 25-3 不同於應用領域(Client)的實作，需要被轉換(AdapterTest.cs)

```
public class Adaptee
{
    public Adaptee()
    {}

    public void SpecificRequest() {
        Debug.Log("呼叫 Adaptee.SpecificRequest");
    }
}
```

所以，在無法修改 Adaptee 的情況下，可以另外宣告一個類別，這個類別繼承自 Target 目標介面，然後當中包含一個 Adaptee 類別物件：

Listing 25-4 將 Adaptee 轉換成 Target 介面(AdapterTest)

```
public class Adapter : Target
{
    private Adaptee m_Adaptee = new Adaptee();

    public Adapter()
    {}

    public override void Request() {
        m_Adaptee.SpecificRequest();
    }
}
```

而 Adapter 在實作 Target 的介面方法 Request 時，則是呼叫 Adaptee 類別上合適的方法來完成「轉接」的工作。

對於 Client 端(測試程式)而言，面對的物件一樣是 Target 介面，但內部已經被轉換為由另一個類別來執行：

Listing 25-5　測試轉換器模式

```
void UnitTest () {
    Target theTarget = new Adapter();
    theTarget.Request();
} // AdapterTest.cs
```

由執行訊息上可以看出，真正的功能是由 Adaptee 類別執行的：

執行結果

呼叫 Adaptee.SpecificRequest

25.3 使用轉接器模式（*Adapter*）來實作俘兵系統

因為遊戲實作已進入了後期，所以在目前的實作情況下使用轉接器模式（*Adapter*），將「敵人角色介面」轉接成「玩家角色介面」會比較方便。如果是在遊戲開發初期，筆者就建議將這個開發需求一併列入角色的設計中，這樣才是比較好的開發規劃。

25.3.1 俘兵系統的架構設計

轉接器模式（*Adapter*）在應用上非常簡單：當有一個類別與預期使用的介面不同時，就實作一個轉接器類別，利用這個轉接器類別將介面不合的類別，轉換成預期的類別介面。在「P級陣地」新增的需求中，希望將敵方角色的類別物件「轉換/轉接」成為玩家角色來使用，那麼就可以直接實作一個「角色轉接器」，來將敵方角色類別轉接為玩家角色類別(的子類別)，因此「P級陣地」針對新增的需求，套用轉接器模式（*Adapter*）後，類別結構如下：

25-9

設計模式與遊戲開發的完美結合

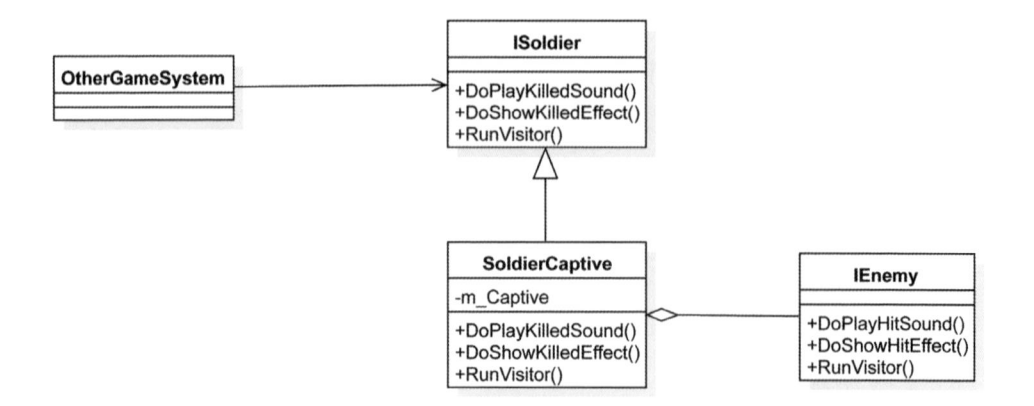

```
┌──────────────────┐         ┌─────────────────────────┐
│ OtherGameSystem  │────────▷│        ISoldier         │
│                  │         ├─────────────────────────┤
└──────────────────┘         │ +DoPlayKilledSound()    │
                             │ +DoShowKilledEffect()   │
                             │ +RunVisitor()           │
                             └─────────────────────────┘
                                        △
                                        │
                             ┌─────────────────────────┐       ┌─────────────────────────┐
                             │     SoldierCaptive      │       │         IEnemy          │
                             ├─────────────────────────┤       ├─────────────────────────┤
                             │ -m_Captive              │◇──────│ +DoPlayHitSound()       │
                             ├─────────────────────────┤       │ +DoShowHitEffect()      │
                             │ +DoPlayKilledSound()    │       │ +RunVisitor()           │
                             │ +DoShowKilledEffect()   │       └─────────────────────────┘
                             │ +RunVisitor()           │
                             └─────────────────────────┘
```

參與者的說明如下：

- `OtherGameSystem`

  「P 級陣地」中其它的遊戲系統，這些系統預期，使用「俘兵」單位時，要跟玩家陣營單位有一樣的介面。

- `ISoldier`

  玩家陣營角色的介面，新的需求是「俘兵」的概念，敵方角色單位要被轉換成玩家陣營來使用。

- `IEnemy`

  敵方陣營角色類別，會被當成俘兵使用，但在轉接器模式（*Adapter*）之下，介面不需要做任何調整。

- `SoldierCaptive`

  俘兵類別作為轉接器類別，負責將敵方角色類別，轉換為玩家角色類別來使用。

25.3.2 實作說明

「P 級陣地」在套用轉接器模式（*Adapter*）實作時，先取消之前使用俘兵角色建造者 (`BuilderSoldierCaptiveBuilder`) 的寫法，改為只新增一個俘兵角色類別 (`SoldierCaptive`) 做為類別轉接之用：

Listing 25-6　實作俘兵類別 (`SoldierCaptive.cs`)

```
public class SoldierCaptive : ISoldier
```

```
{
    private IEnemy m_Captive = null;

    public SoldierCaptive( IEnemy theEnemy) {
        m_emSoldier = ENUM_Soldier.Captive;
        m_Captive = theEnemy;

        // 設定成像
        SetGameObject( theEnemy.GetGameObject() );

        // 將 Enemy 數值轉成 Soldier 用的
        SoldierAttr tempAttr = new SoldierAttr();

        tempAttr.SetSoldierAttr( theEnemy.GetCharacterAttr().
                                               GetBaseAttr());
        tempAttr.SetAttStrategy( theEnemy.GetCharacterAttr().
                                               GetAttStrategy());
        tempAttr.SetSoldierLv( 1 );    // 設定為 1 級
        SetCharacterAttr( tempAttr );

        // 設定武器
        SetWeapon( theEnemy.GetWeapon() );

        // 更改為 SoldierAI
        m_AI = new SoldierAI( this );
        m_AI.ChangeAIState( new IdleAIState() );
    }

    // 播放音效
    public override void DoPlayKilledSound() {
        m_Captive.DoPlayHitSound();
    }

    // 播放特效
    public override void DoShowKilledEffect() {
        m_Captive.DoShowHitEffect();
    }

    // 執行 Visitor
    public override void RunVisitor(ICharacterVisitor Visitor) {
        Visitor.VisitSoldierCaptive(this);
    }
}
```

在實作的內部轉換過程中，不論是角色設定值的更換，或是播放音效、特效時的轉換，都比舊方式更明確，也未破壞到原有類別的介面及設計概念。所以就這次新增的需求來看，「單純的轉換」比起重新設計組裝一個新的類別來得好。

25.3.3 與俘兵相關的新增

當俘兵角色類別(SoldierCaptive)被實作之後,不論採用的是哪一種方式(轉接方式或是組裝方式),「P級陣地」中,還有其它需要配合的部份。而修改的部份大多以「增加」類別的方式來完成,較少更動到現有的類別介面。首先是新增一個可以訓練俘兵角色單位的俘兵兵營(CaptiveCamp):

Listing 25-7 新增俘兵兵營(`SoldierCaptive.cs`)

```
public class CaptiveCamp : ICamp
{
    private GameObject m_GameObject = null;
    private ENUM_Enemy m_emEnemy = ENUM_Enemy.Null;
    private Vector3 m_Position;

    // 設定兵營產出的單位及冷卻值
    public CaptiveCamp( GameObject theGameObject,
                       ENUM_Enemy emEnemy,
                       string CampName,
                       string IconSprite ,
                       float TrainCoolDown,
                       Vector3 Position):base( theGameObject,
                                               TrainCoolDown,
                                               CampName,
                                               IconSprite) {
        m_emSoldier = ENUM_Soldier.Captive;
        m_emEnemy = emEnemy;
        m_Position = Position;
    }

    // 取得訓練金額
    public override int GetTrainCost() {
        return 10;
    }

    // 訓練 Soldier
    public override void Train() {
        // 產生一個訓練命令
        TrainCaptiveCommand NewCommand = new TrainCaptiveCommand(
                                  m_emEnemy,m_Position,m_PBDGame);
        AddTrainCommand( NewCommand );
    }
}
```

跟玩家陣營中的其它兵營一樣,繼承自 ICamp 類別之後,再重新定義需要的方法。而在關鍵的訓練方法 Train 中,則是產生一個新的訓練俘兵(TrainCaptiveCommand)的命令:

Listing 25-8　新增訓練俘兵命令(`TrainCaptiveCommand.cs`)

```csharp
public class TrainCaptiveCommand : ITrainCommand
{
    private PbaseDefenseGame m_PBDGame = null;
    private ENUM_Enemy m_emEnemy;              // 兵種
    private Vector3 m_Position;                // 出現位置

    public TrainCaptiveCommand( ENUM_Enemy emEnemy, Vector3 Position,
                                                PBaseDefenseGame PBDGame){
        m_PBDGame = PBDGame;
        m_emEnemy = emEnemy;
        m_Position = Position;
    }
    public override void Execute() {
        // 先產生 Enemy
        ICharacterFactory Factory = PBDFactory.GetCharacterFactory();
        IEnemy theEnemy = Factory.CreateEnemy ( m_emEnemy,
                                                ENUM_Weapon.Gun ,
                                                m_Position,
                                                Vector3.zero);

        // 再建立俘兵(轉接器)
        SoldierCaptive NewSoldier = new SoldierCaptive( theEnemy );

        // 移除 Enemy
        m_PBDGame.RemoveEnemy( theEnemy );

        // 加入 Soldier
        m_PBDGame.AddSoldier( NewSoldier );
    }
}
```

因為兵營類別使用命令模式 (*Command*) 來對訓練作戰單位的命令進行管理，因此新的「訓練俘兵命令」必須繼承自 ITrainCommand，才能配合原有的設計模式。而在訓練命令執行方法 Execute 中，可以看到實作上是先將原有的敵方角色物件產生後，再利用轉接概念產生俘兵角色，之後因應角色管理系統(CharacterSystem)的要求，將新產生的俘兵角色加入到玩家角色管理器內。

接下來要修改的是兵營系統(CampSystem)。因為現有的三座玩家兵營是由該系統來管理及初始的，所以新增的俘兵兵營(CaptiveCamp)一樣要放在兵營系統中來管理：

Listing 25-9　兵營系統(`CampSystem.cs`)

```csharp
public class CampSystem : IGameSystem
{
```

```csharp
            private Dictionary<ENUM_Soldier, ICamp> m_SoldierCamps =
                                  new Dictionary<ENUM_Soldier,ICamp>();
            private Dictionary<ENUM_Enemy , ICamp> m_CaptiveCamps =
                                  new Dictionary<ENUM_Enemy,ICamp>();

            // 初始兵營系統
            public override void Initialize() {
                // 加入三個兵營
                m_SoldierCamps.Add (ENUM_Soldier.Rookie,
                            SoldierCampFactory( ENUM_Soldier.Rookie ));
                m_SoldierCamps.Add (ENUM_Soldier.Sergeant,
                            SoldierCampFactory( ENUM_Soldier.Sergeant ));
                m_SoldierCamps.Add (ENUM_Soldier.Captain,
                            SoldierCampFactory( ENUM_Soldier.Captain ));

                // 加入一個俘兵營
                m_CaptiveCamps.Add ( ENUM_Enemy.Elf,
                            CaptiveCampFactory( ENUM_Enemy.Elf ));
                // 註冊遊戲事件觀測者
                m_PBDGame.RegisterGameEvent( ENUM_GameEvent.EnemyKilled,
                             new EnemyKilledObserverCaptiveCamp(this));
            }
            ...

            // 取得場景中的俘兵營
            private CaptiveCamp CaptiveCampFactory( ENUM_Enemy emEnemy ) {
                string GameObjectName = "CaptiveCamp_";
                float CoolDown = 0;
                string CampName = "";
                string IconSprite = "";
                switch( emEnemy )
                {
                    case ENUM_Enemy.Elf :
                        GameObjectName += "Elf";
                        CoolDown = 3;
                        CampName = "精靈俘兵營";
                        IconSprite = "CaptiveCamp";
                        break;
                    default:
                        Debug.Log("沒有指定["+emEnemy+"]要取得的場景物件名稱");
                        break;
                }

                // 取得物件
                GameObject theGameObject =  UnityTool.FindGameObject(
                                                  GameObjectName );
                // 取得集合點
                Vector3 TrainPoint = GetTrainPoint( GameObjectName );

                // 產生兵營
                CaptiveCamp NewCamp = new CaptiveCamp( theGameObject,
```

Chapter 25 俘兵
― Adapter 轉換器模式

```
                                    emEnemy,
                                    CampName, IconSprite,
                                    CoolDown, TrainPoint);
        NewCamp.SetPBaseDefenseGame( m_PBDGame );

        // 設定兵營使用的 Script
        AddCampScript( theGameObject, NewCamp);
        // 先隱藏
        NewCamp.SetVisible(false);

        // 回傳
        return NewCamp;
    }
}
```

和玩家兵營的初始過程類似,會先搜尋場景內由場景設計人員安排好的俘兵兵營物件,之後再新增一個俘兵兵營(CaptiveCamp)物件來跟遊戲物件對應,接著將兵營先隱藏後再加入管理器內。先隱藏的原因是,讓俘兵兵營(CaptiveCamp)的出現交由是否達成某項條件來決定。

而目前的規劃是將條件設定為「當玩家擊退對手某個達到一定數量以上」時,而為了得知目前敵方角色的陣亡情況,所以針對「敵人角色陣亡主題(EnemyKilledSubject)」註冊了一個觀察者 EnemyKilledObserverCaptiveCamp:

Listing 25-10 兵營觀測 Enemey 陣亡事件
(EnemyKilledObserverCaptiveCamp.cs)

```csharp
public class EnemyKilledObserverCaptiveCamp : IGameEventObserver
{
    private EnemyKilledSubject m_Subject = null;
    private CampSystem m_CampSystem = null;

    public EnemyKilledObserverCaptiveCamp(CampSystem theCampSystem) {
        m_CampSystem = theCampSystem;
    }

    // 設定觀察的主題
    public override void SetSubject( IGameEventSubject Subject ) {
        m_Subject = Subject as EnemyKilledSubject;
    }

    // 通知 Subject 被更新
    public override void Update() {
        // 累計陣亡 10 以上時即出現俘兵營
        if( m_Subject.GetKilledCount() > 10 )
            m_CampSystem.ShowCaptiveCamp();
    }
```

}

這個觀察者會累計目前敵人單位陣亡的計數，當發現已達設定的上限時，就會將場景內的俘兵兵營(CaptiveCamp)顯像。之後玩家就能夠透過俘兵兵營(CaptiveCamp)下達訓練指令，來產生俘兵角色(SoldierCaptive)。

針對這次需求的修改，兵營系統(CampSystem)增加了類別成員及方法，但並未更動到其它實作，所以不會影響到其它的客戶端。這次的修改全都是由「新增類別」的方式來完成的，類別圖如下所示，其中被標示底色的類別，就是因為這次的需求而新增的類別：

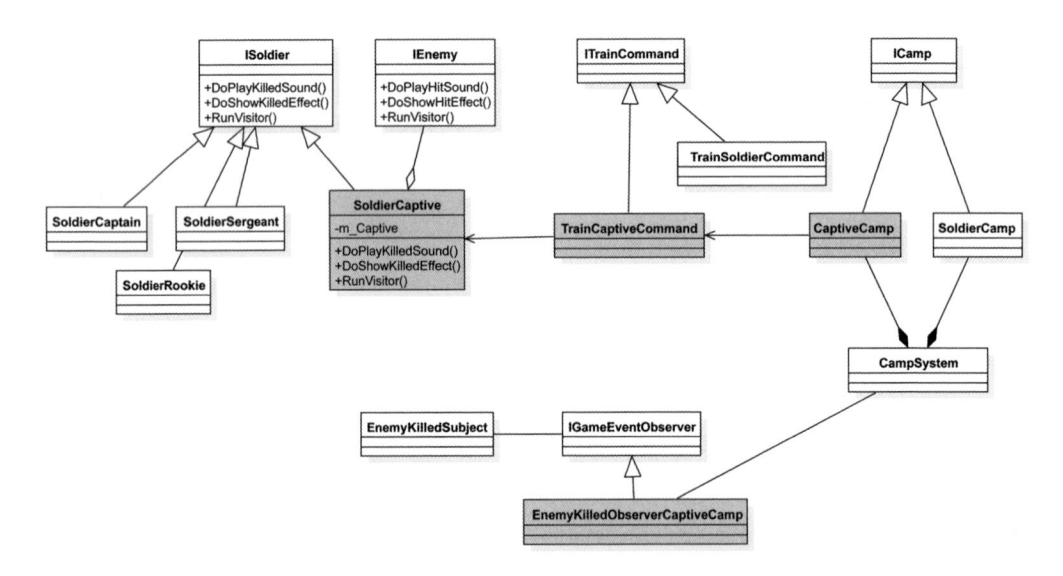

對於系統的修改都能以「新增類別」的方式來達成，這代表著符合「開放封閉原則(OCP)」，也就是，在不更動現有介面的前提下，完成功能的新增。

而角色訪問者(CharacterVisitor)也因為這次修改，新增了一個成員方法VisitSoldierCaptive。所以在修正上，還必須去查看所有的訪問者子類別，判斷是否都需要重新實作這個方法。而這個缺點在「第23章：角色資訊查詢」中已經提過，這是訪問者模式（*Visitor*）在提供走訪物件功能時，所必須面對的取捨。

在完成上述的實作之後，當玩家在成功擊退一定數量的敵方角色後，陣地中就會出現一座「俘兵兵營」，讓玩家可以訓練敵方角色：

Chapter 25 　俘兵
― Adapter 轉換器模式

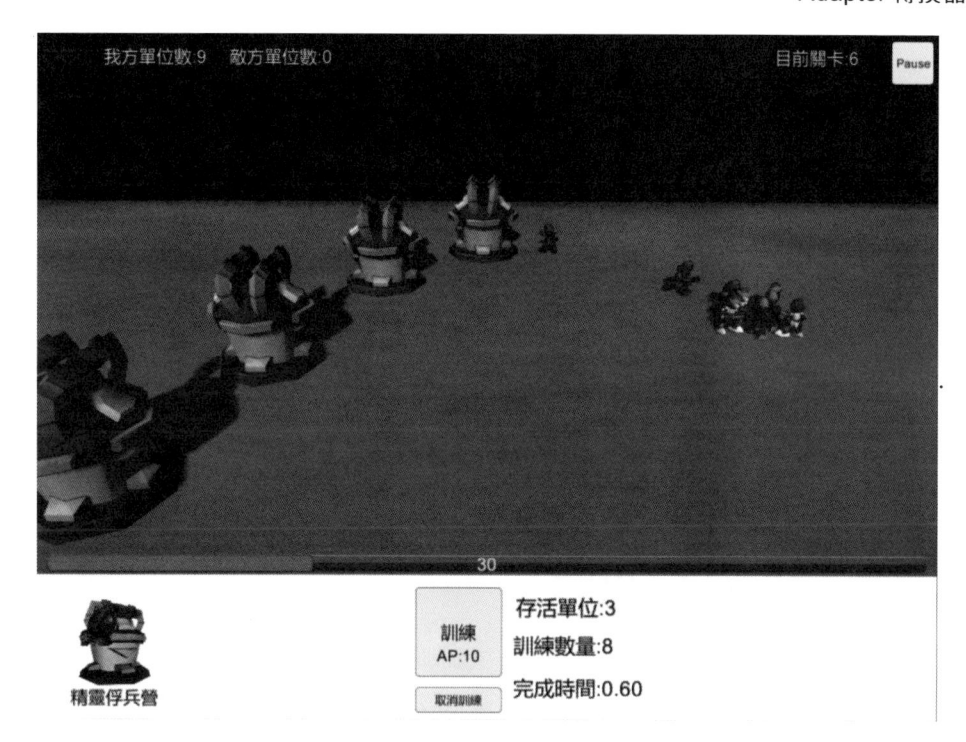

圖 25-4　可以訓練俘兵的兵營

25.3.4 使用轉接器模式（*Adapter*）的優點

雖然轉接器模式（*Adapter*）看似只不過是將同專案下的不同類別進行轉換，但轉接器模式（*Adapter*）其實也具有減少專案依賴第三方函式庫的好處。遊戲專案在開發時常常會引入第三方工具/函式庫來強化遊戲功能，但一經引用就代表專案被綁定在第三方工具/函式庫。此時若沒有適當的方式，將專案與第三方工具/函式庫進行隔離，那麼當第三方工具/函式庫進行大規模更動時，或是想要替換成另一套有相同功能的工具/函式庫時，都可能引發專案的大規模修改。

轉接器模式（*Adapter*）在這個時候，可以適時扮演分離專案與第三方工具/函式庫的角色。在專案內先自行定義功能使用介面，再利用轉接器模式（*Adapter*），將真正執行的第三方工具套用在子類別的實作之中來形成隔離。若有多個第三方函式庫可以選擇時，對於專案而言，就不會造成太多轉換上的困擾。

以專案常用的 XML 工具來說，目前常使用的有 .Net Framework 中的 System.Xml 工具及 Mono 版的 Xml 工具。如果不想讓專案依賴於任何一個實作的話，那麼可以先定義

25-17

一個 XMLInterface 做為客戶端使用的介面，之後再針對使用不同的工具庫，進行子類別的實作。

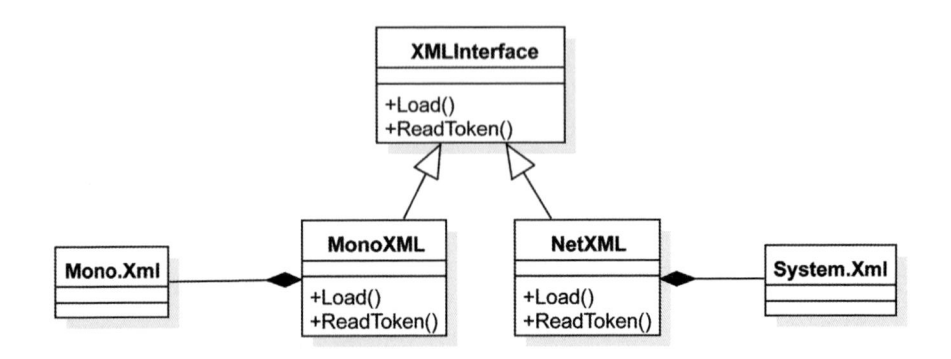

```
                    ┌─────────────────┐
                    │  XMLInterface   │
                    ├─────────────────┤
                    │ +Load()         │
                    │ +ReadToken()    │
                    └─────────────────┘
                       △          △
                      ╱            ╲
          ┌─────────────────┐  ┌─────────────────┐
┌────────┐│    MonoXML      │  │     NetXML      │┌────────┐
│Mono.Xml├┤─────────────────│  │─────────────────├┤System.Xml│
└────────┘│ +Load()         │  │ +Load()         │└────────┘
          │ +ReadToken()    │  │ +ReadToken()    │
          └─────────────────┘  └─────────────────┘
```

25.4 當有新的變化時

「P 級陣地」中的敵方角色可成為俘兵被玩家訓練使用，那麼反過來，玩家單位其實也可以被敵方陣營所用。雖然「P 級陣地」的遊戲設計上，並不容易設計出一個合理的情況，讓玩家單位轉而成為敵方陣營。但隨著遊戲持續開發及維護，這也不是不可能發生的需求(例如有一天，敵方陣營改為線上另一個玩家來操作，而非電腦自動操作時)。所以，同樣可以使用轉接器類別，來將玩家角色類別轉換成敵方角色類別使用：

Listing 25-11　玩家俘兵

```
public class EnemyCaptive : IEnemy
{
    private ISoldier m_Captive = null;

    //
    public EnemyCaptive( ISoldier theSoldier, Vector3 AttackPos) {
        m_emEnemyType = ENUM_Enemy.Catpive;
        m_Captive = theSoldier;

        // 設定成像
        SetGameObject( theSoldier.GetGameObject() );

        // 將 Soldier 數值轉成 Enemy 用的
        EnemyAttr tempAttr = new EnemyAttr();
        ...
        SetCharacterAttr( tempAttr );

        // 設定武器
        SetWeapon( theSoldier.GetWeapon() );
```

```
        // 更改為 SoldierAI
        m_AI = new EnemyAI( this, AttackPos );
        m_AI.ChangeAIState( new IdleAIState() );
    }

    // 播放音效
    public override void DoPlayHitSound() {
        m_Captive.DoPlayKilledSound();
    }

    // 播放特效
    public override void DoShowHitEffect() {
        m_Captive.DoShowKilledEffect();
    }

    // 執行 Visitor
    public override void RunVisitor(ICharacterVisitor Visitor) {
        ...
    }
}
```

25.5 結論

轉接器模式（*Adapter*）的優點是不必使用複雜的方法，就能將兩個不同介面的類別物件交換使用。此外，它也可以做為隔離專案與第三方工具/函式庫的一個方式。

其它應用方式

- 早期 Unity(4.6 之前)官方的 2D 介面效果不容易轉為使用其它介面工具，像是 NGUI、iGUI…。所以在遊戲介面開發上，可以使用轉接器模式（*Adapter*）做為轉換，讓介面上的元件，都能先定義一個專用的 UI 類別，與這些第三方套件隔離。筆者就親身遭遇過，因為使用了轉接器，所以將 NGUI 從 2.6 版轉換到 3.8 版時，只調整了幾個 UI 類別與 NGUI 3.8 版的對應，就將專案的 UI 系統順利地升級到 NGUI 3.8 版。

- 載具的駕駛系統會因為載具類型的不同而有所差異。早期設計時若是沒有通盤考量，那麼很可能設計出讓角色很難駕馭的駕駛系統。同樣地，如果是在遊戲開發後期才發現這個問題，遊戲企劃可能會希望某角色能去操控原本沒有規劃在內的載具。那麼此時也可以利用轉接器模式（*Adapter*）來做為兩個駕駛系統之間的轉接。

設計模式與遊戲開發
　的完美結合

第 26 章

載入速度的最佳化
── *Proxy* 代理模式

26.1 最後的系統最佳化

當遊戲專案完成到某一個階段，準備進入大量測試之前，程式人員會進行所謂的「最佳化」工作。而最佳化工作通常指的是：在目前的專案基礎上，專心致力於找出遊戲執行時的瓶頸點，針對現有的功能或執行時的效果加以調整或找出問題點，包含：

- 整體每秒更新頻率(FPS)是否可以再往上增加；
- 遊戲執行過程是否會突然停頓；
- 遊戲使用的系統資源是否過多，例如使用的記憶體是否過多、網路傳送的訊息是否過多…；
- 遊戲載入時間是否過長；
- 其他…等。

當然，就筆者過往的開發經驗來說，多半不會建議在遊戲的最後階段才開始進行遊戲的最佳化工作。因為如果在最後階段才發現，先前的某項美術規格設定錯誤，或程式實作的架構有問題，而且又非得修改不可的話，就得花費非常多的成本及時間去做修正，例如：

- 調整 3D 角色模型面數；
- 減少 2D 角色動作數、每個動作的張數；
- 減少介面貼圖的大小；

- 減少企劃設計的資料筆數，或是使用共用資料的方式；
- 調整音效取樣頻率、壓縮方式、壓縮比；
- 重新規劃遊戲的資源分配方式，或是延後載入遊戲資源；
- 其他…等

我們雖然不希望這些問題是在開發的最後階段才被發現，但問題是，這些問題在開發過程中也不太容易被發覺，主要的原因是遊戲資源通常不會一次到位。它們是會隨著開發進度慢慢增加的。一開始時可能同時要載入的模組、介面沒那麼多，所以不會有使用過多記憶體的問題；或是企劃設計的資料筆數沒那麼大，所以也不會有載入速度的問題；程式開發人員還沒撰寫那麼多的遊戲功能一起運作，所以也看不出設計架構有什麼問題。

但是當遊戲專案進入晚期，屆時美術資源已全部完成、企劃上千筆的資訊也設定完成、音效全部錄製完畢、遊戲功能全部都上線了，這個時候專案才會將問題呈現出來。所以常常是最後一次將所有資源全部集結完成的當下，就是遊戲產生瓶頸的時候，接著就會導致效能上的問題：

- 系統無法承載所有資源的載入或載入時間過長；
- 畫面更新的頻率過慢，每秒更新頻率(FPS)低於每秒 30 以下，甚是更差的 10 以下；
- 與遊戲伺服器交換的訊息過多，使得連線品質太差而無法即時回應；
- 最嚴重的情況是遊戲無法執行，或進行到一半時遊戲就失效當機。

上述的情況，都會讓玩家留下很不好的遊戲體驗。

當然也有些人認為問題未能及早發現，是因為：隨著專案日漸增大，效率慢慢變差，而開發人員也被「同化」了，就像溫水中的青蛙一樣漸漸地無感，非等到最後系統崩壞時，才會察覺問題的嚴重性。

在面對這種幾乎難以避免的問題時，「經驗」還是最好的解答。我們可以從幾個方面來努力避免問題的產生：針對每種平台上的軟硬體特效進行了解，參考其他專案的遊戲資源規格設計，或是自己從其它平台上學習到的知識。事前做好遊戲資源的規格設定，或提前設計較容易修改的程式架構，讓後續的效能最佳化上能有較佳的調校環境。

Chapter 26 載入速度的最佳化 — Proxy 代理模式

話雖如此，即便我們有了足夠的經驗，問題仍舊可能發生。當真的遇到非修改不可的情況時，對於美術、企劃、音效人員來說，都有手邊的開發工具可以協助進行調整，有了工具至少問題的解法就有了依據，只不過需要再多花點工就是了。而對於程式設計師來說呢？程式設計師遇到這種情況，可能需要做的是：調整軟體系統架構、修改類別介面、調整系統執行流程…等的工作。而這些工作牽一髮動全身，對於沒有做好準備的程式人員來說，是最不願意遇到的工作。

不過，對於已經準備好的程式人員或專案來說，情況將有所不同。如果程式人員在專案實作時，都已經撰寫了「測試單元」而且「測試覆蓋率」還不算低的話，那麼肯定對於系統執行的穩定度具有一定的信心，因此，對於這樣的專案，程式人員會比較敢於修改及調整。此外，如果軟體系統在開始設計的當下，就已經考量到後續的修改及變化，而採用了較好的設計方式(例如套用設計模式)，那麼對於遊戲專案後期因為需要而修改的問題，也不會過於煩惱。

載入資源的最佳化

當然，有些設計模式是可以做為軟體系統調整時的參考解法。就以「P 級陣地」在最佳化階段遇到的問題為例：需要最佳化的功能發生在「資源載入工廠(IAssetFactory)」中，以「P 級陣地」目前的實作來說，資源載入工廠(IAssetFactory)共有三個子類別，分別用來代表存放在不同地點的 Unity Asset 資源(請回顧「第 14 章：遊戲角色的產生」的介紹)：

- `ResourceAssetFactor`：從專案的 Resource 中，將 Unity Asset 實體化成 `GameObject` 的工廠類別。

- `LocalAssetFactory`：從本地(儲存設備)中，將 Unity Asset 實體化成 `GameObject` 的工廠類別。

- `RemoteAssetFactory`：從遠端(網路 WebServer)中，將 Unity Asset 實體化成 `GameObject` 的工廠類別。

以 `ResourceAssetFactor` 的實作為例，從 Unity3D 的資源目錄中載入時，需要經過兩個步驟：

1. 從 Resource 中載入 Unity Asset 資源：這個步驟在 `LoadGameObjectFromResourcePath` 方法中實作。

2. 將載入的 Unity Asset 資源實體化成遊戲物件：這個步驟在 Instantiate GameObject 方法中實作。

Listing 26-1 從專案的 Resource 中,將 Unity Asset 實體化成 GameObject 的工廠類別(ResourceAssetFactory.cs)

```csharp
public class ResourceAssetFactory : IAssetFactory
{
    // 產生 Soldier
    public override GameObject LoadSoldier( string AssetName ) {
        return InstantiateGameObject( SoldierPath + AssetName );
    }

    // 產生 GameObject
    private GameObject InstantiateGameObject( string AssetName ) {
        // 從 Resrouce 中載入
        UnityEngine.Object res = LoadGameObjectFromResourcePath(
                                                    AssetName );
        if(res==null)
            return null;
        return  UnityEngine.Object.Instantiate(res) as GameObject;
    }

    // 從 Resrouce 中載入
    public UnityEngine.Object LoadGameObjectFromResourcePath(
                                                string AssetPath) {
        UnityEngine.Object res = Resources.Load(AssetPath);
        if( res == null )
        {
            Debug.LogWarning("無法載入路徑["+AssetPath+"]上的Asset");
            return null;
        }
        return res;
    }
}
```

上述程式碼中，需要最佳化的點在於：每當角色訓練完成出現在戰場時，資源載入工廠(IAssetFactory)就必須從資源目錄載入一次，而從資源目錄載入包含了向作業系統載入檔案的動作，一般認為這個動作是比較消耗系統效能的動作，所以應該避免不必要的呼叫。

所以資源載入工廠(IAssetFactory)最佳化的方向是：讓已經載入過的 Unity Asset 資源，存放在一個資源管理容器中，如果下次有需要再取用時，就先查看資源管理容器內是否已經有相同的 Unity Asset 資源，如果有則直接使用這個資源產生遊戲物件(GameObject)，不必再重新載入一次：

Chapter 26 載入速度的最佳化 — Proxy 代理模式

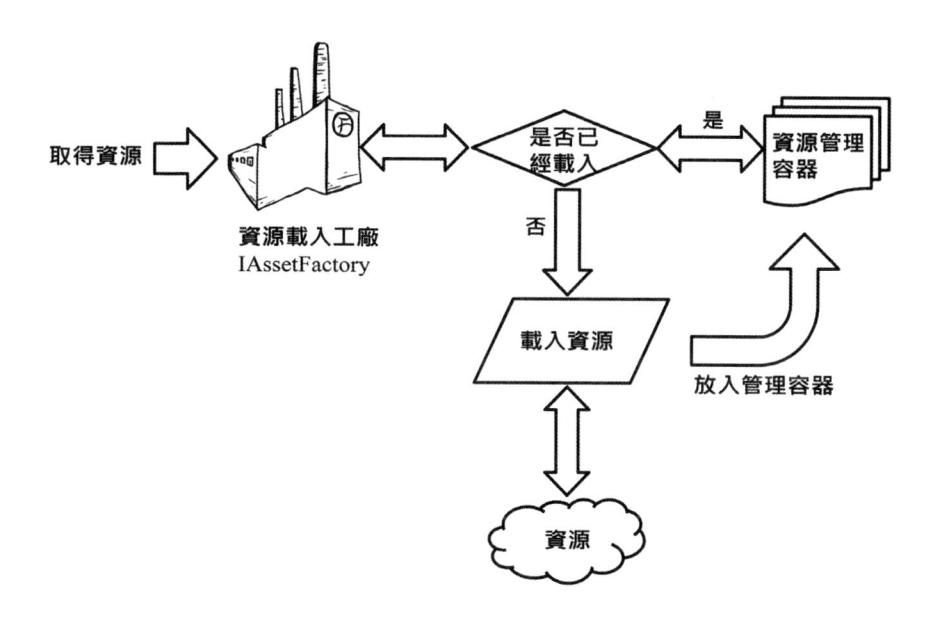

圖 26-1 資源載入工廠的最佳化示意圖

一般會將這個資源管理稱之為「快取(Cache)」功能，用來暫存之後可能會使用到的物件，不必每次都必須從目錄系統中取得。

如果只是單純想在資源載入工廠(IAssetFactory)中加入快取功能，其實很簡單：

Listing 26-2 從專案的 Resource 中, 將 Unity Asset 實體化成 GameObject 的工廠類別

```
public class ResourceAssetFactory : IAssetFactory
{
    public const string SoldierPath = "Characters/Soldier/";
    Dictionary<string,UnityEngine.Object> m_Cache =
                new Dictionary<string,UnityEngine.Object>();

    // 產生 Soldier
    public override GameObject LoadSoldier( string AssetName ) {
        return InstantiateGameObject( SoldierPath + AssetName );
    }

    // 產生 GameObject
    private GameObject InstantiateGameObject( string AssetName ) {
        // 從 Resrouce 中載入
        UnityEngine.Object res = LoadGameObjectFromResourcePath(
                                                AssetName );
        if(res==null)
```

26-5

```
            return null;
        return UnityEngine.Object.Instantiate(res) as GameObject;
    }

    // 從 Resrouce 中載入
    public UnityEngine.Object LoadGameObjectFromResourcePath(
                                                string AssetPath) {
        // 是否在快取中
        if(m_Cache.ContainsKey(AssetPath))
            return m_Cache[AssetPath];

        UnityEngine.Object res = Resources.Load(AssetPath);
        if( res == null)
        {
            Debug.LogWarning("無法載入路徑["+AssetPath+"]上的Asset");
            return null;
        }

        // 加入快取
        m_Cache.Add( AssetPath,res);
        return res;
    }
}
```

上面的修改方式，並沒有更動到介面，只是增加內部成員及修改方法，就達到了目的。這種修改方式雖然簡單，但當我們考慮的再深一點時，似乎就不太管用：

- 雖然只有調整方法內的實作，但是如果是處於專案完成階段，除非是程式錯誤(Bug)需要修正，否則對於功能的調整都必須更加謹慎。

- 因為可能只是猜測會有效能上的瓶頸，所以會想要「先測試看看」，或是比較修改前後的效能差異，但如果將要修改的功能直接實作在原有的功能上，會讓「測試」工作變得不好進行，可能需要提供額外的方法來進行功能的關閉。

- 如果測試結果發現並無影響，所以最終決定不加入快取功能，也可能會有以下的決定：1.回復成修改前的類別。那麼下次要再測試時，又要再將程式碼給加回來，這中間會增加許多錯誤產生的機會；2.利用開關將功能關閉，那麼這個功能也可能之後都不會再使用，而這些新加入的程式碼就會變成「無用」的程式碼，因此增加了維護類別的困難度。

- 破壞原有類別封裝時的概念，因為當初設計時，就沒有考慮到「快取」功能，因此額外加上的功能會破壞原有系統對於 ResourceAssetFactory 類別的抽象定義。

所以，在考量上述延伸問題的情況下，想要增加快取功能，就要採用不改變原有類別的介面及實作的方式。也就是將快取功能實作在另外一個類別，當要取得資源時，必須先透過這個類別判斷後，才決定資源的載入方式，但是這個新增的類別又不能更改原有客戶端的實作。

在這些修改條件的限制之下，GoF 的代理模式（*Proxy*）符合我們對於修改的需求。

26.2 代理模式（*Proxy*）

筆者在學習代理模式（*Proxy*）時，最大的疑問是：它跟裝飾模式（*Decorator*）的差異是什麼？好像都是在原有的功能上增加某個功能。如同之前提到的最佳化範例，感覺像是要在資源載入功能中「加上」一個快取功能。其實，有一個地方很容易就可以將兩者區分開來，對代理模式（*Proxy*）來說，它可以「選擇」新功能是否要執行，而裝飾模式（*Decorator*）則是除了原有功能之外，也「一定要執行」新功能。

25.2.1 代理模式（*Proxy*）的定義

代理模式（*Proxy*）在 GoF 中的說明為：

「提供一個代理者位置給一個物件，好讓代理者可以控制存取這個物件」。

定義中說明了兩個角色之間的關係，「原始物件」及一個「代理者」，如果假設用總經理及秘書當作是這兩個角色來解釋定義，就很容易理解：

「提供一個秘書位置給總經理，好讓秘書可以先過濾要轉接給總經理的電話」。

因為秘書有「控制來電是否要轉接給總經理」的職責，所以在秘書的職責上就會定義「什麼樣的來電內容需要轉接」。而由於有秘書代理者這個職務負責過濾，所以總經理接到的電話一定是重要且不會浪費時間的。

像秘書這種替總經理先行過濾電話再行轉換的代理行為，在 GoF 的定義中屬於「保護代理(Protection Proxy)，事實上，GoF 一共列舉了四種代理模式經常使用到的場景：

- 遠端代理(Remote Proxy)：常見於網頁瀏覽器中代理伺服器(Proxy Server)的設定。代理伺服器(Proxy Server)是用來暫存其它不同位址上的網頁伺服器內容。

- 虛擬代理(Virtual Proxy)：可以做為「延後載入」功能的實作，讓資源可以在真正要使用時，才進行載入動作，在其它情況下都只是虛擬代理(Virtual Proxy)所呈現的一個「假象」。

- 保護代理(Protection Proxy)：代理者有職權可以控制是否要真正取用原始物件的資源。

- 智慧型參考(Smart Reference)：主要用於強化 C/C++語言對於指標控制的功能，減少記憶體遺失(Memory Leak)及空指標(Null Pointer)等問題。

26.2.2 代理模式（*Proxy*）的說明

代理模式（*Proxy*）讓原始物件及代理者能同時運作，並讓客戶端使用相同的介面進行溝通，客戶端無法分判兩者：

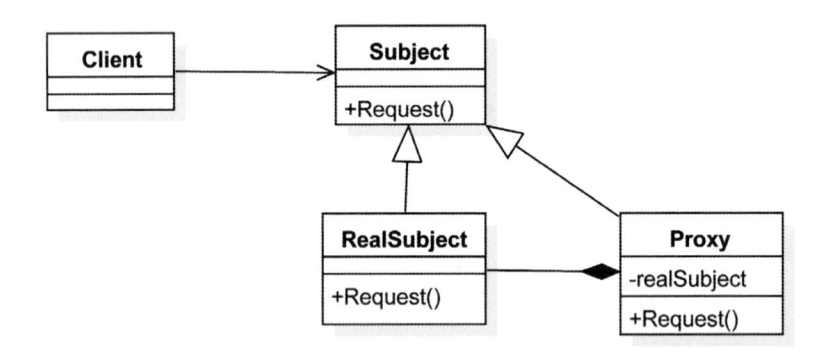

GoF 參與者的說明如下：

- Subject(操作介面)

    ◎ 定義讓客戶端可以操作的介面。

- RealSubject(功能執行)

    ◎ 真正執行客戶端預期功能的類別。

- Proxy(代理者)

    ◎ 擁有一個 RealSubject(功能執行)物件。

    ◎ 實作 Subject 定義的介面，所以可以用來取代 RealSubject 出現的地方，讓原客戶端來操作。

◎ 實作 Subject 所定義的介面,但不重複實作 RealSubject 內的功能,僅就 Proxy 當時所代表的功能,做前置判斷作業,必要時才轉為呼叫 RealSubject 的方法。

◎ Proxy 所作的前置作業,會依上一小節所說的四種應用方式,而有不同的判斷及動作。

26.2.3 代理模式(*Proxy*)的實作範例

按照最原始的定義來實作代理模式(*Proxy*)並不會太複雜,首先定義 Subject 介面:

Listing 26-3 制訂 **RealSubject** 和 **Proxy** 共同遵循的介面(Proxy.cs)

```
public abstract class Subject
{
    public abstract void Request();
}
```

再實作真正執行功能的類別:

Listing 26-4 定義 **Proxy** 所代表的真正物件(Proxy.cs)

```
public class RealSubject : Subject
{
    public RealSubject(){}

    public override void Request() {
        Debug.Log("RealSubject.Request");
    }
}
```

最後是代理者類別的實作:

Listing 26-5 持有指向 **RealSubject** 物件的參考以便存取真正的物件(Proxy.cs)

```
public class Proxy : Subject
{
    RealSubject m_RealSubject = new RealSubject();

    // 權限控制
    public bool ConnectRemote{get; set;}

    public Proxy() {
        ConnectRemote = false;
    }
```

26-9

```csharp
    public override void Request() {
        // 依目前狀態決定是否存取 RealSubject
        if( ConnectRemote )
            m_RealSubject.Request();
        else
            Debug.Log ("Proxy.Request");
    }
}
```

在代理者類別中包含了一個 RealSubject 物件，並增加了一個模擬權限控管的開關成員(ConnectRemote)。只有當權限被設定為開啟時，Proxy 類別才會將請求轉給 RealSuject 物件，在其它情況下，就直接由 Proxy 類別接手處理。

測試程式碼扮演客戶端的行為，測試開啟權限後，Proxy 是否正確轉移訊息給 Real Subject 執行：

Listing 26-6　測試代理模式(ProxyTest.cs)

```csharp
void UnitTest () {
    // 產生 Proxy
    Proxy theProxy = new Proxy();

    // 透過 Proxy 存取
    theProxy.Request();
    theProxy.ConnectRemote = true;
    theProxy.Request();
}
```

執行結果

```
Proxy.Request
RealSubject.Request
```

雖然範例中 Proxy 類別的判斷非常簡單，但真正實作時，Proxy 類別會是關鍵所在。而為了因應四種常見情況，每個 Proxy 的判斷方式也會依各種不同的需求而有所差異，而「P級陣地」僅就保護代理(Protection Proxy)來進行實作。

26.3 使用代理模式（*Proxy*）來測試及最佳化載入速度

回到「P 級陣地」對於最佳化資源載入工廠(`IAssetFactory`)的需求上。因為將快取功能直接實作在原有的 `ResourceAssetFactory` 會延伸出其它的問題，所以新的修正方式，改為將快取功能實作在一個代理者類別上。

26.3.1 最佳化載入速度的架構設計

實作一個代理者類別來將載入速度進行最佳化時，可以從問題點來著手。我們認為呼叫原類別 `ResourceAssetFactory` 去直接取得目錄中的 Unity Asset 資源是比較昂貴的，所以代理者的工作就是要分辨出，哪些請求是真正需要使用 `ResourceAssetFactory` 類別去目錄中取得資源，而哪些請求則不用。

所以這個代理者執行的是「保護代理」(Protection Proxy)的工作，它判斷權限的依據在於：這次要求載入的 Unity Asset 資源，是否曾經被載入過？如果沒有被載入過的 Unity Asset 資源，它才會放行給 `ResourceAssetFactory` 類別去執行，否則，就直接回傳這個代理者快取容器中的資源。依照這個想法修改後的資源載入工廠(`IAssetFactory`)如下：

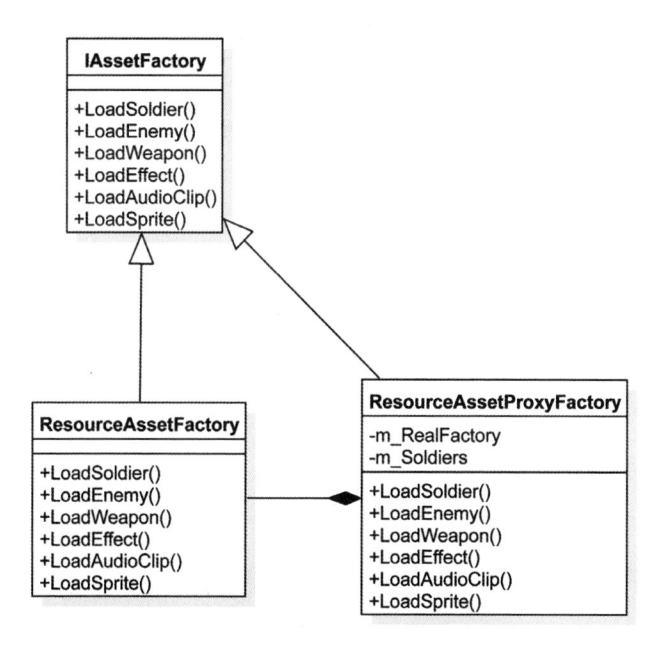

參與者的說明如下：

- `IAssetFactory`

  資源載入工廠。

- `ResourceAssetFactory`

  從專案的 Resource 中，將 Unity Asset 實體化成 GameObject 的工廠類別。

- `ResourceAssetProxyFactory`

  `ResourceAssetFactory` 的代理者，內部包含了一個 `ResourceAssetFactory` 物件及 Unity Asset 資源容器。代理者必須判斷資源載入需求是否要經由原始類別 `ResourceAssetFactory` 來執行，只有未被載入過的 Unity Asset 資源，才會放行給 `ResourceAssetFactory` 類別去執行。

26.3.2 實作說明

使用代理模式（*Proxy*）進行最佳化實作時，只需要增加一個代理者類別，並且修改客戶端取得資源載入工廠(IAssetFactory)物件的程式碼即可完成。而代理者類別 `ResourceAssetProxyFactory` 的實作如下：

Listing 26-7 做為 `ResourceAssetFactory` 的 Proxy 代理者
(ResourceAssetProxyFactory.cs)

```
// ResourceAssetFactory 會記錄已經載入過的資源
public class ResourceAssetProxyFactory : IAssetFactory
{
    // 實際負責載入的 AssetFactory
    private ResourceAssetFactory m_RealFactory = null;
    private Dictionary<string,UnityEngine.Object> m_Soldiers = null;
    private Dictionary<string,UnityEngine.Object> m_Enemys = null;
    private Dictionary<string,UnityEngine.Object> m_Weapons = null;
    private Dictionary<string,UnityEngine.Object> m_Effects = null;
    private Dictionary<string,AudioClip>  m_Audios = null;
    private Dictionary<string,Sprite>  m_Sprites = null;

    public ResourceAssetProxyFactory()
    {
        m_RealFactory =  new ResourceAssetFactory();
        m_Soldiers = new Dictionary<string,UnityEngine.Object>();
        m_Enemys = new Dictionary<string,UnityEngine.Object>();
        m_Weapons = new Dictionary<string,UnityEngine.Object>();
        m_Effects = new Dictionary<string,UnityEngine.Object>();
```

```csharp
        m_Audios = new Dictionary<string,AudioClip>();
        m_Sprites = new Dictionary<string,Sprite>();
    }

    // 產生 Soldier
    public override GameObject LoadSoldier( string AssetName )
    {
        // 還沒載入時
        if( m_Soldiers.ContainsKey( AssetName )==false)
        {
            UnityEngine.Object res =
                        m_RealFactory.LoadGameObjectFromResourcePath(
                        ResourceAssetFactory.SoldierPath + AssetName );
            m_Soldiers.Add ( AssetName, res);
        }
        return   UnityEngine.Object.Instantiate(
                                m_Soldiers[AssetName] ) as GameObject;
    }

    // 產生 Enemy
    public override GameObject LoadEnemy( string AssetName )
    {
        if( m_Enemys.ContainsKey( AssetName )==false)
        {
            UnityEngine.Object res =
                        m_RealFactory.LoadGameObjectFromResourcePath(
                        ResourceAssetFactory.EnemyPath + AssetName );
            m_Enemys.Add ( AssetName, res);
        }
        return   UnityEngine.Object.Instantiate(
                                m_Enemys[AssetName] ) as GameObject;
    }

    // 產生 Weapon
    public override GameObject LoadWeapon( string AssetName )
    {
        if( m_Weapons.ContainsKey( AssetName )==false)
        {
            UnityEngine.Object res =
                        m_RealFactory.LoadGameObjectFromResourcePath(
                        ResourceAssetFactory.WeaponPath + AssetName );
            m_Weapons.Add ( AssetName, res);
        }
        return   UnityEngine.Object.Instantiate(
                                m_Weapons[AssetName] ) as GameObject;
    }

    // 產生特效
    public override GameObject LoadEffect( string AssetName )
    {
        if( m_Effects.ContainsKey( AssetName )==false)
        {
```

```
            UnityEngine.Object res =
                m_RealFactory.LoadGameObjectFromResourcePath(
                ResourceAssetFactory.EffectPath + AssetName );
            m_Effects.Add ( AssetName, res);
        }
        return  UnityEngine.Object.Instantiate(
                        m_Effects[AssetName] ) as GameObject;
    }

    // 產生 AudioClip
    public override AudioClip  LoadAudioClip(string ClipName )
    {
        if( m_Audios.ContainsKey( ClipName )==false)
        {
            UnityEngine.Object res =
                m_RealFactory.LoadGameObjectFromResourcePath
                ResourceAssetFactory.AudioPath + ClipName );
            m_Audios.Add ( ClipName, res as AudioClip);
        }
        return m_Audios[ClipName];
    }

    // 產生 Sprite
    public override Sprite LoadSprite(string SpriteName)
    {
        if( m_Sprites.ContainsKey( SpriteName )==false)
        {
            Sprite res = m_RealFactory.LoadSprite( SpriteName );
            m_Sprites.Add ( SpriteName, res );
        }
        return m_Sprites[SpriteName];
    }
}
```

要求載入每一種 Unity Asset 資源時，代理類別都會先判斷之前是否已經載入過了(是否存在於管理容器內)。對於沒有載入過的 Unity Asset 資源，會先呼叫原始類別 ResourceAssetFactory 中的方法，實際去目錄系統中載入 Unity Asset 資源，然後先放入管理容器內，最後才回傳給客戶端。所以 ResourceAssetProxyFactory 做為一個保護代理(Protection Proxy)，是利用管理容器的記錄做為控制外界向原始類別取得資源的依據。

對原本的客戶端來說，因為「P 級陣地」只有一個地方想要取得 IAssetFactory 物件：也就是 PBDFactory 之中。所以後續的修改上非常簡單，只要改為取得代理者 ResourceAssetProxyFactory 的物件就可以了：

Listing 26-8 取得 P-BaseDefenseGame 中所使用的工廠（`PBDFactory.cs`）

```
public static class PBDFactory
{
    // 取得將 Unity Asset 實作化的工廠
    public static IAssetFactory GetAssetFactory()
    {
        if( m_AssetFactory == null)
        {
            if( m_bLoadFromResource)
                //m_AssetFactory = new ResourceAssetFactory();
                m_AssetFactory = new ResourceAssetProxyFactory();
            else
                m_AssetFactory = new RemoteAssetFactory();
        }
        return m_AssetFactory;
    }
    ...
}
```

25.3.3 使用代理模式（*Proxy*）的優點

使用代理模式（*Proxy*）可以避免原有實作版本的缺點，好處在於：

- 使用新增類別的方式來強化原有功能，對原本的實作不加更動。
- 對於只是想「測試」可能產生效能瓶頸的地方，如果測試後發現並無差異，或是想要採用舊方法的話，在回復成舊有實作方式時非常方便。
- 若將功能開啟與否，改為使用設定檔來設定，也可以讓代理者的實作不需要改動到任何原有的類別介面。
- 將快取功能由代理者實作，不會破壞原有類別封裝時的概念。

25.3.4 實作代理模式（*Proxy*）時的注意事項

代理模式（*Proxy*）雖不難理解，但實作時也有些細節要注意。並且代理模式（*Proxy*）和裝飾模式（*Decorator*）及轉接器模式（*Adapter*）是不一樣的，在使用上，應該先想清楚要套用哪一種模式。

資源 Cache 與享元模式（*Flyweight*）

ResourceAssetProxyFactory 內部使用了一個 Dictionary 泛型容器，來管理已經載入過的 Unity Asset 資源。而 Unity Asset 資源在加入遊戲場景時，會因為資源類型

的不同而可能有不同的處理方式。

以 3D 模式的 Unity Asset 資源來說，在取得存放在管理容器內的資源時，必須再經過實體化(GameObject.Instance)的動作，才能將 Unity Asset 資源轉換成遊戲物件(GameObject)放入場景中，這跟第 16 章實作數值工廠(IAttrFactory)時所應用的享元模式（*Flyweight*）很類似。但是不同的是：由享元模式（*Flyweight*）管理的數值物件會被很多角色同時參考，但 ResourceAssetProxyFactory 類別中管理的 Unity Asset 資源，經過實體化(GameObject.Instance)之後，就會產生一個新的遊戲物件(GameObject)，因此之後就跟 Unity Asset 資源無關。所以在管理容器內的 Unity Asset 資源不會被其它角色物件參考引用。但是，AudioClip 及 Sprite 類型的資源卻可以不經實體化(GameObject.Instance)的動作就可以被加入到遊戲中播放或顯示。所以針對這兩種類型的資源採用的就是享元模式（*Flyweight*）管理的方式，這樣子存放的 Unity Asset 資源就會被許多物件參考。

裝飾模式（*Decorator*）與代理模式（*Proxy*）的差別

Proxy 會知道代理的對象是哪個子類別，並擁有該子類別的物件，而 *Decorator* 則是擁有父類別物件(被裝飾物件) 的參考。*Proxy* 會依「職權」來決定是不是要將需求轉給原始類別，所以 *Proxy* 有「選擇」要不要執行原有功能權利。但 *Decorator* 是一個「增加」的操作，必須要在原始類別被呼叫的之前或之後，再依照自己的職權去「增加」原始類別沒有的功能。

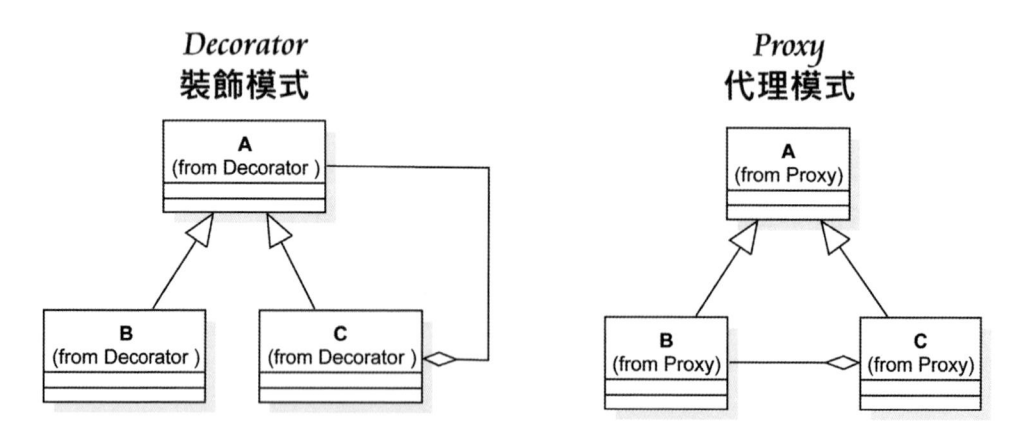

圖 26-2 *Decorator* 與 *Proxy* 的差異

轉接器模式（Adapter）與代理模式（Proxy）的差異

Proxy 類別（圖中的 C)與原始類別(圖中的 B)同屬一個父類別，所以客戶端不需要做任何更動，只須決定是否要採用代理者。而 *Adapter* 中的 Adaptee 類別(圖中的 B) 及 Target 類別(圖中的 C)則分屬不同的類別群組，著重在「不同實作的轉換」。

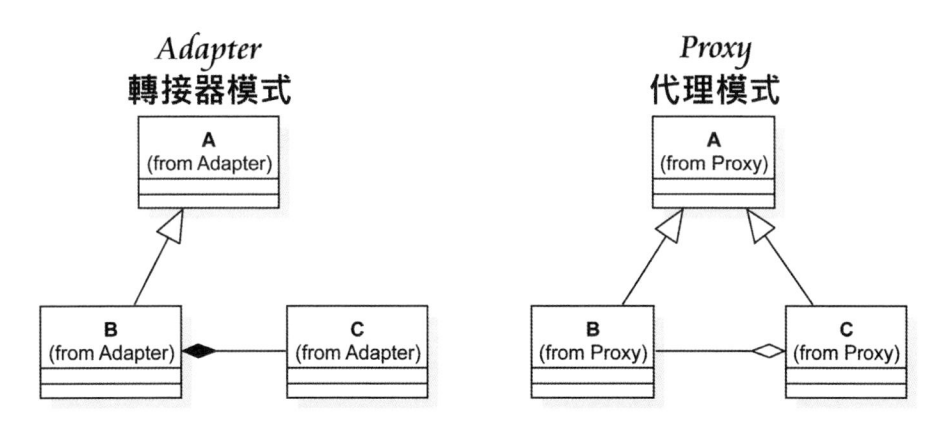

圖 26-3 *Adapter* 與 *Proxy* 的差異

26.4 當有新的變化時

遊戲上市前的最佳化階段，重點在於找出系統效能的瓶頸點，因此會採取多種不同的測試方案來實作。應用代理模式（*Proxy*）的概念，可以將最佳化測試功能都增加在 Proxy 類別中，一來不影響原有系統的實作類別，二來也可以了解各個最佳化功能的實作原理(因為都實作在 Proxy 類別中的關係)。而最佳化的項目有時會依據各專案的屬性不同而有所差異，可能在 A 專案發生的效能瓶頸不會發生在 B 專案中，所以保有原始類別的實作，將最佳化功能獨立出來，可以方便在不同專案之間轉移應用。

筆者認為代理模式（*Proxy*）是非常好用的模式，主要是模式中的代理者可以擔任多項任務，「P 級陣地」因為系統架構相對簡單，所以無法展現代理模式（*Proxy*）的強大功能，這是比較可惜的地方，但筆者在會最後一節，指出它還可以應用在遊戲設計的那些地方。

26-17

26.5 結論

代理模式（*Proxy*）的優點是：可判斷是否要將原始類別的工作，交由代理者類別來執行，如此，可以免去修改原始類別的介面及實作。

其它應用方式

- 近年來大型多人線上遊戲(MMORPG)，在客戶端(Client)多使用無接縫地圖的實作，用以提升玩家對遊戲的體驗感。但在遊戲伺服器(Game Server)的實作上，還是會將一整個遊戲世界切分為數個區塊，而每一個區塊必須交由一個「地圖伺服器」來管理。當玩家在跨越兩個地圖伺服器之間移動或進行打怪戰鬥時，就必須在鄰近的地圖伺服器上，建立一個「代理人」。地圖伺服器就利用這個代理人，來同步與其它地圖伺服器之間的訊息傳送。

- 在網頁遊戲(Web Game)的應用上，因為網路資源下載的速度不一致，為了要讓玩家體驗更好的遊戲順暢感，對於畫面上還沒有被下載成功的「遊戲資源」，像是場景建物、NPC 角色、角色裝備道具⋯，大多會使用一個「資源代理人」先呈現在畫面上，讓玩家知道目前有個遊戲資源還在下載。如果遊戲資源是個 3D 角色的話，那麼多半會使用一個通用的角色模式來代表一個 3D 角色正在載入中。等到遊戲資源可以重新呈現時，就會直接使用原本的遊戲資源類別來顯示。

Part VIII

未明確使用的模式

在 GoF 的設計模式[1]中提到了 23 種設計模式。筆者希望能夠在「P 級陣地」的實作中，將所有模式都應用上去。而在前面章節中，我們已經完成「P 級陣地」的全部實作，當中明列了應用的 19 種設計模式 (第三章與第十二章皆使用 *State* 狀態模式)，剩餘未被明確列出的模式如下：

- 迭代器模式（*Iterator*）
- 原型模式（*Prototype*）
- 解譯器模式（*Interpreter*）
- 抽象工廠模式（*Abstract Factory*）

這些未被明列出來的設計模式之中：迭代器模式（*Iterator*）早已被 C#等等的現代程式語言直接支援，也就是 `foreach` 語句，所以我們早就採用了。至於原型模式（*Prototype*）與解譯器模式（*Interpreter*），則是被包含在 Unity3D 開發環境當中，而「P 級陣地」採用 Unity3D 來開發，因此也算是被動地應用了這兩種模式。故而嚴格說起來，「P 級陣地」到目前為止已經應用了 22 種模式。

至於最後的抽象工廠模式（*Abstract Factory*）則是工廠方法模式（*Factory Method*）的進階版，可以做為產生不同類別群組物件時使用。

設計模式與遊戲開發
的完美結合

第 27 章

迭代器模式（*Iterator*）
原型模式（*Prototype*）
解譯器模式（*Interpreter*）

27.1 迭代器模式（*Iterator*）

迭代器模式（*Iterator*）由於太常用也太好用，因此被現代程式語言納為標準語法或標準函式庫當中。關於迭代器模式（*Iterator*），GoF 的定義是：

「在不知道集合內部細節的情況下，提供一個循序方法去存取一個物件集合體的每一個單位」

在使用 C#的開發過程中，經常使用「泛型容器」來做為儲存物件的地點。而通常想要依序存取這些泛型容器時，都會使用 C#中的 `foreach` 語法。而 `foreach` 語法就是一個能循序存取一個集合體(泛型容器)的方法。對開發者而言，不管容器是 `List`、`Dictionary` 或是陣列(`Array`)，一經使用 `foreach` 語法時，程式語言保證會讓容器內的每一個成員都被存取到，也因為 `foreach` 語法(迭代器模式 *Iterator*)這麼好用，在很多現代化的程式語言中都提供了類似的語法。所以迭代器模式（*Iterator*）可以算是「內化」到程式語言的層級了。

在「P 級陣地」中，到處都充斥著迭代器模式（*Iterator*）的 `foreach` 語法，舉例如下：

Listing 27-1　管理創建出來的角色(CharacterSystem.cs)

```
public class CharacterSystem : IGameSystem
```

27-1

```
{
    ...
    // 執行 Visitor
    public void RunVisitor(ICharacterVisitor Visitor) {
        foreach( ICharacter Character in m_Soldiers)
            Character.RunVisitor( Visitor);
        foreach( ICharacter Character in m_Enemys)
            Character.RunVisitor( Visitor);
    }
    ...
}
```

27.2 原型模式（*Prototype*）

原型模式（*Prototype*）和複製有關，一些物件導向程式語言也都將之納為物件的方法或標準函式庫當中。多數的圖形化開發環境也都利用原型模式（*Prototype*）的概念提供了物件的複製功能，包含 Unity3D 的開發環境。

關於原型模式（*Prototype*），GoF 的定義是：

「使用原型物件來產生指定類別的物件，所以產生物件時，是使用複製原型物件來完成」

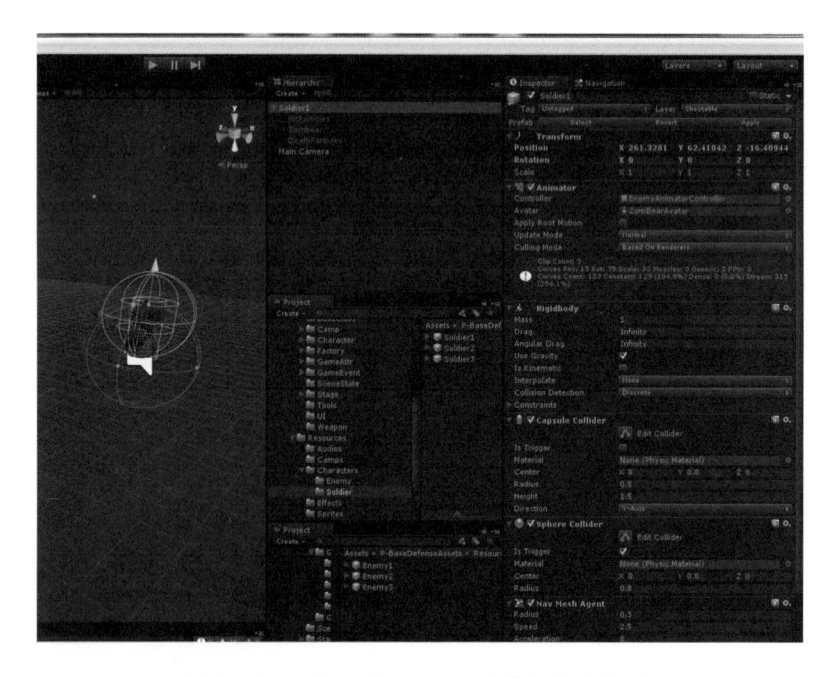

圖 27-1 Unity 使用 Prefab 來管理遊戲物件

Chapter 27　Iterator、Prototype、Interpreter

在 Unity3D 的開發環境中，開發者可以在編輯模式下組裝要放入場景中的遊戲物件(GameObject)，這些遊戲物件可以包含複雜的元件：模型(Mesh)、材質(Material)、程式腳本…等。遊戲物件組裝好了之後，就可以將其儲存為 Prefab 類型的 Unity Asset 資源存放在資源目錄(Resource)目錄下，如圖 27-1。

在上一章講解「P 級陣地的代理者模式時，我們就曾使用過原型模式（*Prototype*），也就是當遊戲運行時，系統可以視需要將資源載入並經過「實體化(GameObject.Instance)」的動作之後放入場景中：

Listing 27-2　從專案的 `Resource` 中,將 `Unity Asset` 實體化成 `GameObject` 的
　　　　　　　工廠類別(`ResourceAssetFactory.cs`)

```
public class ResourceAssetFactory : IAssetFactory
{
    // 產生 Soldier
    public override GameObject LoadSoldier( string AssetName )  {
        return InstantiateGameObject( SoldierPath + AssetName );
    }

    // 產生 GameObject
    private GameObject InstantiateGameObject( string AssetName ) {
        // 從 Resrouce 中載入
        UnityEngine.Object res = LoadGameObjectFromResourcePath(
                                                      AssetName );
        if(res==null)
            return null;
        return UnityEngine.Object.Instantiate(res) as GameObject;
    }

    // 從 Resrouce 中載入
    public UnityEngine.Object LoadGameObjectFromResourcePath(
                                               string AssetPath) {
        UnityEngine.Object res = Resources.Load(AssetPath);
        if( res == null)
        {
            Debug.LogWarning("無法載入路徑["+AssetPath+"]上的 Asset");
            return null;
        }
        return res;
    }
}
```

程式碼中使用的實體化方法(GameObject.Instance)，就是一種原型模式（*Prototype*）的應用。它將原本儲存在資源目錄下的 Unity Asset 資源「複製了一份」放入場景中，

而放入場景的複製體會跟原本在編輯模式下所組裝的遊戲物件(GameObject)是一樣的。

而這也是原型模式（*Prototype*）想要表達的解決方案：將一個複雜物件的組合方式先行設定好，往後使用時就不必再經過相同的組裝流程，只需要從做好的「原型(Prototype)」完整地複製出來就可以了。

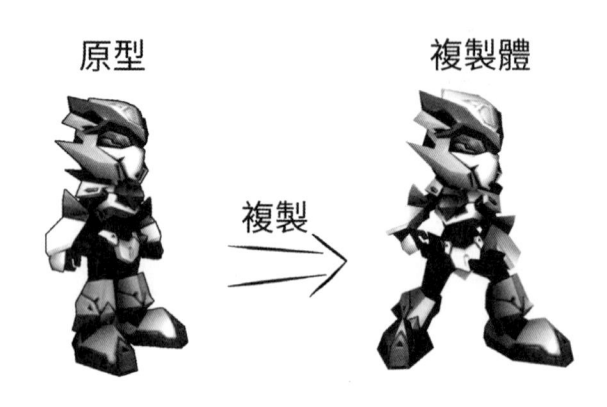

圖 27-2　原型模式的示意

在程式語言的層級上，大多數的程式語言也提供了相關的方法或函式來完成，例如 C++ 的複製建構者(Copy Constructor)，而 C#中也提供能複製物件內容的介面。但在實作上，還是要先理解「淺層複製」與「深層複製」之間的差異，否則很容易會發生記憶體遺失、程式當機…等問題，一般不建議入門設計師去實作這部份。

27.3 解譯器模式（*Interpreter*）

關於解譯器模式（*Interpreter*），GoF 的定義是：

「定義一個程式語言所需要的語法，並提供直譯來解析(執行)該語言」

傳統上，執行程式碼通常透過兩種方式，第一種採用的是編譯器；第二種採用的是解譯器。前者會將原始程式碼經「編譯器(Compiler)」轉化為目的碼或是中間碼，然後再組合轉譯為機器碼，最終執行的機器碼。編譯的過程只需一次，之後在執行時就不須重新編譯(除非修改了原始程式碼)。

後者則是使用一個解譯器直接讀入原始程式碼，然後執行其語句。

由於兩者各有優缺點，因此後來有些程式語言採用的方式是混合的，例如 Java 會先經過編譯器把原始碼編譯為 Byte Code，再透過 JVM（解譯器）來執行 Byte Code。

最常見的使用解譯器的程式語言，包含流行於網頁設計領域中的腳本語言，例如 JavaScript、PHP、Ruby…等，或是 Micorsoft Office 中的 VBA。這些程式碼經過一般文字編輯器撰寫完成後放入指定的位置，就可以由應用程式中的解譯器直接執行。過程中應用程式本身完全不需要做任何的更動，這些應用程式可以是：執行 JavaScript 的網頁瀏覽器、放在 WebServer 中的 PHP、Ruby 的 Plugin，或是 Excel、Word 應用軟體。而遊戲開發上也有使用這類例子，像是因魔獸世界而聲名大躁的腳本語言 Lua。

在使用 Unity3D 引擎設計遊戲時，可以選擇 C#或 JavaScript 來開發，但嚴格上來說，撰寫好的腳本程式，在執行之前都還是會被 UnityEngine 編譯過，所以不算是解譯器模式。但如果跟十幾年開發遊戲時的工具來比較，現代使用 C#來開發遊戲，就會符合解譯器模式（*Interpreter*）的定義，因為開發過程中，我們不必去重新「編譯」Unity Engine，就可以得到想要的遊戲功能。

設計模式與遊戲開發
的完美結合

第 28 章

Abstract Factory
抽象工廠模式

28.1 抽象工廠模式（*Abstract Factory*）的定義

抽象工廠模式（*Abstract Factory*）是工廠方法模式（*Factory Method*）的進階版，在介紹抽象工廠模式（*Abstract Factory*）之前，讓我們先來回顧工廠方法模式（*Factory Method*）的定義與結構圖。

工廠方法模式（*Factory Method*）的定義

工廠方法模式（*Factory Method*）在 GoF 中的定義是：

「定義一個可以產生物件的介面，但是讓子類別決定要產生哪一個類別的物件。工廠方法模式讓類別的實例化程序延遲到子類別中實行」。也就是，定義一個可以產生物件的介面，讓子類別決定要產生哪一個類別的物件，其結構圖如下：

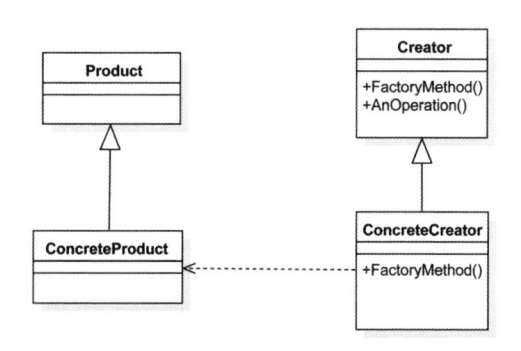

28-1

抽象工廠模式（*Abstract Factory*）的定義

抽象工廠模式（*Abstract Factory*）在 GoF 中的定義是：

「提供一個能夠建立一整個類別群組或有關聯的物件，而不必指明它們的具體類別」

抽象工廠模式（*Abstract Factory*）的結構圖如下：

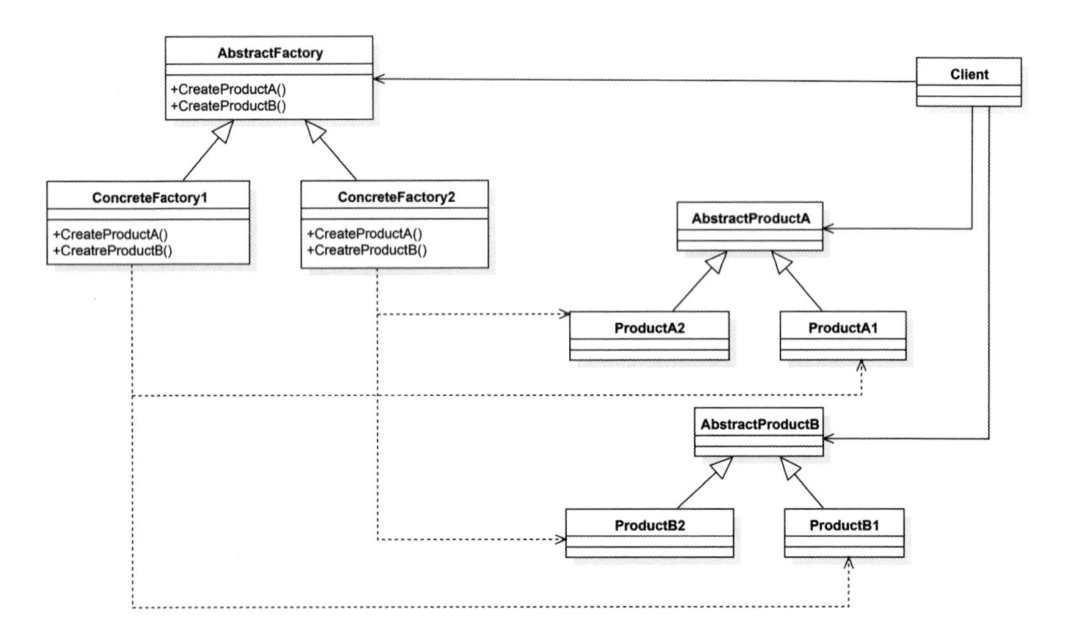

```
                    AbstractFactory                                    Client
                    +CreateProductA()  ◁─────────────────────────
                    +CreateProductB()
                          △
              ┌───────────┴───────────┐
      ConcreteFactory1          ConcreteFactory2         AbstractProductA
      +CreateProductA()         +CreateProductA()              △
      +CreatreProductB()        +CreatreProductB()      ┌──────┴──────┐
                                                    ProductA2      ProductA1

                                                         AbstractProductB
                                                               △
                                                       ┌───────┴───────┐
                                                    ProductB2       ProductB1
```

抽象工廠模式（*Abstract Factory*）的應用方式是：系統中先定義一群抽象類別(AbstractProductA、AbstractProductB)，而這些抽象類別的子類別，是依據不同的執行環境去產生的，所以：

- `ProductA1` 及 `ProductB1` 是給執行環境 1 時使用的。
- `ProductA2` 及 `ProductB2` 是給執行環境 2 時使用的。

現在，系統如果要能自動依據目前的執行環境，自動決定要產生那一組子類別時，那麼抽象工廠模式（*Abstract Factory*）就可以派上用場。抽象工廠(AbstractFactory)介面定義了產生不同類別物件的方法(CreateProductA、CreateProductB)，而繼承的工廠子類別，則是實作產生不同產品的類別：

- `ConcreteFactory1` 是給執行環境 1 時使用的，可以產生 `ProductA1` 及 `ProductB1`。

■ ConcreteFactory2 是給執行環境 2 時使用的,可以產生 ProductA2 及 ProductB2。

28.2 抽象工廠模式(*Abstract Factory*)的實作

就上述結構圖來說,以下是抽象工廠模式(*Abstract Factory*)的範例程式:

Listing 28-1 實作抽象工廠(`AbstractFactory.cs`)

```
// 可生成各抽象成品物件的操作
public abstract class AbstractFactory
{
    public abstract AbstractProductA CreateProductA();
    public abstract AbstractProductB CreateProductB();
}

// 實作出可建構具象成品物件的操作 1
public class ConcreteFactory1 : AbstractFactory
{
    public ConcreteFactory1(){}

    public override AbstractProductA CreateProductA()
    {
        return new ProductA1();
    }
    public override AbstractProductB CreateProductB()
    {
        return new ProductB1();
    }
}

// 實作出可建構具象成品物件的操作 2
public class ConcreteFactory2 : AbstractFactory
{
    public ConcreteFactory2(){}

    public override AbstractProductA CreateProductA()
    {
        return new ProductA2();
    }
    public override AbstractProductB CreateProductB()
    {
        return new ProductB2();
    }
}

// 成品物件類型 A 介面
public abstract class AbstractProductA
{
```

```csharp
    }

    // 成品物件類型 A1
    public class ProductA1 : AbstractProductA
    {
        public ProductA1()
        {
            Debug.Log("生成物件類型 A1");
        }
    }

    // 成品物件類型 A2
    public class ProductA2 : AbstractProductA
    {
        public ProductA2()
        {
            Debug.Log("生成物件類型 A2");
        }
    }

    // 成品物件類型 B 介面
    public abstract class AbstractProductB
    {
    }

    // 成品物件類型 B1
    public class ProductB1 : AbstractProductB
    {
        public ProductB1()
        {
            Debug.Log("生成物件類型 B1");
        }
    }

    // 成品物件類型 B2
    public class ProductB2 : AbstractProductB
    {
        public ProductB2()
        {
            Debug.Log("生成物件類型 B2");
        }
    }
```

測試程式如下：

Listing 28-2　測試抽象工廠(AbstractFactoryTest.cs)

```csharp
    void UnitTest()
    {
        AbstractFactory Factory= null;
```

```
    // 工廠 1
    Factory = new ConcreteFactory1();
    // 產生兩個產品
    Factory.CreateProductA();
    Factory.CreateProductB();

    // 工廠 2
    Factory = new ConcreteFactory2();
    // 產生兩個產品
    Factory.CreateProductA();
    Factory.CreateProductB();
}
```

使用不同的子工廠類別就可以產出對應的 ProductA 及 ProductB：

執行結果

```
生成物件類型 A1
生成物件類型 B1
生成物件類型 A2
生成物件類型 B2
```

28.3 可應用抽象工廠模式的場合

在「第 17 章 Unity3D 的界面設計」中，我們使用 Unity3D 內建的 UI 系統──UGUI 做為開發玩家界面使用。而早在 Unity3D 發佈 UGUI 系統時之前，訪間就有不少 Unity3D 插件讓遊戲開發者使用，像是 NGUI、iGUI、EZGUI…等。在面對這麼多樣的工具可以選擇之下，開發者最好能提供一個方便的架構讓這些工具能快速轉換使用。

設計上我們可以將每一個界面元件都設計為一個抽象類別，像是顯示文字的 ILabel、顯示圖片的 IImage、提供選項的 ICheckBox…，並在每個抽象類別中定義共同的操作方法。然後，針對每一個界面工具去繼承對應的子類別，像是針對 NGUI 工具的 NGUILable、NGUIImage…；針對 iGUI 定義的 iGUILabel、iGUIImage…等。之後，再針對不同群組的界面元件也實作出能產生它們的工廠，像是能產生 NGUI 元件的 NGUIFactory；能產生 iGUI 的 iGUIFactory。

在這樣的設計架構之下,遊戲開發者就能依據不同的需求來選擇要使用的界面工具。雖然界面元件的設計擺放上,是需要使用對應工具,但是程式設計上,只需要提供不同的界面工廠,就能將界面元件整個轉換到不同的工具上。

當然,隨著開發工具的演進,會有更多更新的界面開發工具的出現。這時也只要針對新的開發工具,去繼承實作新的界面元件及工廠類別,就能馬上讓遊戲可以快速地轉換到新的開發工具上。而這也是抽象工廠模式(*Abstract Factory*)的優點:能將產生的物件「整組」轉換到不同的類別群組上。

附錄　參考書目

[1] *Design Patterns: Elements of Reusable Object-Oriented Software*, Erich Gamma, Richard Helm, Ralph Johnson, John Vlissides, Addison-Wesley 1994, ISBN-13: 978-0201633610

[2] *Refactoring to Patterns*, Joshua Kerievsky, Addison-Wesley 2004, ISBN-13: 978-0321213358

[3] *Head First Design Patterns*, Elisabeth Freeman, Eric Freeman, Bert Bates, Kathy Sierra, O'Reilly 2004, ISBN-13: 978-0596007126

[4] *Game Programming Patterns*, Robert Nystrom, Genever Benning 2014, ISBN-13: 9780990582908

[5] *Game Coding Complete, 4/e*, Mike McShaffry, David Graham, Course Technology 2012, ISBN-13: 9781133776574

[6] *Pattern Hatching: Design Patterns Applied*, John Vlissides, Addison-Wesley 1998, ISBN-13: 978-0201432930

[7] *Refactoring: Improving the Design of Existing Code*, Martin Fowler, Kent Beck, John Brant, William Opdyke, don Roberts, Addison-Wesley 1999, ISBN-13: 9780201485677

[8] *A Pattern Language: Towns, Buildings, Construction (Center for Environmental Structure)*, Christopher Alexander, Sara Ishikawa, Murray Silverstein, Max Jacobson, Ingrid Fiksdahl-King, Shlomo Angel, Oxford University Press (1977), ISBN-13: 978-0195019193

[9] *Agile Software Development: Principles, Patterns, and Practices*, Robert C. Martin, Pearson 2002, ISBN-13: 978-0135974445

[10] *Large-Scale C++ Software Design*, John Lakos, Addison-Wesley 1996, ISBN-13: 978-0201633627

[11] *Design Patterns Explained: A New Perspective on Object-Oriented Design, 2/e*, Alan Shalloway, James Trott, Addison-Wesley 2004, ISBN-13:9780321247148

設計模式與遊戲開發的完美結合

編輯的話

本書我既是審校者，也是責任編輯。當然，封面部分是得力於博碩文化同仁們以及作者邀請的美術設計的幫忙，才得以完成。

在審校過程中，除了幫作者找出一些疏漏之處，我同時也再一次複習了 GoF 的 23 個設計模式，而本書的範例相對於 GoF 的《設計模式》一書，顯得更淺顯易懂，即便是對於我這個沒寫過商業遊戲的人來說，也不曾被書中的遊戲設計程式碼給困擾過。由此可見，作者是精心安排過學習歷程的，由淺入深，逐步搭建起遊戲的骨架與肌肉，甚至最後還穿上了裝飾用的外衣，就是這本書的特色，我敢大膽地說，這著實是一本規劃良好的書籍。

由於作者的程式功力與經驗超越我許多，因此，本書大多數的修改都是以初學者的角度提出疑問（對作者而言，我應該算是初學者），然後由作者親自斟酌修改。唯一由我直接修改的部分只有一個，那就是「{」與「}」。

作者的程式撰寫習慣，是將「{」與「}」分別獨立為一行來對齊的，然而在最後關頭，我將函式主體開頭的「{」放到了定義行的後頭而非下一行，以節省篇幅。而為了不讓讀者在 Github 下載的程式碼與書中程式碼有太多的出入，因此其餘部分（例如 if 語句）我們都維持原狀。

最後，由於書籍寬度的限制，較為複雜的 UML 圖形，在書中的呈現會較為困難，因此，我也建議作者，在本書面世時，將這些圖片放到網站上，藉由電腦螢幕無寬度限制的特色，輔助讀者閱讀本書，讀者還請記得翻閱本書折封口的作者簡介，瀏覽一下本書網站。

本書責任編輯　*Simon Chen*